平行宇宙

穿越創世、高維空間和宇宙未來之旅

Parallel Worlds

A journey Through Creation, Higher Dimensions, and the Future of the Cosmos

加來道雄（Michio Kaku） 著

伍義生、包新周　譯

Also by Michio Kaku

Beyond Einstein

Hyperspace

Visions

Einstein's Cosmos

跟隨加來道雄

超越愛因斯坦

超空間

看見

愛因斯坦的宇宙

本書獻給我的妻子靜枝

好評與推薦

◆這是一本描述「已知的未知」之書，物理學家發展出弦論來探討現存的宇宙，認為我們現存的這個宇宙，可能是多平行宇宙中的一個。全書充滿想像力與智力的探索，混雜著觀測資訊、理論解構與學理上可能的時空旅行。

我與多數人一樣，從電視上的科學頻道上認識加來道雄。他在節目中以學理探討各種目前屬於科幻層次的內容，例如光炮、時間之旅等。加來道雄是理論物理學者，是研究弦論的權威之一，也是知名的科普作家，他在本書中，以物理觀點探討穿越時空的可能性，也從哲學、宗教的觀點來看宇宙，甚至討論宇宙是否與上帝有所牽連。

本書分為三部分，對宇宙論的源起、發展與最新發展，廣泛而全面性的整理。第一部分從最近的宇宙背景觀測結果出發，探究大霹靂學說，彙整過去對宇宙論的種種探討，並切入多元宇宙與弦論的概念，以及能否在多元宇宙間移動。

第二部分是重心，以愛因斯坦的廣義相對論的時空結構談起，探討在時空中旅行的學理與最新發展。第三部分則是宇宙終極與生命文明的發展，如果我們現存的這個宇宙終將趨向死寂，文明能否轉換至另一個適合的宇宙存續發展，就如同歷史上的「發現新大陸」般，移民到「發現的新宇宙」。

過去許多人瘋迷黑洞、蟲洞，現在最夯的則是暗能量、多元宇宙、平行宇宙。加來道雄以深厚的學養、條理分明帶點詼諧的筆觸，帶領讀者進入時空之旅，探索時間機器、高維空間、平行宇宙，是一趟結合觀測數據與理論探索的心靈饗宴。——傅學海，臺灣師範大學地球科學系天文組副教授。

◆如果你有時感嘆人生便像是滾滾長江東逝水中的一個泡沫，時生時滅，意義何在？這本書便是為你而設。一閱之後，便會知道原來整個宇宙很可能也是如此。身為絃論的一個先行者，再加上無與倫比的說書人身份，加來道雄教授把整個宇宙論從愛因斯坦的相對論說起，以致當今最夯的M理論，如數家珍，娓娓道來，可以說是一本奇書。更奇妙的是這些聽來像是魔術一樣的多維世界的生滅，很多時候可以套用數學理論描述。又使你覺得不只是宇宙，連生命也有個秩序和方向。特別感動的是看到天文學者瑪格利特．蓋勒教授說：「我爭取做一些有創造性的事。我爭取教育人民。」這可說是《平行宇宙》中最寶貴的訊息！——葉永烜，中央大學天文研究所教授。

◆在《平行宇宙》一書中，加來道雄博士以其無與倫比的解說才能，講述了現代物理學得出的一種最令人難以置信、最激動人心的可能性，即，可能存在著廣闊無垠的宇宙之網，裡面排列著許多宇宙，也許是無窮多個宇宙，而我們這一宇宙只不過是其中之一。他運用生動巧妙的類比，幽默的語言，耐心地向讀者介紹有關平行宇宙的種種話題，從量子力學、宇宙學，到最新出現的M理論，一路娓娓道來。讀這本書做一次奇妙的宇宙漫遊吧，在專家引領下，其見解可將我們的想像力推向極限。——布萊恩．格林恩（Brian Greene），哥倫比亞大學理論粒子物理教授，《宇宙結構》和《優雅宇宙》的作者。

◆喜歡宇宙論、時間旅行、弦理論和10維或11維宇宙的讀者，可能不會找到比加來道雄博士更好的引導者了，他既是一位親身從事這方面研究的學者，同時又善於以引人入勝的方式，深入淺出地講解這一難以琢磨的複雜問題，非常難能可貴。——唐納德·戈德史密斯（Donald Goldsmith），《逃亡的宇宙》和《與宇宙聯絡》的作者。

◆可讀性極高，讓你輕鬆涉足在宇宙學前沿而樂不可支。——馬丁·里斯（Martin Rees），《我們宇宙的棲息地》和《我們的最後結局》的作者。

◆穿越宇宙，突破宇宙，目不暇接，五光十色。加來道雄博士，世界上最優秀的科學作家之一，指點你透過物理世界的尋常表象，看到隱藏其下的奇妙世界：不可思議的暗物質及暗能量，空間中隱藏著的高維度，振動著的弦及其微小的環，宇宙就是靠它們才得以維繫。根據加來道雄博士的看法，現實世界其實撲朔迷離，絲毫不亞於最離奇的科幻小說。——保羅·戴維斯（Paul Davies），澳洲雪梨麥覺理大學太空生物學中心，《怎樣建造時間機器》的作者。

◆加來道雄博士的又一力作。在《平行宇宙》中，他巧妙地將物理學的前緣變得如同一座遊樂園，使你能一邊享受樂趣，一邊又學到了愛因斯坦的相對論、量子力學、宇宙學和絃理論。但是本書的真正精髓在於，它告訴你加來道雄是如何運用這些強大的工具，來探究多宇宙是否存在，以及，在我們對上帝以及生命的意義進行認知的過程中，它們能給我們以怎樣的哲學啟迪。——尼爾·德·葛拉司·泰森（Neil de Grasse Tyson），天文物理學家和紐約市海頓天文館主任，《起源：宇宙演變的一四〇億年》一書的合著者。

◆加來道雄以一種親切的風格講述，讓故事變成更易於理解，即使是我們這些連超弦理論和噴霧彩帶之間的區別都搞不清楚的人……迷人且有時簡直令人難以置信。——《Sci Fi雜誌》（*Sci Fi Magazine*）

◆加來道雄的書涵蓋了大量的資料……以一種清晰、生動的方式。——《洛杉磯時報》書評

◆一百多年前，愛因斯坦徹底革新了宇宙論的科學。而另一位天才加來道雄，在《平行宇宙》中，再次更新了這門科學，並推測了宇宙的未來。——《聖安東尼奧快報》（*San Antonio Express-News*）

◆知名的物理學家和作家加來道雄（《穿梭超時空》），告訴讀者科學推測可及的最新探究，另一個宇宙可能僅是平行浮動在我們這個宇宙一釐米之外的「膜」而已。但我們無法跳到這個宇宙去看看，因為它存在於超空間，已超出了我們的四維空間。可是，加來道雄寫道，科學家推測這些「膜」——一個創造M理論且可能是我們長久追求的「萬有理論」——最終可能發生碰撞，毀滅對方。這樣的碰撞甚至可能造成我們所說的大霹靂。加來道雄以一貫適於讀者的風格，討論這些從相對論方程式和量子物理學中喚出如鬼魅般的物體：包括蟲洞、黑洞及其另一側的「白洞」；宇宙可能萌生於另一個宇宙；在另一個量子世界的選擇中，也許二〇〇四年的選舉會全然不同。加來道雄深入研究這個宇宙的過去、現在和未來的

可能性，以他的專業視野，激起讀者對僅僅超出我們鼻尖之外的可能存在空間的興趣，但他也承認，這仍是一個高度理論推測的部份，是從現在開始至我們的後代數千年所可能面臨的事；例如，當這個宇宙面臨死亡時（在「大凍結」後），人類也許能夠逃至其他宇宙——《出版人週刊》（*Publishers Weekly*）

◆最終，當我們的宇宙死亡時，是否能夠將文明移到另一個宇宙？加來道雄，紐約市立大學的理論物理學教授，認為這種可能性的轉變出現在「多元宇宙的新興理論——世界由多重宇宙構成，我們只是其中一個。」我們的宇宙正在擴張中，「如果這個反重力繼續下去，宇宙將最終死亡，形成大凍結。」這是物理學的法則，「但是也有演化定律，當環境改變時生命可以適應環境而生存下去，或者死亡。」逃到另一個宇宙是加來道雄舉出的一種可能性，另一種方法是這個文明可以建立一個「時間隧道」並旅行回到自己的過去，一個大凍結之前的時代。第三種方法是「整個文明可以將它的種子通過空間通道，然後重建它的光輝」。加來道雄擅於解釋這些支撐他論點的宇宙學概念——其中包括弦理論、暴脹說、蟲洞、空間和時間的扭曲，以及高維空間。——《科學人》（*Scientific American*）

◆物理學家布萊恩．格林恩著作的成功（如《宇宙結構》），證明了對弦和膜理論的關注，而其假設了物質和能量是由10或11維的實體以不同頻率振動構成。作為一名開創性的理論家，加來道雄在這個領域同時也是一位受到大眾喜愛的作家（如《愛因斯坦的宇宙》），能流利的解釋弦的本質和意涵。以純粹的理論構成而言，弦在本質上無法被檢測，但在目前正在開發的某些大科學的觀測描述過程中，加來道雄說，他期望可以發現弦在物理學上存在的證據。從樂觀的層面上說，加來道雄解釋為什麼天文物理學家喜愛弦和膜，這是可以理解的：他們解決了各種使人困惑的宇宙學弔詭，以及，加來道雄評論說，最終可表達我們宇宙的描述，可能只要一個一英寸長的公式。另方面，可能存在無數的宇宙，這是在弦理論的數學參數所允許的範圍內，既然我們注定永遠朝向一個寒冷死亡的命運發展，按照宇宙學家目前的想法，早一點計畫移民到一個溫暖的平行宇宙是有道理的。在時空的逃生路線推斷上，加來道雄採用了弦革命，這個物理學中極有吸引力的流行論述。——吉爾伯特．泰勒（Gilbert Taylor），《*Booklist*》書評

致謝

我要感謝以下科學家，感謝他們花費許多時間接受我的採訪。他們的意見、觀察和思想，極大地豐富了本書的內容，使本書的內容更深刻、更集中。

- 諾貝爾獎獲得者史蒂文·溫伯格（Steven Weinberg）（德州大學奧斯汀分校）
- 諾貝爾獎獲得者默里·蓋爾曼（Murray Gellmann）（聖塔菲研究所和加州理工學院）
- 諾貝爾獎獲得者利昂·萊德曼（Leon Lederman）（伊利諾理工學院）
- 諾貝爾獎獲得者約瑟夫·羅特布拉特（Joseph Rotblat）（聖·巴薩羅繆醫院，退休）
- 諾貝爾獎獲得者沃特·吉爾伯特（Walter Gilbert）（哈佛大學）
- 諾貝爾獎獲得者亨利·肯德爾（Henry Kendall）（麻省理工學院，已故）
- 物理學家阿蘭·古斯（Alan Guth）（麻省理工學院）
- 英國皇家學會天文學家馬丁·里斯（Martin Rees）爵士（劍橋大學）
- 物理學家弗里曼·戴森（Freeman Dyson）（普林斯頓高等研究院）
- 物理學家約翰·施瓦茨（John Schwarz）（加州理工學院）
- 物理學家麗莎·藍道爾（Lisa Randall）（哈佛大學）

- 物理學家J・理查・哥特（J. Richard Gott Ⅲ）（普林斯頓大學）
- 天文學家奈爾・德葛拉司・泰森（Neil de Grasse Tyson）（普林斯頓和海頓天文館）
- 物理學家保羅・戴維斯（Paul Davies）（阿德雷德大學）
- 天文學家肯・克洛斯威（Ken Croswell）（加州大學柏克萊分校）
- 天文學家唐・戈德史密斯（Don Goldsmith）（加州大學柏克萊分校）
- 物理學家布萊恩・格林恩（Brian Greene）（哥倫比亞大學）
- 物理學家庫姆蘭・瓦法（Cumrun Vafa）（哈佛大學）
- 物理學家斯圖爾特・塞繆爾（Stuart Samuel）（加州大學柏克萊分校）
- 天文學家卡爾・薩根（Carl Sagan）（康乃爾大學，已故）
- 物理學家丹尼爾・格林伯格（Daniel Greenberger）（紐約市立學院）
- 物理學家V・P・奈爾（V. P. Nair）（紐約市立學院）
- 天文學家羅伯特・P・科什納（Robert P. Kirshner）（哈佛大學）
- 天文學家彼德・D・華德（Peter D. Ward）（華盛頓大學）
- 天文學家約翰・巴羅（John Barrow）（蘇塞克斯大學）
- 科學新聞記者馬西婭・巴爾圖什克（Marcia Bartusiak）（麻省理工學院）
- 物理學家約翰・卡斯蒂（John Casti）（聖塔菲研究所）
- 科學新聞記者提摩西・費理斯（Timothy Ferris）
- 科學作家邁克爾・雷蒙尼克（Michael Lemonick）（《時報》雜誌）

- 天文學家富爾維奧．梅利亞（Fulvio Melia）（亞利桑那大學）
- 科學新聞記者約翰．霍根（John Horgan）
- 物理學家理查．繆勒（Richard Muller）（加州大學柏克萊分校）
- 物理學家勞倫斯．克勞斯（Lawrence Krauss）（凱斯西儲大學）
- 原子彈設計家特德．泰勒（Ted Taylor）
- 物理學家菲利普．莫里森（Philip Morrison）（麻省理工學院）
- 電腦科學家漢斯．莫拉維克（Hans Moravec）（卡內基美隆研究所）
- 電腦科學家羅德尼．布魯克斯（Rodney Brooks）（麻省理工學院人工智慧實驗室主任）
- 天文物理學家唐娜．雪莉（Donna Shirley）（噴氣推進實驗室）
- 天文學家達恩．韋特海莫（Dan Wertheimer）（加州大學柏克萊分校，外星智慧探索基地）
- 科學新聞記者保羅．奧夫曼（Paul Hoffman）（《發現》雜誌）
- 物理學家費朗西斯．艾佛瑞特（Francis Everitt）（史丹佛大學，重力探測基地）
- 物理學家薛尼．波寇維茲（Sidney Perkowitz）（埃默里大學）

我還要感謝以下科學家，多年來他們促進了有關物理學的討論，極大地增強了本書的內容：

- 諾貝爾獎獲得者李政道（T. D. Lee）（哥倫比亞大學）
- 諾貝爾獎獲得者謝爾登．格拉肖（Sheldon Glashow）（哈佛大學）

- 諾貝爾獎獲得者理察・費曼（Richard Feynman）（加州理工學院，已故）
- 物理學家愛德華・威騰（Edward Witten）（普林斯頓高等學術研究所）
- 物理學家約瑟夫・萊肯（Joseph Lykken）（費米實驗室）
- 物理學家大衛・格羅斯（David Gross）（加州大學聖塔芭芭拉分校）
- 物理學家弗朗克・韋爾切克（Frank Wilczek）（加州大學聖塔芭芭拉分校）
- 物理學家保羅・湯森德（Paul Townsend）（劍橋大學）
- 物理學家彼得・范・紐文惠仁（Peter van Nieuwenhuizen）（紐約州立大學石溪分校）
- 物理學家米格爾・維拉索羅（Miguel Virasoro）（羅馬大學）
- 物理學家崎田文二（Bunji Sakita）（紐約市立學院，已故）
- 物理學家阿肖克・達斯（Ashok Das）（羅徹斯特大學）
- 物理學家羅伯特・瑪莎（Robert Marshak）（紐約市立學院，已故）
- 物理學家法蘭克・迪普勒（Frank Tippler）（圖拉大學）
- 物理學家愛德華・特賴恩（Edward Tryon）（亨特學院）
- 天文學家米切爾・貝傑門（Mitchell Begelman）（科羅拉多大學）

最後，我要感謝我的編輯羅傑・肖勒（Roger Scholl），他出色地編輯了我的兩本書。他的編輯扎實可靠，極大地增強了本書的魅力，他的意見總是幫助澄清和加深書的內容和表達。我還要感謝我的代理人斯圖爾特・克里切夫斯基（Stuart Krichevsky），這些年來我所有的書都是由他介紹給讀者的。

前　言

宇宙學是研究宇宙整體的科學，包括宇宙的誕生和它的最終命運。毫不奇怪的是，它經歷了緩慢的、痛苦的演變，這種演變常常被宗教的教條和迷信所籠罩。

宇宙學的第一次革命是在十七世紀引進望遠鏡時產生的。在偉大的天文學家尼古拉．哥白尼（Nicolaus Copernicus）和約翰．克卜勒（Johannes Kepler）工作的基礎上，伽利略．伽利萊（Galileo Galilei）藉助於望遠鏡的幫助展示了天空的壯觀，首次為天空的認真科學研究打下了基礎。宇宙學的這個第一階段進展在艾薩克．牛頓（Isaac Newton）的工作中達到了頂點，他最終確定了控制天體運動的基本定律。天體的規律現在不再是魔法和神秘，而是受到可以計算和可以複製的力所支配的。

宇宙學的第二次革命是在二十世紀引進大型望遠鏡產生的。例如威爾遜山上的一架望遠鏡有一面巨大的直徑一百英寸（二．五四公尺）的反射鏡。在二十世紀二〇年代，愛德溫．哈伯（Edwin Hubble）利用這架巨大的望遠鏡推翻了幾個世紀以來有關宇宙是靜態的和永恆的教條。他證明天空中的星系正以巨大的速度離地球而去，即宇宙在擴張。這就證實了愛因斯坦廣義相對論的結果，它說空間－時間的構造不是平的和線性的，而是動態的和彎曲的。這就產生了宇宙起源第一個似乎可信的解釋，即宇宙開始於「大霹靂」，大霹靂將星星和星系飛快地向外送到太空。由於喬治．伽莫夫（George Gamow）有關大霹靂和弗雷德．霍伊爾（Fred Hoyle）有關元素起源的先驅工作，已經出現了一個概括宇宙演化的框架。

現在正在進行第三次革命。大約只有五年時間。它是由新的電池、高技術儀器，如太空衛星、雷射、重力波探測器、X射線望遠鏡和高速超級電腦產生的。我們現在有了關於宇宙性質最權威的資料，包括它的年齡、它的組成、甚至它的將來和最終的死亡。

現在，宇宙學家認識到宇宙正以脫韁奔逃的模式在膨脹，無限制地膨脹，速度越來越快，隨著時間越長宇宙變得越來越冷。如果這樣繼續下去，我們將面臨大凍結的前景，這時宇宙將陷入黑暗和寒冷，所有的智慧生命都將死亡。

本書即是寫這個第三次大革命。不同於我先前關於物理的書《超越愛因斯坦》（*Beyond Einstein*）、《穿越超空間》（*Hyperspace*），是向大眾介紹高維和超弦理論的新概念。在《平行宇宙》中注意的問題不是空間－時間，而是在過去幾年時間內展現的宇宙學的革命性發展。這些發展是根據從世界各地的實驗室和抵達的最外圍太空得到的新證據和理論物理的新突破。我的意圖是不需要任何以前的物理學和宇宙學的背景，就能讓讀者瞭解這些發展。

書的第一部分集中在對宇宙的研究上，總結宇宙學早期階段的進展，最後談「暴脹」理論，它給了我們至今為止對大霹靂理論的最完善表述。書的第二部分特別集中在多宇宙理論的出現，即世界是由多個宇宙組成，我們的宇宙只是其中之一。討論蟲洞、空間和時間彎曲的可能性，以及高維空間可能會怎樣連接它們。超弦理論和M理論使我們在超越愛因斯坦原始理論的道路上走出重要的一步。它們給我們進一步的證據，說明我們的宇宙只不過是眾多宇宙中的一個。書的第三部分討論大凍結，現在科學家都把它看做是我們宇宙的結局。我也提出一個認真的、儘管是推測的一種可能性。在一萬億年後，遙遠將來的高等文明也許能利用物理定律離開我們的宇宙，進入另一個更友好的宇宙，開始重新誕生的過程，或在時間上回到宇宙溫暖的時期。

隨著我們今天收到的大量新資料，以及新的工具，像是能夠掃描天空的太空衛星，與城市大小般的新原子對撞機接近完成，物理學家感到正在進入一個宇宙學的黃金時代。簡而言之，對物理學家、宇宙起源與命運的探索者來說，一個偉大的時代即將來臨。

第二部分　多元宇宙 147

第六章 平行量子宇宙 187

第七章　M理論：所有弦理論之母 225

第十一章　逃離宇宙　367

第十二章　超越多重宇宙　409

第一部分

宇宙

PART ONE

THE UNIVERSE

第一章

宇宙誕生時的情景

詩人僅需仰望天空抒發情懷，而邏輯學家卻要探索天空尋找其中的秘密。

——G · K · 賈斯特（G. K. Chesterson）

當我是一個孩子的時候，我內心的信仰有衝突。我的雙親是在佛教的傳統下長大的。但我每週去主日學校上課，我喜歡這裡講的有關鯨魚、方舟、鹽柱、肋骨和蘋果的聖經故事。這些古老的寓言讓我著迷，這些內容是我最喜歡主日學校的地方。對我來說，有關大洪水、燃燒的叢林和逝去的流水，比起佛教的聖歌和沉思默想更讓我激動不已。事實上，這些古代有關英雄事蹟和悲劇的傳說，給我上了一堂生動的道德和倫理課，這些教育伴隨了我的一生。

在主日學校裡，有一天我們學習「起源」。讀到上帝在天上雷鳴般地說：「讓世界充滿光明！」這些話語聽起來比有關「涅槃」的沉思默想更為生動。出於好奇，我問我的主日學校老師：「上帝有母親嗎？」平時她回答問題總是很果斷，每次都給我深刻的道德教育。然而，這一次她被問住了，她遲疑地說上帝大概沒有母親吧。我問她：「那麼上帝是從哪來的呢？」她咕噥著說，關於這個問題她要問問牧師。

我當時沒有認識到我意外地觸及到一個重大的神學問題。我迷惑了，因為在佛教中根本沒有上帝，只有無始無終的永恆宇宙。後來，當我研究有關世界的神話時，我知道了在宗教上有兩種類型的宇宙論：一種理論是上帝在一瞬間創造了宇宙，另一種理論是宇宙過去、現在和將來都永遠如此。

我想，兩種理論不可能都是對的。

後來，我開始發現這些共同的主題貫穿在很多其他的文化中。例如，在中國的神學中，開始時有一個宇宙蛋。幼兒期的造物主盤古幾乎是永久地居住在這個漂浮於無形混沌海上的蛋中。當他最終孵化出世後，他長得無比地大，每天長十英尺多〔三公尺多〕，蛋殼的上半部分變成了天，下半部分變成了地。一萬八千年後，他死了，誕生了我們的世界，他的血變成了河，他的眼變成了太陽和月亮，他的聲音變成了雷。

盤古神話以各種方式反映了一個在其他宗教和古代神學中所建立的主題，即宇宙是從無到有創造的。在希臘神學中，宇宙起源於混沌狀態。事實上，混沌一詞來源於希臘詞彙，意思為「深淵」。這個毫無特色的空洞通常被描繪為一個海洋，在巴比倫和日本的神學中就是這樣描繪的。這個主題也出現在古埃及神學中，太陽神Ra【1】是從漂浮的蛋中出現的。在玻利尼西亞神學中，宇宙蛋被一個椰子殼代替。瑪雅人相信的故事又有一些變化，宇宙誕生，但五千年後最終死亡，然後又一次一次復興，誕生和毀滅無休止地循環。

這些從無到有的神話是與佛教的宇宙論及某種形式的印度教截然不同的。在這些神學中，宇宙是永恆的，無始無終的。存在的級別有很多，最高的是「涅槃」，它是永恆的，只有通過沉思冥想才能達到。在印度佛教的教義中寫道：「如果上帝創造了世界，在創造世界之前他在哪裡呢？……要知道世界不是創造的，就像時間那樣沒有開始和終結。」

這些神學明顯地互相矛盾，不能明確地說出誰對誰錯。他們是相互排斥的：宇宙或者有開始，或者沒有，顯然沒有折衷的餘地。

然而今天似乎出現了一個解決方案，這是由全新的科學世界發展，由新一代翱翔於外太空的強大科學儀器所得出的結果。古代神學依賴的是講故事的人的智慧解釋世界的起源。今天，科學家則利用一組衛星、雷射、重力波探測器、干涉儀、高速超級電腦和網際網路，革新我們對宇宙的理解，給我們有關宇宙起源的更加引人注目的描述。

【1】譯註：Ra（拉），即太陽神，被畫成鷹頭而戴太陽之冠的古埃及人的主神。

從科學探測資料逐漸得出的是兩種相互對立的神學的合成。科學家推測，「起源」也許在無止境的「涅槃」海洋中重複發生。在這個新的圖片中，我們的宇宙可以比做漂浮在巨大「海洋」上的一個氣泡，在這個「海洋」上不斷有新的氣泡形成。根據這個理論，宇宙像開水中形成的氣泡，在不斷地產生，漂浮在一個更大的舞臺上，即一個11維的超空間「涅槃」上。越來越多的物理學家認為我們的宇宙的確是從一次火災中，從一個大霹靂中產生的，但它也與其他宇宙的永恆的海洋並存。如果我們是對的，大霹靂甚至就在你讀這本書時正在發生。

全世界的物理學家和天文學家現在都在推測這些並行的世界會是什麼樣子，服從什麼規律，它們怎樣誕生，最終如何死去。這些世界大概是荒無人跡的，沒有生命的基本要素。或者它們也許只是看上去像我們的宇宙，但被單一的量子事件分隔，使這些宇宙與我們的宇宙相異。一些物理學家推測，也許有一天，隨著我們生存的宇宙變老和變冷，生命難以繼續維持，我們將不得不離開它，逃到另一個宇宙中去。

驅動這些新理論的動力，是從太空衛星拍攝宇宙創建時留下的殘跡所得到的大量資料。最顯著的是，科學家現在將零點定在大霹靂發生後僅三十八萬年後所發生的事情。那時，宇宙創建時的餘暉首次充滿了宇宙。這種從宇宙創建所產生的輻射，最引人注目的描述大概是從WMAP衛星的新儀器得來的。

WMAP衛星

二〇〇三年二月，一些通常持保留態度的天文物理學家在談論從最近一顆衛星得到的精確資料時，異口同聲地讚歎道：「不可思議！」「一個新的里程碑！」WMAP（威爾金森微波各向異性探測器）是以宇宙學家大衛．威爾金森（David Wilkinson）的名字命名的，於二〇〇一年發射升空，已給予科學家前所未有的、精確年齡僅有三十八萬年的早期宇宙的詳細圖片。從誕生星星和星系的原始火球留下的巨大能量，環繞了我們的宇宙幾十億年。今天，它最終被WMAP衛星異常詳細地捕捉在影像上，產生了一幅以前從未見過的天空照片，驚人地、詳細地呈現大霹靂所產生的微波輻射。這些輻射被《時報》雜誌稱做「創世的回波」。天文學家再也不會以同樣的方式看待天空了。

普林斯頓高等學術研究所的約翰．巴寇（John Bahcall）說：「WMAP的發現代表了宇宙學從推測到精密科學的跨越。」[2]從宇宙歷史的早期得到的這些資料使宇宙學家首次能夠精確回答遠古時代的所有問題，自從人類第一次看到夜晚天空的美麗景色，這些問題就一直困惑著人類，並激起他們的好奇心。宇宙有多大年紀了？宇宙是由什麼構成的？宇宙的命運是什麼？

（一九九二年的前一顆COBE〔宇宙背景探測者衛星〕給了我們這些充滿天空的背景輻射的第一張聚焦不好而模糊不清的圖片。儘管這個結果是革命性的，但是因為它提供的早期宇宙圖片太不清楚了，所以令人失望。但這並沒有妨礙出版界將這張照片激動地稱為「上帝的臉」。然而，從COBE得到的這張模糊照片，更確切的說法應該是代表宇宙幼年的「嬰孩照片」。如果今天宇宙是一個八十歲的老人，則COBE和後來的WMAP所得到的照片是一個新生不到一天的宇宙。）

WMAP衛星能夠給我們前所未有的宇宙幼年的照片的原因是，夜晚的天空像一架時間機器。因為光

[2] www.space.com, Feb. 11, 2003

傳播的速度是有限的，我們在夜晚看到的星星是它過去的樣子，而不是現在的樣子。光從月球到達地球需要一秒多鐘，因此當我們凝視月亮時，我們看到的是它一秒鐘以前的樣子。光從太陽到達地球需要大約八分鐘。同樣，我們在天上看到的很多熟悉的星星是如此之遠，光從這些星星到達我們的眼需要十到一百年。換句話說，它們距離地球十到一百光年。一光年大約是六兆英里〔約九．六五六兆公里〕，或光一年走過的距離。從遙遠星系來的光可能有幾億到幾十億光年之遠。結果，這些光代表了「化石」光，有些甚至是在恐龍出現之前就發射出來的光。我們用天文望遠鏡能夠看到的某些天體叫做類星體，它們是巨大的發動機，在可見宇宙邊緣附近發出難以想像的能量，這些類星體離地球一二〇億到一三〇億光年。現在，WMAP衛星已檢測到甚至是在此之前從創造宇宙的原始火球所發出的輻射。

為了描述宇宙，宇宙學家有時採用從曼哈頓一百多層高的帝國大廈向下看的例子來說明。當你從頂層向下看時，你僅僅能夠看到街道水平面。如果帝國大廈的基礎代表大霹靂，那麼從頂層向下看，遙遠的星系將位於第十層。通過地球望遠鏡看到的遙遠的類星體將位於第七層。WMAP衛星所測量的宇宙背景則僅高出街道半英寸（約一．二七公分）。這樣WMAP衛星測量得出的宇宙年齡為一三七億年的準確性達到令人吃驚的百分之一。

WMAP完成的使命是十幾年來天文物理學家艱苦工作所達到的頂點。WMAP衛星的設想是在一九九五年首次提交給NASA（美國國家航空暨太空總署）的，兩年之後得到認可。在二〇〇一年六月三十日，NASA將WMAP衛星搭載在德爾塔II（Delta II）火箭上，將它發射到位於地球和太陽之間的太陽軌道上。目標仔細選在拉格朗日點2（或L2點，一個特殊而靠近地球的相對穩定點）。從這一有利的地點，該衛星總能背向太陽、地球和月亮，因此能夠得到完全不受障礙的宇宙視野，它每六個月完全地掃描一次整個天空。

它的儀器是最新式的。利用它強大的感測器，能夠檢測大霹靂所留下充斥宇宙的微弱微波輻射，但是這些輻射大部分被我們的大氣吸收掉了。這顆由鋁合金和複合材料製造的衛星內徑三．八公尺（一一．四英尺），外徑五公尺（十五英尺），重八四〇公斤（一，八五〇磅）。它有兩架背靠背望遠鏡聚焦來自周圍天空的微波輻射，它最終將資料用無線電發回到地球。它的電源僅四一九瓦，相當於五顆普通的燈泡。離開地球一百萬英里（約一六一萬公里），WMAP衛星位於地球大氣的干擾之外，微弱的微波背景輻射不會被地球大氣遮擋，並且能夠持續不斷地觀察整個天空。二〇〇〇年四月，該衛星完成了對整個天空的首次觀察。六個月後做了第二次整個天空的觀察。今天，WMAP衛星給了我們最完善的、詳細的微波輻射圖，這是以前從來沒有得到過的。一九四八年，喬治．伽莫夫（George Gamow）和他的小組曾首先預言了WMAP所檢測的微波背景輻射。他還指出這一輻射有一個與其相關的溫度。WMAP測量的這個溫度比絕對零度（負二七三．一五℃）高一點，在絕對溫度二．七二四九至二．七二五一度之間。

WMAP所拍攝的天空圖用肉眼看上去並不怎麼有趣，只是一群隨機分佈的斑斑點點。然而，這些斑斑點點卻讓一些天文學家激動得落下眼淚，因為它們代表了在宇宙創造之後不久所發生的大霹靂所產生的原始火災的波動和不規則。這些小的波動就像「種子」一樣從此以後無限擴展，就像宇宙本身向外爆炸一樣。今天，這些小的種子發展成我們所看到的照亮天空的星團和星系。換句話說，我們所在的銀河系（Milky Way galaxy）和我們周圍的星團曾經是這些波動之一。透過測量這些波動的分佈，我們看到星團的起源就像畫在天上的宇宙織錦上的小點。

今天，大量的天文資料積累的速度超過了科學家建立理論的速度。事實上，我認為我們正進入一個宇

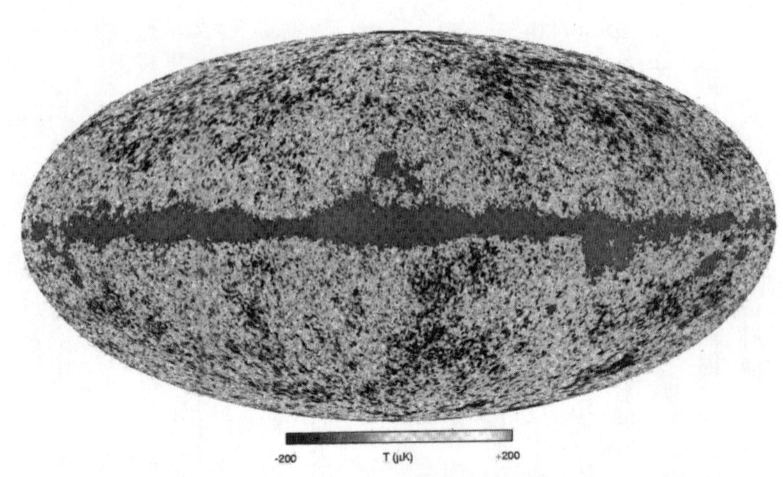

這是 WMAP 拍照的宇宙的「嬰兒照片」，因為拍的是它僅有三十八萬歲時的照片。每個點很可能代表在創造餘暉中的微小量子波動，它們隨後擴展，創造了我們今天看到的星團和星系。

宙理論的黃金時代。（儘管WMAP衛星給人深刻的印象，與歐洲二〇〇七年要發射的普朗克〔Planck〕衛星相比，它可能會成為一個矮子。普朗克衛星將給天文學家更加詳細的有關微波背景輻射的圖片。）在多年的思索和瘋狂的猜想之後，今天宇宙論終於成熟。在歷史上，宇宙學家因名聲不是太好而感到痛苦。他們滿懷激情所提出的有關宇宙的宏偉理論僅僅符合他們的一點可憐的資料。正如諾貝爾獎得主列夫·蘭道（Lev Landau）所諷刺的：「宇宙學家常常是錯誤的，但從不被懷疑。」科學界有句格言：「思索、更多的思索，這就是宇宙學。」

二十世紀六〇年代後期，我在哈佛大學主修物理，我考慮是否有研究宇宙學的可能性。從童年開始我就對宇宙的起源著迷。然而，只要看一看這個領域就知道它令人困窘。它根本不是一門實驗科學，不能用精密的儀器檢驗你的假設，而是一些不精確的猜測理論。宇宙學家忙於激烈地爭論，世界是在宇宙大霹靂時誕生的？還是自始至終以穩定的狀態一直存在？但是由於資料太少，各種理論的數量超過了資料的數量。事實上，資料越少，爭論越激烈。

在整個宇宙學的歷史中，由於可靠資料太少，導致天文學家長期的不和和痛苦，他們常常幾十年憤憤不平。例如，就在威爾遜山天文臺的天文學家艾倫．桑德奇（Allan Sandage）打算做一篇有關宇宙年齡的演講前，先前的發言者辛辣地說：「你們下一個要聽到的全是錯的。」【3】當桑德奇聽到反對他的人贏得了很多聽眾，他咆哮著說：「那是一派胡言亂語。它是戰爭、它是戰爭！」【4】

宇宙的年齡

天文學家一直渴望知道宇宙的年齡。幾個世紀以來，學者、牧師和神學家一直試圖估計宇宙的年齡，在他們的探討中所用的唯一方法是自亞當和夏娃所產生的人類的宗譜。在二十世紀，地質學家利用岩石中殘存的放射性元素提出地球年齡的最佳估計。與此相比，今天的WMAP衛星測量了大霹靂的回波，給我們最具權威的宇宙年齡。WMAP資料揭示，我們的世界是在一三七億年前發生的劇烈大霹靂中誕生的。

（多年來，一個困擾宇宙學的最令人不安的事實是，由於資料不完善，計算得出的宇宙年齡常常比行星和星星的年齡要年輕。以前估計的宇宙年齡是十億到二十億年，與地球的年齡四十五億年和最老的星星

【3】Croswell, p.181

【4】Croswell, p.173

的年齡一二〇億年相矛盾。現在，這些矛盾消除了。）

WMAP對希臘人二千年前提出的宇宙是由什麼構成的爭論問題，給出了意想不到的轉折性的答案。過去一個世紀，科學家相信他們已經知道了這個問題的答案。經過上千次艱苦的實驗，科學家得出結論：宇宙是由大約一百多種不同類型的原子構成的。這些原子在元素週期表上按次序排列，第一個是氫元素。這一理論成為現代化學的基礎，事實上，在每個高中的科學課程上都是這樣教的。WMAP現在毀滅了這種信念。

為了確認以前的實驗，WMAP得出我們所看見的周圍的物質，包括山、行星、星星和星系只占宇宙總物質和總能量的百分之四。（在這百分之四的物質中，絕大部分是氫和氦，大約只有百分之〇．〇三是重元素。大部分宇宙實際上是由完全不知道起源的、神秘的、不可見的材料構成的。）我們所熟悉構成我們世界的元素僅占宇宙的百分之〇．〇三。在某種意義上，科學被拉回到幾個世紀以前，那時還沒有出現原子假設，因為物理學家掌握了事實：宇宙是由全新的、不知道的物質和能量形式所支配的。

根據WMAP的觀測，百分之二十三的宇宙是由奇怪的、不確定的、叫做暗物質的物質構成的。這些物質有重量，以銀暈圍繞著星系，但是它們完全看不見。暗物質在我們的銀河系是如此普遍和豐富，以至它的重量為所有星星的十倍。儘管看不見，這種奇怪的暗物質能夠間接地被科學家觀察到，因為它能使光線彎曲，就像玻璃那樣，因此可以靠它所產生的光線扭曲來定位。

談到從WMAP資料得到的奇怪結果時，普林斯頓天文臺的天文學家約翰．巴寇（John Bahcall）說：「我們生活在一個難以相信的、瘋狂的宇宙中，但它是一個我們現在已經知道了它的詳細特性的宇宙。」【5】

但是，從WMAP資料得出最令人吃驚的大概是宇宙的百分之七十三是由完全不知道的、叫做暗能量的形式所構成，或隱藏在空間中看不見的能量構成的。愛因斯坦在一九一七年曾提出暗能量的概念，後來又放棄它，他將之稱為他的最大錯誤。現在暗能量又作為整個宇宙的驅動力重新出現了。現在人們相信這個暗能量產生一個新的反重力場，它使星系分開。宇宙自身的最終命運將由暗能量決定。

目前，沒有一個人知道暗能量是從何而來。西雅圖華盛頓大學的天文學家克雷格．霍根（Craig Hogan）承認：「坦率地說，我們確實不理解它，我們知道它的效果，但我們完全沒有線索……每個人都沒有它的線索。」【6】

如果我們採用最新的次原子粒子理論來試圖計算這個暗能量的值。我們發現它的數值為10^{120}，即一的後面跟一二〇個零。這個理論和經驗的矛盾遠遠超出了科學歷史上發現的最大差距。這是一個最令我們困惑的問題，我們最好的理論不能計算整個宇宙最大能源的值。可以肯定，有很多很多的諾貝爾獎在等待勤奮工作的、能夠揭示暗物質和暗能量秘密的人。

暴脹

天文學家仍然試圖竭力處理從WMAP得來的大量資料。因為它將古老的宇宙概念一掃而光，一個新

【5】Britt, Robert. www.space.com, Feb. 11, 2003

【6】www.space.com, Jan. 15, 2002

的宇宙學的圖像正在出現。查理斯·L·班尼特（Charles L. Bennett）是幫助建立和分析WMAP衛星的國際小組的領導人，他說：「我們已經奠定了統一的、一致的宇宙學理論的基礎。」[7]迄今為止，最先進的理論是「宇宙暴脹論」，它是大霹靂理論的重大更新，該理論是麻省理工學院的物理學家阿蘭·古斯（Alan Guth）首先提出的。在膨脹過程中，在一兆分之一的一兆分之一秒，一個神秘的反重力引起宇宙比預想的更快的速度膨脹。該膨脹期是難以想像的爆炸式的，宇宙膨脹的速度比光速更快。（這不違反愛因斯坦對任何物體的速度都不能超過光速的斷言，因為膨脹的空間是真空的空間。而實質性的物體不能超越光速。）在幾分之一秒中，宇宙不可想像地擴大了10^{50}倍。

為了直觀地說明此膨脹期的動力，想像一個正在膨脹的氣球，在氣球表面畫了一個星系。我們所看到的充滿了星星和星系的宇宙都位於這個氣球的表面上，而不是在氣球的內部。現在在氣球上畫一個用顯微鏡可見的小圈。此小圈代表可見的宇宙，即用我們的望遠鏡所看到的一切。（打個比方，如果整個可見的宇宙像次原子粒子那樣小，那麼實際的宇宙比我們看見的我們周圍的可見宇宙要大許多許多。）換句話說，膨脹的速度是如此之快，以至超出我們可見宇宙的整個區域並將永遠超出我們可以達到的範圍。

事實上，膨脹是如此巨大，在我們的視野範圍內，氣球看上去似乎是平的。這一事實已被WMAP衛星實驗證實了。同樣，地球看上去似乎是平的，因為與地球半徑相比我們人太小了。宇宙看上去是平的，只是因為它在更大的尺度上是彎曲的。

如果假定早期的宇宙經歷了暴脹的過程，我們就可以毫不費力地解釋很多有關宇宙的謎團，如為什麼它看上去是平的和均衡的。物理學家喬爾·普里馬克（Joel Primack）在評論暴脹理論時說過：「沒有一個理論能像暴脹理論這樣完滿，以前曾認為它是錯的。」[8]

多元宇宙

儘管暴脹理論與WMAP衛星得到的資料一致，但它仍然回答不了一些問題，如什麼引起膨脹？是什麼發出反重力使宇宙膨脹？有五十多種建議解釋是什麼引起膨脹，是什麼最終終止膨脹，創建了我們所看見的我們周圍的宇宙。但未達成共識。大多數物理學家贊同快速膨脹期這一核心思想，但是沒有確切的建議回答膨脹背後的發動機是什麼？

因為無人確切地知道膨脹是怎樣開始的，所以同一機制總有可能再次發生，即膨脹式的爆炸可能重複發生。史丹佛大學的俄羅斯物理學家安德列．林德（Andrei Linde）就提出了這樣的想法，即不管是什麼機制引起部分宇宙突然膨脹，該機制可能仍然在起作用，也許會意外地引起宇宙其他遙遠的區域也發生膨脹。

根據這個理論，一小片宇宙可能突然膨脹、「發芽」，萌生一個「女孩」宇宙或「男孩」宇宙，這些宇宙又可能萌生另一個嬰宇宙，如此不斷進行下去。想像吹一個肥皂泡到空中。如果我們使勁吹，我們看到有些肥皂泡分成兩半，產生新的肥皂泡。宇宙可能會以相同的方式不斷產生新的宇宙。如果這是真的，我們可能生活在這樣一個宇宙的海洋上，每個宇宙像一個漂浮在其他肥皂泡的海洋上的一個肥皂泡。事實

【7】*New York Times*, Feb. 12, 2003, P.A34

【8】Lemonick, p.53

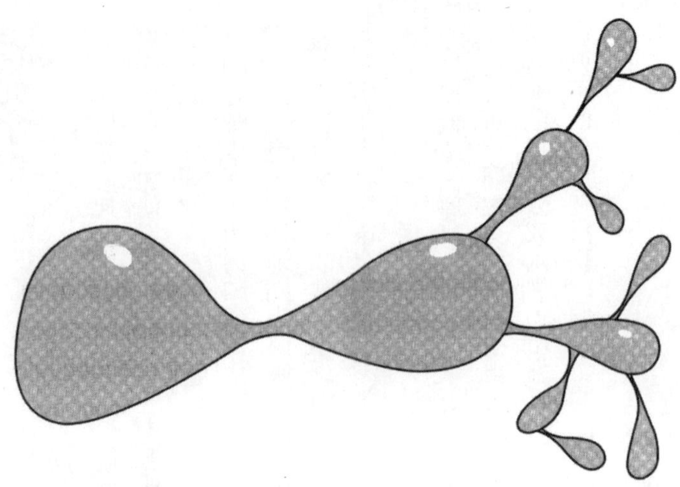

越來越多的理論證據支持多元宇宙的存在，在多元宇宙中，整個宇宙不斷萌生其他的宇宙。如果這是真的，它將統一兩種重大的宗教神學，「創始」和「涅槃」。在無始無終的「涅槃」的織構中「創始」不斷發生。

上，比「宇宙」更確切的詞應該是「多元宇宙」或「巨型宇宙」。

林德將這一理論叫做永恆的、自我再生的膨脹，或「無次序的膨脹」，因為他預想的是一個絕無終止的平行宇宙連續膨脹的過程。首次提出暴脹理論的阿蘭·古斯說：「暴脹理論幾乎是強迫我們接受多元宇宙的思想。」[9]

這一理論也意味著，我們的宇宙可能在某個時候萌生了它自己的一個嬰宇宙。也許我們自己的宇宙也是從更古老、更早期的宇宙萌生出來的。

馬丁·里斯（Martin Rees）是大英國協皇家學院的天文學家，他說：「我們通常所說的『宇宙』可能只是全體成員中的一員。可能存在不計其數的規律不同的其他宇宙。我們所在的宇宙屬於與眾不同的子集，在這個宇宙中允許複雜的事物和意識得以發展。」[10]

所有這些關於多元宇宙主題的研究活動讓人們開始思索，這些其他的宇宙看起來會是什麼樣子？是不是也有生命？是不是最終有可能與他們取得聯繫？加州理工學院、麻省理工學院、普林斯頓大學和其他研究中心的科學家已經進行了計算，以確定進入平行宇宙是不是符合物理學的規律。

M理論和11維空間

科學家曾以懷疑的眼光審視平行宇宙這一思想，因為它太神秘、太誇張和太離奇了。任何敢於研究平行宇宙的科學家都會受到嘲笑和傷害他的事業生涯，因為即便是現在也沒有實驗證據證明它的存在。

但是，近年來潮流急劇改變，本星球傑出的思想家都在極為興奮地探討這一課題。這種突然的轉變是由於一個新的理論，「弦理論」的出現，它的最新版本叫做「M理論」。該理論讓我們不僅有可能揭示多元宇宙的性質，還讓我們能「解讀上帝的心思」，正如愛因斯坦曾經雄辯地指出的那樣。如果這一理論證明是正確的，這將代表過去兩千年自希臘人首先開始探索單一的、一致的和全面的宇宙理論以來的物理學研究的最高成就。

關於弦理論和M理論所發表的論文數量是驚人的，有幾萬篇。關於這個課題舉辦了幾百次國際會議。世界上每一個主要的大學或者有一個小組在研究弦理論，或拼命地想認識它。儘管此理論不能用我們今天

【9】*New York Times*, Oct. 29, 2002, p.D4

【10】Rees, p.3

薄弱的儀器來檢測，它仍然激發了物理學家、數學家、經驗主義者的極大興趣。他們希望能在將來利用外太空強大的重力波檢測器和巨大的原子對撞機檢測此理論的正確性。

最終，此理論可能回答自大霹靂理論提出以來一直困擾宇宙學家的問題：在大霹靂之前發生了什麼？

這要求我們運用物理學知識的全部力量，運用幾個世紀以來所積累的每一個物理發現。換句話說，我們需要一個「萬物的理論」，一個包括驅動宇宙的各種物理力的理論。愛因斯坦花費了他生命的最後三十年追尋這種理論，但他最終未能成功。

目前，能夠解釋控制宇宙力多樣性的最重要的（和唯一的）理論是弦理論，或者它最近的化身M理論。（M代表「膜」，也包含「神秘」、「魔法」甚至「母親」的意思。儘管弦理論和M理論基本上是相同的，但M理論是一個更神秘的、更完善的、統一各種弦理論的框架。）

自古希臘以來，哲學家就已推測：最終組成大塊物質的可能是微小的叫做原子的粒子。今天，用我們強大的原子對撞機和粒子加速器，我們已經能夠將原子分裂為電子和原子核，原子核又可分裂為更小的次原子粒子。但是我們找不到一個優雅的、簡單的框架，從加速器發現的是幾百個次原子粒子，名字也很奇怪，如：微中子、夸克、介子、輕子、強子、膠子、W玻色子，等等。很難相信，大自然在它最基本的層次上會產生這麼多令人糊塗的奇異的次原子粒子群。

弦理論和M理論是根據一個簡單的和美妙的思想，即構成宇宙的讓人困惑的各種次原子粒子，類似於可以在小提琴琴弦上演奏的音調，或在鼓膜上演奏的鼓點。（「弦」和「膜」不是普通的弦和膜，它們存在於第10維和第11維超空間。）

傳統上，物理學家把電子看做是無限小的點粒子。這意味著物理學家不得不為他們發現的幾百種次原

音樂類比	弦的對照物
音樂符號	數學
小提琴弦	超弦
音調	次原子粒子
協調規律	物理
悅耳的音調	化學
宇宙	弦的交響曲
「上帝的心思」	整個超空間的音樂共鳴
作曲家	？

子的每一個引進不同的點粒子，結果造成十分混亂的局面。但是根據弦理論，如果我們有一個超級顯微鏡能夠探測到一個電子的心臟，我們將會看到它根本不是點粒子，而是一個很小的振動的弦。只是因為我們的儀器太粗糙，它才看上去是一個點粒子。

這些很小的弦依次以不同的頻率振動和共鳴。如果我們撥動這個振動的弦，那麼它就會改變模式，變成另一個次原子粒子，如夸克粒子。再把它撥動，它又將轉變成微中子。用這種方式，我們可以將眾多的次原子粒子解釋為不是別的，而是弦的不同音調。我們現在可以將實驗室看到的幾百個次原子用一個單一的弦這個物體來代替。

用這個新的詞彙，經過幾千年的試驗仔細構造的物理學定律不是別的，只是人們為弦和膜書寫的協調規律。化學定律是人們可以在這些弦上演奏的悅耳音調。宇宙是弦的交響曲。愛因斯坦意味深長地所譜寫的有關「上帝的心思」是整個超空間的宇宙音樂共鳴。（這又產生了另一個問題：如果宇宙是弦的交響曲，那麼有作曲家嗎？我在後面的第十二章討論這個問題。）

宇宙的終結

WMAP不僅讓我們更精確地看到早期的宇宙，它也提供了我們的宇宙將如何死亡的最詳細圖片。正如神秘的反重力在創世之初將星系推開一樣，這同一個反重力正將宇宙推向它的最終命運。以前，天文學家認為宇宙的膨脹正逐漸減慢。現在，我們認識到，宇宙的膨脹是加速的，星系正以不斷增加的速度飛快地離開我們。構成宇宙物質和能量百分之七十三的同一個暗能量正在加速宇宙的膨脹，以日益增加的速度將星系推開。太空望遠鏡研究所的亞當・里斯（Adam Riess）說：「宇宙就像一個見到紅燈減慢速度的駕駛員，當紅燈變成綠燈時踩油門加速前進。」【11】

除非有什麼意外的事情發生使這個膨脹過程逆轉，在一千五百億年內我們的銀河系將變成一個孤島，百分之九九・九九九九九的銀河系附近的星系將跑到可見宇宙的邊緣之外。夜晚天空中熟悉的星系將跑到離開我們如此遙遠的地方，以致它們的光線永遠也不能到達我們。這些星系本身不會消失，但它們離得太遠，我們的望遠鏡不能再看到它們。儘管可見宇宙包含大約一千億個星系，但在一千五百億年後僅能見到局部超星系團中的幾千個星系。在更加遙遠的將來，只有由三十六個星系組成的本地星群構成整個可見的宇宙，幾十億個星系將漂出地平線的邊緣之外。（這是因為本地星群的重力足以克服膨脹力。反過來說，當遙遠的星系離開視野，生活在這個黑暗世紀的任何天文學家可能根本檢測不到宇宙的膨脹，因為本地星系群內部不膨脹。在遙遠的未來，第一次分析夜晚天空的天文學家可能認識不到有任何膨脹，於是得出結論說：宇宙是靜態的，僅由三十六個星系構成。）

如果這個反重力繼續下去，宇宙將最終死亡，形成大凍結。由於深層空間的溫度趨於絕對零度，分子本身都很難運動，宇宙中的所有智慧生命最終將被凍死。在幾兆的幾兆年之後，星星將不再發光，它們的核火因燃料耗盡而熄滅，夜晚的天空將永遠是漆黑一片。宇宙膨脹留下來的僅僅是由矮星、中子星和黑洞構成的寒冷的、死亡的宇宙。更遠更遠的將來，黑洞本身也將蒸發掉它們的能量，留下一個無生氣的由漂浮基本粒子顆粒構成的寒冷的霧。在這樣一個荒涼的寒冷宇宙中，任何可以想像的生命形式實際上都是不可能的。在這樣一個凍結的環境中，熱力學的鐵則不允許有任何資訊傳遞，所有的生命必然滅絕。

在十八世紀就有人開始認識到宇宙最終將可能冰凍而死。查理斯・達爾文（Charles Darwin）在評論物理學定律似乎註定了所有智慧生命必將滅亡這一令人沮喪的結局時，寫道：「我相信在遙遠將來的人類，比起現在將是更加完善的生物，一想到人類和所有其他有知覺的生物，在這個長期持續的緩慢過程中註定要完全滅絕，讓人不能忍受。」[12]不幸的是，從WMAP衛星得到的最新資料似乎證實了達爾文的擔憂。

逃往超空間

物理定律決定了宇宙間的智能生命將註定面臨死亡。但是也有演化定律，當環境改變時生命可以適應

【11】*New York Times*, Feb. 18, 2003, p.F1

【12】Rothman, Tony. *Discover* Magazine, July, 1987, p.87

環境而生存下去，或者死亡。因為生命不可能適應因凍結而死亡的宇宙，因此為了避免死亡唯一的選擇是離開我們這個宇宙。當宇宙面臨最終死亡的時候，幾兆年後的文明是不是有可能具備了必要的技術，乘坐太空「生命之船」離開我們的宇宙，漂向另一個更年輕、更溫暖的宇宙呢？或者是不是他們能夠利用超級技術構建「時間彎曲」，返回到過去他們自己的那個更溫暖的年代呢？

另一個極端的構思是：有些物理學家提出了一些似乎可信的計畫，利用可利用的最先進物理學，提供最現實的空間入口或通往另一個宇宙的通路。當物理學家計算人們是不是可能利用「外來的能量」和黑洞，找到通往另一個宇宙的通道時，全世界物理實驗室的黑板上充滿了抽象的方程式。幾百萬年到幾十億年以後的文明是不是能在技術上開發出已知的、進入另一個宇宙的物理定律呢？

劍橋大學的宇宙學家史蒂芬·霍金（Stephen Hawkin）曾俏皮地說：「蟲洞，如果存在的話，會是快速太空旅行的理想通道。你可以穿過蟲洞到星系的另一側，然後趕回來吃午餐。」【13】

如果「蟲洞」和「空間入口」尺寸太小，無法讓大批的人離開我們的宇宙，那麼還有另一個選擇：將高級智慧文明的總訊息量縮減到分子級別，讓它們通過通道，然後在另一端重新自我裝配。用這種方式，整個文明可以將它的種子通過空間通道，然後重建它的光輝。超空間不是理論物理學家手中的玩物，在宇宙面臨死亡時，它是拯救智能生命的最終途徑。

但是要完全理解這些內容的含義，我們必須首先瞭解宇宙學家和物理學家是怎樣經過千辛萬苦才得到這些令人吃驚的結論的。在《平行宇宙》這本書中，我們將審閱宇宙學的歷史，幾個世紀以來在這個領域所產生的矛盾，最後闡述與所有實驗資料相符合的暴脹理論，以及我們不得不接受的多重宇宙的概念。

【13】Hawking, p.88

第二章

荒謬的宇宙

如果在創世時我在的話，我會給出一些有用的暗示，讓宇宙的秩序變得更好。

——阿方斯・懷斯（Alphonse the Wise）

該詛咒的太陽系。這裡光線太壞、行星太遙遠、彗星令人煩惱、發明才能太弱，我能創造一個更好的宇宙。

——傑費里（Lord Jeffrey）

莎士比亞在戲劇《皆大歡喜》中寫下一段不朽的話：

整個世界是一個舞臺，
所有的男人和女人只是演員，
他們都將進場和退場。

在中世紀，世界的確是一個舞臺，但它是一個小的靜態的舞臺，是由一個小而扁平的地球構成的，在它周圍有天體以其完美的天體軌道神秘地繞著它運動。彗星被看做是預示國王死亡的預兆。當一〇六六年的大彗星掠過英國上空時，它嚇壞了哈羅德（Harold）國王的撒克遜士兵，他們很快輸給了征服者威廉進攻得勝的軍隊，奠定了現代英國形成的舞臺。

同一顆彗星一六八二年又一次掠過英國的上空，又一次在整個歐洲引起恐慌。似乎每一個人，從農民到國王都被這顆掃過天空、意想不到的天上遊客所迷惑。這顆彗星從何處來？到何處去？它意味著什麼？

艾德蒙．哈雷（Edmund Halley）是一個富有的紳士，一個業餘天文學家，他對這顆彗星十分著迷，於是他去徵求他那個時代最偉大的科學家之一，艾薩克．牛頓的意見。當他問牛頓是什麼力可能控制這顆彗星的運動時，牛頓平靜地回答：這顆彗星沿橢圓軌道運動，這是由與距離平方成反比的力決定的。（即作用在這顆彗星上的力隨著離開太陽距離增加按平方關係而減小。）牛頓說，他已經用他發明的望遠鏡，即今天全世界天文學家所用的反射望遠鏡跟蹤這顆彗星，它的軌道遵循他在二十年前建立的重力定律。

哈雷感到震驚，有些不大相信，他說：「你怎麼知道的？」牛頓回答道：「什麼？我計算出來的。」[1]

哈雷做夢也沒有想到自人類開始凝視天空就一直使他們迷惑的天體秘密，能夠用新的重力定律來解釋。

哈雷認識到這一突破的巨大意義，他慷慨地提供經費出版這一新的理論。一六八七年，在哈雷的鼓勵和資助下，牛頓發表了他的鉅著《自然哲學的數學原理》。這部著作受到熱烈歡迎，被看做是從未發表過的最重要著作。一瞬間，不知道太陽系規律的科學家突然能夠極其精確地預計天體的運動了。

《原理》一書在歐洲的沙龍和宮廷的影響是如此巨大，以至詩人亞歷山大·蒲伯（Alexander Pope）寫道：

> 自然和自然規律埋藏在黑暗之中，
> 上帝說：讓牛頓去發現它！讓一切大放光明。

（哈雷認識到：如果這顆彗星的軌道是一個橢圓，人們也許能夠計算什麼時候它會再次掠過英國上空。尋找歷史記錄，他發現一五三一、一六〇七和一六八二年的彗星的確是同一顆彗星。就是這顆彗星曾經在一〇六六年創建現代英國時起了關鍵作用，在整個有記錄的歷史上，人們都曾看到這顆彗星，包括朱利斯·凱撒。哈雷預計這顆彗星將在一七五八年回來。這時牛頓和哈雷都早已去世。當這顆彗星精確地按照日程表在這一年的耶誕節返回時，人們把這顆彗星命名為哈雷彗星。）

【1】 Bell, p.105

牛頓早在二十年前發現了萬有引力定律，那時鼠疫迫使劍橋大學關閉，牛頓被迫回到他在伍爾斯索普的鄉村莊園。他深情地回憶到：他在莊園周圍散步時看到一個蘋果掉下來。這時他問了自己一個最終改變人類歷史進程的問題。他問道：如果蘋果掉下來了，月亮也會掉下來嗎？在天才的一閃念間，牛頓認識到蘋果、月亮和行星全都服從同一個重力規律，即在與距離平方成反比的重力作用下，它們全都會落下。當牛頓發現十七世紀的數學太原始不能解這個重力定律時，他發明了數學的新分支——微積分，用來確定掉落蘋果和月球的運動。

《原理》一書也包含牛頓寫下的力學定律，即確定地面物體和天體拋物線軌道的運動定律。這些定律奠定了設計機械、利用蒸汽能、製造火車頭的基礎，這些進步為工業革命和現代文明鋪平道路。今天，每一座摩天大樓、每一座橋樑和每一枚火箭都是按照牛頓的運動定律建造的。

牛頓不僅給了我們永恆的運動定律，他也改變了我們的世界觀，給了我們全新的宇宙描繪，在這個宇宙中控制天體的神秘定律是與控制地面物體的定律相同的。生活的舞臺不再被可怕的天上徵兆所包圍，相同的定律既能應用在演員身上，也能用在佈景之上。

本特利佯繆

因為《原理》是這樣一部雄心勃勃的鉅著，所以它在宇宙構造問題上引起了一個令人煩惱的矛盾。如果世界是一個舞臺，它有多大呢？它是無限的還是有限的呢？這是一個古老的問題，甚至羅馬哲學家盧克萊修也對這個問題著迷，他寫道：「宇宙在任何方向都是沒有邊界的。如果它有的話，在某個地方必定有一個界限。但是顯然除非在一件東西的外面有其他東西包圍，否則這件東西不可能有界限……整個宇宙在所有尺度，在這一側或那一側，向上或向下都沒有端點。」【2】

但是牛頓的理論也揭示出，任何有限和無限的宇宙理論所固有的矛盾。最簡單的問題也會使你陷入矛盾的泥淖。即便牛頓沉浸在因發表《原理》一書所帶來的榮譽之中，他仍發現他的重力理論存在一些矛盾。一六九二年，一個名叫理察．本特利（Rev. Richard Bentley）的牧師寫了一封措辭謹慎的、坦率的，但是令人煩惱的信給牛頓。本特利寫道：因為重力總是吸引的，絕不是排斥的，這就意味著任何星星的集合將會自然地聚集到一起。如果宇宙是有限的，那麼夜晚的天空不會是永恆的和靜態的，當星星彼此相撞聚合成一個燃燒的超級星球時，我們看到的將是一幅難以置信、慘不忍睹的大屠殺情景。但是本特利也指出：如果宇宙是無限的，作用在任何物體上的力，向左的和向右的，也是無限的，因此星星將被撕成碎片。星星將出現火災，並被撕裂開來。

最初，本特利似乎把牛頓逼入死棋了。宇宙要麼是有限的（將聚集成一個火球），要麼是無限的（所有的星星將爆炸而撕開）。不管哪種可能性，對牛頓提出的年輕理論來說都是一場災難。這個問題在歷史上第一次揭示出將重力理論應用到整個宇宙時所產生的矛盾。

在仔細思考之後，牛頓回了信，他在爭論中找到一個論點。牛頓傾向於宇宙是無限的，但它是完全

【2】 Silk, p.9

均勻的。因此，如果一顆星星被無限數量的星星拉向右，它就會被另一方向的另一個無限系列的星星拉向左，從而抵銷了前者的作用。在每一個方向所有的力是平衡的，產生一個靜態的宇宙。因此，如果重力總是吸引的，對本特利佯繆的唯一解答是宇宙必須是均勻的、無限的。

牛頓在與本特利的爭論中找到了一個論點。但是牛頓聰明地認識到他的回答是軟弱無力的。他在一封信中承認：儘管他的回答技術上是正確的，但內在是不穩定的。牛頓的均勻的、無限的宇宙就像一座用紙牌搭成的房屋，稍有風吹草動就會使它坍塌。人們可以計算得出：只要有一顆星星晃動一點，馬上就會引起連鎖反應，星團就會立刻開始崩潰。牛頓軟弱無力的回答只能乞求「神的力量」防止這個紙牌建造的房屋不致倒塌。他寫道：「需要一個持續不斷的奇蹟來防止太陽和恆星在重力作用下跑到一塊兒。」[3]

對牛頓來說，宇宙就像一個在創世之初由上帝擰緊了發條的巨大鐘錶，從此以後根據他的運動三定律滴答滴答地走動，不再有神的干預。但是，有時候神也不得不偶爾干預一下，將宇宙再擰一下使它不致崩潰。（換句話說，上帝不得不偶爾干預一下，以防止生活舞臺的佈景不至崩潰落到演員的頭上。）

奧伯斯佯繆

牛頓知道在任何無限的宇宙中有著更深層次的矛盾，叫做奧伯斯（Olbers）佯繆，這個佯繆是從夜晚天空的背景為什麼是黑色產生的。早至約翰．克卜勒（Johannes Kepler）時代的天文學家就認識到：如果宇宙是均勻的和無限的，那麼不管你向哪看，你都會看到從無數個星星發出的光。凝視夜晚天空的任一點，我們的視線將最終穿過不計其數的星星，接收到無限數量的光線。因此，夜晚的天空應該是一片火海！但事實是，夜晚的天空是黑的，不是白的，幾個世紀以來這成了一個微妙的，但是意義深遠的宇宙矛盾。

這個佯繆像本特利佯繆一樣，看上去簡單，卻使很多代的哲學家和天文學家苦惱。本特利佯繆和奧伯斯佯繆都與觀察有關，在一個無限的宇宙中，重力和光線可以產生無限多個沒有意義的結果。幾個世紀以來，人們提出了很多不正確的回答。克卜勒被這個佯繆困惑得走投無路，只得推測宇宙是有限的，被一個外殼所包圍，因此只有有限數量的光線能夠到達我們的眼球。

對這個佯繆的回答是如此混亂，以至一九八七年的一項研究表明：百分之七十的天文學教科書都給出不正確的回答。

起初，人們說光線被塵雲吸收了，想由此解答奧伯斯佯繆。一八二三年海因里希·威廉·奧伯斯（Heinrich Wilhelm Olbers）第一次清楚地敘述這個佯繆時，他本人就是這樣回答的。奧伯斯寫道：「地球是多麼幸運啊，不是天穹每一點的光線都能到達地球！要不然亮度和熱度將不可想像，比我們感受的要高九萬倍，只有全能的上帝才能設計出能在這種極端環境條件下生存的生物體。」【4】奧伯斯提出：為了地球不沐浴在像太陽光盤那樣明亮的背景中，塵雲必須吸收大量的熱，地球上的生命才能夠生存。例如，我們所在的銀河星系的火焰中心，在夜晚的天空中本應特別耀眼，但實際上它藏在了塵雲的背後。因此當我們

【3】Croswell, p.8
【4】Croswell, p.6

遙望銀河系中心所在的人馬星座的方向時，我們看到的不是閃爍的火球，而是一片黑暗。

但是塵雲不能真正解釋奧伯斯佯繆。經過一個無限長的時間週期，塵雲吸收來自無數星球的光線，最終將和星星表面一樣發光。因此，塵雲在夜晚的天空應發光。

同樣，人們可以假定：星星離得越遠就越暗淡。這是對的，但不能回答這個佯繆。如果我們觀察夜晚天空的一部分，非常遙遠的星星的確很暗，但是你看得越遠，你看到的星星就越多。在均勻的宇宙中這兩者的效果互相抵銷，夜晚的天空仍然應該是白的。（這是由於光線的強度隨距離的平方減小，星星的數量隨距離的平方增加，兩者抵銷。）

非常奇怪的是，歷史上第一個解決這個佯繆的人是一位美國推理小說家愛德格·愛倫·坡（Edgar Allen Poe），他是一位天文學的長期業餘愛好者。就在他臨死之前，他在一篇叫做《我發現了》的充滿哲理的散文詩中，發表了他很多觀察。其中有非常精彩的一段話：

> 如果一連串的星星是沒有止境的，展現在我們面前的天空的背景應是均勻照明的，像銀河系所顯示的那樣。因為在整個背景中絕不可能找到一個地方沒有星星。因此，在這種情況下為什麼我們的望遠鏡在數不清的方向什麼也看不見的原因是：不可見的背景距離是如此遙遠，以至根本沒有光線能到達我們。【5】

他最後說：「到目前為止這個想法太美妙了，還無法證實。」

這是正確回答問題的關鍵。宇宙不是無限的老。它有起源。到達我們眼球的光線有一個有限的分離點。從最遙遠星星來的光線還來不及到達我們。宇宙學家愛德華·哈里斯（Edward Harrison）首先發現愛倫．坡解決了奧伯斯佯繆。他寫道：「當我第一次讀到愛倫．坡的詩時，我驚呆了。一個詩人，最多是一位業餘科學家，怎麼能在一百四十年前就認識到正確的答案，而在我們的學院裡卻一直講解著錯誤的結論？」【6】

一九〇一年，蘇格蘭的物理學家．開爾文勳爵（Lord Kelvin）也發現了正確的答案。他認識到：當你遙望夜晚的天空時，你看到的是它過去的樣子，而不是現在的情況。因為光的速度儘管按照地球的標準是非常之快（每秒一八六，二八二英里（每秒三十萬公里）），但仍然是有限的，光從遙遠的星球到達地球需要時間。開爾文計算得出：要想夜晚天空是白的，宇宙的範圍必須擴大到幾百兆光年。但是因為宇宙的年齡沒有到兆年，所以夜晚天空一定是黑的。（還有第二個夜晚天空為什麼是黑的理由，星星的壽命是有限的，以幾十億年計。）

近來，利用哈伯太空望遠鏡已經有可能以實驗驗證愛倫．坡解答的正確性。這些強大的望遠鏡又使我們能夠回答甚至是孩子也能提出的問題。最遠的星在哪裡？在最遠的星之外有什麼？為了回答這些問題，天文學家為哈伯太空望遠鏡編制了程式以執行一項歷史性的任務：拍攝宇宙最遠之處的快照。為了捕捉最深層空間角落極其微弱的輻射，該望遠鏡必須完成一項前所未有的任務：在總共幾百小時的時間內，精確地瞄準獵戶星座附近天空的同一點，這要求該望遠鏡在圍繞地球運轉四百圈的時間內要完全對準。此計畫是如此之困難，不得不花費四個月的時間才完成。

【5】Smoot, p.28
【6】Croswell, p.10

二〇〇四年，全世界的報紙以頭版頭條新聞發佈了一張極有吸引力的照片。這張照片展示從大霹靂之初的混沌中凝縮出來的一萬個初期的星系。太空望遠鏡科學研究所的安東・柯克莫爾（Anton Koekemoer）宣稱：「我們可能已經看到創世的終結。」【7】此照片顯示離開地球一三〇億光年的一團暗淡的星系，也就是說光要花費一三〇億年的時間才能到達地球。因為宇宙本身的年齡只有一三七億年，這意味著這些星系是在創世後大約五億年的時間形成的，這時第一批星星和星系正從大霹靂留下的氣體中凝縮出來。該研究所的天文學家馬西莫・斯蒂瓦韋里（Massimo Stivavelli）說：「哈伯把我們帶到距離大霹靂本身僅僅一箭之遙。」【8】

但是又有問題產生了：在最遠的星系外面有什麼呢？當你凝視這張非凡的照片時，很明顯在這些星系之間只有黑色。它是一個來自遙遠星球光線的一個最終的分離點。然而，這些「黑色」實際上又是微波背景輻射。因此，對夜晚天空為什麼是黑色的最終回答是：夜晚天空實際上根本不是黑的。（如果我們的眼睛能夠或多或少看到微波輻射，不只是可見光，我們就會看到來自大霹靂的輻射充滿了夜空。在某種意義上，來自大霹靂的輻射出現在每晚的夜空。如果我們的眼睛能夠看到微波，我們就會看到位於最遠的星星之外的創世主。）

愛因斯坦的反叛

牛頓定律是如此地成功，以至科學花費了兩百多年的時間才進入下一個決定性的步驟，開始了阿爾伯特·愛因斯坦（Albert Einstein）的工作。愛因斯坦開始他的事業時，似乎沒有什麼可能，使他成為這樣一次革命的候選人。他在一九〇〇年畢業於瑞士蘇黎世工學院，獲得學士學位。畢業後他發現自己沒有什麼希望被雇用。他的生涯被他的教授們破壞了，他們不喜歡這個常常曠課、不懂禮貌、過於自信的學生。他懇求的、壓抑的信可以說明他的痛苦程度。他把自己看成是一個失敗的和他雙親痛苦的經濟負擔。他在一封令人痛苦的信中承認他甚至想結束自己的生命，他沮喪地寫道：「我可憐的父母命運很慘，這麼多年來沒有一刻快樂過，這像一塊沉重的石頭壓在我的心上……我只是我雙親的負擔……也許我死了會更好一些。」【9】

在絕望中，他想到轉變職業，加入了保險公司。他甚至擔任了孩童的私人教師這樣的工作，但由於與老闆爭吵被解雇了。當他的女朋友米列娃·馬里克意想不到地懷孕之後，他悲痛地認識到，由於他沒有財

【7】*New York Times*, March 10, 2004, p.A1

【8】*New York Times*, March 10, 2004, p.A1

【9】Pais2, p.41

力娶她，他們的孩子生下來將是私生子。（到現在也沒有人知道他的私生女利澤勞爾後來怎樣了。）當他父親突然去世時，他感到深深地悲痛，從此留下的感情傷疤永遠也沒有完全復原。他的父親臨死時還在想他的兒子是一個失敗者。

儘管一九〇一年到一九〇二年大概是愛因斯坦一生中最糟糕的時期，他的同班同學馬塞爾・格羅斯曼透過關係，為他在伯恩的瑞士專利局找到一個可靠的普通職員的工作，挽救了他的生涯。

相對論的矛盾

從表面上看，專利局不大可能成為啟動自牛頓以來物理學偉大革命的地方。但是專利局有它的優點。在迅速處理完堆在桌上的專利申請之後，愛因斯坦會靠在椅背上，回到他童年時的夢想。他年輕的時候讀了一本亞倫・伯恩斯坦（Aaron Bernstein）的書，《大眾自然科學讀物》。他回憶道：「這本書我一口氣將它讀完。」伯恩斯坦要讀者想像，當電流跑過電報線時，你在電流的旁邊和它一起跑。愛因斯坦十六歲時問自己一個簡單的問題：如果你能趕上光線，那會是什麼樣子？愛因斯坦回憶道：「這樣一個從矛盾中得出的原理，在我十六歲時就偶然發現了：如果我以速度 c（光在真空中的速度）追趕一束光線，我應當看到這束光線作為空間振盪的電磁場是靜止的。然而，不管是根據經驗還是根據馬克斯威爾方程式（Maxwell's equations），似乎不會有這樣的事情發生。」[10]仍是孩子的愛因斯坦想：如果你能和光線一起跑，它看起來應是凍結的，像一個不運動的波。然而，從沒有人看到過凍結的光線，因此一定是有什麼事情大錯特錯了。

在十九世紀末二十世紀初，物理學有兩大支柱：牛頓力學理論和重力，以及馬克斯威爾的光的理論，萬物都依賴這兩個支柱。在十九世紀六〇年代，蘇格蘭物理學家詹姆士・克拉克・馬克斯威爾（James Clerk Maxwell）證明光是由彼此不斷改變的振動電場和磁場構成的。使愛因斯坦震驚的是，他發現這兩個支柱是互相矛盾的，二者之一必須否定。

在馬克斯威爾方程式的框架範圍內，愛因斯坦找到了困擾他十年的難題解答。愛因斯坦發現了馬克斯威爾本人忽略的一些地方，馬克斯威爾方程式指出，無論你試圖以多快的速度追趕光線，光線都以固定的速度傳播。光速c在所有慣性座標框架（即勻速運動的框架）中都是相同的。不管你是站著不動、或是坐在火車上、或在飛速掠過的彗星上，你都會看到光線以同樣的速度向你疾駛而來。不管你跑得有多快，你絕不會超過光線的速度。

這立刻會產生一堆矛盾。你想像一下一個太空人追趕飛速行進的光線。太空人在他的火箭船中點火起飛，直到他與這束光線並肩前進。對於在地面上觀看這個假想追趕的旁觀者來說，他會說太空人和這束光線是肩並肩移動的。然而，太空人的說法則完全不同，他說這束光線飛速地離他而去，就好像他的火箭船靜止不動一樣。

愛因斯坦面臨的問題是：同一件事，為什麼兩個人的說法完全不同呢？按照牛頓的理論，人們總有可

【10】Schilpp, p.53

能追上光線；而在愛因斯坦的世界中，這是不可能的。他忽然認識到，在物理學最基礎的地方有一個基本的缺陷。在一九〇五年的春天，愛因斯坦回憶道：「在我的大腦中刮起了一場暴風雪。」愛因斯坦在一閃念之間找到了答案：時間跳動的速率是不同的，取決於你運動得多快。事實上，你運動得越快，時間進展得越慢。時間不是像牛頓所想的那樣是絕對的。根據牛頓的說法，在整個宇宙中時間的節拍是均勻的，因此在地球上過了一秒，在木星和火星上也過了一秒，在整個宇宙中時鐘的節拍是絕對同步的。然而，對愛因斯坦來說，在整個宇宙中時鐘的節拍是不同的。

愛因斯坦認識到：如果時間的節拍可以依賴你的速度改變[11]，那麼其他的量，如長度、質量和能量也會改變。運動得越快，距離收縮得越多（有時叫做洛倫茲－費茲傑羅收縮〔Lorentz-FitzGerald contraction〕）。類似地，運動得越快，重量變得越重。（事實上，當你接近光速時，時間將減慢到停止，距離收縮到零，重量變得無限大，看起來荒謬可笑。這就是為什麼不能突破光障的原因，光速是宇宙中的速度極限。）

一位詩人是這樣描述這個奇怪的空間－時間扭曲的：

有一個叫費斯克（Fisk）的年輕小夥子
他的劍術非常敏捷。
他舞劍的速度是如此之快，
由於費茲傑羅收縮
他細長的劍縮成了一個盤。

就像牛頓以突破性的進展統一了地面上的物理學和天文物理學，愛因斯坦以同樣的方式統一了空間和時間。他還指出物質和能量也是統一的，因此可以彼此轉換。如果一個物體運動越快，它變得越重，這意味著運動的能量轉換成了物質。反過來也是對的，物質也可以轉換成能量。愛因斯坦計算出物質能轉換成多少能量，他得出的計算公式是$E = mc^2$，即一小點質量m當它轉換成能量E時，要乘一個巨大的數字（光速的平方）。這樣，照亮宇宙星星的能源的秘密被揭示出來了，它是物質透過這個方程式轉換成能量的結果。星星的秘密可以從以下簡單的陳述中得出：在所有慣性框架內光速是相同的。

和他之前的牛頓一樣，愛因斯坦改變了我們生活舞臺的世界觀。在牛頓的世界中，所有的演員都精確地知道現在是什麼時間和距離怎樣測量。時間的節拍和舞臺的尺度絕不會改變。但是相對論給我們一種奇異的方式來理解空間和時間。在愛因斯坦的宇宙中，所有的演員都有自己的手錶，顯示的時間不同。這意味著不可能同步舞臺上所有的錶。規定在中午排練對不同的演員意味著不同的時間。運動越快，手錶的節拍越慢，演員變得越重越胖。

【11】物體以接近光速移動時會收縮這一現象，實際上是由亨德里克·勞侖茲（Hendrik Lorentz）和喬治·佛朗西斯·費茲傑羅（George Francis FitzGerald）發現的，比愛因斯坦還要稍早些。但是他們沒能理解這一效應。他們想用一種純牛頓式的理論框架對這一效應進行分析，把它看成是原子穿過「乙太風」時受到電磁擠壓而造成的收縮。愛因斯坦思想的力量在於，他不僅以一項法則為基礎（光速恆定）得出了一整套狹義相對論，而且還將它解釋為一項普遍適用的、與牛頓理論相矛盾的自然法則。因此，這種扭曲變形實際上屬於空間—時間的內在特性，而不是物質的電磁變形。在得出與愛因斯坦方程式相同的結果方面，偉大的法國數學家亨利·龐加萊（Henri Poincaré）可能是最接近的。然而只有愛因斯坦得出了全套方程式，並且深刻而具體地洞悉了這個問題。

經過了好多年，愛因斯坦的洞見才被科學界的大部分人所承認。但是愛因斯坦沒有停步，他想把他新的相對論應用到重力上。愛因斯坦認識到這會多麼困難，他將挑戰他那個時代最成功的理論。量子論的奠基人馬克斯．普朗克（Max Planck）提醒他：「作為一個老朋友，我必須再次勸告你，首先你不會成功，即便你成功了也沒有人會相信你。」【12】

愛因斯坦認識到：他最新的相對論違背了牛頓的重力理論。按照牛頓，重力在一瞬間傳遍整個宇宙。但是這指出了一個甚至孩子有時也會問的問題：「如果太陽消失會發生什麼？」對牛頓來說，整個宇宙會同時在瞬間看到太陽消失。但是根據狹義相對論，這是不可能的，因為星星的消失是受光速限制的。根據相對論，太陽忽然消失應會發出球面重力衝擊波，以光的速度向外傳播。在衝擊波的外面，觀察者會說太陽還在發光，因為重力還來不及到達他們。但是在衝擊波之內，觀察者會說太陽消失了。為了解決這個問題，愛因斯坦引進了面貌全然不同的空間和時間描繪。

彎曲空間的「力」

牛頓把空間和時間看做一個巨大的、空的舞臺。在這個舞臺上，一切事件按照他的運動定律發生。這個舞臺充滿奇蹟和神秘，但基本上是惰性的和靜止的，是一個被動的自然界活動的見證人。然而，愛因斯坦把這個想法換了一個角度。對愛因斯坦來說，舞臺本身也成了生活的重要部分。在愛因斯坦的世界中，空間和時間不是牛頓所假定的靜止舞臺，而是動態的，以奇怪的方式彎曲和曲線的。假定生活的舞臺用一個彈簧床來代替，演員在他的重量作用下會慢慢沉下去。在這樣一個舞臺上，我們看到舞臺變得和演員一樣重要。

想像一個放在床上的保齡球在床墊上慢慢沉下去。現在沿床墊的扭曲面彈一個彈珠。彈珠將沿圍繞保齡球的曲線路徑行進。對牛頓來說，從遠距離觀察彈珠繞保齡球運動的人可能會得出結論：保齡球作用在彈珠上有一個神秘的「力」。信仰牛頓力學的人可以說：保齡球對彈珠施加一個瞬間的「拉力」，迫使彈珠向心運動。

對相對論者來說，他可以從近距離觀察床上彈珠的運動。顯然根本沒有力作用。只有床的彎曲迫使彈珠沿曲線運動。對相對論者來說，這裡沒有「拉力」，只有曲線床作用在彈珠上的「推力」。用地球代替彈珠，太陽代替保齡球，真空的空間－時間代替床，我們看到地球繞太陽運動不是因為重力的拉力，而是因為太陽使地球周圍的空間彎曲，產生推力迫使地球繞太陽運動。

這使愛因斯坦相信重力更像一塊布，而不是瞬間作用在整個宇宙中看不見的力。如果人們快速抖動這塊布，就會在它的表面上形成以有限速度傳播的波。這就可以解決太陽消失的矛盾。如果重力是時空結構彎曲所產生的副產品，那麼太陽的消失可以和從床上突然拿起保齡球相比。當床彈回到它原來的形狀時，在床單上形成以有限速度傳播的波。這樣，透過將重力簡化為空間和時間的彎曲，愛因斯坦將重力和相對論統一起來。

【12】 Pais2, p.239

想像一個螞蟻試圖走過一張褶皺的紙片。當螞蟻試圖走過有皺褶的地形時，它將像一位喝醉酒的水手，左右搖晃。螞蟻可能會抗議說，它沒有喝醉，而是有一個神秘的力拽著它，一會兒把它拉向左邊，一會兒又拉向右邊。對螞蟻來說，真空的空間充滿了神秘的力，使它不能沿直線路徑行走。然而，從近距離看螞蟻，我們看到根本沒有力在拉它，是褶皺紙片的皺褶在推它。作用在螞蟻上的力是空間本身彎曲引起的幻覺。「拉力」實際上是它在紙的皺褶上行走時產生的「推力」。換句話說，不是重力在拉，而是空間在推。

一九一五年，愛因斯坦最終完成他所謂的廣義相對論，從此廣義相對論成為所有宇宙論的基石。在這個令人吃驚的新描述中，重力不是充滿宇宙的獨立的力，而是空間—時間這塊布彎曲的表面效果。他的理論是如此地強大，以至他可以把它凝集在大約一英寸（二·五四公分）長的方程式裡。在這個燦爛的新理論中，空間和時間彎曲的量由它所包含的物質和能量的量決定。想像往一個池塘扔一塊石頭，產生一系列發源於衝擊點的波紋。石頭越大，池塘表面的彎曲越大。類似地，星星越大，圍繞星星的空間—時間的彎曲也越大。

宇宙學的誕生

愛因斯坦試圖用這個圖像作為一個整體來描述宇宙。他不知道他不得不面對幾個世紀以前本特利提出的問題。二十世紀二〇年代最好的天文學資料說明宇宙是均勻的和靜態的。因此，愛因斯坦的出發點是假定宇宙均勻地充滿了塵埃和星星。用一個模型打比方，宇宙好比一個大氣球或氣泡。我們住在氣泡的表皮上，我們所看到的圍繞我們的星星和星系可以比做塗在氣球表面上的斑點。

使他感到奇怪的是，每當他試圖解他的方程式時，他發現宇宙變成動態的。愛因斯坦面對兩百多年前本特利提出的同一個問題，因為重力總是吸引的，不是排斥的，一個有限集合的星星將最終聚集到一起，將形成大崩墜。然而，這與二十世紀早年流行的宇宙是均勻的和靜態的看法相矛盾。

作為像牛頓這樣的革命者，他不能相信宇宙會在運動。像牛頓和很多其他人一樣，愛因斯坦相信靜態的宇宙。一九一七年，愛因斯坦在他的方程式中被迫引進一個新名詞，「虛構係數」；在他的理論中引進一個將星星推開的新的力，「反重力」。愛因斯坦把它叫做「宇宙學常數」，一個似乎是補充愛因斯坦理論的醜小鴨。然後，愛因斯坦專橫地用這個反重力恰好抵銷重力的吸引，產生一個靜態的宇宙。換句話說，由於重力所產生的宇宙向內收縮和暗能量產生的向外的力相互抵銷，宇宙成為靜態的。（在七十年間，這個「反重力」被認為有點像個孤兒而沒有人承認，直到最近幾年有了新的發現，情況才有所改變。）

一九一七年，荷蘭物理學家威廉．德．西特爾（Willem de Sitter）提出愛因斯坦理論的另一個解答。在他的解答中，宇宙是無限的，但是完全沒有物質。事實上宇宙僅由真空中所包含的能量，即宇宙學常數構成。這個純粹的反重力足以驅動宇宙快速地、以指數規律膨脹。即便沒有物質，這個暗能量也能創造一個膨脹的宇宙。

物理學家現在面臨進退兩難的局面。愛因斯坦的宇宙有物質，但沒有運動。德．西特爾的宇宙有運動，但沒有物質。在愛因斯坦的宇宙中，宇宙學常數是必不可少的，它抵銷重力的吸引創造一個靜態的宇宙。在德．西特爾的宇宙中，只要有宇宙學常數就足以創造一個膨脹的宇宙。

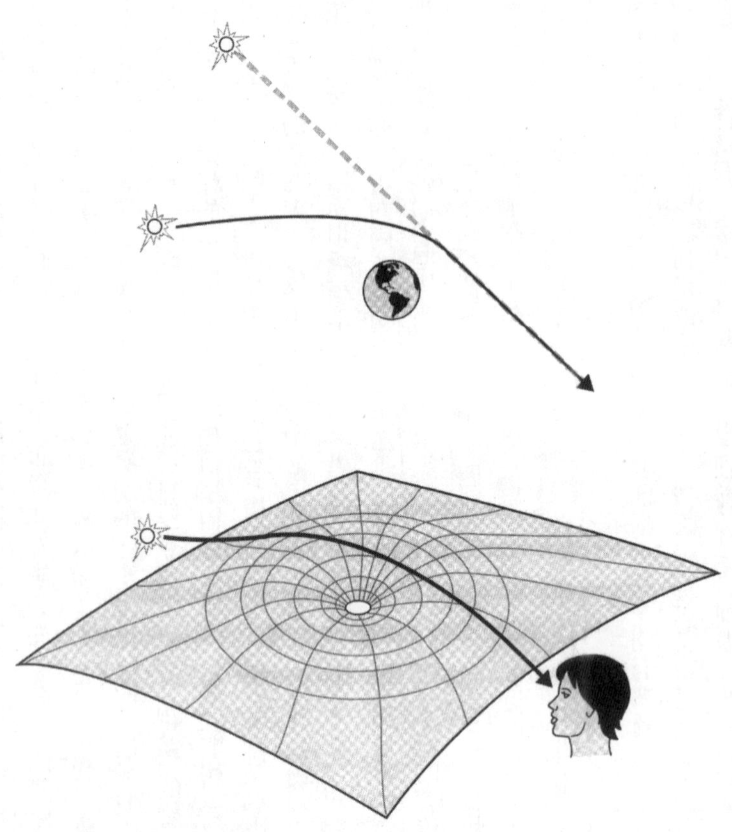

在一九一九年，兩隊測試組證實愛因斯坦預測從遙遠星球來的光線通過太陽附近時會彎曲。這樣，在太陽出現的時候，星星的位置看起來要偏離它的正常位置。這是因為太陽約束了它周圍的空間一時間。因此不是重力在「拉」，而是空間在「推」。

最後，在一九一九年，那時歐洲正試圖從第一次世界大戰的廢墟中走出來，有兩隊天文學家被派到世界各地檢測愛因斯坦的新理論。愛因斯坦早就提出太陽所產生的空間－時間彎曲足以使通過它附近的光線彎曲。光線應該以精確的可計算的方式圍繞太陽彎曲，就像鏡片使光線彎曲一樣。但是因為太陽光線的亮度遮蓋了白天的任何星星，科學家不得不等待日食進行精確的測量。

英國天文學家亞瑟·愛丁頓（Arthur Eddington）帶領了一隊人馬航行到西非海岸幾內亞灣的普林西比島，記錄在下一個日食期間光線繞太陽的彎曲。安德魯·克羅姆林（Andrew Crommelin）帶領的另一隊航行到巴西北部的索布拉爾。他們得到的資料說明光線的平均偏離為一·七九弧秒〔1〃≈〔1/3600〕°〕，證實了愛因斯坦預計的一·七四弧秒（在誤差範圍內）。換句話說，光線確實在太陽附近彎曲了。愛丁頓後來聲稱驗證愛因斯坦的理論是他一生中最偉大的時刻。

一九一九年十一月六日，在倫敦召開了皇家學會和皇家天文學會的聯合會議。皇家學會主席和諾貝爾獎得主J·J·湯普森（J. J. Thompson）莊嚴地宣告：「這是人類思想史中最偉大的成就之一。它不是發現了一個孤島，而是發現了整個新科學思想的大陸。它是自牛頓闡明他的原理以來與地心引力相關的最偉大的發現。」【13】

（根據傳說，後來一位記者問愛丁頓：「有謠傳說整個世界只有三個人懂得愛因斯坦的理論。你必定是其中之一。」愛丁頓默默站著沒有說話。於是這位記者說：「別謙虛了，愛丁頓先生。」愛丁頓聳聳肩膀說：

【13】Folsing, p44

「根本不是，我是在想誰可能是第三個人。」）【14】

第二天，倫敦《時報》以顯眼的大字標題登載道：「科學革命─宇宙新理論─牛頓的理論被推翻」。這個標題標誌著一個重要時刻，它標誌著愛因斯坦成為世界知名的人物，成為一位從星星來的使者。

此宣告是如此之偉大，愛因斯坦違背牛頓是如此的激進，於是引起了對抗性的反應，一些傑出的物理學家和天文學家公開指責這個理論。在哥倫比亞大學，查理．蘭．普爾（Charles Lane Poor），一位天體力學教授領導了對相對論的批評，他說：「我感到我好像在和愛麗絲一起漫遊奇境，又好像在和瘋帽客一起喝茶。」【15】

為什麼相對論違背我們的常識，這不是因為相對論是錯的，而是因為我們的常識不代表真實。我們是宇宙的怪胎。我們居住在宇宙中一個不尋常的莊園裡，在這裡溫度、密度和速度都很適中。然而，在「真正的宇宙」裡，星星的中心溫度可能極其酷熱，在外太空又可以冷得使人麻木，次原子粒子以接近於光速有規律地穿過太空。換句話說，我們的常識是在宇宙中非常不尋常的地球環境裡孕育出來的，因此我們的常識不能領會真正的宇宙並不奇怪。問題不在於相對論，而在於我們以為我們的常識代表真實。

宇宙的未來

儘管愛因斯坦的理論成功地解釋了天文現象，如光線繞太陽的彎曲和水星軌道的輕微擺動，但它的宇宙學預測仍然是模糊不清的。俄羅斯的物理學家亞歷山大．弗里德曼（Aleksandr Friendmann）很好地澄清了問題，他發現了愛因斯坦方程式最全面和最真實的解答。一直到今天，每一個廣義相對論的研究生教程都還在講解這些內容。（弗里德曼是在一九二二年發現這些解答的，但他死於一九二五年，所以他的工作大部分被遺忘了，多年後才又被發現。）

通常，愛因斯坦理論包括一系列極其困難的方程式，要用電腦才能解。然而，弗里德曼假定宇宙是動態的，並做了兩個被稱為宇宙原則的簡化假定：宇宙是各向同性的（即從給定點無論向哪個方向看都是相同的），和宇宙是均勻的（即在宇宙中無論你走到哪兒都是均勻的）。

在這兩個簡化假定之下，這些方程式被解出來了。（事實上，愛因斯坦和西特爾的解都是弗里德曼通解的特解。）最顯著的是弗里德曼的解只取決於三個參數：

1. H，宇宙膨脹的速率。（今天，這個參數叫做哈伯常數〔Hubble's constant〕，以實際測量宇宙膨脹的天文學家命名。）
2. Ω（Omega，讀做奧米伽），宇宙物質的平均密度。
3. Λ（Lambda，讀做拉姆達），與真空的空間有關的能量，或暗能量。

很多宇宙學家花費畢生精力試圖確定這三個參數的精確數值。這三個常數之間的微妙關係確定了整個

【14】Parker, p.126
【15】Brian, p.102

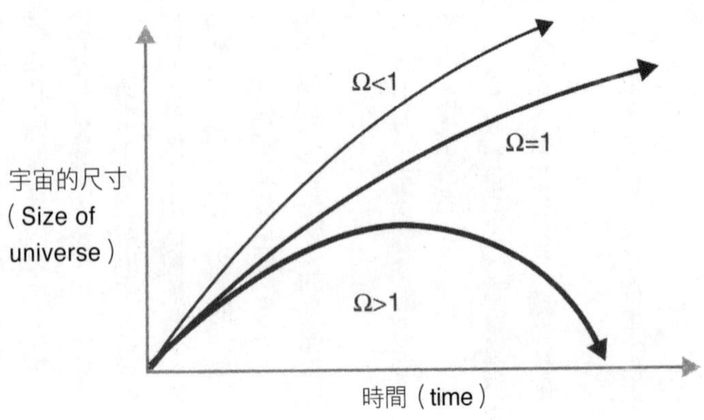

宇宙的演變有三種可能的歷史。如果Ω小於1（和Λ是0），宇宙將永遠膨脹，形成大凍結。如果Ω大於1，宇宙將收縮，形成一片火海。如果Ω等於1，宇宙將永遠膨脹。（WMAP衛星資料顯示Ω＋Λ等於1，這意味著宇宙是平的。這和暴脹理論是一致的）。

宇宙將來的演化。例如，因為重力吸引，宇宙密度Ω產生剎車的作用以減慢宇宙膨脹，逆轉大霹靂膨脹速率的某些影響。想像將一塊石塊扔向天空。通常，重力很強，足以逆轉石塊的運動方向，使它跌回到地面。然而，如果將石塊扔出的速度特別快，它就能逃出地球的重力，永遠遨遊到外太空。像這塊石塊一樣，宇宙最初因為大霹靂而膨脹，但是物質，或Ω，其作用類似剎車，減慢宇宙的膨脹，就好像地球重力對石塊的剎車作用一樣。

我們暫且假定與真空的空間有關的能量Λ等於零。讓宇宙密度Ω被宇宙臨界密度除。(宇宙的臨界密度大約為每立方公尺十個氫原子，相當於平均在三個籃球大的體積裡發現一個氫原子，可想宇宙有多麼真空。)

如果Ω小於一，科學家得出結論：宇宙中沒有足夠的物質逆轉大霹靂產生的原始膨脹。(好比將石塊扔到空中，如果地球的質量不夠大，石塊將最終離開地球。）結果宇宙將永遠膨脹，陷入大凍結狀態，直到溫度接近絕對零度。（這個原理和電冰箱或空調製冷一樣，當氣體膨脹時變冷。比如，在你的空調中，在管中循環的氣體膨脹將使管線和房間冷卻。）【16】

如果Ω大於一，宇宙物質充分，宇宙重力最終將逆轉宇宙膨脹。結果，宇宙膨脹將停止，然後收縮。（好比扔向天空的石塊，如果地球的質量太大，石塊最終將達到一個最大高度，然後跌落到地面。）當星星和星系跑到一起時，溫度開始上升。（給自行車胎打過氣的人都知道氣體壓縮產生熱。壓縮空氣所做的機械功轉化成熱能。同樣，宇宙壓縮將重力能轉化成熱能。）最終，溫度將變得如此之高，一切生命都將滅絕，因為宇宙陷入了一片火海。（天文學家肯·克洛斯威〔Ken Croswell〕把這個過程說成是「從創世到火葬」。）

第三種可能是Ω精確地停留在一。換句話說，宇宙密度等於臨界密度。在這種情況下，宇宙盤旋在兩個極端之間，但仍將永遠膨脹。（我們將看到，膨脹的圖片支持這種情景。）

最後，有這種可能，宇宙在變成一片火海之後又重新出現新的大霹靂。這個理論叫做振盪宇宙理論。

弗里德曼指出每一種情景又確定了空間—時間的曲率。如果Ω小於一，宇宙將永遠膨脹。他指出宇宙

【16】這就是電冰箱或空調機的原理。當氣體膨脹的時候，它就會冷卻。例如，在你的電冰箱中就有一條連接冰室內外的管子。當氣體進入電冰箱內部的時候，氣體就膨脹，使管子及食品降溫。當它離開電冰箱內部時，氣體收縮，於是管子就變熱。同時還有一個機械幫浦向管子驅動氣體。這樣，電冰箱的後面就變熱，而電冰箱的內部就變冷。恆星的工作原理正好倒過來。重力使恆星收縮，於是恆星就變熱，直至達到融合的溫度。

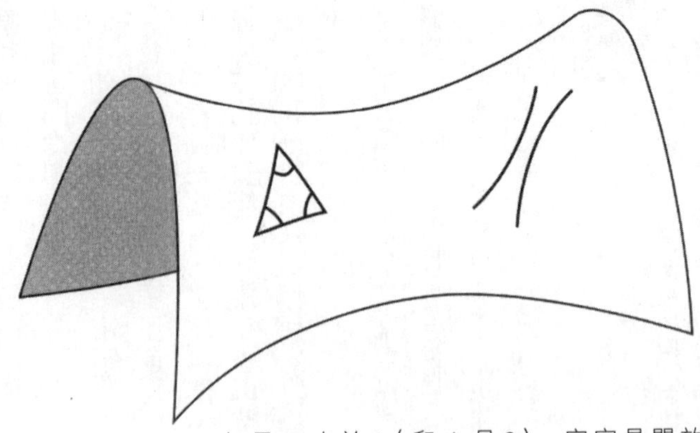

如果 Ω 小於 1（和 Λ 是 0），宇宙是開放的，曲率為負，像一個馬鞍面；平行線決不相交，三角形內角和小於 180 度。

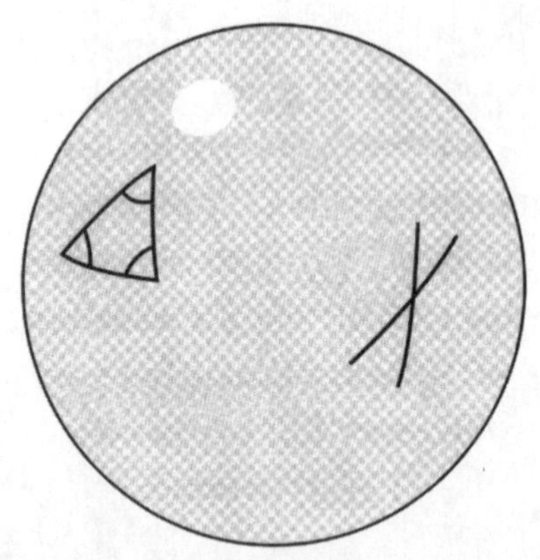

如果 Ω 大於 1，宇宙將封閉，曲率為正，像一個球面；平行線總會相交，三角形內角和大於 180 度。

不僅時間是無限的，空間也是無限的。宇宙被說成是「開放」的，即空間和時間都是無限的。當他計算這個宇宙的曲率時他發現是負的。（好像一個馬鞍或喇叭的表面。如果一個小蟲停留在這個表面上，它會發現平行線決不相交，三角形內角和小於一八〇度。）

如果Ω大於一，宇宙最終將收縮形成一片火海。時間和空間是有限的。弗里德曼發現這個宇宙的曲率是正的，像一個球面。最後，如果Ω等於一，則空間是平的，時間和空間是無界的。

弗里德曼不僅提供了瞭解愛因斯坦宇宙方程式的第一個綜合處理的方法，他還提出有關世界末日，即宇宙最終命運的最現實推測。宇宙要麼終結於大凍結，要麼在一片火海中火葬，要麼永遠振盪。答案取決於關鍵參數：宇宙的密度和真空的能量。

但是弗里德曼的描述留下了缺陷。如果宇宙是膨脹的，這意味著它曾經有開始。愛因斯坦的理論沒有涉及這個開始的時刻。大霹靂創世開始的那個時刻被忽略了。後來有三位科學家最終給了我們有關大霹靂最引人注目的描述。

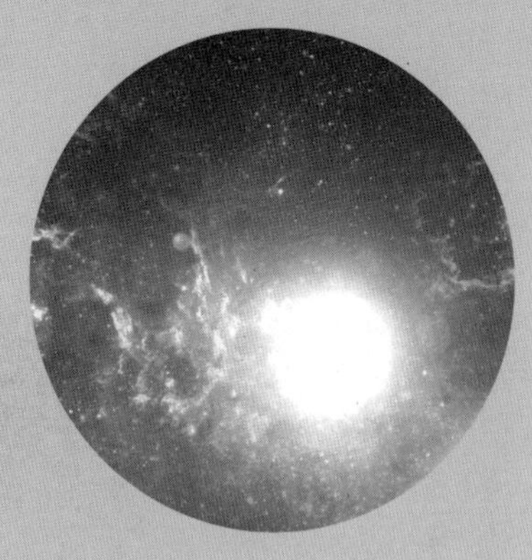

第三章

大霹靂

宇宙不僅比我們猜想的要奇怪，它還比我們能夠猜想的要奇怪得多。

——J·B·S·霍爾丹（J. B. S. Haldane）

人類在創世故事中所要尋找的是展現在我們面前的超然宇宙是怎麼產生的，在宇宙間我們自己又是怎樣形成的。這就是我們想知道的。這就是我們所要尋求的。

——約瑟夫·坎貝爾（Joseph Campbell）

一九九五年三月六日《時報》雜誌的封面刊登了大螺旋星系M100的照片，並聲稱：「宇宙學處在混沌中。」宇宙學陷入了泥淖，因為從哈伯太空望遠鏡得到的最新資料似乎說明：宇宙比它最老的星還要年輕，在科學上這是不可能的。資料表明宇宙的年齡在八十億到一二〇億年之間，而有人相信最老的星年齡為一四〇億年。亞利桑那大學的克里斯多夫・殷皮（Christopher Impey）嘲弄地說：「你不可能比你媽媽還老。」

可是一旦你看過這張精美的照片後，你就會認識到大霹靂的理論是完全有根據的。反駁大霹靂的證據只是根據對單個星系M100的觀測，由此就得出結論在科學上是不可靠的。正如文章所承認的，問題是「驅動恆星飛船通過的瞭望孔太大了」，根據哈伯太空望遠鏡的粗略資料所計算的宇宙年齡，準確度不會超過百分之十－二十。

我的看法是，大霹靂理論不是根據思索，而是根據幾百個從不同來源得出的資料，這些資料會聚在一起，全都支持這個單一的、自圓其說的理論。（在科學上，不是所有產生的理論都是同等的。儘管任何人都可以不受限制地提出他自己有關宇宙起源的觀點，但應該要求它能夠解釋我們所收集的與大霹靂理論一致的幾百個資料。）

大霹靂理論的三個重要「證據」是根據三位傳奇科學家的工作得出的，他們在各自的領域裡都是領軍人物，他們是：愛德溫・哈伯、喬治・伽莫夫和弗雷德・霍伊爾（Fred Hoyle）。

愛德溫・哈伯，貴族天文學家

當愛因斯坦奠定宇宙學的理論基礎時，現代觀察宇宙學幾乎是由現代天文學最偉大的人物一手創造的，他是愛德溫·哈伯，二十世紀最重要的天文學家。

哈伯一八八九年生於密蘇里州馬什菲爾德偏僻的森林地帶。他是一個謙虛而有遠大志願的鄉村小孩。他的父親是一位律師和保險代理人，要他學法律。然而，哈伯被儒勒·凡爾納的書迷住了，被星星迷惑了。他狼吞虎嚥地閱讀科幻經典，如《海底兩萬里》和《從地球到月亮》。他也是一名熟練的拳擊手，他的教練要他成為職業拳擊手挑戰世界重量級拳王傑克·強生。

他獲得聲望很高的羅德獎學金到牛津大學學法律。在這裡他學會了英國上流社會的生活方式。（他的舉止開始像一位牛津先生，穿斜紋軟呢服、抽煙斗、說話時帶很重的英國口音、談論他因決鬥留下的傷疤，據謠傳這個傷疤是他自己造成的。）

然而，哈伯是不愉快的。真正吸引他的不是民事侵權行為和訴訟，抓住他想像的是從童年開始就對星星的著迷。他勇敢地轉換了學歷，前往芝加哥和威爾遜山天文臺，它有當時世界上最大的望遠鏡，鏡面直徑一百英寸（二·五四公尺）。由於他開始學習天文學太晚，他不得不抓緊努力。為了彌補失去的時間，哈伯迅速地從回答天文學中最深遠的、一直沒有解答的問題開始。

二十世紀二〇年代，大學是一個舒適的地方。人們都認為整個宇宙僅由銀河系構成，它細長模糊的光，就像潑出的牛奶劃過夜晚的天空。（事實上，銀河這個詞就是從希臘語「牛奶」而來。）一九二〇年在哈佛大學天文學家哈洛·沙普利（Harlow Shapley）和利克天文臺的希伯·柯蒂斯（Heber Curtis）之間爆發了一場著名的「大爭論」，題目是「宇宙的形狀」，涉及銀河系的大小和宇宙問題。沙普利認為銀河系構成整個可見宇宙。柯蒂斯認為在銀河系之外有「螺旋星系」，看上去雖然奇怪，但是確實有一片美麗成卷的螺旋薄霧。（早在十八世紀，哲學家伊曼紐爾·康德就推測這些螺旋薄霧是「宇宙島」。）

這個爭論引起哈伯的極大興趣。關鍵問題是：確定到星星的距離是天文學眾多任務中最困難的一個。一顆很亮但距離很遠的星看起來和一顆很暗但距離很近的星一樣亮。這個混亂是天文學中許多爭執和辯論之源。哈伯需要一顆「標準的燭光」，一個在宇宙任何地方都發出同樣光量的客體來解決這個問題。（實際上，一直到今天，宇宙學家的大部分努力在於試圖找到和標定這樣一個標準的燭光。）如果人們有了在宇宙各處以同樣強度均勻燃燒的標準燭光，那麼一顆星星離地球的距離為原來的二倍，它的亮度就會比原來暗四倍。

一天晚上，哈伯分析螺旋星系仙女座的照片，他忽然發現自己「找到了答案」。他在仙女座星系中發現一顆變星，叫做造父變星，亨麗愛塔·列維特（Henrietta Levitt）曾對它進行了仔細的分類。已經知道，這顆星隨著時間規則地變亮和變暗，一個完整週期的時間與它的亮度有關。星星越亮，脈動的週期越長。因此只要測量週期的長度，就可以標定它的亮度，藉此確定它的距離。哈伯發現它的週期是三十一·四天，使他驚奇的是，轉換成距離後為一百萬光年，遠遠超出銀河系之外。（銀河系的範圍只有十萬光年。後來的計算表明哈伯實際低估了到仙女座的距離，實際距離接近二百萬光年之遙。）

當他對其他螺旋星系進行類似觀測時，他發現它們也遠遠超出銀河系範圍。換句話說，對他來說這些螺旋星系是一個完全有自身頭銜的宇宙島。銀河系只是太空星系中的一個星系。

宇宙的尺寸一下子變得非常之大。宇宙突然從單一的星系，成為住有幾百萬星系、或許幾十億姐妹星系的地方。宇宙從只有十萬光年之遙，突然擁抱了幾百萬星系，範圍有幾十億光年之遙。

這一個發現就足以保證哈伯在天文學的殿堂上佔有一席之地。但是哈伯超越了這一發現。哈伯不僅決心發現到星系的距離，他還想計算這些星系移動的速度。

都卜勒效應和擴張的宇宙

哈伯知道計算遠處物體速度的最簡單方法是分析它們發出的聲音或光線的變化，或者叫做都卜勒效應（Doppler effect）。汽車在高速公路上行駛時發出聲音。員警利用都卜勒效應計算汽車的速度。員警將一束雷射打在汽車上，雷射光束返回到員警的汽車上。分析雷射頻率的移動就可以計算這輛汽車的速度。

例如，一顆星星向你靠近，它發出的光將像手風琴一樣壓縮。結果它的波長變短。一顆黃色的星看上去有些發藍（因為藍光比黃光波長短）。同樣，如果一顆星星離你而去，它的光波將伸展，波長變長，黃色的光看上去有些發紅。星星的速度越快，變化就越大。因此，如果知道光線頻率的移動，就能確定它的速度。

一九一二年，天文學家維斯托．斯里弗（Vesto Slipher）發現這些星系以極大的速度離地球而去。不僅宇宙比原來想的要大得多，而且還以極大的速度在擴張。除去一些小的波動，他發現這些星系呈現紅色偏移，而不是藍色偏移，這是由星系離我們而去引起的。斯里弗的發現說明宇宙的確是動態的，不是像牛頓和愛因斯坦所假定的靜態。

在所有的世紀以來，科學家研究了本特利和奧伯斯的佯謬，但沒有一個人認真考慮過宇宙擴張的可能性。一九二八年，哈伯作了一次重要的旅行，去荷蘭會見威廉·德·西特爾。吸引哈伯的是，西特爾預計星星離得越遠，它應當移動得越快。想像一個膨脹的氣球在它的表面標上星系。當氣球膨脹時，彼此靠近的星系將緩慢地分開。但是在氣球上離得較遠的星系分開得更快。

德·西特爾催促哈伯在他的資料中尋找這個效應，這個效應可以通過分析星系的紅光偏移來證實。星系的紅光偏移越大，它離開得越快，因此離得也越遠。（根據愛因斯坦的理論，星系的紅光偏移從技術上講，不是由星系飛速地離開地球而去引起的，而是由星系與地球之間的空間膨脹引起的。紅色偏移的起因是：從遙遠星系發出的光被空間的膨脹伸展或加長了，因此看上去變紅。）

哈伯定律

哈伯回到加州後，他聽從西特爾的建議開始尋找這個效應的證據。他分析了二十四個星系，發現星系越遠離地球它的速度越快，正如愛因斯坦方程式預計的那樣。距離除以速度之比大約為一個常數。這個常數很快被叫做哈伯常數（Hubble's constant），或 H。這個常數大概是宇宙學中最重要的常數，因為哈伯常數告訴我們宇宙擴張的速率。

科學家在想，如果宇宙在擴張，那麼也許它也有一個開始。事實上，哈伯常數的倒數提供了宇宙年齡的粗略估計。想像一個記錄爆炸的錄影帶。在錄影帶中我們看到爆炸現場留下的殘骸，並能計算爆炸的速度。但是這也意味著我們可以倒退磁帶，直到所有殘骸集中到一個點。因為我們知道爆炸的速度，我們可以反過來作業，計算爆炸發生的時間。

（哈伯的原始估計將宇宙的年齡確定為大約十八億年，這使幾代宇宙學家感到頭疼，因為它比公認的地球和星星的年齡年輕。後來，天文學家認識到是塵雲使得從仙女座的造父變星來的光線變暗，造成哈伯常數計算不正確。事實上，在過去七十年間，有關哈伯常數精確值的「哈伯之戰」一直在進行。最權威的數字要從今天WMAP衛星得出。）

一九三一年，愛因斯坦揚揚得意地訪問了威爾遜山天文臺，第一次會見了哈伯。愛因斯坦認識到宇宙的確在擴張，他將宇宙學常數稱為他「最大的失誤」。（然而，正如我們在後面章節討論WMAP衛星資料時將看到的，即使是愛因斯坦的一個小錯也足以動搖宇宙學的基礎。）當愛因斯坦的夫人在巨大的天文臺周圍炫耀自己時，有人告訴她，這個巨大的望遠鏡正在確定宇宙的最終形狀，愛因斯坦夫人不屑一顧地說：「我丈夫在一個舊信封的背面已經確定了宇宙的形狀。」

大霹靂

一位名叫喬治．勒梅特（Georges Lemaître）的比利時牧師學習了愛因斯坦的理論後，被愛因斯坦理論邏輯上會導致宇宙擴張而因此宇宙有一個開始的想法迷住了。因為氣體壓縮時會變熱，他認識到宇宙在開始時一定是非常的熱。在一九二七年，他說：宇宙一定是起始於一個溫度和密度都不可想像的「超原子」，它突然向外爆炸產生了哈伯的擴張宇宙。他寫道：「世界的演化可以與剛剛放完的煙火相比：留下少許紅絲、灰塵和煙霧。我們站在已冷卻的灰燼上看著太陽在慢慢衰退，我們設法回想已消失的原始世界的光輝。」[1]

（第一個提出在創世之初超原子想法的人也是愛倫．坡。他說因為一種物質吸引其他形式的物質，所以在創世之初一定有宇宙原子濃縮發生。）

也許勒梅特願意參加物理學會議，糾纏其他科學家要他們接受他的想法。也許這些科學家會心情愉快地聽他講話，但隨後將默默地從心中摒棄他的想法。亞瑟．愛丁頓是他那個時代最重要的物理學家，他說：「我作為一位科學家，我完全不能相信目前萬物的次序是從大霹靂開始的……大自然目前的狀況和次序是突然開始的想法，是我不能接受的。」[2]

但是，多年之後，他不再固執地堅持他的看法。一位科學家要想成為大霹靂理論最重要的代言人和推廣者，就必須最終提供該理論最令人信服的證據。

喬治．伽莫夫，宇宙小丑

儘管哈伯是一位宇宙學中富有經驗的大科學家，然而還有另一位傳奇式人物喬治．伽莫夫繼續了他的工作。伽莫夫在很多方面與哈伯相反：一個愛講笑話的人、一位漫畫家、以惡作劇著稱，以及二十本有關科學圖書的作者，很多書是為年輕的成年人寫的。他有趣、見識廣博而有關物理和宇宙的書孕育了幾代科學家，包括我在內。在相對論和量子論使科學和社會發生變革時，他的書獨樹一幟：這些書是十幾歲的孩子能夠得到且可靠的有關尖端科學的書。

思想貧瘠而只滿足於處理成堆資料的科學家為數不多，但伽莫夫是他那個時代創造性的天才，一位博學多才、能迅速迸發出思想的火花，能改變核子物理、宇宙學，甚至DNA研究進程的人。詹姆士·沃森（James Watson）的自傳題目叫做「基因、伽莫夫和女孩」大概不是偶然的。沃森和法蘭西斯·克里克（Francis Crick）一起揭示了DNA分子的秘密。正如他的同事愛德華·泰勒（Edward Teller）回憶的：「伽莫夫的理論百分之九十是錯的，他也容易承認它們是錯的。但他並不在意。他是那些不會為他的任何發明而感到特別驕傲的人之一。他會拋出他的最新思想，然後把它當成一個笑話。」[3]但是他剩下百分之十的思想，則會改變整個科學的面貌。

伽莫夫一九〇四年生於俄羅斯的奧德薩，那時俄羅斯處在早期的社會劇變中。他回憶道：「當奧德薩被某個敵人的軍艦轟炸時，當希臘、法國或英國遠征軍插上刺刀沿城市主要街道進攻傳統白色、紅色甚或綠色的俄羅斯軍隊時，當不同顏色的俄羅斯軍隊互相殘殺的時候，學校常常停課。」[4]

有一次他去教堂，禮拜後偷偷拿一些教堂的麵包回家。他在顯微鏡下看，他看不到代表耶穌基督肉體的教堂麵包和普通的麵包有什麼區別。他說：「我想，是這個實驗使我後來成為科學家。」[5]這一次去教堂

【1】Lemonick, p.26
【2】Croswell, p.37
【3】Smoot, p.61
【4】Gamow1, p.14

成了他早期生活的轉捩點。

他就讀於列寧格勒大學，在物理學家亞歷山大・弗里德曼指導下學習。後來，在哥本哈根大學他遇見了很多物理學的巨人，如尼爾斯・波耳（Niels Bohr）。（一九三二年，伽莫夫和他的妻子試圖乘從克里米亞到土耳其的木筏逃離蘇聯，但沒有成功。後來，他在布魯塞爾參加物理學會議，成功地逃離。）

伽莫夫以給他的朋友發出五行打油詩著稱。大多數是不刊印的，但是有一篇五行打油詩抓住了宇宙學家在面對巨大的天文數字和無限的星星時，所感到的憂慮：

有一位從特里尼蒂（Trinity）來的年輕小夥子
他取無窮大的平方根
但位數之大
使他害怕；
他丟下數學去從事神學。【6】

二十世紀二〇年代，他在俄羅斯解決了為什麼可能發生放射性衰變的秘密，因此首次獲得成功。由於居里夫人和其他人的工作，科學家知道鈾原子是不穩定的，以阿爾法射線（氦原子的核子）的形式發出輻射。但是根據牛頓力學，將核子聚在一起的神秘核力應該是阻止這種洩露的障礙。那是怎麼發生的呢？

伽莫夫，還有R・W・格尼（R. W. Gurney）和E・U・康登（E. U. Condon）認識到放射性衰變是可能的，因為量子理論的測不準原理意味著絕不能精確地知道一個粒子的精確位置和速度，因此有微小的可能性，這些粒子會穿過「隧道」、跨過障礙。（今天，這個隧道思想是所有物理學的中心，用來解釋電子設備、黑洞和大霹靂本身的性質，宇宙本身也許是通過隧道產生的。）

透過類比，伽莫夫想像一個囚犯被囚禁在巨大監獄牆壁的包圍之中。按常理，在經典的牛頓世界裡，逃跑是沒有可能的。但是在量子世界的奇怪世界裡，你不能精確地知道他的位置和速度。如果囚犯不停地撞牆，你可以計算出有一天他會穿過牆壁，直接違背了常識和牛頓力學。計算得出囚犯有跑到監獄牆壁之外的一個有限可能性，你有可能在監獄大門之外發現他。對於囚犯這樣的大物體，你等待的時間比宇宙的壽命還要長，奇蹟才能發生。但是對於阿爾法粒子和次原子粒子，這種情況就會經常發生，因為這些粒子以巨大的能量反覆地衝擊核子的牆壁。很多人感到：應該給這個極其重要的工作頒諾貝爾獎。

二十世紀四〇年代，伽莫夫的興趣從相對論轉向宇宙學，他把它看成是豐富而未被發現的鄉村。在那個時候，人們所知道有關宇宙的一切是：天空是黑的，宇宙在擴張。伽莫夫被一個單一的想法所指引：找到任何證據或「化石」證明幾十億年前發生了大霹靂。這是一個非常棘手的問題，因為宇宙學在真正的意義上不是一門「實驗科學」。人們不可能對大霹靂進行任何實驗。宇宙學更像一個偵探故事，一門觀察科學，你在犯罪現場尋找「蛛絲馬跡」或證據，而不是一門能夠進行精確試驗的實驗科學。

【5】Croswell, p.39

【6】Gamow2, p.100

宇宙的核廚房

伽莫夫對科學的第二個偉大貢獻，是他發現了催生我們所見宇宙最輕元素的核反應。他喜歡把它叫做「史前的宇宙廚房」，原來宇宙的所有元素都是在大霹靂的高溫下烹飪出來的。今天，這個過程叫做「核合成」，即計算宇宙中元素的相對富裕程度。他的想法是：有一個完整的鏈，從氫原子開始，然後只要不斷向氫原子加入更多的粒子，就能產生鏈中的其他元素。他相信：整個門捷列夫週期表中的化學元素，都能從大霹靂的高溫中創造出來。

伽莫夫和他的學生分析，在創世之初，宇宙是一個非常高溫的中子和核子的集合，然後可能產生了融合，氫原子融合在一起形成氦原子。正如一枚原子彈或一顆星星，溫度是如此之高，結果氫原子的中子互相碰撞直至融合，產生氦核。然後氫與氦發生碰撞，按照同樣的過程產生下一組元素，包括鋰和鈹。伽莫夫認為，將更多更多的次原子粒子加入到核中可以產生更重的元素。換句話說，所有構成可見宇宙的一百多種元素都可以在原始火球的高溫中烹調出來。

按照通常的方式，伽莫夫制訂這個雄心勃勃計畫的總體框架，讓他的博士生拉爾夫．阿爾法（Ralph Alpher）補充細節。[7]當這篇文章完成時，他禁不住開了一個玩笑。他未經物理學家漢斯．貝特（Hans Bethe）的許可，就把貝特的名字寫上，於是這篇文章就成了著名的「阿爾法－貝塔－伽瑪」論文（alpha-beta-gamma paper）。

伽莫夫發現的是，大霹靂的溫度的確很高，足以產生氦，它構成宇宙質量的百分之二十五，數量巨大。反過來推算，我們看到今天很多的星星和星系是由大約百分之七十五的氫、百分之二十五的氦和少量微量元素構成的，這可以作為大霹靂的一個「證據」。（按照普林斯頓大學的天文學家大衛·施佩格爾〔David Spergel〕的說法：「每當你買一個氣球，你就得到大霹靂頭幾分鐘產生的原子。」）【8】

然而，伽莫夫通過計算也發現了問題。他的理論對非常輕的元素運算良好。但是，由於原子核內中子與質子總和5和8的元素極不穩定，因此不能作為「橋樑」產生更多質子與中子的元素，5和8個粒子就沖垮了這座橋樑。因為我們的宇宙是由重元素構成的，它們的中子和質子數比5和8要大得多，這就成了一個宇宙之謎。伽莫夫不能將他的理論擴大到超出5個粒子和8個粒子的範圍，成了一個多年來的棘手問題，這就註定了他的宇宙中的所有元素都是在大霹靂時產生的說法不能成立。

微波背景輻射

在同一時間，另外一個想法吸引了他。如果大霹靂的溫度是難以置信的高，也許今天它輻射出的熱仍在宇宙中迴旋。如果是這樣，它就提供了大霹靂本身的「化石記錄」。也許大霹靂是如此之巨大，以至它的餘震仍然以均勻的放射性煙霧充滿宇宙。

【7】Crosswell, p.40

【8】*New York Times*, April 29, 2003, p.F3

伽莫夫在一九四六年提出一個假定：大霹靂有一個超熱的中子核。這是一個合理的假定，因為除了電子、質子和中子以外，關於次原子粒子我們知道的很少。如果他能估計這個中子球的溫度，他就能計算它發出輻射的量和性質。兩年後，伽莫夫指出這個超熱核心發出的輻射作用好像「黑體輻射」（black body radiation）。這是由高溫物體發出的、非常特殊類型的輻射。它吸收所有碰到它的光，以特有的方式發出輻射。例如，太陽、熔岩、火中的熱煤、烤爐中的熱陶瓷，都發出黃紅的光和發射黑體輻射。（黑體輻射是一七九二年由著名的陶瓷製造家湯瑪斯·瑋緻活（Thomas Wedgwood）首先發現的。他注意到爐中烘焙的原材料，當溫度升高時顏色從紅變成黃，再變成白。）

這是非常重要的，因為一旦知道了熱體的顏色，就可以大約知道它的溫度，反過來也一樣。馬克斯·普朗克在一九〇〇年首次得出聯繫熱體溫度和它發出的輻射之間的精確公式，這導致了量子理論的誕生。（事實上，這是科學家確定太陽溫度的方法。太陽主要輻射黃色光，相應於大約六千K的黑體溫度。這樣我們就知道了太陽外層大氣的溫度。類似地，獵戶星座中的一等星紅巨星參宿四表面溫度為三千K，此黑體溫度相當於紅色，一塊燒紅的煤也發出這種顏色的光。）

伽莫夫在一九四八年發表的文章首次提出大霹靂的輻射也許有特殊的特性，即黑體輻射。黑體輻射最重要的特點是它的溫度。下一步，伽莫夫必須計算此黑體輻射的當前溫度。

伽莫夫的博士生拉爾夫·阿爾法另一名學生羅伯特·赫爾曼（Robert Herman）試圖完成伽莫夫的溫度計算工作。伽莫夫寫道：「從宇宙早期外推到現在，我們發現在過去的無數年代中，宇宙已經冷到了大約絕對零度以上五度。」[9]

一九四八年，阿爾法和赫爾曼發表了一篇文章，提出大霹靂餘暉至今的溫度在絕對零度以上五度的詳細討論（他們的估計顯著地接近現在所知的正確溫度，絕對零度以上二．七度）。他們確定這種輻射在微波範圍內，它今天應當仍然在環繞宇宙迴旋，以均勻的餘暉充滿宇宙。

（分析如下：在大霹靂以後的年代裡，宇宙的溫度是如此之高，每當一個原子形成時，它就會被強大的、隨機的、與其他次原子的碰撞撕開。這樣，宇宙是不透明的。在這個超熱宇宙中傳播的光線在跑過一段短距離後就被吸收。因此宇宙看上去是一片雲霧。然而，在三十八萬年之後，溫度降到三千度（K）。低於這個溫度，原子不再被碰撞撕開。結果穩定的原子可以形成，光線可以傳播若干光年而不被吸收。這樣，空間開始變得透明了。這個輻射不再在它產生以後就被吸收，而是今天仍在環繞宇宙迴旋。）

當阿爾法和赫爾曼向伽莫夫說明他們最終計算出的宇宙溫度時，伽莫夫失望了。這個溫度太低了，測量這個溫度將會極其困難。經過一年的時間，伽莫夫最終才同意他們計算的細節是正確的。但是他對能夠測量這樣微弱的輻射場感到絕望。回到二十世紀四〇年代，沒有可用的儀器能測量這樣微弱的反射。（在後來的計算中，伽莫夫利用不正確的假定將輻射的溫度提高到五十度（K）。）

他們舉辦一系列講座發表他們的工作。但不幸的是，他們的預言結果被忽略了。阿爾法說：「我們花費了許多精力講解我們的工作。沒有人在意，沒有人說它可以測量，從一九四八年到一九五五年一直這樣，我們最後放棄了。」【10】

【9】Gamow1, p.142

【10】Croswell, p.41

伽莫夫大無畏地出版書、發表演講，成為第一位推出大霹靂理論的人。但是他也碰到了對手的激烈反對。當伽莫夫用他頑皮的笑話和妙語迷住他的聽眾時，他的對手弗雷德·霍伊爾則用他的智慧和敢做敢為的勇氣吸引聽眾。

弗雷德·霍伊爾，反對者

微波背景輻射給了我們大霹靂的「第二個證據」。但是弗雷德·霍伊爾堅決反對通過核合成提供大霹靂的第三個重要證據。他幾乎用了他畢生的精力試圖駁斥大霹靂理論。

霍伊爾是一位學術怪人的化身，一位有才氣的反對派，好鬥，敢於挑戰常規的至理名言。哈伯喜歡效仿牛津先生的怪癖，顯得雍容華貴；伽莫夫則喜歡講笑話、博學，能夠用他的妙語、五行打油詩和惡作劇讓他的聽眾眼花繚亂；而霍伊爾則看上去很奇怪，在劍橋大學古老的大廳裡顯得不合時宜，純粹是一個牛頓的鬼魂。

霍伊爾一九一五年生於英國北部一個以羊毛工業為主的地區，是一個小紡織商的兒子。霍伊爾小時候喜歡科學，那時候收音機剛剛進村。他回憶到：二十到三十個人急切地在他們的房間裡裝上無線電接收機。後來，他的父母送給他一架望遠鏡作為禮物，這成了他生活的轉捩點。

霍伊爾的好鬥性格從童年就開始了。在三歲時他就掌握了乘法表，然後他的老師要他學羅馬數字。他輕蔑地回憶道：「有哪個孩子會這麼愚蠢不寫8，而寫Ⅷ呢？」當有人告訴他法律要求他進學校時，他寫

道：「我很不愉快地得出結論，我生來就要進入一個由『法律』怪物主宰的世界，它既強大又愚蠢。」【11】

有一次，他和另一位老師發生爭吵就更加強了他對權威的蔑視。一位女老師在班上對學生說：一種特別的花有五個花瓣。為了證明老師錯了，他把有六個花瓣的花帶進教室。對這種放肆無禮的反抗行為，這位女老師狠狠地在他的左耳處打了一個耳光。（霍伊爾的左耳後來變聾了。）【12】

穩恆態理論

在二十世紀四〇年代，霍伊爾不迷戀大霹靂理論。這個理論的一個過失是哈伯沒有考慮星光被塵雲遮蓋降低了亮度，因此錯誤計算宇宙的年齡為十八億年。地質學者聲稱地球和太陽系的年齡大約為幾十億年。宇宙的年齡怎麼能比它的行星年輕呢？

霍伊爾和他的同事湯瑪斯・戈爾德（Thomas Gold）和赫爾曼・邦迪（Hermann Bondi）一起開始建立與此相反的理論。據說他們的穩恆態理論是受到一九四五年由邁克爾・雷德格雷夫主演的《死亡之夜》這部鬼片所啟發。這部影片由一系列鬼故事組成的，但是在影片的結尾有一個難忘的轉折：影片的結尾就像

【11】Croswell, p.42

【12】Croswell, p.42

開始一樣。因此這部影片是循環的，無止無盡。這部影片啟發他們三人提出宇宙也是無始無終的理論。（戈爾德後來澄清了這個傳說。他回憶道：「我想我們幾個月前看了那部影片，後來我提出穩恆態理論，我對他們說：『是不是有點像《死亡之夜》？』」）【13】

在這個模型中，宇宙的各個部分事實上在擴張，但是新的物質不斷地從無產生，因此宇宙的密度保持不變。儘管這個模型不能指出物質怎樣神秘地從無到有的詳細描述，然而，這個理論立刻吸引了一群反對大霹靂理論的忠實支持者。對霍伊爾來說，在某個地方發生火災，因而將星系以飛快的速度送往各個方向的說法是不合邏輯的。他傾向於物質是從無中慢慢地創造出來的。換句話說，宇宙是永恆的，是無始無終的。

（穩恆態理論和大霹靂理論之爭，就像地質學和其他科學之爭一樣。在地質學中，有持久的均變論和災變論之爭。〔均變論認為地球是在過去逐漸變化中形成的，災變論認為變化是通過劇烈的事件發生的。〕儘管均變論解釋了很多地球地質和生態的特點，但沒有人否定彗星和流星曾經對生物的大量滅絕產生過影響，以及由於構造漂移所產生的大陸破碎和移動的影響。）

BBC演講

霍伊爾絕不迴避論戰。一九四九年，BBC廣播公司邀請霍伊爾和伽莫夫就宇宙起源問題進行辯論。在BBC廣播期間，他猛烈攻擊對方的理論對歷史進程的影響。他擊中要害地說：「這些理論（指伽莫夫的理論）根據的是宇宙所有物質都是在遙遠過去某個特定時間的一次大霹靂中產生出來的。」這個理論現在被它最大的反對者正式命名為「大霹靂」。（霍伊爾後來聲稱，他不打算貶低它。他承認說：「我找不到辦法創造一個短語來貶低它，我創造這個短語是為了吸引人。」）【14】（多年以來，大霹靂的支持者極力想改變這個名字。他們不滿意這個名字，嫌這個名字太普通，含義粗俗，而且是由它最大的反對者杜撰的。純化論者尤其不滿意，因為事實上它是不正確的。第一，大霹靂不大，它是從比原子小得多的某種類型的微小奇異點中產生的。第二，沒有爆炸聲，因為在外太空沒有空氣。一九九三年八月，《天空和望遠鏡》雜誌發起一次重新命名大霹靂理論的競賽。此競賽有一萬三千個命名參賽，但是裁判找不到比原來更好的叫法。）

確認霍伊爾在整個世代中名望的，是他在ＢＢＣ廣播系列有關科學的著名講座。二十世紀五〇年代，ＢＢＣ計畫在每星期六晚間舉辦科學講座。原來邀請的演講者取消了，ＢＢＣ製作人被迫找人替代。他們與霍伊爾聯繫，他同意上場。然後他們查核了他的檔案，看到一個便條紙上寫著：「不要用這個人。」

幸虧他們沒有理睬前一製作人的可怕警告，他向世界做了五次迷人的演講。這些經典的ＢＢＣ廣播令國人著迷，特別啟發了下一代天文學家。天文學家華萊士・薩金特（Wallace Sargent）回憶這些廣播對他產生的影響：「當我十五歲的時候，我聽了霍伊爾在ＢＢＣ以『宇宙的本性』為題的講座。我們能知道太陽

【13】Croswell, p.43
【14】Croswell, pp.45-46

中心的溫度和密度這個想法，著實讓我吃驚。在十五歲的年紀，這些事情似乎超出了知識的範圍。不只是數字驚人，我們也知道它令人不可思議。」【15】

星星中的核合成

霍伊爾不願意坐在扶手椅上空想，開始行動測試他的穩恆定狀態理論。他認為宇宙元素不是像伽莫夫所相信的那樣是在大霹靂中烹調出來的，而是在星星的中心產生的。如果一百多種化學元素是由星星的高溫產生的，那麼就根本沒有大霹靂的必要。

霍伊爾和他的同事在二十世紀四〇年代和五〇年代發表了一系列的文章，詳細地展示了在星星核心內部的核反應，而不是大霹靂，能夠將更多更多的質子和中子加入到氫和氦的核子中，直至產生所有的重元素，至少到鐵為止。（霍伊爾和他的同事解決了伽莫夫的難題：要如何產生超過原子質量數為５的元素。在天才的一閃念之間，霍伊爾領悟到，如果有一個原來沒有注意的、從三個氦核子產生的不穩定形式的碳，它持續的時間剛好夠長，就可以成為產生較重元素的「橋樑」。在星星的核心，這個新的不穩定形式的碳，持續的時間也許剛好夠長，通過不斷增加更多的中子和質子，就可以產生出超過原子質量數５和８的元素。當這個不穩定形式的碳被實際發現時，就會輝煌地證明核合成可以在星星內部發生，而不是通過大霹靂發生。霍伊爾甚至編制了大型計算程式，從這些原理出發，確定我們在自然界看到的元素的相對豐富程度。）

但是，即便是星星的高溫也不足以「烹調」超出鐵的元素，如銅、鎳、鋅、鈾等。（由於各種原因，透過熔化超出鐵的元素來吸取能量是極其困難的，包括核子中的質子相互排斥和缺乏結合的能。）對於這些重元素，需要一個更大的熔爐，即大質量星星或超新星的爆炸。當巨星劇烈地崩潰時，在它最終死亡的劇痛中可以得到幾億度的高溫，就有足夠的能量「烹飪」超出鐵的元素。這意味著超出鐵的元素只能從爆炸星星或超新星的大氣中拋出來。

一九五七年，霍伊爾、瑪格麗特·伯比奇（Margaret Burbidge）、傑費里·伯比奇（Geoffrey Burbidge）和威廉·福勒（William Fowler）發表了仿照伽莫夫一貫有之的典型方式，甚至杜撰出下面一段用聖經風格寫出的話。一篇大概是最有權威性的著作，詳細描述了建構宇宙的元素和預計它們已知豐富程度所需的精確步驟。他們論據的精確性是如此之強大和令人信服，甚至伽莫夫也不得不承認霍伊爾提供了核合成最引人注目的描述。

當上帝創造元素的時候，在計算的激動中他忘了需要質量數為5的元素，因此重元素不能形成。上帝非常失望，想先與宇宙聯繫，全都重新開始。但這樣做就太簡單了。於是，全能的上帝決定以最不可能的方式糾正他的錯誤。上帝說：『讓霍伊爾出來吧。』霍伊爾就出來了。上帝看著霍伊爾……讓他用他喜歡的

【15】Croswell, p.111。霍伊爾的第五次，也是最後一次講座是最具爭議性的。因為他對宗教提出了批評。（霍伊爾某次以他特有的率直說到，對北愛爾蘭問題的解決辦法，就是把每一個牧師及教士都關進監獄。他說：「我所見到過或聽到過的宗教爭端，沒有一個值得任何孩子為它而死。」Croswell，p.43。）

方式製造重元素。霍伊爾決定在星星中製造重元素，並透過超新星爆炸把它們散佈到四周。【16】

反對穩恆態理論的證據

然而，在過去十年間，不利於穩恆態宇宙的證據越來越多。霍伊爾發現在辯論中不能取勝。在他的理論中，因為宇宙不演變，只是不斷創造新的物質，所以早期的宇宙看上去應該很像今天的宇宙。今天看到的星系應當很像幾十億年前的星系。如果有跡象表明在幾十億年的進程中有巨大的演變性變化，穩恆態理論就會遭到駁斥。

二十世紀六〇年代，在外太空發現一個極其強大神秘的能量來源，叫做「類星體」或似星體。（這名字如此容易讓人記住，因此一種電視機以它命名。）類星體產生巨大的能量，有著顯著的紅色偏移，這意味著它們在可見宇宙的邊緣，在宇宙很年輕時它照亮天空。（今天，天文學家相信這些是靠巨大黑洞能量驅動的巨大年輕星系。）然而，我們今天看不到任何類星體的跡象。但是根據穩恆態理論今天也應該有類星體存在。但是經過幾十億年它們消失了。

霍伊爾理論還有另一個問題。科學家認識到，宇宙中有太多的氦與霍伊爾的穩恆態宇宙預計的不符。氦是一種熟悉的、在小孩子的氣球和小型飛船中可以發現的氣體，實際上它在地球上是很稀少的，而在宇宙中它是僅次於氫的第二個最豐富的元素。事實上，因為它在地球上是如此之少，所以它首先是在太陽上發現，而不是在地球上發現的。（一八六八年，科學家分析了從太陽發出、透過棱鏡的光線。被檢測的太陽光分解成通常的彩虹和譜線，但是科學家也檢測到以前所不知道的神秘元素引起的微弱譜線。科學家錯誤地認為它是金屬，他們將這個神秘的金屬命名為「氦」，希臘單詞的意思是「太陽」。最後於一八九五年在地球的鈾礦中發現了氦，科學家尷尬地發現它是氣體，不是金屬。因此，首次在太陽上發現的氦在取名時用詞不當。）

如果原始的氦就像霍伊爾相信的那樣，主要是在星星中產生的，那麼它應該很少，並且應該在星星的內核附近發現它。但是所有天文學資料說明，實際上氦是很豐富的，構成宇宙原子質量的百分之二十五。而且發現，它在宇宙間是均勻分布的，如伽莫夫相信的那樣。

今天，我們知道有關核合成，伽莫夫和霍伊爾都有對的地方。伽莫夫原來想所有元素是大霹靂的原子塵埃或灰燼。但是這個理論在處理5個粒子和8個粒子時失敗了。霍伊爾想拋開大霹靂理論，證明是星星製造了所有的元素，根本不需要乞求大霹靂。但是這個理論不能解釋我們現在所知在宇宙中存在大量的氦。

伽莫夫和霍伊爾從本質上給了我們值得稱讚的核合成的描述。5個粒子和8個粒子之前非常輕的元素的確是大霹靂產生的，像伽莫夫相信的那樣。今天，作為物理學的發現結果，我們知道大霹靂確實產生了大多數我們在自然界看到的氦，氦3、氦4和氦7。但是鐵以上的重元素則是在星星的核心產生的，像霍伊爾想像的那樣。如果我們再加上由超新星高溫拋出的鐵以外的元素（如銅、鋅和金），我們就有了解釋

【16】Gamow1, 127

宇宙中所有元素相對含量的完整描述。(任何現代宇宙學的各種理論都有一個艱難的任務：解釋宇宙中一百多種元素和它們種種同位素的相對含量。)

星星的誕生

這個關於核合成的激烈爭論帶來一個副產品，它提供我們星星生命循環相當完整的描述。一個典型的星星，如我們的太陽，它的生命是從一個叫做「原恆星」的大的彌散氫氣球開始的，在重力的作用下逐漸收縮。當它開始收縮時，它開始迅速旋轉(通常導致雙星系統的形成，兩顆星在圓形的軌道上互相追趕，或在星星的旋轉平面形成行星)。星星核心的溫度急劇上升，達到將近一千萬度(K)或以上，這時氫融合成氦。

在星星點燃之後，它被叫做主序星，可以燃燒大約一百億年，它的內核緩慢地從氫變成氦。我們的太陽當前處在這個過程的中途。在氫燃燒完後，星星開始燃燒氦，並且它的尺寸膨脹得很大，達到火星的軌道，變成「紅巨星」。在內核中的氦燃料耗盡之後，星星的外層消散，留下內核本身，成為地球大小的「白矮星」。在白矮星中，可以產生元素週期表上鐵之前較輕的元素。像我們太陽這樣較小的星將在空間中死亡成為白矮星，如同熄滅了的核原料。

但是，如果巨星的質量比我們的太陽大十倍到四十倍，融合過程將進行得更加迅速。當巨星變成紅巨星時，它的內核迅速融合較輕的元素，成為一顆混合的星，在紅巨星的內部是一顆白矮星。當融合進程達到產生鐵元素的階段，從融合過程中再也提取不出能量。結果經過幾十億年後核熔爐最終將關閉。在這時，星星將突然收縮，產生巨大的壓力將電子壓向原子核。（密度可以超過水的密度的四千億倍。）使溫度上升到兆度。將它壓縮成這樣小的物體的重力能向外爆炸形成新星。這個過程所產生的巨大熱量再一次引起融合，合成在元素週期表上鐵之後的元素。

例如，可以很容易在獵戶星座看到的紅巨星是不穩定的，隨時可能爆炸成為超新星，放出大量的伽瑪射線和X射線到周圍的空間。當這種情況發生時，就可以在白天看到這顆超新星，在夜晚它的亮度將超過月亮。（曾經有人設想，超新星釋放的巨大能量毀滅了六千五百萬年前的恐龍。事實上，如果一顆超新星離我們的距離為五十光年，它一旦爆炸，將結束地球上所有的生命。幸運的是，室女座的一顆巨星角宿一和獵戶星座的一顆巨星參宿四分別距離我們二六〇光年和四三〇光年。因為離得太遠，當它們爆炸時，不會對地球引起嚴重的損傷。但有些科學家相信，二百萬年前一小部分海洋生物的滅絕，是由距離我們一二〇光年的一顆超新星的爆炸引起的。）

這也意味著我們的太陽不是地球真正的「母親」。儘管地球上很多人把太陽崇拜為神，說它誕生了地球，這只是部分正確的。儘管地球原來是從太陽產生的（四十五億年前在黃道平面上是圍繞太陽的旋轉碎片和塵埃的一部分），但我們的太陽的熱量不夠大，只夠將氫融合成氦。這意味著我們真正的太陽「母親」，實際上是一顆不知名的星或星集，它是一顆在幾十億年前就死亡了的超新星，在它的周圍播下了構成地球的鐵之後的重元素星系。精確地講，我們的地球是幾十億年前消亡的星星的星塵構成的。

超新星爆炸的結果形成一個小的、叫做中子星的殘骸，由壓縮成曼哈頓島那樣的大小，尺寸只有二十英里（三二．一九公里）的固體核物質組成。（中子星是瑞士天文學家弗里茨．茲威基〔Fritz Zwicky〕於一九三三年首先預測到的，因為看起來太神奇了，被科學家忽略了幾十年。）因為中子星不規則地放出射線，並且快速地旋轉。從地球上看去，中子星在脈動，因此叫做脈衝星。

大約比四十個太陽質量還大的極大的星，最終經歷超新星爆炸後，可能留下一個比太陽質量大三倍的中子星。這顆中子星的重力是如此之大，以至能夠抵銷中子之間的排斥力，這顆星將最終收縮形成大概是宇宙中最奇怪的物體，即黑洞，我們在第五章將討論它。

鳥屎和大霹靂

阿諾．彭齊亞斯（Arno Penzias）和羅伯特．威爾遜（Robert Wilson）在一九六五年發現了穩恆態理論最關鍵的問題。他們在紐澤西州裝配有二十英尺〔六．一公尺〕高的霍爾姆德爾．霍恩（Holmdell Horn）電波望遠鏡的貝爾實驗室工作，在他們從天空尋找無線電信號時，他們檢測到不想要的靜電噪音。他們想這可能是一個異常，因為這些噪音均勻地來自各個方向，而不是來自一顆星或一個星系。他們想這些靜電噪音可能是塵土和碎片造成的，於是他們仔細清除罩在電波望遠鏡開口處的一層白色塗層，彭齊亞斯把它稱做「一層介質材料的白色塗層」（通常叫做鳥屎），結果靜電噪音似乎更強了。儘管他們還沒有發覺到，他們已偶然發現了一九四八年伽莫夫小組所預測的微波背景輻射。

現在宇宙學的歷史讀起來有點像漫畫吉斯通警察的劇情，有三個小組在探索答案，而彼此不知道別人在做什麼。一方面，伽莫夫、阿爾法和赫爾曼於一九四八年奠定了理論，預測了微波背景輻射的存在，他們預測微波背景輻射的溫度在絕對零度以上五度，因為那時儀器的靈敏度不能檢測到它，他們放棄了測量空間微波輻射的希望。在一九六五年，彭齊亞斯和威爾遜發現了這個黑體輻射，但卻不知道它是黑體輻射。同時，由普林斯頓大學羅伯特·迪克（Robert Dicke）領導的第三組人，獨立地重新發現了伽莫夫的理論並積極尋找背景輻射，但是他們的儀器太原始了，所以沒有找到。

天文學家伯納德·伯克（Bernard Burke）是他們的共同朋友，當他告訴彭齊亞斯有關羅伯特·迪克的工作時，這個可笑的情形結束了。兩個小組後來互相聯繫，顯然彭齊亞斯和威爾遜已檢測到大霹靂本身發出的信號。由於這一重大的發現，彭齊亞斯和威爾遜一九七八年得了諾貝爾獎。

事後才知道，霍伊爾和伽莫夫這兩位持相反觀點的最著名對手，曾於一九五六年在一輛凱迪拉克轎車中，有過一次也許能改變宇宙學命運的至關重要的會見。霍伊爾回憶道：「我記得伽莫夫開一輛白色凱迪拉克帶我在四周轉。」伽莫夫向霍伊爾重複他的信念，大霹靂留下的餘暉甚至到今天還能看到。然而，伽莫夫的最新數字將餘暉的溫度確定為絕對溫度五十度。然後，霍伊爾令人吃驚地向伽莫夫指出，他知道安德魯·麥凱勒（Andrew McKeller）在一九四一年寫過一篇晦澀的文章，該文指出外太空的溫度不可能超過絕對溫度三度。超過這個溫度就會發生新的化學反應，在外太空就會產生更多的碳氫（CH）和碳氮（CN）基。通過測量這些化合物的存在，就可以確定外太空的溫度。事實上，他發現他檢測到的空間CN分子的密度，說明外太空溫度大約為絕對溫度二·三度。換句話說，伽莫夫不知道絕對溫度為二·七度的背景輻射在一九四一年已經間接地測量到了。

霍伊爾回憶說：「不管是因為凱迪拉克轎車太舒適了，還是因為伽莫夫想要絕對溫度高於三度（K），而我想要溫度為絕對零度，我們錯過了九年之後由彭齊亞斯和威爾遜所做出發現的機會。」[17]如果伽莫夫小組的數值沒有計算錯而得出的是較低的溫度，或如果霍伊爾對大霹靂理論不是這麼敵對，也許歷史就要改寫了。

大霹靂的餘震

彭齊亞斯和威爾遜檢測到微波背景輻射的這一發現，對伽莫夫和霍伊爾的生涯產生了決定性的影響。對霍伊爾來說，彭齊亞斯和威爾遜的工作是一個至關重要的實驗。最後，霍伊爾在一九六五年的《自然》雜誌上正式承認失敗，引用微波背景輻射和在太空中富有氦作為放棄他的穩恆態理論的理由。但是真正擾亂他的是穩恆態理論失去了它的預測能力，他說：「人們廣泛相信微波背景輻射扼殺了『穩恆態』宇宙學，但是真正扼殺穩恆態理論的是心理狀態……在微波背景輻射中有一個重要的現象沒有預料到……很多年來，它使我感到無能為力。」【18】（霍伊爾後來試圖修改他的理論，但每次修改後的理論變得越來越似是而非。）

不幸的是，有關優先權的問題（是誰首先發現微波背景輻射？）使伽莫夫嘗到苦果。從字裡行間我們可以看到伽莫夫一點也不高興他和阿爾法及赫爾曼的工作很少被人提起。他一直對人很有禮貌，他把這些不快深深埋藏在心裡，但是在他寫給別人的私人信件中，他說物理學家和歷史學家完全忽略了他們的工作是不公正的。

儘管彭齊亞斯和威爾遜的工作對穩恆態理論是一個巨大的衝擊，並幫助將大霹靂理論放在了堅實的實驗基礎上，但是在我們理解擴張宇宙的結構問題上仍有巨大的缺口。例如，在弗里德曼的宇宙中，要理解宇宙的演變，我們必須知道宇宙物質平均分佈的Ω。然而，當我們認識到宇宙大部分不是由熟悉的原子和分子組成，而是由重量比普通物質大十倍的叫做「暗物質」的奇怪新物質組成時，Ω的確定就成了一個大問題。在這個領域的領袖人物也沒有被天文學界的其他人認真對待。

Ω和暗物質

暗物質的故事大概是宇宙學中最奇怪的一章。回到二十世紀三〇年代，加州理工學院的瑞士天文學家弗里茨·茲威基注意到，后髮座星系團的星系運動不遵照牛頓重力定律。他發現，這些星系運動得太快，根據牛頓運動定律它們應當飛離開來，星群應當解散。他想，能讓后髮座星系群聚在一起而不是飛離的唯一辦法，是星群的質量要比望遠鏡看到的大幾百倍。要麼是牛頓定律在極大的距離時多少有些不正確，要麼是在后髮星座星系群中有巨大的看不見的物質將它們聚集在一起。

這在歷史上是第一次指出，關於宇宙中物質的分佈，有些事情是完全錯了。不幸的是，由於以下幾個

【17】Croswell, p.63

【18】Croswell, pp.63-64

理由，天文學家一致拒絕或忽略了茲威基的先驅工作。

第一，天文學家不願意相信幾個世紀以來占統治地位的牛頓重力理論有可能出錯。在天文學中有過這樣處理危機的先例。十九世紀，在分析天王星的軌道時發現它有些擺動，即它少許偏離了牛頓方程式的預計。這樣要麼是牛頓錯了，要麼有一顆新的行星的重力在吸引天王星。後者的說明是正確的，一八四六年按照牛頓定律預計的位置，在幾個小時之內發現了海王星。

第二，是茲威基的個性以及天文學家如何對待「外人」的問題。茲威基是一位空想家，在他的一生中常常被嘲笑或忽視。一九三三年，他和沃爾特．巴德（Walter Baade）一起杜撰了「超新星」這個詞，並正確地預測到直徑大約十四英里（二二．五三公里）的小中子星將是一顆爆炸星星的最終殘跡。這個想法太怪了，以致於在一九三四年一月十九日的《洛杉磯時報》漫畫中受到嘲笑。有一小組頑固的天文學家使他非常憤怒，他認為他們排斥他、不承認他、偷竊他的思想，用直徑一百到二百英寸的望遠鏡來放大詆毀他。（在一九七四年他死前不久，他自己出版了一個星系的目錄。目錄開頭的標題是：「提醒美國天文學的主教和獻媚者。」這篇論文尖銳地批評那些所謂的天文學菁英的排外做法，將像他這樣持不同意見者排斥在外。他寫道：「今天的獻媚者和徹頭徹尾的小偷，特別是在美國的天文學界，似乎是肆無忌憚地盜竊持不同意見者和非遵奉者的發現和發明。」他把這些人叫做「天體私生子」，因為「無論你怎麼看，他們都是私生子」。[19]當諾貝爾獎為中子星的發現而頒發獎項給別人卻忽略了他時，他感到非常憤怒。）[20]

一九六二年，天文學家薇拉．魯賓（Vera Rubin）再次發現這個奇怪的銀河運動的問題。她研究了銀河系的旋轉，發現了同樣的問題。她也受到類似的天文學界輕視。通常，行星離太陽越遠它跑得越慢，離得越近它跑得越快。這就是為什麼水星以速度之神命名的原因，它離太陽最近跑得最快。為什麼冥王星的速度比水星慢十倍呢？因為它離太陽最遠。然而，當薇拉．魯賓分析我們星系中的藍星時，她發現這些星星以同樣的速率繞星系旋轉，不管它們離開星系中心有多遠（叫做平直的旋轉曲線），因此違背了牛頓力學的概念。事實上，她發現銀河系旋轉得如此之快，按理應該飛出去。但是大約一百億年來，這個星系十分穩定。為什麼旋轉曲線是平的，成了一個秘密。為保持這個星系不分解，它必須比當前科學家想像的重十倍。顯然，銀河系百分之九十的質量丟失了！

薇拉．魯賓被忽視了，部分原因是她是一位女性。她有些痛苦地回憶到，當她申請去斯沃斯莫爾學院主修科學，並禮貌地告訴招生負責人說她喜歡繪畫時，會見者說：「你有沒有考慮過繪製天體美景這個職業呢？」她回憶說：「這句話成了我們家的歇後語，不管什麼事情、什麼人錯了，我們都會說你有沒有考慮過繪製天體美景這個職業呢？」【21】當她告訴她的高中物理老師她被瓦薩學院錄取時，他回答：「只要你不沾科學的邊，就不會有什麼問題。」（她後來回憶道：「對待這樣的事情，需要自尊才不至於被壓垮。」）

畢業後，她申請哈佛大學並被錄取，但她沒有去，因為她和一位化學家結婚了，跟她丈夫去了康乃爾。（她得到哈佛大學的一封回信，信底有一行手寫的話：「該死的女人！每當我得到一位好的學生，一切

【19】Croswell, p.101

【20】由於自己的科學發現被忽略，茲威基公開表達了怨恨，一直到死都這樣。但伽莫夫在公開場合中卻對自己被諾貝爾獎忽略這件事保持沉默，儘管他在私人信件中也表達了巨大的失望。與茲威基不同，伽莫夫把自己充沛的科學才能及創造力轉向了對DNA的研究，最終解開了大自然是如何從DNA中製造出氨基酸的這個謎。諾貝爾獎得主詹姆士·沃森甚至透過把伽莫夫的名字放進他最新自傳標題中的方式，來表達對伽莫夫這項貢獻的敬意。

【21】Croswell, p.91

都準備好後，她又跑了、結婚了。」）近來，她參加了在日本召開的一次天文學會議，她是與會的唯一女性。她承認：「很長一段時間以來，我一講這些故事就不得不哭，因為在一整代人中，可怕的命運沒有改變。」

然而，在她細心和其他人一起工作的影響下，天文學界開始相信丟失質量的問題。到一九七八年為止，魯賓和她的同事考察了十一個螺旋星系。這些星系都旋轉得太快，根據牛頓定律不能聚在一起。同一年，荷蘭電波天文學家亞伯特・博斯馬（Albert Bosma）發表了迄今為止最完整的幾十個螺旋星系的分析。幾乎所有這些星系呈現同樣的反常行為。這似乎最終使天文學界信服暗物質的確存在。

對這個令人煩惱的問題，最簡單的解釋方法，是假定這些星系被不可見的光環包圍，光環所包含的物質比星星本身大十倍。自那時以來，已開發出更完善的測量這些不可見物質存在的手段。給人印象最深的辦法是測量光線通過這些不可見物質發生的扭曲。像你眼睛的鏡片一樣，暗物質也能使光線彎曲。（因為它的巨大質量和由此產生的巨大重力。）近來，通過用電腦仔細分析哈伯太空望遠鏡的照片，科學家能夠構成整個宇宙暗物質的分佈圖。

科學家一直在熱烈地探討暗物質是由什麼構成的。有些科學家認為暗物質也許是由普通物質構成的，不同的是它非常暗淡（即由幾乎不可見的棕矮星、中子星、黑洞組成）。這樣的物體由「重物質」集合在一起，即由熟悉的重子（如中子和質子）構成。這些物體全都叫做MACHOs（大質量緻密暈天體的縮寫，Massive Compact Halo Objects）。

另一些人認為，暗物質可能是由非常熱的非重子物質，如微中子（叫做熱的暗物質）構成。然而，微中子運動太快，不能解釋在自然界看見的大量暗物質和星系。還有一些人認為，暗物質是由完全新型的叫做「冷暗物質」，或大質量弱作用粒子（WIMPs，Weakly Interacting Massive Particles）構成的，它們是解釋大多數暗物質的主要候選人。

COBE衛星

利用自伽利略以來天文學廣泛應用的普通望遠鏡，我們不可能解決暗物質的秘密。天文學已經進展到可以利用標準的、固定在地面上的光學儀器。然而，在二十世紀九〇年代，出現了新一代利用衛星技術、雷射和電腦的天文儀器，完全改變了宇宙學的面貌。

這第一批的收穫成果之一是一九八九年十一月發射的COBE（宇宙背景探測者衛星）。彭齊亞斯和威爾遜的原始工作證實了有不少資料與大霹靂理論一致，而COBE衛星則能夠測量大量的資料，它們精確地符合伽莫夫和他的同事在一九四八年所做的黑體輻射的預測。

一九九〇年，在美國天文學會的一次會議上，當代表們看到視圖上COBE顯示的結果時，在場的一千五百名科學家突然爆發出雷鳴般經久不息的掌聲，幾乎是全體一致地同意溫度為二．七二八度（K）的微波背景輻射確實存在。

普林斯頓大學的天文學家耶利米．P．歐斯垂克（Jeremiah P. Ostriker）評論說：「當我們在岩石中發現化石時，它使生物種類的起源一目瞭然。很好，COBE發現了（宇宙的）化石。」[22]

然而，從COBE得出的視圖十分模糊。例如，科學家想要分析「熱點」，或宇宙背景輻射的波動，此波動在整個天空中應該大約為一度（K）。但是COBE的儀器檢測的波動為七度或比七度還多，因此其靈敏度不能檢測這些小的波動。科學家被迫等待預計將於世紀之交過後發射的WMAP衛星的結果，他們希望這顆衛星能夠解決諸多這樣的問題和秘密。

【22】*Scientific American*, July 1992, p.17

第四章

暴脹和平行宇宙

從無不能生無。

——盧克萊修（Lucretius）

我假定我們的宇宙是在大約1010年前從無產生的……我提出一個謹慎的建議，我們的宇宙只是有時發生的那些事件之一。

——愛德華·特賴恩（Edward Tryon）

宇宙是一頓最終的免費午餐。

——阿蘭·古斯（Alan Guth）

在波爾．安德森寫的一部經典科幻小說《τ零度》中，一艘叫做利奧諾拉．克莉絲汀的星際飛船升空，使命是飛往附近的星星。它乘載有五十人，當它開往一個新的星系時，它達到的速度接近光速。更重要的是，這艘飛船用了狹義相對論原理，當它飛得更快時飛船裡面的時間減慢。因此，從地球上看上去，飛往附近的星需要幾十年，但是對太空人來說僅需飛行幾年。對一位在地球上用望遠鏡瞭望太空人的觀察者看來，飛船內太空人的時間似乎凍結了，因此他們好像處在一幅暫停的動畫中。但是對飛船內的太空人來說，時間的進程照常。當這艘飛船減速登上一個新世界時，他們發現僅在幾年中就飛過了三十光年。

這艘飛船的發動機是一個奇蹟，它是一台衝壓式噴氣核融合發動機，從深層空間提取氫，然後在這台發動機中燃燒產生無限的能量。它飛行得如此之快，以至太空人甚至可以看到光線的都卜勒偏移，在飛船前面星星看上去是藍色的，而飛船後面的星星看上去是紅色的。

然後災難發生了。離開地球大約十光年後，當它穿過一片星際塵雲時，飛船經受了動盪，它的減速機構永久地失靈了。驚恐的太空人發現他們被困在飛跑的星船上，速度越來越快，接近了光速。他們絕望地看到失去控制的飛船在大約幾分鐘的時間內飛過了整個恆星系統。在一年之內，這艘飛船穿過半個銀河系。當它加速失去控制時，它在大約幾個月的時間飛速通過星系，這時地球已過了幾百萬年。很快，飛行的速度接近光速，τ零度顯現，他們看到了戲劇性的場面，宇宙在他們的面前開始變老。

最後，他們看到了宇宙的原始擴張在逆轉，宇宙開始收縮，溫度開始急劇升高，他們領悟到自己正走向大火海。太空人們默默地祈禱，這時溫度像火箭一樣上升，星系開始融合，在他們面前形成一個宇宙的原始原子。看上去被火葬已不可避免。

他們唯一的希望是宇宙物質將收縮到一個有限密度的有限區域，以巨大速度飛行的飛船也許能迅速地滑過這片區域。奇蹟發生了，當他們飛過原始原子的時候，他們的遮罩系統保護了他們。他們看到了一個新宇宙的誕生。當宇宙重新擴張時，他們敬畏地看到新的星和星系在他們的眼前誕生。他們修好了飛船，仔細地繪製航線，飛往一個相當古老的、由較重元素構成、讓生命可能存在的星系。最終，他們在一顆能夠孕育生命的行星上著陸，在這個行星上開闢一塊殖民地，重新開始人類的生活。

這個故事寫在一九六七年，這時天文學家正就宇宙的最終命運展開激烈的爭論：宇宙死於大火海、大凍結、無限地振盪、或永遠生活在穩定狀態。自那以後，爭論似乎解決了，出現了叫做暴脹的新理論。

暴脹的誕生

一九七九年，阿蘭·古斯在他日記裡寫道：「壯觀的實現。」他認識到他可能偶然發現了宇宙學最偉大的思想之一，因此感到很高興。古斯通過基本的觀察，對五十年來的大霹靂理論做了首次重大的修改。他想：如果他假定在宇宙誕生的時候經歷了渦輪增壓式的、比大多數物理學家所相信的要快得多的超級膨脹，他就能解決宇宙學的一些深奧的謎。他發現用這個超級膨脹就能夠毫不費力地解決許多深層的宇宙學問題。這是一個能夠變革宇宙學的思想。（最近的宇宙學資料，包括WMAP衛星的探測結果和他預計的一致。）它不僅是宇宙學理論，也是迄今為止最簡單和最可靠的理論。

這個理論的顯著特點是，如此簡單的思想能夠解決很多棘手的宇宙學問題。暴脹理論所巧妙地解決了的幾個問題之一是「平面問題」。天文學資料已表明宇宙的曲率十分接近於零，事實上比標準大霹靂理論預計的要更接近於零。如果宇宙像一個迅速膨脹的氣球，在膨脹過程中變平，這樣問題就可以得到解釋。我們像一個螞蟻在氣球表面行走，因為我們太小了看不到氣球的微小彎曲。暴脹使空間—時間極大地伸展，使它看上去是平的。

古斯的發現具有的歷史意義還在於，它將分析自然界所發現的微小粒子這基本的粒子物理學應用到天文學、應用到宇宙的整體研究，包括它的起源中。我們現在了解到，沒有極小粒子的物理學，就沒有量子理論和基本粒子物理學，宇宙最深奧的秘密就不能揭示。

尋找統一

古斯一九四七年生於紐澤西州的新伯倫瑞克（New Brunswick）。與愛因斯坦、伽莫夫或霍伊爾不同，沒有儀器也沒有契機推動他進入物理學世界。他的父母都不是大學畢業的，對科學的興趣也不大。但是他自己總是著迷於數學和自然規律之間的關係。

二十世紀六〇年代，他在麻省理工學院認真地考慮選擇基本粒子物理作為他的專業。他特別著迷於物理學的新革命所產生的激動，想尋找所有基本力的統一。多年來，物理學的泰斗一直在尋找統一的理論，能夠以最簡單的、最一致的方式解釋宇宙的複雜性。自古希臘以來，科學家在思索我們今天看到的宇宙代表一個更大的、更簡單物體的碎片殘骸，我們的目標是揭示這個統一性。

經過二千年對物質性質和能量的研究，物理學家確定了四種驅動宇宙的力。（科學家在試圖尋找是否有第五種力，到目前為止結果是否定的，或沒有結論。）

第一種力是重力，它將太陽聚攏在一起，並引導行星在太陽系的天體軌道上運動。如果重力突然關閉，天空的星星將爆炸，地球將解體，我們都會以每小時一千英里（一六〇九公里）的速度被拋到外太空。

第二種力是電磁力，這個力點亮我們的城市，使我們的世界充滿電視機、電話、收音機、雷射光束和網際網路。如果電磁力突然關閉，文明將立刻倒退一兩個世紀，回到過去的黑暗和寂寞之中。二〇〇三年的燈火管制使美國整個東北部癱瘓，就生動地說明了這一點。如果我們從微觀考察電磁力，我們將看到它實際上是由小粒子，或叫做「光子」的量子造成的。

第三種力是弱核力，它是形成放射性衰變的原因。因為這個弱的力不足以將原子核聚在一起而引起核子破裂或衰變。醫院的核醫學主要依靠核力。弱力也使地球中心透過放射性材料加熱，產生巨大的火山噴發能。弱力的產生是由於電子和「微中子」的相互作用。（微中子是像鬼一樣的粒子，幾乎沒有質量，能通過兆英里的固體導線而不和任何物質發生相互作用。）這些電子和微中子通過交換，與其他叫做W玻色子和Z玻色子的粒子發生相互作用。

第四種力是強核力，它將原子核聚在一起。沒有核力，原子核將全部破裂，原子將崩潰。強核力是我們看到充滿宇宙的一百多種元素能夠存在的原因。由於有弱核力和強核力，星星才能按照愛因斯坦方程式 $E = mc^2$ 發出光。沒有核力，整個宇宙將變得黑暗，地球的溫度將降低，海洋將凍結成冰。

這四種力令人吃驚的特點是它們彼此全不相同，具有不同的強度和性質。例如，到目前為止，重力是四種力中最弱的力，比電磁力小10^{36}倍。地球的重量為六十兆億噸，然而它強大的重量和重力可以輕而易舉地被電磁力抵銷。例如，你的梳子可以通過靜電將小紙片吸起，因此抵銷整個地球的重力。此外，重力完全是吸引的。而電磁力可以是吸引的，也可以是排斥的，由粒子的電荷決定。

大霹靂理論的統一

物理學家面臨的基本問題之一是，為什麼宇宙是由四種截然不同的力支配的？為什麼這四種力看上去差這麼多，強度、相互作用和物理行為都不同？

愛因斯坦是第一位著手將這些力統一成單一的、綜合理論的人，他從統一重力和電磁力開始。他沒有成功，因為他走在他那個時代太前面了，有關強核力知道得太少，無法建立一個真正統一的場論。但是愛因斯坦的前驅工作打開了物理學世界的視野，有可能建立一個「包容一切的理論」。

在二十世紀五〇年代，統一場論的目標似乎完全沒有希望達到，特別是那時基本粒子物理處在一片混亂之中，想用原子對撞機破碎原子核找到物質的基本成分，結果從實驗中發現幾百個更多的粒子流。「基本粒子物理」從術語上就是矛盾的，成了一則宇宙的笑話。古希臘人想，只要我們將物質破碎到它基本的建築磚塊，事情就變得簡單了。相反的事情發生了：物理學家不得不盡力從希臘字母表中找出更多的字母來標誌這些粒子。美國原子物理學家羅伯特．奧本海默（J. Robert Oppenheimer）開玩笑說，諾貝爾物理學獎應當授予在那一年沒有發現新粒子的物理學家。諾貝爾獎得主史蒂文．溫伯格（Steven Weinberg）開始懷疑人類的智慧是不是能夠解開核力的秘密。

然而，在二十世紀六〇年代早期，這個混亂的情景多少有了一些條理，那時加州理工學院的默里．

蓋爾曼和喬治·茨威格（George Zweig）提出「夸克」的想法，夸克是構成質子和中子的成分。根據夸克理論，三個夸克構成一個質子或一個中子，一個夸克和反夸克構成一個介子（一個將核子聚攏在一起的粒子）。這僅僅解決了一部分問題（因為今天各種類型的夸克比比皆是），但是它確實將新的能量注入到曾經是隱匿的領域中。

一九六七年，物理學家史蒂文·溫伯格和阿卜杜勒·薩拉姆（Abdus Salam）做出了驚人的突破，他們指出有可能將弱力和電磁力統一。他們創造了一個新的理論，電子和微中子（叫做「輕子」）通過交換形成叫做W玻色子和Z玻色子的新粒子並和光子彼此發生相互作用。通過在完全相同的立足點上處理W玻色子和Z玻色子，他們創造了統一兩種力的理論。一九七九年，史蒂文·溫伯格、謝爾登·格拉肖（Sheldon Glashow）和阿卜杜勒·薩拉姆，因為他們的共同努力統一了四種力中的兩種，即電磁力和弱力，並洞察到強核力的存在，所以被授予諾貝爾獎。

在二十世紀七〇年代，物理學家分析了從史丹佛線性加速中心（SLAC）的粒子加速器得出的資料。為了深入探測質子的內部，物理學家用加速器將強大的電子束打到靶上。他們發現可以引進叫做「膠子」的新粒子來解釋將質子內部的夸克聚在一起的強大核力。膠子是強核力的量子。將質子聚合在一起的約束力，可以由組成它的夸克之間的交換膠子來解釋。於是得出一個叫做量子色動力學的強核力的新理論。

這樣，到了二十世紀七〇年代中期，有可能將四種力中的三種力結合在一起（除去重力），得到一個「標準模式」：一個夸克、電子和微中子的理論，它們通過交換膠子、W玻色子和Z玻色子與光子彼此相互作用。這個理論是粒子物理幾十年來艱苦、漫長的研究所達到的頂峰。到目前，標準模式滿足所有有關粒子物理的實驗資料，無一例外。

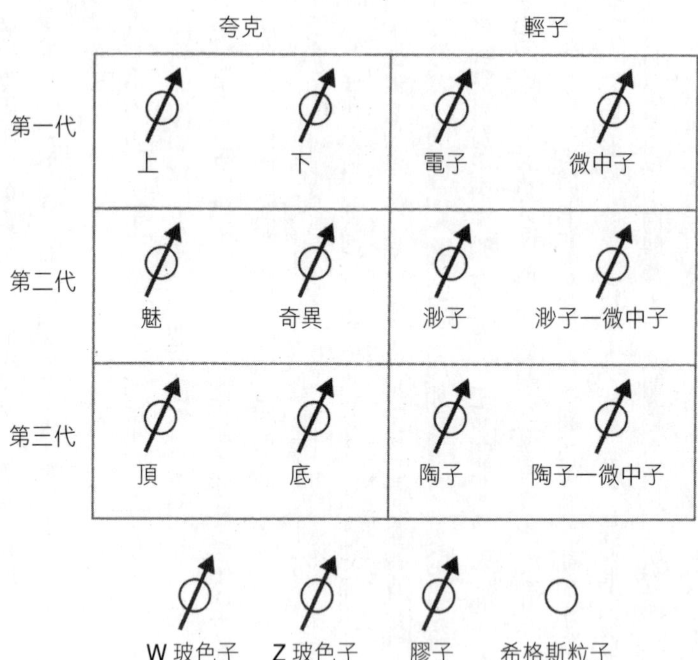

這些是標準模式中包含的次原子粒子，它是最成功的基本粒子理論。基本粒子是由構成質子、中子的「夸克」以及電子和微中子這些「輕子」和很多其他粒子組成的。注意該模型導致三個相同的次原子粒子副本。因為標準模式不能說明重力（並且看上去太笨拙），理論物理學家認為它不是最終的理論。

儘管標準模式是所有時代最成功的物理理論，但它看上去十分彆扭。很難相信自然界在基礎的水準上是根據這個東拼西湊、修修補補的理論進行運作的。例如，理論中有十九個任意參數是人為放進去的，沒有任何意義和原因（即各種質量和相互作用強度不是理論確定的，而是不得不由實驗確定。理想上，一個真正統一的理論，這些常數應由理論本身確定，而不依賴於外部實驗）。

此外，基本粒子有三個精確的副本，叫做「代」。很難相信自然界在它最基本的水準上會包括次原子粒子的三個精確副本。除這些粒子的質量外，這些「代」彼此互相複製。（例如，電子的副本包括渺子，它的重量比電子重二百倍，還有陶子，它比電子重三千五百多倍。）最後，標準模式沒有提到重力，儘管重力是宇宙中最廣為人知的一種力。

因為標準模式雖然實驗很成功，但看上去人為因素太多了，因此物理學家試圖建立另一個理論，或叫做大一統理論（GUT），將夸克和輕子放在同一立足點上。它也把膠子、W玻色子和Z玻色子和光子放在同一級別上。（然而，因為重力仍然明顯地遺留在外，這可能不是「最後的理論」。我們將看到，融合其他的力被認為是非常困難的工作。）

統一化的程序又將一個新的設想引進宇宙學。這個思想簡單又優雅：在大霹靂時，所有四種基本力統一成單一的、一致的和神秘的「超力」。所有四種力有同樣的強度，是一個較大的、一致的、總體力的一部分。宇宙開始時處於盡善盡美的狀態。然而，當宇宙開始擴張和迅速冷卻時，原始的超力開始「破裂」，不同的力一個一個地分解出去。

根據這個理論，宇宙在大霹靂後的冷卻與水的凍結相似。當水是液體形態時，它是十分均勻的和光滑的。然而，當它凍結時，在它的內部形成幾百萬個小冰晶。當液體完全凍結後，它原來的均勻性徹底消失了，成為含有裂紋、氣泡和結晶的冰。

換句話說，今天我們看到的宇宙是可怕地破裂了。它根本不是均勻的和對稱的，而是由犬牙交錯的山脈、火山、颶風、小行星和爆炸的星組成，沒有任何一致性，此外，四種基本力互相也沒有任何關係。但是，宇宙如此破裂的原因是因為它太老了、太冷了。

儘管宇宙是從完美統一的狀態開始的，今天它已經過了很多「相變」或狀態的變化，當它冷卻時，宇宙力一個一個地分裂出去。物理家的工作是向回尋找，重新構建宇宙原來開始的步驟，研究它是怎樣從完美的狀態變成我們今天看到的破碎的宇宙。

因此，關鍵是要恰當地理解宇宙開始時，這些相變是怎樣發生的。物理學家將這些轉變叫做「自發的破壞」。不管是冰的融解、水的沸騰、雨雲的產生或大霹靂的冷卻，相變可以將完全不同相的物質聯繫起來。（為了說明這些相變有多麼強大，藝術家出了一個謎：「你怎樣將五十萬磅（二二六，八〇〇公斤）的水懸在空中，且沒有可見的支撐？答案是：造一片雲。」）【1】

虛假真空

一個力從其他的力中破裂開來的過程，可以與一個大壩的破裂相比。河水從山上流下來，因為水往能量低的方向，即海平面的方向流動。最低的能量狀態叫做「真空」。然而，有一個不尋常的狀態叫做「虛假真空」。例如，一個大壩擋住河水，這個大壩看上去是穩定的，但它實際上承受著巨大的壓力。如果大壩出現一個小裂口，這個壓力可能突然使大壩崩潰，從虛假的真空（被大壩擋住的洪水）釋放出大量的能量，引起特大的洪水流向真正的真空（海平面）。如果聽任讓大壩自發地破壞，並突然轉變成真正的真空，整個村莊會被淹沒。

類似地，在大一統理論中，宇宙原來是從虛假真空開始的，三種力統一成一種單一的力。然而，這個狀態是不穩定的，宇宙自發地破裂，從虛假真空向真正的真空轉變，從虛假真空統一的力向真正真空分裂的力轉變。

在古斯開始分析大一統理論之前，這些情況已經知道了。但古斯注意到某些其他人忽略的地方。在虛假真空狀態，宇宙按照德．西特爾在一九一七年預計的以指數方式膨脹。虛假真空的能量是一個宇宙學常數，它驅動宇宙以如此巨大的速率擴張。古斯問他自己一個非常重要的問題：這個德．西特爾的擴張指數能解決宇宙學的一些問題嗎？

磁單極問題

很多大一統理論的預測之一，是在創世之初有大量的「磁單極」產生。一個磁單極是一個單個的北極或南極。在自然界，這些磁極總是成對發現的。例如一塊磁鐵，你看到它的北極和南極總是綁在一起的。

【1】 Cole, p.43

如果你用一個榔頭把這塊磁鐵敲成兩半，你發現的不是兩個磁單極，而是兩塊較小的磁鐵，每一塊有它們自己的北極和南極。

然而問題是，經過幾個世紀的實驗，科學家沒有發現磁單極的確實證據。因為以前沒有人看到過磁單極，古斯感到困惑，為什麼大一統理論會預計有這麼多的磁單極存在呢。古斯評論說：「磁單極像獨角獸一樣一直使我們著迷，儘管還沒有確實看到它。」【2】

然後，忽然靈機一動，所有零零碎碎的想法在一閃念間拼在了一起。古斯認識到，如果宇宙開始時是處在虛假真空狀態，它可能以幾十年前德·西特爾提出的指數方式擴張。在這個虛假的真空狀態，宇宙突然暴脹的量可以是難以想像的大，因此稀釋了磁單極的密度。如果科學家以前從未見過一個磁單極，僅僅是因為磁單極散佈到了比以前所想像的要大得多的宇宙中。

對古斯來說，這個發現是驚愕和快樂之源。這樣一個簡單的想法能夠在一瞬間解釋磁單極問題。但古斯認識到，這個預測有著超出他原來想像的宇宙意義。

平面問題

古斯認識到他的理論解決了另一個問題，即早些時候討論的「平面問題」。標準的大霹靂描述不能解釋為什麼宇宙是非常平的問題。在二十世紀七〇年代，人們相信描述宇宙物質密度的Ω大約為〇·一。而事實是，在大霹靂幾十億年後，這個數值仍然相當接近臨界密度一·〇。這個問題令人困惑。隨著宇宙擴張，Ω應當隨著時間改變。這個數值接近一．〇，讓人感到不自在，因為它描述的是一個完全平面的空間。

不管創世時Ω是怎樣一個適當的值，愛因斯坦方程式顯示它今天應當幾乎為零。在大霹靂幾十億年後Ω是如此接近於一，除非有奇蹟才行。在宇宙學中這叫做「微調問題」。上帝或某個造物主必須極其精確地「選擇」Ω，才能使它今天大約為〇．一。為了使Ω今天在〇．一和十之間，在大霹靂後一秒鐘時，Ω必須為一．〇〇〇〇〇〇〇〇〇〇〇〇〇〇〇。換句話說，在創世開始時，Ω必須「選擇」等於一，精確度範圍要在幾百兆分之一，這是很難理解的。

想像試圖將一支鉛筆豎立在它的筆尖上。無論你怎樣平衡這支鉛筆，它都會倒下來。要想讓它平衡一秒鐘都十分困難，更不要說幾年。為了使Ω今天等於〇．一，必須進行大量的微調。在微調Ω時一丁點兒錯誤都會使Ω極大地偏離一。因此，為什麼今天Ω是如此接近於一呢？按理它應該極大地偏離於一才對。

對古斯來說回答是明顯的。宇宙暴脹的程度是如此巨大，因而使宇宙變平了。好比一個人，他看不到地平線的盡頭，因此說地球是平的。天文學家得出結論說Ω大約等於一，因為暴脹使宇宙變平。

地平線問題

暴脹不僅解釋了支持平面宇宙的資料，也解決了「地平線問題」。此問題根據一個簡單的事實：夜晚

【2】Guth, p.30

的天空無論你向哪兒看都似乎是相當均勻的。如果你轉一八〇度，你看到宇宙是均勻的，即便你看到的是相距幾百億光年的宇宙的不同部分。強大的望遠鏡掃描天空也發現宇宙是均勻的，偏離很小。我們的太空衛星也顯示宇宙微波輻射是極其均勻的。無論你看空間的何處，背景輻射的溫度，偏離不超過千分之一度。

但有一個問題，因為光速是宇宙中的速度極限。在宇宙的一生中，光線或資訊沒有辦法從夜晚天空的一側跑到另一側。例如，我們在一個方向看微波輻射，自大霹靂後它已行進了一三〇億年。如果我們轉過來看相反方向，我們看到微波輻射是相同的，它也行進了一三〇億年。因為它們的溫度都相同，在創世之初它們一定是融合在一起的。但是，自大霹靂後，這些輻射沒有辦法從夜晚天空一側跑到另一側（相距超過二六〇億光年）。

如果我們觀察大霹靂後三十八萬年後的天空情況就更糟了，這時背景輻射剛剛形成。如果我們看天空相反方向的兩點，我們看到背景輻射幾乎是均勻的。但是根據大霹靂理論計算，這相反的兩點相距九千萬光年（因為爆炸後空間的擴張）。但是光不可能在三十八萬年中行進九千萬光年。輻射比光線跑得還要快，這是不可能的。

按理，宇宙應看上去是多塊狀的，宇宙的一部分離另一個遙遠部分的距離太遠，難以接觸。光線沒有足夠的時間混合，沒有時間將輻射從遙遠的一側傳播到遙遠的另一側，那麼為什麼宇宙看上去這樣均勻呢？（普林斯頓的物理學家羅伯特．迪克將這個問題叫做地平線問題，因為地平線是你能看到最遠的點，光線能夠傳播到最遠的點。）

但古斯認識到暴脹也是解釋這個問題的關鍵。他推論，我們可見的宇宙大概是原始火球的一小片。這一小片本身的密度和溫度是均勻的。但是暴脹突然將這一小片均勻物質擴大了10^{50}倍，比光速還要快，所以今天的可見宇宙相當地均勻。結果，夜晚天空和微波輻射是如此均勻的原因是：可見宇宙曾經是原始火球均勻的一小片，突然暴脹變成了宇宙。

對暴脹理論的反作用

儘管古斯確信暴脹的想法是正確的，他第一次登臺演講時還是有些緊張。當古斯一九八〇年提出他的理論時，他承認：「我仍然擔心理論的某些結果會有錯誤。也害怕我會暴露我是一位缺乏經驗的宇宙學家。」[3]但是他的理論是這樣地優雅和強大，以至全世界的物理學家都立刻注意到它的重要性。諾貝爾獎得主默里．蓋爾曼驚呼：「你解決了宇宙學最重要的問題！」諾貝爾獎得主謝爾登．格拉肖向古斯透露說，史蒂文．溫伯格聽到有關暴脹理論時十分激動。古斯焦急地問：「史蒂文有什麼反對意見嗎？」格拉肖回答：「沒有，他只是遺憾怎麼自己沒有想到。」[4]科學家們問自己，他們怎麼沒有想到這個簡單的解決方案呢？古斯的理論得到理論物理學家的熱烈歡迎，他們驚歎其見解。

這對古斯工作的前景也產生了影響。一天，因為工作市場的職位緊缺，他眼看就要失業了，他承認：

【3】Guth, pp.186-67

「我處在失業的邊緣。」【5】忽然，工作的機會從天而降，許多頂尖大學都向他提供職位。（但是，不是來自他的第一選擇——麻省理工學院。但這時他讀到一個幸運籤餅說：「如果你不膽怯，機會就在你的面前。」這給了他勇氣打電話給麻省理工學院，要求一份工作。幾天後，當麻省理工學院打電話給他、並答應給他一個教授的職位時，他驚訝極了。他看到另一個幸運籤餅說：「不要在衝動時採取行動。」他沒有理睬這個勸告，決定接受麻省理工學院的職位。）「無論如何，一個中國幸運籤餅也不能說明一切」，他對自己說。

然而，在古斯的理論中仍然存在嚴重的問題。天文學家對古斯理論的興趣不是很大，因為它在一個方面存在很大的缺陷：它提出了錯誤的Ω估計。Ω大約接近於一，可以由暴脹來解釋。然而，暴脹比預計更大，並預計Ω（或Ω加上Λ）應精確等於一，才能與平面宇宙相符。在隨後的年代裡，收集到的實驗資料越來越多，在宇宙中找到大量暗物質。Ω輕微移動，上升到〇．三。但這對暴脹理論來說仍可能是致命的。儘管在下一個十年物理學家會寫出三千多篇論文，但對天文學家來說暴脹將仍是一個新鮮的事物。對他們來說，這些資料似乎是排除暴脹理論的。

有些天文學家私下裡抱怨，說粒子物理學家被暴脹的美麗外衣所迷惑，甚至可以不管實驗資料。（哈佛大學的天文學家羅伯特．P．科什納寫道：「『暴脹』理論聽來很瘋狂，它被學院裡牢固佔據教授職位的人所稱讚，但這個事實並不自然而然地說明它是對的。」【6】牛津大學的羅傑．潘洛斯〔Roger Penrose〕將暴脹理論叫做：「高能物理學家瞭解宇宙的一種時髦方式……甚至非洲食蟻獸也認為它的後代是美麗的。」）【7】

古斯相信：遲早有資料會說明宇宙是平的。但是使他煩惱的是他原始的描述中有一個小而至關重要的缺陷，直到今天還不能完全理解。暴脹在理論上可以用來解釋一系列深層的宇宙問題。但問題是他不知道怎樣關閉暴脹。

想像一壺水加熱到它的沸點。就在水開之前，它是瞬間處在高能量狀態。它要沸騰，但它還不能沸騰，因為需要一些雜質產生氣泡。但是一旦氣泡產生了，它很快進入真正真空的低能量狀態，這壺水變得充滿了氣泡。最終，氣泡變得很大，開始結合，直到壺裡均勻地充滿蒸汽。當所有的氣泡合併，從水到蒸汽的相變就完成了。

在古斯的原始描述中，每一個氣泡代表一片從真空中暴脹出來的我們的宇宙。但是當古斯進行計算時，他發現氣泡不能適當地結合，使宇宙成為難以相信的多塊狀的。換句話說，他的理論讓壺裡充滿了蒸汽氣泡，卻不能完全合併成為一壺均勻的蒸汽。古斯的一大桶開水似乎永遠不能安定下來，變成今天的宇宙。

一九八一年，俄羅斯P・N・列別傑夫（P. N. Lebedev）研究所的安德列・林德和賓夕法尼亞大學的保羅・J・斯坦哈特（Paul J. Steinhardt）、安德里亞・阿爾布雷切特（Andreas Albrecht）發現一個解決這個難題的方法。他們認識到，如果虛假真空的一個氣泡膨脹的時間足夠長，它最終就會充滿整個壺，並產生一個均勻的宇宙。換句話說，我們的整個世界可以是單個氣泡的副產品，它膨脹充滿宇宙。為了產生均勻的

【4】Guth, p.191
【5】Guth, p.18
【6】Kirschner, p.188
【7】Rees1, p.171

一壺蒸汽不需要大量氣泡結合，只要一個氣泡就行了，只要它膨脹的時間足夠長的話。

再回想一下大壩和虛假真空的類比。大壩越厚，水就需要越長的時間穿過大壩。如果大壩的牆非常厚，那麼穿過的時間就會任意地延長。如果宇宙可以膨脹10^{50}倍，那麼一個單一氣泡就有足夠的時間解決地平線、平面宇宙和磁單極的問題。換句話說，如果穿過大壩的時間延長得足夠長，宇宙膨脹的時間足夠長，就能使宇宙變平和稀釋磁單極。但是仍然留有問題：是什麼機制能夠延長如此巨大的膨脹呢？

最終，這個棘手的問題成為已知的「見好就收的問題」，即怎樣讓宇宙膨脹得足夠長，使得一個單一氣泡能夠創造整個宇宙。到目前至少提出了五十個不同的機制來解決這個適當的退出問題。（這是一個令人迷惑的、困難的問題。我自己也試了幾個解決方案來解決這個問題。要想在早期的宇宙中產生適度的膨脹是相當容易的。但是要讓宇宙膨脹的倍數大到10^{50}是極其困難的。當然，我們也許能夠簡單地放上一個10^{50}係數，但這是人造的和人為的。）換句話說，人們廣泛地相信暴脹過程解決了磁單極、地平線和平面問題，但是不能精確知道是什麼驅動暴脹和怎樣將它關閉。

混亂的暴脹理論和平行宇宙

物理學家安德列・林德對於無人同意「見好就收」的解決方案並不感到憂慮。林德承認：「我只是有這樣的感覺，對上帝來說這是一個簡化他工作的絕好機會。」【8】

最後，林德提出一個新版的暴脹理論，它似乎消除了老版本的一些缺陷。他想像一個宇宙，在隨機的空間和時間點上自發地發生破裂，一個短暫膨脹的宇宙產生了。大多數膨脹的時間很短。但是因為這個過程是隨機的，最終將有一個氣泡膨脹的時間持續得很長，創造了我們的宇宙。它的邏輯結論是：膨脹是持續的和永恆的，大霹靂始終在發生，一些宇宙從其他宇宙萌生出來。在這個圖像中，宇宙可以「萌生」其他宇宙，創建「多元宇宙」。

在這個理論中，自發破裂可以在我們的宇宙內任何地方發生，從我們的宇宙萌生一個完整的宇宙。它也意味著我們的宇宙也許是從早先的宇宙萌生的。在混亂的膨脹模式中，多元宇宙是永恆的，即使單個宇宙不是這樣。有些宇宙可能有非常大的Ω，大霹靂後就立即擠壓破碎。有些宇宙的Ω可能很小，將永遠擴張。最終，多元宇宙被那些巨量膨脹的宇宙所支配。

回顧宇宙學的歷程，我們不得不接受平行宇宙的想法。暴脹理論代表傳統宇宙學與粒子物理學進展的匯合。粒子物理遵循量子理論，它規定有一個有限的可能性使不太可能的事件發生。因此，只要我們承認有可能創造一個宇宙，我們就打開了有可能創造無限多個平行宇宙的大門。例如，想一想在量子理論中是怎樣描述電子的。因為不確定性，電子不是存在於任何單一的地點，而是存在於圍繞原子核的所有可能的地點。圍繞原子核的電子雲代表電子可以同時位於很多地方。這是所有化學的基礎根據，它允許電子將分子捆綁在一起。分子為什麼不散開的原因是：平行的電子圍繞它們跳動並將它們捆綁在一起。同樣，宇宙曾經比一個電子還小。當我們將量子理論應用於宇宙時，我們被迫承認宇宙有同時存在於很多狀態的可能

【8】Croswell, p.124

性。換句話說，一旦我們打開了將量子波動應用到宇宙的大門，我們就幾乎被迫地承認平行宇宙。我們沒有更多的選擇。

宇宙從無到有

起初，人們也許會反對多元宇宙的觀念，因為它似乎違背了已知的定律，如物質和能量守恆定律。然而，一個宇宙的物質和能量的含量實際上可以是很小的。宇宙的物質含量，包括所有星星、行星和星系，是巨大的和正的。然而，重力儲藏的能量可以是負的。如果將物質產生的正能量和重力產生的負能量加在一起，總和可能接近於零！在某種意義上，這樣的宇宙是自由的。它們可以毫不費力地從真空中突然冒出來。（如果宇宙是封閉的，宇宙的總能量含量必須精確地等於零。）

（要領會這一點，想像一頭驢掉進地面的一個大坑裡。為了把驢從坑中拉出來必須增加能量。一旦驢被拉出來又站在地面上後，驢的能量被認為是零。因為需要增加驢的能量使它回到能量為零的狀態，所以驢在坑中時能量為負。類似地，需要增加能量使一顆行星脫離太陽系。一旦它到了自由空間，行星的能量為零。因為需要增加能量將行星拽出太陽系使它進入能量為零的狀態，當行星在太陽系範圍內時，它的重力能為負。）

事實上，要創造像我們這樣的一個宇宙，也許只需要非常小的淨物質量，也許小到一盎司（二八．三四九五克）。正如古斯喜歡說的：「宇宙可以是一頓免費的午餐。」紐約城市大學亨特學院的物理學家愛德華·特賴恩在一九七三年的《自然》雜誌上發表了一篇文章，首先提出了宇宙從無創造的思想。他推測宇宙是由於真空中的量子波動偶爾產生的。（儘管創造宇宙所需要的淨物質量可以接近零，這個物質必須壓縮到難以想像的密度，正如在第十二章將看到的。）

像盤古開天的神話一樣，這是宇宙從無到有的一個例子。儘管宇宙從無到有的理論無法用常規的方法證明，它確實能幫助我們回答有關宇宙的很多實際問題。例如，為什麼宇宙不旋轉？我們周圍的一切都在旋轉，從陀螺、颶風、行星、星系到類星體。它看上去是宇宙中物質的普遍特性。但是宇宙本身不旋轉。當我們觀察天空的星系時，它們的旋轉相互抵銷，總體為零。（這是非常幸運的，在第五章將會看到，如果宇宙的確旋轉的話，時間旅行就會成為一個共同的問題，歷史就不可能書寫。）為什麼宇宙不旋轉的原因也許是因為我們的宇宙是從無到有產生的。因為真空不旋轉，所以在我們的宇宙中就看不到任何淨旋轉。事實上，多元宇宙內的所有氣泡宇宙可能淨旋轉都為零。

為什麼正電荷和負電荷精確地相互抵銷呢？通常。當我們思考支配宇宙萬物的宇宙力時，我們想得更多的是重力而不是電磁力，儘管與電磁力相比，重力是一個無限小的量。原因是正電荷和負電荷完全平衡了。結果宇宙的電荷看上去為零，是重力而不是電磁力支配宇宙。

儘管我們認為這是理所當然的，但是正電荷和負電荷的抵銷是十分不尋常的，並且已經得到實驗檢驗，精確到10^{21}分之一。[9]（當然，電荷之間的局部不平衡是存在的，這就是為什麼我們總會看到閃電。但是即便是雷電，電荷的總數加起來也為零。）如果你身體內淨正電荷和負電荷的差別僅為百分之〇·〇〇〇〇一，你就會立刻被撕成碎片，你身體的碎片就會被電力作用拋到外太空。

對這個持久的謎的回答也許是因為宇宙是從無到有產生的。因為真空沒有淨旋轉和淨電荷，從無到有產生的嬰宇宙也沒有淨旋轉和淨電荷。

物質和反物質是這個規則的一個明顯例外。[10]這個例外是為什麼宇宙是由物質組成的，而不是由反物質組成的？因為物質和反物質是相反的（反物質與物質的電荷正好相反），我們可以假定：大霹靂一定產生了同樣數量的物質和反物質。然而問題是，物質和反物質在接觸時彼此抵銷產生伽瑪射線爆發。這樣我們就不可能存在了。宇宙就會是伽瑪射線的隨機集合，而不是充滿普通的物質了。如果大霹靂是完全對稱的（或如果它能從無產生），那麼就會形成同樣數量的物質和反物質。這樣為什麼我們能存在呢？俄羅斯物理學家安德列．沙哈諾夫（Andrei Sakharov）提出的解答是：大霹靂根本不是完全對稱的，在創世之初在物質和反物質之間有小量的對稱被破壞了，物質相對反物質佔優勢，才使得我們今天所看到的宇宙成為可能。（在大霹靂時被破壞的對稱性叫做CP（電荷宇稱）對稱性，此對稱性逆轉了物質和反物質粒子的電荷和奇偶性。）如果宇宙是從「無」中產生的，大概「無」不是完全空的，而是有少量對稱性的破壞，使得今天物質比反物質佔有一些優勢。這個對稱性破壞的起源還沒有找到。

其他宇宙會是什麼樣子

多元宇宙的想法很有吸引力，因為所有要做的假定是自發破裂隨機發生。不需要再做其他的假設。每當一個宇宙萌生出另一個宇宙時，物理常數與原來的不同，創造出新的物理定律。如果這是真的，在每個宇宙之內可以出現完全新的現實。於是出現了一個誘人的問題：這些其他的宇宙是什麼樣子呢？理解平行宇宙物理的關鍵是要理解宇宙是怎樣產生的，即精確地理解自發破裂是怎樣發生的。

當宇宙誕生並且自發破裂發生時，它也破壞了原始理論的「對稱性」。對一位物理學家來說，「完美」意味著對稱和簡單。如果一個理論是完美的，這意味著它有強大的對稱性，能夠以最緊湊和經濟的方式解釋大量的資料。更精確地說，當我們在一個方程式中交換它的成分時，如果該方程式保持相同，這個方程式就被認為是完美的。找出自然界隱藏的對稱性的一個最大益處是：我們可以指出表面上看來完全不同的現象實際上是同一件事物的不同表現，它們通過對稱性連接在一起。例如，電和磁實際上是同一物體的兩個方面，因為有對稱性，所以它們可以在馬克斯威爾方程式中相互交換。同樣地，愛因斯坦指出相對論可以將空間變換成時間和將時間變換成空間，說明它們是空間—時間結構這同一事物的兩個部分。

想像一片有著無窮魅力的六重對稱性的雪花。它的美麗來源於將它旋轉六十度它仍然保持相同。這也意味著，我們描述雪花的任何方程式也應當反映這個事實，在旋轉多個六十度時它保持不變。在數學上，我們說雪花有 C_6 對稱性。

對稱性將自然界隱藏的美麗編成密碼。但是在現實中，今天這些對稱性被可怕地破壞了。宇宙中四種

【9】Rees2, p.100

【10】科學家一直在尋找宇宙中的反物質，但找到的很少（只是在銀河系的核心附近找到了一些反物質流）。由於物質和反物質實質上難以區分，它們都遵循著同樣的物理學及化學法則，因此很難把它們區分開來。但是，有一種辦法，那就是尋找帶有標誌性的一．〇二兆電子伏特的伽瑪射線放射物。這是存在反物質的獨特標誌，因為這是當一個電子與一個反電子相撞時釋放出來的最低限度能量。但當我們對宇宙進行掃描時，我們看不到大量的一．〇二兆電子伏特伽瑪射線，這就說明反物質在宇宙中是不多見的。

主要的力彼此根本互不相像。宇宙充滿了不規則和缺陷，包圍我們的是原始宇宙的片段和碎片，原始對稱性被大霹靂破壞了。因此，理解可能的平行宇宙的關鍵是理解「對稱性破壞」，即在大霹靂後對稱性是怎樣破壞的。正如物理學家大衛．格羅斯（David Gross）說的：「自然界的秘密是對稱，但是世界結構的很多方面是由於對稱性破壞機制決定的。」【11】

想像一個美麗的鏡子破碎成幾千片碎片。原來的鏡子具有很好的對稱性，無論鏡子轉任何角度它都以同樣方式反射光；但它破碎後，原始的對稱性破壞了。精確地確定對稱性是怎樣破壞的，決定了鏡子是怎樣粉碎的。

對稱性破壞

為了瞭解對稱性破壞，想像一個胚胎的成長。在早期階段，在懷孕後幾天，胚胎由完整的細胞球構成。每個細胞與別的細胞沒有什麼不同。無論怎麼轉，看起來都是一樣的。物理學家說，這一階段的胚胎有O(3)對稱性，即無論沿什麼軸旋轉都是相同的。

儘管胚胎是美麗的和優雅的，但它沒有什麼用處。一個完善的胚胎球不能執行任何功能或與環境相互感應。然而，過了一段時間胚胎的對稱性破壞了，長出一個小頭和一個像保齡球腿的螺旋形柱。儘管原來的球形對稱現在破壞了，胚胎仍然有殘餘的對稱性，如果沿著它的軸轉動它，它仍然是相同的。這樣，它就具有了圓柱對稱性。數學上，我們說原來的球形O(3)對稱性變為圓柱體的O(2)對稱性。

然而，O(3)對稱性的破壞可以以不同的方式進行。例如海星沒有圓柱對稱性或雙側對稱性，當球形對稱破壞時，它有C_5對稱性（即旋轉七十二度保持相同），使它具有五角星的形狀。因此，O(3)對稱性破壞的方式決定了生物體誕生的形狀。

類似地，科學家相信宇宙開始時是處於完全對稱的狀態，所有的力統一成單一的力。宇宙是完美的、對稱的，但也是沒有用的。我們所知的生命不可能生存在這種完美的狀態下。為了使生命有可能存在，宇宙在冷卻時它的對稱性不得不破壞。

對稱性和標準模式

同樣，要想理解平行宇宙會是什麼樣子，我們必須首先瞭解強、弱、和電磁相互作用的對稱性。例如強力依賴於三個夸克，科學家將它們標上假想的「顏色」（例如，紅、白、藍）。如果我們交換這三種顏色的夸克，而方程式保持不變，我們說這個方程式有SU(3)對稱性，即重新組合這三個夸克，方程式保持相同。科學家相信，有SU(3)對稱性的方程式能最精確描述強相互作用（叫做量子色動力學）。如果我們有巨大的超級電腦，僅僅從夸克的質量和它們相互作用的強度出發，就能在理論上計算質子和中子的所有性

【11】 Cole, p.100

質，以及核子物理的所有特性。

類似地，我們看電子和微中子這兩個輕子的情況。如果在方程式中交換它們，方程式保持不變，我們說該方程式有SU(2)對稱性。

再看光的情況，它有U(1)對稱性。（這個對稱組合將光的各個分量或極性重新編組。）因此，弱力和電磁力相互作用的對稱組合為SU(2)×U(1)。

如果將這三個理論簡單地黏合在一起，就會毫不奇怪地有SU(3)×SU(2)×U(1)對稱性。換句話說，即它是分別混合三個夸克和混合二個輕子（但夸克和輕子不相互混合）的對稱性。得出的理論是標準模式理論，正如前面我們看到的，它大概是所有年代中最成功的理論。正如密西根大學的戈登．凱恩（Gordon Kane）所說：「我們世界發生的一切（除去重力的影響）都是從標準模式粒子相互作用產生的……」【12】標準模式理論的某些預言已在實驗室進行了測試，證明是成立的，掌握度在一億分之一內。（事實上，總共二十個諾貝爾獎授予了研究標準模式各個部分的物理學家。）

最後，人們也許能夠構造一個將強力、弱力和電磁力的相互作用聯合在一起的單一對稱性理論。最簡單的大一統理論能夠做到這一點，它能同時彼此交換所有五個粒子（三個夸克和二個輕子）。與標準模式的對稱性不同，大一統理論的對稱性能將夸克和輕子混合在一起（這意味著質子可以退化成電子）。換句話說，大一統理論包含SU(5)對稱性（組合所有五個粒子，即三個夸克和二個輕子）。很多年來，人們也分析了很多其他的對稱組合，但是SU(5)大概是能夠擬合數據的最小組合。

當自發破裂發生時，原來的大一統理論對稱性可以用各種方式破壞。一種方式是，大一統理論對稱性破壞成SU(3)×SU(2)×U(1)，正好需要十九個自由參數描述我們的世界，產生我們已知的世界。然而，大一統理論對稱性的破壞可以有很多方式。其他的宇宙很可能有完全不同的殘餘對稱性。最低限度，這些平行宇宙可能會有這十九個參數的不同數值。換句話說，在不同的宇宙中各種力的強度可能是不同的，使宇宙的結構產生巨大的變化。例如，核力強度減弱將阻止星星的形成，使宇宙留在永久的黑暗中，讓生命不可能存在。如果核力太強，星星燃燒它的核燃料就會太快，沒有足夠的時間形成生命。

對稱組合也可能改變，產生完全不同的宇宙粒子。在這些宇宙中質子可能是不穩定的，並會迅速衰變成反電子。這樣的宇宙不可能有我們所知道的生命，但會迅速地分解成沒有生命的電子和微中子的霧。其他的宇宙還可以用另外的方式破壞大一統理論的對稱性，產生更穩定的粒子，如質子。在這樣的宇宙中，可能存在大量奇怪的新化學元素。在這些宇宙中的生命比我們要更複雜，因為有更多的化學元素可能創造類似DNA的化學物質。

原始的大一統理論對稱性也可以用另一種方式破壞，產生多於一個的U(1)對稱性，即多於一種形式的光線。這的確將是一個奇怪的宇宙，在這個宇宙中，生物不只是用一種類型的力，而是用幾種類型的力來觀察。在這樣的宇宙中，生物可能有各種接收器檢測各種形式的、類似於光的輻射。

毫不奇怪，可能有幾百種，甚至無限多種方式破壞這些對稱性。每一種可能的解決方案會產生相應的完全不同的宇宙。

【12】*Scientific American*, June, 2003, p.70

可檢測的對稱性

不幸的是，在目前多元宇宙理論中，有著不同物理定律的多個宇宙存在的可能性無法檢測。人們不得不跑得比光還要快才能到達其他的宇宙。但是暴脹理論的一個優勢是，它預言了我們宇宙的性質，這個宇宙是可以檢測的。

暴脹理論是一個量子理論，它基於量子理論的基石，海森堡測不準原理。（測不準原理說，不可能無限精確地測量電子的速度和位置。不管儀器多麼靈敏，測量中總有不確定性。如果知道電子的速度，就不能知道它的精確位置；如果知道它的位置，就不能知道它的精確速度。）將測不準原理應用到開始大霹靂的火球，這意味著原始的宇宙爆炸不可能是無限「光滑的」。（如果它是完全均勻的，那麼我們就能精確知道從大霹靂發出的次原子的軌跡，這就違背了測不準原理。）量子理論讓我們能夠計算在原始火球中這些波紋或波動的大小。然後膨脹這些小量的量子波動，就可以計算我們看到的大霹靂後三十八萬年的微波背景輻射。（如果我們將這些波動擴張到今天，就應該發現星系群的當前分佈。我們的星系應該包含在這些小波動的一個波動中。）

開始時，科學家從表面上查看從COBE衛星得到的資料，沒有發現微波背景輻射的偏離或波動。這在物理學家中間引起一些憂慮，因為完全光滑的微波背景輻射不僅背離暴脹理論，也背離整個量子理論，背離測不準原理。它將動搖物理學最核心的內容。二十世紀量子理論的整個基礎也許不得不拋棄。

經過艱苦細緻的分析，科學家才鬆了一口氣，從電腦增強的COBE衛星資料中找到了模糊的波動，溫度的變化為十萬分之一，這是量子理論能容忍的最小偏離量。這些無窮小的波動是與暴脹理論一致的。古斯承認：「我完全被宇宙背景輻射迷住了。信號是如此之弱，在一九六五年以前一直沒有檢測到，現在背景輻射波動的測量精度竟達到十萬分之一。」[13]

儘管收集到的實驗證據慢慢地支持暴脹理論，但科學家仍然不得不解決惱人的Ω問題，即事實上Ω為〇．三而不是一．〇。

超新星——回到Λ

最後得出暴脹理論與科學家搜集的COBE資料是一致的，但是在二十世紀九〇年代，天文學家仍在抱怨暴脹理論得出的Ω明顯背離實驗資料。第一次的潮流是在一九九八年，它是從完全意外的方向得到的資料引起的。天文學家試圖重新計算在遙遠的過去宇宙的擴張速率。他們不是分析哈伯在二十世紀二〇年代分析的造父變星，而是考察過去幾十億光年遙遠星系中的超新星。他們特別考察了Ia型超新星，它理想地適合用做標準燭光。

天文學家知道這種類型的超新星幾乎有同樣的亮度。（Ia型超新星的亮度被了解得非常清楚，甚至它

【13】*New York Times*, July 23, 002, p.F7

們亮度的微小偏離也能標定：超新星越亮，亮度的衰退越慢。）這樣的超新星是在雙星系統中的白矮星慢慢吸收它的伴星的質量中產生的。這顆白矮星吸收它的伴星的質量，逐漸達到太陽質量的一．四倍，這是白矮星能夠達到的最大質量。當它們超過這個極限時就會收縮和爆炸形成Ia型超新星。這個觸發點就是Ia型超新星的亮度為什麼非常均勻的原因，它是白矮星達到精確質量然後在重力作用下收縮的自然結果。（正如蘇布拉馬尼揚．錢卓塞卡〔Subrahmanyan Chandrasekhar〕在一九三五年指出的，白矮星的收縮重力和電子之間的排斥力（叫做「電子簡併壓力」）是相互平衡的，如果白矮星的重量超過太陽的一．四倍，[14] 那麼重力超過電子簡併壓力，星星就收縮形成超新星。）因為遙遠的超新星是在早期宇宙發生的，分析它們就能計算幾十億年前宇宙的擴張速率。

兩組獨立的天文學家（以超新星宇宙專案的索爾．波莫特〔Saul Perlmutter〕和高Z超新星搜索小組的布賴恩．P．施密特〔Brian P. Schmidt〕為首）期望能發現：宇宙儘管仍在擴張，但是在逐漸減慢。對於幾代的天文學家，這是一種信念，每天在天文學的課堂上都是這樣教的，即原始的擴張在逐漸減慢。

在分析了十幾個超新星之後，他們發現早期宇宙的擴張不是像原來想像的那麼快（即超新星的紅色偏移和它們的速度比原來想像的小）。比較早期宇宙與現在宇宙的擴張率，他們得出結論：今天的擴張率比較大。使他們吃驚的是，兩組人得出同樣令人驚駭的結論，即宇宙擴張正在**加速**。

使他們灰心的是，他們發現無論用任何Ω都不能符合數據。符合數據的唯一辦法是在理論中重新引入Λ，即愛因斯坦首先引入的真空能量。此外，他們發現在宇宙以西特爾類型的指數方式加速擴張中，Λ的數值要大大超過Ω。兩組人獨立地得出這個令人吃驚的事實，但是猶豫不決地沒有立刻發表他們的發現，因為強烈的歷史偏見認為Λ為零。正如基特峰天文臺的喬治．雅格布（George Jacoby）所說：「Λ始終是

一個公認的概念，誰要說它不等於零，就會被認為是瘋了，是胡言亂語。」【15】

施密特回憶道：「我仍然在搖頭，但是我們查核了一切……我是非常勉強地告訴人們這個結果，因為我相信我們將會遭到譴責。」【16】然而，當兩個小組在一九九八年同時公佈他們的結果時，他們收集到的堆積如山資料難以被駁倒。Λ，這個在現代天文學中幾乎被完全遺忘的愛因斯坦「大錯誤」，在藏匿了九十年後，現在又令人注目地再度走紅。

物理學家啞口無言。普林斯頓高等學術研究所的愛德華·威騰（Edward Witten）說：「它是我從事物理學研究以來，最奇怪的實驗發現。」【17】當Ω為〇·三加上Λ為〇·七時，總和等於暴脹理論預計值一·〇（在實驗誤差範圍內）。像一塊七巧板在我們的眼前拼湊在一起，宇宙學家看到了丟失的暴脹部分，它來自真空本身。

【14】錢卓塞卡極限可透過以下推理得出。一方面，重力的作用把白矮星壓縮到難以置信的密度，使白矮星中的電子相互靠得越來越近。另一方面，存在著包立不相容原理，它聲稱，兩個電子不可能具有完全相同的量子數來描述其狀態。這就意味著，不可能有性質相同的兩個電子來佔據完全相同的一個點，所以會有一種淨作用力把電子分開（而不止是靜電排斥）。這意味著，有一股向外推的淨壓力，使電子不能進一步互相壓向對方。這樣，當這兩種作用力（一種排斥力，一種吸引力）正好互相抵銷時，我們就可以計算出白矮星的質量，而這就是一·四太陽質量的錢卓塞卡極限。

對中子星而言，由於有重力擠壓著一團純中子球，於是就產生了一種新的錢卓塞卡極限，大約為三個太陽質量，這是因為，由於存在這種力的緣故，中子也會互相排斥。但是，一旦中子星的質量超過了其錢卓塞卡極限時，它就會塌縮為一個黑洞。

【15】Croswell, p.204

【16】Croswell, p.232

WMAP衛星驚人地重新證實了這個結果，它證明和Λ有關的能量，或暗能量，占宇宙所有物質和能量的百分之七十三，成為七巧板主要的一塊。

宇宙的相

WMAP衛星的最重要貢獻，大概是它使科學家相信他們正朝著宇宙的「標準模式」前進。儘管還存在巨大的差距，天文物理學家開始看到從這些資料得出的標準模式的輪廓。根據現在拼湊在一起的圖片，當宇宙冷卻時，宇宙的演變經過了截然不同的相變。從一個相過渡到另一個相代表系統的破裂和自然力的分解。今天我們知道宇宙演變經過以下階段和里程碑：

1. 10^{-43} 秒前：普朗克時期

在這個時期幾乎什麼都沒有，它叫做「普朗克時期」。在這個時期，能量達10^{19}億電子伏特，重力和其他量子力一樣強。結果，宇宙的四種力或許統一成一個單一的「超力」。宇宙大概存在於一個「虛無」的完美狀態，或真空的高維空間中。神秘的對稱性將所有四種力混合，使方程式保持相同，此對稱性為「超對稱性」（關於超對稱性的討論見第七章）。由於不知道什麼原因，這個統一所有四種力的神秘對稱性破裂了，形成了一個小氣泡，即我們的胚胎宇宙。這也許是隨機的量子波動的結果。這個氣泡的尺寸為「普朗克長度」，10^{-33}公分。

2. 10^{-43} 秒：GUT時期

對稱性破裂發生，使氣泡快速膨脹。當氣泡膨脹時，四種基本力彼此迅速分開。重力是第一個從其他三種力中分出去的，在整個宇宙中釋放出衝擊波。超力的原始對稱性破裂為較小的對稱性，也許包含GUT對稱性SU(5)。剩餘的強力、弱力和電磁相互作用仍然被這個GUT對稱性統一在一起。在這個階段宇宙以10^{50}的巨大係數迅速膨脹，由於不能理解的原因，空間的膨脹速度比光速還要快。溫度為10^{32}度（K）。

3. 10^{-34} 秒：暴脹結束

溫度降到10^{27}度（K），這時強力與其他兩種力分離。（GUT對稱性降到SU(3)×SU(2)×U(1)。）暴脹期結束，宇宙進入滑行式的標準弗里德曼擴充期。宇宙由夸克、膠子和輕子的熱電漿「湯」組成。自由的夸克濃縮成今天的質子和中子。我們的宇宙仍然很小，只有目前太陽系的大小。物質和反物質互相抵銷，物質微微超過反物質（十億分之一），超過的量形成我們今天看到的周圍物質。（這個能量範圍是我們希望在今後幾年粒子加速器、大型強子對撞機能夠複製出的能量範圍。）

4. 三分鐘：核子形成

【17】 *New York Times*, July 23, 002, p.F7

溫度降到足夠低，核子形成而不會由於強烈的高溫而撕開。氫融合成氦（產生今天我們看到的百分之七十五的氫和百分之二十五的氦的比例）。微量元素鋰形成，但是更高元素的融合停止，因為有五個粒子的核子太不穩定。宇宙是模糊一片，光線一產生就被吸收。這標誌著原始火球結束。

5. 三十八萬年：原子誕生

溫度降到三千度（K）。電子固定在核的周圍，不被高溫撕開，原子形成。這時光子可以自由傳播而不被吸收。這就是COBE和WMAP測量到的輻射。曾經是模糊一片充滿電漿的宇宙現在變得透明。天空不再是白的，變成黑的。

6. 十億年：星星濃縮

溫度降到十八度（K）。類星體、星系和銀河星團開始濃縮，大部分是原始火球微小量子波動的副產品。矮星開始「烹調」輕元素，如碳、氧和氮。爆炸的星將鐵之後的重元素噴向天空。這是哈伯太空望遠鏡能夠探測到的最遠時期。

7. 六十五億年：德．西特爾擴張

弗里德曼擴張逐漸結束，宇宙開始加速膨脹，進入叫做西特爾擴張的加速階段，它是被神秘的還不能理解的反重力驅動的。

8. 一三七億年：今天

現在。溫度降到二．七度（K）。我們看到當前由星系、星星和行星構成的宇宙。宇宙繼續以一種散開的模式加速擴張。

將來

儘管暴脹理論今天有能力解釋許多有關宇宙的秘密，但是還不能證明它是正確的。（此外，在第七章我們將看到，近來也提出了相反的理論。）超新星的結果要檢查再檢查，要考慮在超新星產生時的灰塵和異常物等因素。大霹靂瞬間產生的「重力波」是「重要證據」，它將最終證實或駁斥暴脹理論。這些重力波像微波背景輻射一樣仍然在宇宙中迴蕩，也許會被重力波探測器實際探測到，正如我們將在第九章看到的。暴脹理論做出了有關這些重力波性質的預計，這些重力波探測器應該能夠發現它們。

但是我們不能直接檢驗暴脹理論最引人入勝的預測之一。這就是在多元宇宙中存在「嬰宇宙」，每個嬰宇宙的物理定律多少有些不同。要理解多元宇宙的意義，重要的是要首先理解暴脹理論充分利用了愛因斯坦方程式和量子理論的奇異結果。在愛因斯坦理論中，有多元宇宙存在的可能性，在量子理論中，有貫通多元宇宙的可能方法。在一個新的叫做「M理論」的框架內，我們可能找到最終能解決所有這些有關平行宇宙和時間旅行的問題。

第二部分

多元宇宙

PART TWO
THE MULTIVERSE

第五章

空間入口和時間旅行

在每個黑洞的內部發生的收縮可能播下新的擴張宇宙的種子。

——馬丁・里斯（Sir Martin Rees）

黑洞可能是通往其他宇宙的孔。根據推測，如果我們跳進一個黑洞，我們會重新出現在宇宙的不同部分和另一個新紀元中……黑洞可能是通往奇境的入口。但是有愛麗絲和白兔嗎？

——卡爾・薩根（Carl Sagan）

測。

廣義相對論像一匹特洛伊木馬。表面上這個理論很宏偉，只要幾個簡單的假定就能得到宇宙的一般特點，包括光線彎曲和大霹靂本身，所有這些都已進行測量，準確性令人吃驚。如果在早期宇宙中，人為的插進一個宇宙學常數，甚至暴脹問題也能得到解釋。這些解答給我們有關宇宙誕生和死亡最令人信服的預測。

但是我們發現各種魔鬼和妖精潛伏在木馬的內部，包括黑洞、白洞、蟲洞，甚至意義完全不同的時間機器。這些奇異之物被認為是這樣地奇怪，甚至愛因斯坦本人都認為它們絕不能在自然界中找到。他奮戰了很多年，想排除這些解答。今天，我們知道這些奇異之物不可能被輕易地排除。它們是廣義相對論的一個完整部分。在面臨大凍結時，它們甚至能提供解救智慧生命的途徑。

在這些奇異之物中，大概最奇怪的是平行宇宙的可能性和連接平行宇宙的通道。按照莎士比亞所做的比喻，整個世界是一個舞臺，那麼廣義相對論允許有地板門存在的可能。然而，這些地板門不是引導我們進入地下室，而是進入和原來舞臺一樣的平行舞臺。想像生活的舞臺是由多層舞臺構成的，一個舞臺在另一個舞臺的頭頂。在每個舞臺上，演員念著他們的臺詞，在舞臺上走來走去，以為他們的舞臺是唯一的舞臺，不知道還有其他舞臺存在的可能性。然而，如果有一天一位演員落入地板門，他將發現他掉進了一個全新的舞臺，在這個舞臺上有新的法律、新的規則和新的劇本。

但是如果存在無限多個宇宙的話，在這些具有不同的物理規律的其他宇宙中，是不是可能存在有生命呢？這是以撒·艾西莫夫在他的經典科幻小說《諸神自身》中提出的問題。他創造了一個核力不同於我們宇宙的平行宇宙。當通常的物理定律被廢除、新的定律被引進時，迷人的新可能性出現了。

故事開始於二〇七〇年，一位名叫費雷德里克·哈勒姆的科學家注意到：普通的鎢186奇怪地轉變為神秘的鈽186，它的質子太多，應該是不穩定的。哈勒姆認為這個奇怪的鈽186來自一個平行宇宙，在這個宇宙中核力很強，克服了質子相互間的排斥。因為這個奇怪的鈽186發出大量電子形式的能量，可以產生驚人的自由能。這就使他有可能製造出著名的哈勒姆電子泵（hallam electron pump），解決地球的能源危機，使他成為一個富人。但這需要付出代價。如果足量的外來鈽186進入我們的宇宙，那麼核力的強度通常會增加。這就意味著從融合過程中將釋放出更多的能量，太陽將更加明亮並最終爆炸，毀滅整個太陽系！

然而，平行宇宙中的外星人卻有不同的看法，他們的宇宙正在死亡。在他們的宇宙中核力太強，這意味著他們的星球以巨大的速率消耗氫，並將很快死亡。因此他們開始將沒用的鈽186發送到我們的宇宙以交換有價值的鎢186，使他們能製造正電子泵，以拯救他們正在死亡的宇宙。儘管他們認識到在我們的宇宙中核力的增強將使我們的星球爆炸，但他們毫不在乎。

地球似乎在走向災難。人類熱衷於哈勒姆的自由能，不相信太陽將很快爆炸。另一位科學家對這個難題提出了一個有獨創性的解決方案。他相信一定存在另一個平行宇宙。他成功地改造了一架強大的原子對撞機，在空間產生了一個將我們的宇宙和很多其他宇宙連接的洞。他搜尋這些宇宙，最終發現一個平行宇宙。這個宇宙只有一個含有無限能量的「宇宙蛋」，其餘是空的，核力也很弱。

透過從這個宇宙蛋吸收能量，他能夠創造一個新的能源泵，並同時減弱我們宇宙的核力，防止太陽爆炸。然而，這也要付出代價，這個新的平行宇宙的核力將增加，引起它爆炸。但是他分析這個爆炸將只是引起這個宇宙蛋「孵化」，產生一次新的大霹靂。他認識到自己實際上成為一個新的擴張宇宙的助產士。

艾西莫夫的科幻小說是少數幾個實際利用核子物理的規律，來編造一個貪婪、陰謀和拯救人類的故事。艾西莫夫正確地假定：在我們的宇宙中力強度的改變將會引起災難，如果核力增強，我們宇宙中的星星會變得更亮，然後爆炸。這就引起一個不可避免的問題：平行宇宙的理論與物理定律一致嗎？如果是這樣，要進入一個平行宇宙需要些什麼呢？

要理解這些問題，我們必須首先理解蟲洞、負能量，當然還有叫做黑洞的那些神秘物體的性質。

黑洞

一七八三年，英國天文學家約翰．米契爾（John Michell）第一個想到：如果一顆星星變得如此之大，以至光線也不能逃離，將會發生什麼。我們知道任何物體有一個「逃逸速度」，即克服它的重力牽引的速度。（例如，對於地球來說，逃逸速度是每小時二萬五千英里〔四〇，二三三．六公里〕，為了掙脫地球的重力，任何火箭必須達到這個速度。）

米契爾想：如果一顆星星的質量變得非常大，以至它的逃逸速度等於光速會發生什麼。如果重力是如此巨大，什麼也跑不出去，連光也跑不出去，因此這個物體從外部世界看是黑的。因為它是看不見的，所以要想在空間中找到這樣一個物體，從某種意義來說是不可能的。

米契爾的「黑星」問題被遺忘了一個半世紀。但是在一九一六年它又重新浮上水面，一位在德國軍隊服務、在俄羅斯前線作戰的德國物理學家，卡爾．史瓦西（Karl Schwarzschild）發現了愛因斯坦方程式大質量星的精確解。愛因斯坦非常吃驚史瓦西能夠在槍林彈雨中找到他複雜張量方程式的解。他同樣吃驚史瓦西的解有奇特的性質。

從遠處看，史瓦西的解代表一個普通星星的重力，並且愛因斯坦很快地利用這個解，計算圍繞太陽的重力，查核他早期做的近似計算。為此他終身感謝史瓦西。但是史瓦西的第二篇文章指出：在一個質量非常大的星的週邊，有一個虛構的、有著奇異特性的「魔球」。這個「魔球」是不可返回的極限點。任何一個經過「魔球」的人將立刻被重力吸到這顆星星中，別人就再也見不到他了。甚至光線掉進這個球也不能逃離。史瓦西沒有了解到：透過愛因斯坦方程式，他重新發現了米契爾的黑星。

下一步，他計算了這個「魔球」的半徑（叫做「史瓦西半徑」〔Schwarzschild radius〕）。對於一個像我們太陽這樣大小的物體，魔球大約三公里（約二英里）。（對於地球，它的史瓦西半徑大約一公分。）這意味著如果我們能將太陽壓縮到二英里，它就會變成黑星，經過這個不能返回的極限點的任何物體都會被它吞食掉。

實際上，魔球的存在不會引起問題，因為不可能將太陽壓縮到二英里的尺寸。還不知道有什麼機制能產生這樣奇異的星。但理論上，它是一個災難。儘管愛因斯坦的廣義相對論可以產生燦爛的結果，如光線繞太陽的彎曲，然而當離魔球距離很近時，重力變得無限大，該理論失去了意義。

一位荷蘭物理學家約翰．德羅斯特（Johannes Droste）指出，該解答比人們能夠想到的還要古怪。根據相對論，當光線跑過這個物體的周圍時，它將嚴重地彎曲。事實上，當光線經過距離這顆星星一．五倍史瓦西半徑的地方時，光線將環繞這顆星星以圓形軌道運行。德羅斯特指出，當光線環繞這些大質量星星時，按廣義相對論預計的時間扭曲比狹義相對論預計的要大得多。他指出：當你接近這個魔球時，遠處的人會說你的鐘變得越來越慢，當你碰到這個物體時你的鐘完全停止。事實上，外界的人會說，當你到達這個魔球時你的時間凍結了。因為在魔球中時間會停止，因此有些物理學家相信這樣奇異的物體在自然界不會存在。讓事情變得更加有趣的是，數學家赫爾曼・魏爾（Herman Weyl）指出，如果我們研究魔球內部的世界，似乎在它的另一側存在一個另外的宇宙。

所有這一切都是這麼離奇，甚至愛因斯坦也不能相信它。一九二二年，在巴黎的一次會議上，數學家雅克・阿達馬（Jacques Hadamard）問愛因斯坦：如果「奇異點」是真的，也就是說如果在史瓦西半徑處重力變得無限大，會發生什麼事情？愛因斯坦回答道：「對於這個理論來說，它將是一個真正的災難，事先很難說實際上它會不會發生，因為公式不再適用。」【1】愛因斯坦後來將此叫做「阿達馬災難」。但是愛因斯坦認為所有這些關於黑星的辯論是純粹推測的。首先，沒有人看到過這樣奇異的物體，也許它們不存在，也就是說它們是非實際的。此外，如果你掉進一顆黑星，你就會被擠扁壓死。因為人們絕對不可能通過魔球（因為時間停止了），所以絕沒有人能進入這個平行宇宙。

在二十世紀二〇年代，這個問題使物理學家完全困惑。但是在一九三二年，大霹靂理論之父喬治・勒梅特做出了一個重要的突破。他指出：魔球根本不是奇異的，而是由於選擇了不合適的數學公式引起的幻覺。（如果選擇不同的座標或變數考察魔球，奇異點就消失了。）

宇宙學家H・P・羅伯遜（H. P. Robertson）用這個結果重新考察德羅斯特原來在魔球中時間會停止的結果。他發現，只有在觀察者從有利位置觀察火箭船進入魔球時，時間才停止。從火箭船本身的有利位置觀察，重力只需要幾分之一秒就會將你吸入魔球。換句話說，空間旅行者會非常不幸，當他通過魔球時他發現自己被立即擠扁壓死，但是對從外界觀察的觀察者來說，這個過程似乎用了幾千年。

這是一個重要的結果。它意味著魔球是可以達到的，不再是一個數學畸形而被排除。人們不得不認真考慮，如果從魔球中穿過會發生什麼。於是物理學家計算穿過魔球的旅行會是什麼樣子。（今天魔球被稱為「事件視界」(event horizon)。「視界」指的是可以看到的最遠點。此處指光線能夠傳播的最遠點。事件視界的半徑叫做史瓦西半徑。)

當你乘火箭船接近黑洞時，你會看到在幾十億年前被黑洞捕捉的光線，回到黑洞開始產生的時候。換句話說，黑洞的生命史將展示在你面前。當你離得更近時，重力會逐漸將你身體的原子撕裂開，直到你身體的原子的核也被拉成義大利麵條的樣子。穿越事件視界是一條不歸之路，因為重力是如此強烈，你最終將被吸到黑洞的中心，被擠垮壓碎。一旦到了事件視界的內部，就再也沒有機會返回。(要想離開事件視界，除非你比光跑得還要快，但這是不可能的。)

一九三九年，愛因斯坦寫了一篇文章想排除這種黑洞，他聲稱這些黑洞不能靠自然過程形成。愛因斯坦首先假定，星星是從一個球形範圍內旋轉的塵埃、氣體和碎片開始的，在重力作用下逐漸聚在一起。愛因斯坦然後指出，這些渦旋的粒子集絕不會收縮到它的史瓦西半徑範圍內，因此絕不會成為黑洞。這些渦旋的粒子最多能夠達到一・五倍史瓦西半徑的地方，因此黑洞絕不會形成。(要進入低於一・五倍史瓦西半徑，就要比光還要跑得快，這是不可能的。)他寫道：「該研究的基本結果是要清楚地理解為什麼『史瓦西奇異點』(Schwarzschild singularities)在物理現實中不會存在。」[2]

亞瑟・愛丁頓也對黑洞持深深的保留意見，一生都在懷疑它們是不是存在。他曾經說：「應該有一個

【1】Parker, p.151
【2】Thorne, p.136
【3】Thorne, p.162

自然定律防止星星出現這種奇怪的方式。」【3】

與此相反，在同一年，羅伯特・奧本海默（他後來製造了原子彈）和他的學生哈特蘭・史奈德（Hartland Snyder）指出：黑洞的確能夠透過其他機制形成。他們不是假定黑洞來自渦旋的粒子在重力下聚集，他們的出發點是一顆老的、大質量的星，用完了它的核燃料，因此在重力作用下內向爆裂。例如，一顆正在死亡的質量為太陽四十倍的巨星，可能耗盡了核燃料，被重力壓縮到八十英里（一二八・七五公里）的史瓦西半徑範圍內，最終瓦解形成黑洞。他們認為黑洞不僅是可能的，也許還是星系中幾十億顆正在死亡的巨星的自然終點。（奧本海默在一九三九年提出的這個向內爆裂的思想，也許鼓舞了他在幾年之後將內向爆裂的思想用在原子彈上。）

愛因斯坦—羅森橋

愛因斯坦認為黑洞太離奇了，不可能在自然界存在。而有人認為在黑洞的中心有蟲洞存在的可能性就更讓他反感。數學家將這些蟲洞稱為「多連通空間」。物理學家稱它們為「蟲洞」，因為它像鑽到地裡的一條蟲，在兩點之間鑽出一條可供選擇的捷徑。有時也將它們叫做「空間入口或通道」。不管將它們叫做什麼，也許有一天它們將成為星際間旅行的最後途徑。

第一個普及蟲洞理論的人是查理斯・道奇森（Charles Dodgson），他寫作的筆名是路易斯・卡羅爾。在《愛麗絲鏡中奇遇》（*Through the Looking Glass*）一書中，他引進蟲洞作為鏡子，將牛津的鄉村和仙境連接起來。作為一位職業數學家和牛津先生，道奇森熟悉這些「多連通空間」。根據定義，多連通空間是一個不能縮減到一點的套索。通常，任何迴圈可以毫不費力地收縮到一點。但是如果我們分析一個油炸圈餅，那麼就不可能將一個套索放在它的表面，使它環繞油炸圈餅的孔。當我們慢慢收縮套索時，它不可能收縮成一點，最多只能收縮到孔的周圍。

數學家為這些事實而感到高興，因為他們發現了一個完全不能用來描述空間的物體。但是，在一九三五年，愛因斯坦和他的學生納森．羅森（Nathan Rosen）把蟲洞理論引進物理世界。他們試圖用黑洞解作為基本粒子的模型。愛因斯坦一點也不喜歡在粒子附近重力變得無限大這個從牛頓時代就有的想法。愛因斯坦認為這個「奇異點」應當去掉，因為它沒有意義。

愛因斯坦和羅森有了一個新的想法，通常認為電子是一個小點沒有任何結構，他們用黑洞代表一個電子。用這種方式，廣義相對論可以用統一場論解釋量子世界的秘密。他們從標準黑洞解出發，它像一個長頸的大花瓶。然後將頸部切掉，把它和另一個翻轉的黑洞解合併在一起。對愛因斯坦來說，這個奇怪但光滑的結構在黑洞原點沒有奇異點，其作用像一個電子。

不幸的是，愛因斯坦用黑洞代表電子的想法失敗了。但是今天，宇宙學家推測愛因斯坦－羅森橋可以充當兩個宇宙之間的橋樑。我們可以在我們的宇宙中自由地走來走去，直到有一天不巧掉進一個黑洞，我們會突然被吸到這個洞裡，並穿過這個洞出現在另一側（穿過一個白洞）。

對愛因斯坦來說，他的方程式的任何解，如果是從實際上似乎合理的出發點得出的，都應當與實際可能的物體相符合。但是，愛因斯坦不擔心有人掉進黑洞裡，進入一個平行的宇宙。黑洞的中心重力變得無限大，任何人不幸地掉進黑洞裡，他們身體的原子會被重力場撕開。（愛因斯坦－羅森橋確實會即刻打

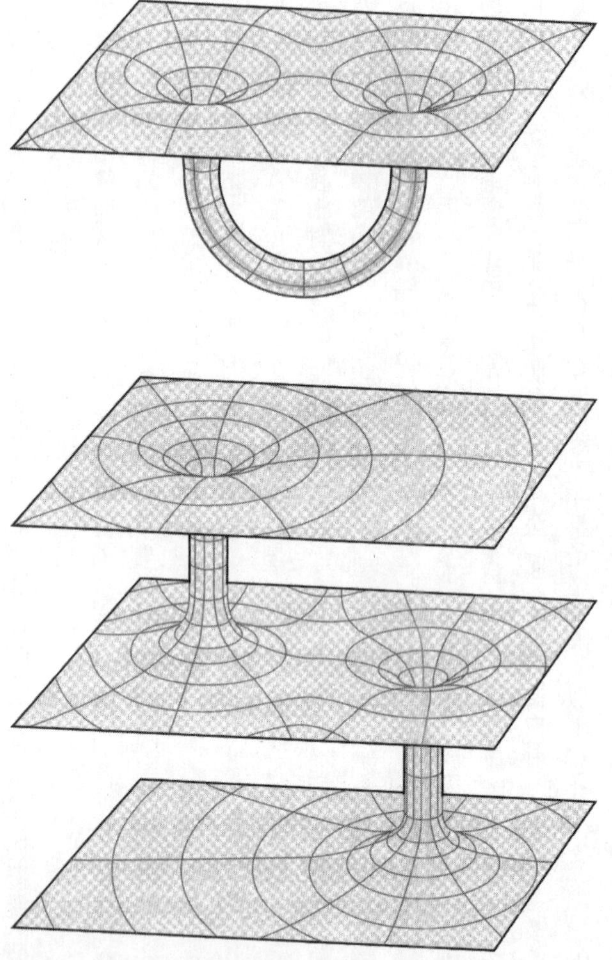

愛因斯坦—羅森橋。在黑洞的中心有一個「喉嚨」，它將空間—時間連接到另一個宇宙。穿過不旋轉的黑洞將是毀滅性的，但是旋轉的黑洞有一個環狀的奇異點，這樣就有可能通過愛因斯坦—羅森橋穿過這個環。這個「橋」仍然是推測的。

開，但是又很快關閉，沒有物體能及時通過它到達另一側。）愛因斯坦的態度是，儘管蟲洞可能存在，但生物絕不能通過它，也不能活著講述通過它的經過。

旋轉的黑洞

然而，在一九六三年，這種情景開始改變，一位紐西蘭的數學家羅伊．克爾（Roy Kerr）發現了愛因斯坦方程式的精確解，能夠最真實地描述正在死亡的星，一個旋轉的黑洞。因為角動量守恆，當一顆星在重力作用下收縮時它轉得更快。（這也是為什麼旋轉的星系看起來像一個不轉動的車輪，為什麼溜冰者當他將手臂抱起來時轉得更快的原因。）一個轉動的星可以收縮成一個中子環，由於向外排斥的強烈離心力被向內的重力所抵銷而保持穩定。這樣一個黑洞令人吃驚的特點是，如果有人掉進克爾黑洞，他們不會被擠扁壓碎；相反地，他們被吸到中心，然後通過愛因斯坦—羅森橋到達平行宇宙。當克爾發現這個解答時，他驚喜地告訴他的同事：「通過這個魔環，轉眼之間你會到達一個半徑和質量都是負的完全不同的宇宙！」【4】

換句話說，愛麗絲鏡子的鏡框，就像克爾的旋轉環。但是通過克爾環的路是一條不歸路。當你通過環

【4】 Rees1, p.84

繞克爾環周圍的事件視界時，重力不足以將你擠扁壓死，但是它足以阻止你從事件視界返回。（事實上，克爾的黑洞有兩個事件視界。有人推測：為了返回，你可能需要第二個克爾環將平行宇宙與我們的宇宙以返回方式連接起來。）在某種意義上，克爾的返回洞可以比做摩天大樓內的一部電梯。電梯代表愛因斯坦－羅森橋，它連接不同的樓層，每一樓層是不同的宇宙。事實上，摩天大樓裡有無限個樓層，每一樓層都與別層不同。但是這部電梯決不向下走，裡面只有向上的按鈕。每當你離開一個樓層就不能再返回，因為你已經通過了一個事件視界。

關於克爾環是不是穩定的，科學家持不同的意見。有些計算得出：當一個人試圖通過這個環時，這個人存在的本身會使黑洞變得不穩定，並且通道會關閉。例如，當一束光線要通過克爾黑洞時，它會得到極大的能量，因為當它向中心落下和發生藍色偏移時，它的頻率和能量增加。當它接近視界時，它得到如此多的能量，從而殺死任何想要通過愛因斯坦－羅森橋的人。它也會產生它自己的重力場，干涉原來的黑洞，並毀壞通道。

換句話說，儘管有些物理學家相信克爾黑洞是所有黑洞中最實際可行的，的確能夠連接平行宇宙，但是還不清楚進入這個橋是不是安全，通道是不是穩定。

觀察黑洞

因為黑洞的性質太奇怪，一直到二十世紀九〇年代，人們還認為它們的存在是科幻小說。密西根大學的天文學家道格拉斯·瑞奇史東（Douglas Richstone）在一九九八年評論道：「十年前，如果你在一個星系的中心發現一個你認為是黑洞的物體，業界中有一半的人會認為你是一個小狂人。」[5]自那以後，通過哈伯太空望遠鏡、錢德拉X射線望遠鏡（測量強大恆星和銀河源發出的X射線）和巨型陣列電波望遠鏡（由一系列在新墨西哥強大的電波望遠鏡組成），天文學家在外太空識別出幾百個黑洞。事實上，很多天文學家相信，天空中的大多數星系（在它們的盤形中心有核心膨脹）在它們的中心有黑洞。

正如預計的，在天空中發現的所有黑洞旋轉得非常快。哈伯太空望遠鏡對某些黑洞進行了計時，發現它們以每小時一百萬英里（一六〇萬九千三百公里）的速度在旋轉。在最中心，我們看到一個扁平的圓形核，直徑大約一光年。核內有事件視界和黑洞本身。

因為黑洞是看不見的，天文學家不得不利用間接的方法驗證它們的存在。在照片上，他們設法識別黑洞周圍漩渦氣體的「吸積盤」。天文學家現已收集到這些吸積盤的美麗照片。（這些盤狀物幾乎是普遍在宇宙中快速旋轉的物體中發現的。甚至我們的太陽在四十五億年前形成時，它的周圍也有一個類似的盤狀物，後來這個盤狀物濃縮成行星。這些盤狀物形成的原因是，它們代表了某個快速旋轉的物體能量的最低狀態。）利用牛頓運動定律，知道了繞中心物體旋轉的星星的速度，就能計算中心物體的質量。如果中心物體的逃逸速度等於光速，那麼光線也不能逃逸，這就間接證明了黑洞的存在。

事件視界位於吸積盤的中心。（不幸的是它太小了，用現代技術還無法確認。天文學家富爾維奧·梅

[5] *Astronomy Magazine*, July 1998, p.44

利亞〔Fulvio Melia〕聲稱：在底片上捕捉一個黑洞的事件視界是黑洞科學的最高成就。）不是所有落入黑洞的氣體都通過事件視界。有些從事件視界的旁邊經過噴射到太空，形成兩個長的、從黑洞北極和南極噴出的噴射氣體。這使黑洞的外觀像一個陀螺。（從南北極噴出的原因是：當濃縮星星的磁場線變得更強烈時，磁場線集中在北極和南極。當星星繼續濃縮時，這些磁場線濃縮成從北極和南極放射的兩個管。當離子落入濃縮的星星時，它們沿著這兩個狹窄的磁力線，通過磁場北極和南極噴射出去。）

已確認出兩種類型的黑洞。第一種是恆星黑洞，在恆星黑洞中，重力將把正在死亡的星星壓垮，直至發生內向爆裂。然而，第二種黑洞更容易察覺。這些是星系黑洞，它們潛伏在巨大星系和類星體的正中心，比太陽質量大一百萬倍到幾十億倍。

近來，在我們自己的銀河系中最終找到一個黑洞。不幸的是，塵雲遮住了銀河的中心，要不是這個原因，在地球上每天晚上往人馬座方向看，我們會看到一個巨大的火球。沒有塵雲，銀河系中心的亮度會超過月亮，成為夜晚天空最明亮的物體。在這個星系核的最中心有一個黑洞，重量大約為太陽的二五〇萬倍。說到它的尺寸，大約是水星軌道半徑（五，八〇〇萬公里）的十分之一。按照星系的標準，這不是特別大的黑洞。類星體的黑洞的重量可以是太陽重量的幾十億倍。我們後院的這個黑洞目前是相當穩定的。

下一個離我們最近的星系黑洞位於仙女座星系的中心，這是離地球最近的星系，黑洞質量為太陽的三百萬倍。它的史瓦西半徑大約是六千萬英里（九，六五六萬公里）。（在仙女座星系的中心至少有兩個大質量的物體，大概是幾十億年以前被仙女座星系吞噬的星系留下的。如果幾十億年後銀河系最終與仙女座星系相撞，我們的星系大概將被吞噬到仙女座星系的「胃」裡，這種情況看來有可能出現。）

星系黑洞最美麗的照片之一是哈伯太空望遠鏡拍攝的NGC 4261星系的照片。在過去，這個星系的電波望遠鏡照片顯示兩個從星系北極和南極噴出非常優美的噴射物，但是沒有人知道它的機制是什麼。哈伯太空望遠鏡拍攝了這個星系最中心的照片，發現一個範圍為四百光年的美麗盤狀物。在它的最中心是一個包含吸積盤的小點，吸積盤的範圍大約一光年。哈伯太空望遠鏡看不見的中心黑洞重量約為太陽的十二億倍。

像這樣的星系黑洞是如此之強大，它們能夠消耗掉整個星星的能量。二〇〇四年，美國國家航空暨太空總署（NASA）和歐洲太空總署宣佈：他們發現在遙遠星系中的一個巨大黑洞一口吞掉了一顆星星。錢德拉X射線望遠鏡和歐洲XMM—牛頓衛星觀察到同一個事件：RX J1242II星系發出的X射線的爆裂標誌著一顆星被中心的巨大黑洞吞噬了。這個黑洞的重量估計為太陽質量的一億倍，巨大的重力使這顆星扭曲和伸展，直至破裂發出X射線的爆裂，向人們洩露它的秘密。德國加興的馬克斯·普朗克研究所的天文學家斯特凡尼·科莫薩（Stefanie Komossa）說：「這顆星星被拉伸超出了它的破裂點。這顆不走運的星迷路了，走錯了地方，跑到了這個黑洞的附近。」【6】

黑洞的存在有助於解決很多古老的秘密。例如，星系M87一直使天文學家感到奇怪，它看上去像一個大質量的星球，帶一個奇怪的「尾巴」。因為它發出大量的輻射，天文學家曾經認為這個尾巴代表反物質流。但今天，天文學家發現它是由巨大黑洞提供能量的，這個黑洞的質量大約為太陽質量的三十億倍。現在相信這個奇怪的尾巴是巨大的離子噴射，它是從這個星系流出的，而不是流進星系的。

有關黑洞最壯觀的發現之一是錢德拉X射線望遠鏡的發現。它通過外太空塵埃的間隙窺視天空，在可

【6】Rees1, p.88

見宇宙的邊緣附近觀察到黑洞集。總共看到六百個黑洞。天文學家透過外推，估計在整個夜晚天空至少有三億個黑洞。

伽瑪射線爆發

上面提到黑洞的年齡大約有幾十億年。但是天文學家現在很少有機會看到就在眼前形成的黑洞。有些黑洞大概是神秘的「伽瑪射線爆發」在宇宙中釋放大量的能量。巨大的伽瑪射線爆發在釋放能量方面僅次於大霹靂本身。

伽瑪射線爆發的發現有一段奇怪的歷史，可以追溯到冷戰年代。在二十世紀六〇年代末，美國擔心蘇聯或另一個國家也許會違背已有的條約，在地球的荒蕪地區甚或在月球上秘密引爆核彈。因此，美國發射維拉衛星專門偵察「核武器閃光」，或未經許可的核彈引爆。因為核武器閃光會呈現截然不同的階段，每階段一微秒，每次核武器閃光發出典型的雙重閃光，可以被衛星檢測到。（維拉衛星在二十世紀七〇年代，在南非附近的艾德華王子島海面上截獲兩次這樣的核武器閃光，當時以色列戰艦在場，今天知識界仍在爭論此事。）

但是使五角大樓驚奇的是，維拉衛星檢測到太空巨大核爆炸的信號。它是蘇聯利用未知的高級技術在外太空秘密引爆氫彈嗎？擔心蘇聯在武器技術上超過美國，頂尖的科學家被召集到一起分析這些外太空的擾動信號。

在蘇聯解體之後，沒有必要再對這些資料保密，五角大樓將堆積如山的天文資料傾倒給天文界。幾十年來首次揭示出完全新的天文現象，力量之大和範圍之廣都是空前的。天文學家很快認識到，這些伽瑪射線爆發的能量是巨大的，在幾秒鐘的時間釋放出來的能量超過了我們太陽整個生命期間（大約一百億年）所發出的整個能量。但是爆裂的發生是非常短暫的，一旦被維拉衛星檢測到，在地面望遠鏡對準它們的方向時，它們已經暗淡得太多，以至轉眼之間什麼也看不到了。（大多數爆裂持續時間在一秒到十秒之間，最短的持續〇．一秒，有些持續時間長達幾分鐘。）

今天，太空望遠鏡、電腦和快速反應小組改變了我們檢測伽瑪射線爆發的能力。一天大約能檢測到三次伽瑪射線爆發，檢測由一系列複雜的事件構成。一旦衛星檢測到伽瑪射線爆發發出的能量，天文學家就用電腦迅速標定出它的精確座標，並將更多的望遠鏡和感測器瞄準它的精確方向。

從這些儀器得到的資料已揭示出真實的令人吃驚的結果。在這些伽瑪射線爆發的中心有一個物體，通常直徑只有幾十英里。換句話說，伽瑪射線爆發所產生的不可思議的宇宙能是集中在城市大小，比如紐約城這麼大小的區域內。多年以來，這種事件主要是雙星系統中的中子星碰撞產生的。根據這個理論，這些中子星的軌道漸漸下降，然後停止旋轉，最終發生碰撞產生巨大的能量釋放。這樣的事件是極稀少的，但是宇宙是這樣的大，並且因為這些爆裂非常耀眼，所以一天能看到幾次。

但是在二〇〇三年，科學家收集到的新證據說明這些伽瑪射線爆發是「超新星」造成的，它產生大質量的黑洞。通過迅速地將望遠鏡和衛星聚焦在伽瑪射線爆發的方向，科學家發現它們像一顆巨大的超新星。因為爆炸的星星有強大的磁場，並從它的北極和南極噴發出輻射，所以看上去好像這顆超新星比它實際要更活躍。也就是說，因為只有在伽瑪射線爆發正好指向地球時才能看到它們，所以給我們的虛假印象是它們比實際更強大。

如果伽瑪射線爆發的確是黑洞在形成，那麼下一代太空望遠鏡應該能夠更詳細地分析它們，也許能夠回答某些有關空間和時間的深奧問題。特別是，如果黑洞能夠使空間彎曲，那它也能夠讓時間彎曲嗎？

范・斯托庫姆的時間機器

愛因斯坦的理論將空間和時間連接成一個不可分割的整體。結果，任何連接空間中兩個遠距離點的蟲洞也能夠連線時間上兩個相距很遠的點。換句話說，愛因斯坦的理論提供了時間旅行的可能性。

幾個世紀以來，時間概念本身在發生演變。對牛頓來說，時間像一支箭，一旦飛出去就絕不會改變路程，它將準確地和一致地到達目標。後來愛因斯坦引進了彎曲空間的概念，這樣時間就更像一條河，當它在宇宙間漫遊時逐漸加快或減慢。但是愛因斯坦擔心時間這條河也許有倒流的可能性。大概在時間這條河中也有漩渦和分叉。

一九三七年，W・J・范・斯托庫姆（W. J. van Stockum）發現了愛因斯坦方程式的一個解，允許時間旅行，因此發現了時間倒流的可能性。他從一個無限的旋轉的圓柱體開始。儘管構造一個無限的物體實際上是不可能的，他計算得出，如果這個圓柱體以接近光的速度旋轉，它就會帶動時空結構與它一起轉動，很像攪拌機的葉片帶動糖蜜旋轉一樣。（這叫做「參考系拖拽」，現在在旋轉黑洞的詳細照片中已實際看到它。）

任何勇敢的圍繞圓柱體旅行的人會被帶動，得到巨大的速度。事實上，從遠處的觀察者看，這個人的速度好像超過了光速。儘管范．斯托庫姆本人那時沒有理解到，圍繞圓柱體旅行一圈實際上在時間上倒退到你出發的時間之前。如果你是中午出發的，那麼在你回到出發點時的時間可能是昨天下午六點。圓柱體轉得越快，在時間上就倒退得越多（唯一的限制是時間不能倒退到製造圓柱體之前）。

因為這個圓柱體像一根五朔節花柱，這就意味著每次你圍繞這個柱子跑一圈，時間就倒退得越來越多。當然，因為圓柱體不可能無限長，所以也可以排除這個解。此外，如果這樣的圓柱體能夠造出來的話，由於它以接近光的速度旋轉，圓柱體的離心力非常大，構成圓柱體的材料將飛散。

哥德爾宇宙

一九四九年，偉大的數學邏輯學家庫爾特．哥德爾（Kurt Gödel）發現一個更奇怪的愛因斯坦方程式的解。他假定：整個宇宙是旋轉的。像范．斯托庫姆圓柱體一樣，你被空間－時間像蜜糖一樣的黏性所帶動。乘坐火箭太空船圍繞哥德爾宇宙旅行，你將回到起點，但是時間卻向回倒退了。

在哥德爾宇宙中，一個人原則上可以在宇宙中空間和時間任意兩點間旅行。他能看到在任何時期發生的每一個事件，不管是在過去多麼久遠的時候發生的。因為重力的影響，哥德爾宇宙本身有收縮的傾向。因此，旋轉的離心力必須平衡這個重力。換句話說，宇宙必須旋轉並超過一定速度。宇宙越大收縮的傾向越大，宇宙就必須轉得越快才能防止收縮。

例如，對於像我們這樣大小的宇宙，哥德爾計算它必須每七百億年轉一圈，時間旅行的最小半徑是一六〇億光年。然而，要想讓時間倒退，你必須以略低於光速的速度旅行。

哥德爾十分清楚從他的解中可能產生的矛盾，即你有可能見到過去的你和有可能改變歷史進程。他寫道：「坐在火箭太空船上沿著十分寬闊的跑道跑一圈，你有可能在這個世界上旅行到過去、現在和將來的任何地區，然後再回來，就好像有可能在其他的世界中旅行到遙遠空間的某處。這種事情似乎是荒謬的。因為它使一個人能旅行到他最近的過去和他曾經住過的地方。在這裡他會發現一個過去的自己。現在你可以對這個人做某些按照他的記憶沒有發生過的事情。」【7】

愛因斯坦被他在普林斯頓高等學術研究所的朋友和鄰居發現的解深深地擾亂了。他的回答是十分有啟迪作用的：

在我看來，庫爾特．哥德爾的論文對廣義相對論是一個重要的貢獻，特別是對時間概念的分析。這裡涉及的問題在我建立廣義相對論時就困擾我了，我沒能成功地澄清它……『較早較晚』的區別被放棄了，或者在宇宙意義上相距很遠的點，以及有關因果連接方向的矛盾出現了……哥德爾先生已經談到這些問題……有趣的是應不應當考慮根據物理學基礎排除這些結果。【8】

由於兩方面的原因，愛因斯坦的回答是重要的。首先，他承認在他建立廣義相對論時，時間旅行的可能性問題曾經困擾他。因為時間和空間被處理成像一塊能夠彎曲和扭曲的橡皮，愛因斯坦擔心空間—時間結構會彎曲得太大，以至時間旅行也許可能。第二，他根據「物理學基礎」排除了哥德爾的解，即宇宙不是旋轉而是擴張的。

在愛因斯坦去世的時候，眾所周知他的方程式考慮到奇怪的現象（如時間旅行、蟲洞）。但是沒有人認真考慮這些問題，因為科學家認為這些現象在自然界是不能實現的。多數人的意見是這些解在真實世界中沒有基礎。如果你想通過黑洞進入平行宇宙，你將必死無疑。宇宙不旋轉。你不能造出無限大的圓柱體，因此時間旅行是個純學術問題。

索恩時間機器

時間旅行問題沉默了三十五年，直到一九八五年天文學家卡爾·薩根寫了一部名叫《接觸未來》（*Contact*）的小說，他想開拓一條能讓女英雄旅行到織女星的道路。這條道路應當是能往返的雙向旅行的道路。沿著這條道路，女英雄能旅行到織女星，然後返回地球，這是黑洞類型的蟲洞不能做到的。薩根求助於物理學家基普·索恩（Kip Thorne），問他有什麼辦法。基普·索恩因為發現了愛因斯坦方程式的新解答而震驚物理學界，這個解答讓時間旅行成為可能而沒有從前那麼多的問題。在一九八八年，索恩和他的同事邁

【7】Nahin, p.81

【8】Nahin, p.81

克爾・莫里斯（Michael Morris）、烏爾維・尤爾特塞韋爾（Ulvi Yurtsever）一起指出：如果能夠得到奇怪形式的物質和能量，如「外來的負物質」和「負能量」，就能建造一架時間機器。物理學家開始時對這個新的解決方案感到懷疑，因為以前從沒有人見過這種外來物質，並且負能量存在的量也極少。但是它代表了我們理解時間旅行的一個突破。

負物質和負能量的最大優點是它使得蟲洞成為可穿過的，也就是說你能夠通過它作往返旅行而不用擔心事件視界問題。事實上，索恩小組發現透過這樣的時間機器進行旅行是相當舒適的，不像商業航線上的旅行那樣緊張。

然而，一個問題是外來物質（或負物質）的性質是非常特別的。不像反物質（已知它是存在的，並且在地球重力場作用下它很可能下落到地面），負物質則向上升，也就是說因為它具有反重力，在地球重力作用下它向上升。它對普通物質和其他負物質是排斥的，不是吸引的。這也意味著在自然界，即使它存在的話，也是很難找到的。在四十五億年前地球開始形成的時候，地球上的任何負物質都漂流到外太空。因此負物質可能漂浮在太空，遠離任何行星。（負物質可能絕不會與經過的星星或行星撞擊，因為它被普通的物質所排斥。）

儘管負物質從未被見過（很可能不存在），而負能量雖然極其稀少，但實際上是可能的。一九三三年，亨里克・卡西米爾（Henrik Casimir）指出：兩塊不帶電的平行金屬板能夠產生負能量。通常認為兩塊不帶電的金屬板應保持固定不動。然而，卡西米爾指出，在這兩塊不帶電的平行板之間有非常小的吸引力存在。一九四八年，有人實際測量了這個微小的力，說明負能量實際上是可能的。卡西米爾效應利用了真空相當奇怪的特徵。根據量子理論，真空的空間含有從虛無中跳進跳出的「虛擬粒子」。因為海森堡測不準原理允許偏離經典定律，所以偏離能量守恆是可能的，只要事件發生的時間非常短暫。例如，一個電子和負電子由於不確定性，有一定的小機率無中生有，然後彼此殲滅。因為兩塊平行板彼此靠得很近，所以這些虛擬粒子不容易在兩塊板之間出現。因此，在兩塊板週邊的虛擬粒子比兩塊板之間的虛擬粒子要多，這就產生從外向內的作用力，將兩塊平行板輕輕推向一起。一九九六年史蒂文·拉莫爾奧克斯（Steven Lamoreaux）在洛斯阿拉莫斯國家實驗室精確測量了這個效應。他測量的吸引力很小（等於螞蟻重量的三萬分之一）。板間距越小，吸引力越大。

這就是索恩夢想的時間機器運行的方式。一個高度的文明將從兩塊被極小的間隙分開的平行板開始。再重新加工將這兩塊平行板做成一個球，這個球有內殼和外殼。然後做兩個這樣的球，用一種辦法在它們之間串聯一個蟲洞，一個在空間上連接兩個球的通道。每個球封裝一個蟲洞的嘴。

正常情況下，兩個球的時間脈搏是同步的。但是現在我們將一個球放入一艘火箭太空船，它以接近光的速度發射出去，對火箭太空船來說時間減慢了，這樣兩個球在時間上就不再同步。在火箭太空船上的球的時間，過得比地球上的球要慢得多。然後，如果一個人跳進放在地球上的球，他可能被吸入到連接它們的蟲洞中，並穿過蟲洞進入火箭太空船中，到達過去的某個時刻。（然而，這個時間機器不能將你帶回到建造這架機器以前的時刻。）

負能量問題

儘管索恩的解決方案在它公佈時使人非常感動，但是實際製造它，即便是高度文明也非常困難。因為這種類型的蟲洞依靠大量負能量使蟲洞的嘴保持張開，所以首先必須得到大量的、非常稀少的負能量。因為透過卡西米爾效應創造的負能量非常微弱，所以蟲洞的尺寸不得不比一個原子的尺寸小很多，就使穿過蟲洞的旅行並不實際可行。除了卡西米爾效應，還有其他的負能量源，但是所有這些能源都是很難操作的。例如，物理學家保羅·戴維斯（Paul Davies）和史蒂芬·菲林（Stephen Fulling）曾指出：一面快速移動的鏡子可以產生負能量，當鏡子移動時，這些負能量在鏡子前面積累起來。不幸的是，為了得到負能量，鏡子必須以接近光速的速度移動。與卡西米爾效應一樣，用這種方式產生的負能量也是很小的。

提取負能量的另一種方法是利用高能雷射光束。在雷射的能態中有正能量和負能量共存的「壓縮態」。然而，這個狀態也很難操作。一個典型的負能量脈衝也許只持續10^{-15}秒，接下去是一個正能量的脈衝。將正能量狀態和負能量狀態分開儘管極其困難，但它是可能的。我將在第十一章討論這一點。

最後，已弄清楚黑洞在它的事件視界附近也有負能量存在。正如雅各·貝肯斯坦（Jacob Bekenstein）和史蒂芬·霍金指出的【9】：一個黑洞不是完全黑的，因為它慢慢蒸發出能量。這是因為測不準原理使放射線隧道有可能通過黑洞的強大重力。但是因為黑洞蒸發使能量漸漸喪失，事件視界隨著時間越變越小。通常，如果正物質（如一顆星）掉進黑洞，事件視界擴張。但是如果負質量掉進黑洞，事件視界收縮。這樣，黑洞蒸發在事件視界附近產生負能量。（有人提倡將蟲洞的嘴放在靠近事件視界的地方，以獲得負能量。然而，獲得這樣的負能量將是極其困難和危險的，因為你不得不極其靠近事件視界。）

霍金指出，為了穩定所有的蟲洞解，通常需要負能量。理由非常簡單。通常，正能量可以產生一個能夠濃縮質量和能量的蟲洞開口。這樣當光線進入蟲洞的嘴時，光線會聚集。然而，如果這些光線從另一面出現，那麼在蟲洞中心的某個地方光線會發散。這種情況只有在存在負能量時才會發生。此外，負能量是排斥的，這是保持蟲洞在重力作用下不發生收縮所需要的。因此，建造一架時間機器或蟲洞的關鍵，是找到足夠數量的負能量使蟲洞的嘴張開和保持穩定。（一些物理學家指出，在強大重力場存在的情況下，負能量場是相當普通的。因此大概有一天重力負能可以用來驅動時間機器。）

這樣一架時間機器所面臨的另一個障礙是：上哪兒去找蟲洞？索恩依賴的事實是蟲洞是自然發生的，它被稱為「空間－時間泡沫」。這又回到二千多年前希臘哲學家芝諾提出的問題：一個人能夠旅行的最小距離是什麼？

芝諾曾經在數學上證明：跨過一條河是不可能的。他首先將跨過一條河的距離細分為無限個點。但是跨過無限個點需要無限個時間量，因此他得出結論是不可能跨過這條河。或者，由於這個理由，任何東西都根本不可能移動。（過了二千多年，出現了微積分，最後解決了這個疑惑。它可以證明在有限量的時間裡可以通過無限多的點，使得運動在數學上證明是可能的。）

普林斯頓大學的約翰·惠勒（John Wheeler）分析愛因斯坦方程式，想找到這個最小距離。他發現這個距離小得難以相信，量級為普朗克長度（10^{-33}公分）。愛因斯坦理論預計空間的曲率是非常的大。換句話說，在普朗克長度的尺度上，空間根本不是光滑的，而是有很大的曲率，即它是捲曲的和「泡沫」狀的。空間變成多塊狀的，並實際上生成細小的、在真空中忽隱忽現的泡沫。甚至真空的空間在很小的距離上也

[9] 他們是最早將量子力學應用於黑洞物理學的人之一。根據量子理論，次原子粒子從黑洞重力下隧穿出來的機率是有定數的，所以，它會緩慢地釋放輻射。這是隧穿的一個例子。

總是有空間－時間的小氣泡在沸騰，它們實際上是小的蟲洞和嬰宇宙。通常，「虛擬」粒子由電子和反電子對構成，它們瞬間出現，然後又彼此殲滅。但是在普朗克距離上，代表整個宇宙和蟲洞的小氣泡可以一躍而出，又會意想不到地消失在真空中。我們的宇宙也許就是從漂浮在空間－時間泡沫中的一個小氣泡，由於還不知道的原因突然膨脹開始的。

因為蟲洞是在泡沫中自然發現的，索恩假定：一個高度文明可以用一種辦法從泡沫中挑選蟲洞，然後用負能量使它膨脹和穩定。儘管這是非常困難的過程，但它是符合物理定律的。

儘管索恩的時間機器在理論上是可能的，但從工程觀點來看，建造一架時間機器是極其困難的。還有一個惱人的問題：時間旅行違背物理學的基本定律嗎？

臥室中的宇宙

一九九二年，史蒂芬・霍金試圖一勞永逸地解決這個有關時間旅行的問題。他是本能地反對時間旅行的。如果穿越時間的旅行像星期天的野餐那麼普通，那麼我們應當能看到從未來而來的旅行者呆呆地看著我們和為我們拍照。

但是物理學家常常引證T・H・懷特（T.H. White）史詩般的小說《永恆之王》。小說中的螞蟻社會規定：「不被禁止的事情是必須做的。」[10]換句話說，如果物理學的基本原理不禁止時間旅行，那麼時間旅行一定是有可能的。（原因是不確定性。除非某事被禁止，否則量子效應和波動將最終使它成為可能，只要我們能長期等待。這樣，除非有一條定律禁止它，它將最終發生。）作為回應，史蒂芬．霍金提出一個「年代表保護假定」以阻止時間旅行，因此歷史學家可以安全地書寫歷史。根據這個假定，時間旅行是不可能的，因為它違背了特殊的物理原理。

因為蟲洞解是極難處理的，史蒂芬．霍金從分析馬里蘭大學查理斯．麥思納（Charles Misner）發現的簡化宇宙開始討論這個宇宙有所有時間旅行的要素。例如，麥思納空間是一個理想的空間，在這個空間中，你的臥室成為整個宇宙。假定臥室左牆的每一點與右牆的相應點是相同的。這意味著你向左牆走，你不會碰得頭破血流，而是穿過牆重新出現在右牆。這意味著，在某種意義上左牆和右牆是連接在一起的，像一個圓柱體。

此外，前牆上的點和後牆上的點是相同的，天花板上的點和地面上的點是相同的。這樣，如果你往任何方向上走，你恰好穿過臥室牆回到臥室。你逃不出去。換句話說，你的臥室就是整個宇宙！

真正奇怪的是，如果你仔細看左面的牆，你看到它實際上是透明的，在這堵牆的另一側有一間你的臥室的複製品。實際上，這是你站在另一房間的你的精確翻版，儘管你只能看見你的背面，看不見前面。如果你向下或向上看，你也看到你自己的複製品。實際上有無限多個複製品站在你的前、後、左、右，以及上面和下面。

要想與你自己接觸是十分困難的。每次你轉過頭想看一下翻版的臉，你發現它們也轉過臉去，因此你

【10】Thorne, p.137

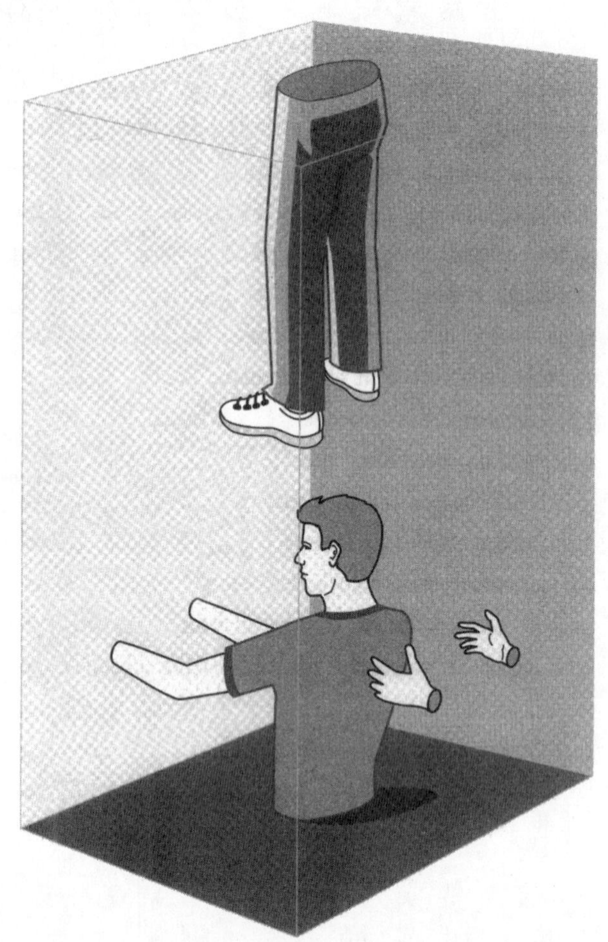

在麥思納空間，整個宇宙包含在你的臥室中。對面的牆都是彼此連接的，因此進入一面牆你立刻從另一面牆走出。天花板和地板也同樣是連接的。人們常常研究麥思納空間，因為它和蟲洞有同樣的拓撲，但數學上處理起來很簡單。如果牆能移動，那麼在麥思納空間中，時間旅行是可能的。

怎麼也看不到它們的臉。但是如果臥室很小，你可以將手伸過牆去抓住你前面的翻版的肩膀。這時你會吃驚地發現，你背後的翻版也伸出手抓住你的肩膀。你也可以將左手和右手伸到側面，抓住側面的翻版，就會有無限多個的你手拉著手。結果，你完全可以手牽手地圍繞宇宙一周。（你要想傷害你的翻版是不明智的。如果你拿槍瞄準你前面的翻版，你會重新考慮是不是要扣動扳機，因為在你背後的翻版也用槍在對準你！）

在麥思納的空間中，假定你周圍的所有牆壁收縮向你靠攏，事情就變得更有趣了。讓我們假定臥室在收縮，右牆以每小時二英里（三．二二公里）的速度向你靠攏。如果你現在穿過左牆，從移動的右牆返回，你的速度就附加了每小時二英里，這樣你現在移動的速度為每小時四英里（六．四四公里）。實際上每次進左牆出右牆都會得到附加的每小時二英里的速度，因此你現在的速度為每小時六英里（九．六六公里）。在圍繞宇宙重複旅行之後，你旅行的速度為每小時六、八、十……英里，直至達到難以想像的、接近光速的速度。

在某個臨界點，你在麥思納宇宙中跑得是這樣地快，結果在時間上你倒退旅行，回到了從前。事實上，你可以訪問空間─時間中從前的任何一點。霍金仔細分析了這個麥思納空間。他發現左牆和右牆在數學上幾乎與蟲洞的兩個嘴相同。換句話說，你的臥室像一個蟲洞，在這個蟲洞中左牆和右牆相同，類似於蟲洞的兩個相同的嘴。

然後他指出：這個麥思納空間在經典力學和量子力學中都是不穩定的。例如，你在左牆擦亮一個亮光，光線每次從右牆出來時都得到能量。光線發生藍移，也就是說能量變得更大，直至能量達到無限，但這是不可能的。或者光線的能量變得如此之大，它本身產生巨大的重力場使臥室／蟲洞收縮。這樣，如果你想走過蟲洞，它就會收縮。你也能看到：因為放射線能夠無限多次通過兩堵牆，所以度量空間的能量和物質含量的能量—動量張量變得無限大。

對霍金來說，這是對時間旅行的致命打擊，即產生的量子輻射效應會變得無限大，產生發散（diverge），殺死時間旅行者並關閉蟲洞。

自從霍金的文章發表後，在物理文獻中對霍金提出的發散問題展開了積極的討論，有關年代表保護問題，有的科學家贊成，有的反對。事實上，有些物理學家通過適當改變蟲洞的尺寸和長度，開始在霍金的證據中找漏洞。他們發現有些蟲洞解的能量—動量張量確實發生發散，但是在其他蟲洞中，能量—動量張量是完全確定的。俄羅斯物理學家謝爾蓋·克拉申尼科夫（Sergei Krashnikov）考察了各種類型蟲洞的發散問題，並得出結論說：「沒有一點證據說明時間機器一定是不穩定的。」【11】

反對霍金的想法又很快轉向另一個方向，以致普林斯頓大學的物理學家李鑫（Li-Xin Li）甚至提出了一個反年代表保護推測：「物理學定律不阻止封閉類時曲線的出現。」【12】

一九九八年，霍金被迫做出某些讓步。他寫道：「能量—動量張量在某些情況下不發生發散，說明對早已過去的事件不一定要實行年代表保護。」這不意味著時間旅行是可能的，只是意味著我們的理解還不完全。物理學家馬太·維斯（Matthew Visser）說，霍金推測的失敗「並不意味著時間旅行的熱衷者就是對的，而是說明要解決年代表保護問題需要完全建立量子重力理論」。【13】

今天，霍金不再說時間旅行是絕對不可能的了，只是說它太不可能和太不實際了。時間旅行可能的機率是太小了，但是還不能完全排除它。如果有一天，找到一種辦法能利用大量的正能量和負能量並且解決了穩定問題，也許時間旅行的確是可能的。（來自將來的旅行者還沒有大量湧向我們的原因也許是：他們能夠倒退的時間是時間機器創造出來的時候，也許時間機器到現在為止還沒有造出來。）

哥特時間機器

一九九一年，普林斯頓大學的J．理查．哥特（J. Richard Gott Ⅲ）提出了另一個對愛因斯坦方程式的解，考慮了時間旅行問題。他的方法很有趣，因為他從全新的方法出發，完全放棄了旋轉物體、蟲洞和負能量。

哥特一九四七年生於肯塔基州路易斯維爾市，說話帶點溫和的南方口音，在純粹的、混亂的理論物理世界中有點像一個外來者。他童年就參加了業餘天文學俱樂部，喜歡看星星，因此從童年就開始了科學研究。

在高中學習時，他贏得了聲望很高的西屋科學天才獎，從那時起就一直參加這個競賽活動，擔任評委主席很多年。

從事宇宙學研究之後，他開始對很多理論預測的大霹靂遺跡「宇宙弦」感興趣。宇宙弦的寬度可能比原子核更小。哥特首次發現愛因斯坦方程式的一個解，考慮了宇宙弦的存在。但是他又發現這些宇宙弦

【11】Nahin, p.521

【12】Nahin, p.522

【13】Nahin, p.522

的一些不平常之處。取兩個宇宙弦讓它們彼此靠攏，剛好不要碰上，就有可能利用它們作為時間機器。首先，他發現如果圍繞這兩根剛好要碰上的宇宙弦旅行一周，空間將收縮，產生奇怪的特性。例如，我們知道如果圍繞一個桌子走一圈就又回到出發點，轉了三六〇度。但是當一個火箭圍繞這兩根弦跑一周時，轉過的角度小於三六〇度，這是因為空間收縮了。（錐體的拓撲也是這樣，圍繞錐體一周轉過的角度也小於三六〇度。）這樣，通過環繞這兩根弦快速地跑動，你的速度實際上可以超過光速（正如遠距離的觀察者所看到的），這是因為總體距離小於預計的距離。然而，這不違背狹義相對論，因為在你自己的參考框架中火箭沒有超過光速。

但是這也意味著：如果一個人圍繞這兩根將要碰上的弦旅行，他就能回到過去。哥特回憶說：「當我發現這個解時，我十分激動。這個解只用了正密度的物質，移動的速度比光速慢。相比之下，蟲洞解要求更奇異的負能量密度的材料（重量小於零的材料）。」【14】

但是時間機器需要的能量是巨大的。他評述說：「要想讓時間旅行到過去，每公分重量約為一億億噸的每根宇宙弦，在相反方向移動速度至少為光速的百分之九九·九九九九九九九六。我們已經觀察到宇宙中的質子移動的速度至少有這麼快，因此這樣的速度是可能的。」【15】

一些評論家指出：宇宙弦即使存在的話也很稀少，碰撞的弦就更少了。因此哥特建議如下：一個高度文明的社會也許能在外太空發現一個單一的宇宙弦，利用巨大的太空船和巨大的工具，他們可以將這個弦重新改造成一個有點彎曲的矩形環（像一個躺椅的形狀）。他假定這個環可以在自己的重力作用下收縮，結果此宇宙弦的兩個直邊可能以接近於光的速度彼此分開，就這樣簡單地產生了一個時間機器。然而，哥特承認：「一個弦的收縮迴路要大到你環繞它一圈的時間要用上一年，質量—能量要超過整個星系的一

半。」【16】

時間弔詭

從傳統上講，物理學家排除時間旅行的另一個理由是出於時間弔詭問題。例如，你回到過去，在你出生之前將你的雙親殺死，那麼你就不可能出生了。因此你絕不可能在時間上回到過去殺死你的父母。這是不可能的，因為科學是根據邏輯一致的思想。這個真正的時間弔詭就足以排除時間旅行的可能。

這些時間弔詭可以分為幾大類：

1. **祖父弔詭**：在這種弔詭中，你以一種方式改變過去，使今天的存在成為不可能。例如，你回到遙遠過去的恐龍時代，不小心踩到一個小小的、滿身是毛的哺乳動物，它是人類原始的祖先。因為你殺死了你的祖先，使得你今天在邏輯上不能存在。

2. **訊息弔詭**：在這種弔詭中，訊息來自將來，這意味著訊息可能沒有起源。例如，假如一位科學家造

【14】Gott, p.104
【15】Gott, p.104
【16】Gott, p.110

了一架時間機器，在時間上回到過去，把這個時間旅行的秘密告訴了年輕時的自己。這樣時間旅行的秘密就沒有起源了，因為年輕科學家擁有的時間機器不是他自己造的，而是由年老的自己傳給他的。

3. 騙子弔詭：在這種類型弔詭中，一個人知道將來的事情，可以做某些事情使得將來的事情成為不可能。例如，你讓時間機器把你帶到將來，你看見你註定要娶一個叫簡珍的女人。然而，根據你的喜好，你決定娶海倫。這樣就使你自己的將來成為不可能。

4. 性別弔詭：在這種類型弔詭中，你生了你自己，在生理上這是不可能的。在英國哲學家喬納森·哈里森寫的故事中，故事中男主角的父親不僅是他自己，而且吃了他的人也是他自己。在羅伯特·海萊恩的經典故事《行屍走肉》中，男主角同時是他的父親、母親、女兒和兒子，即家庭中其他三個成員都是他自己。（故事情節見註釋【17】。解開性別弔詭實際上是相當棘手的，既要求時間旅行的知識，也要求知道DNA結構。）

在《永恆的終結》一書中，艾西莫夫想像一個「時間員警」負責防止這些弔詭的產生。在電影《魔鬼終結者》中，故事情節依賴訊息弔詭而轉移。它講到：科學家研究了一個從未來機器人身上回收的微晶片，然後他們製造了一種有知覺的機器人接管了世界。換句話說，這些超級機器人的設計不是由發明者創造的，而只是來自未來的一個機器人的殘骸。在《回到未來》一書中，米高·福克斯力求避免祖父弔詭。當他在時間上回到過去，見到十幾歲時的母親，她一見鍾情地愛上了他。但是如果她放棄福克斯未來父親

【17】性別弔詭有一個廣為人知的例子，是由英國哲學家喬納森．哈里森（Jonathan Harrison）一九七九年一篇刊登在《分析》雜誌中的小說裡寫的。該雜誌向讀者提出挑戰，看誰能給出合理的解釋。

故事的開始是說，年輕的女主角約卡斯塔．鐘斯有一天發現了一台老舊的超低溫冷凍櫃。她發現在冷凍櫃中有一個處於凍結狀態的英俊年青人，而且還活著。把他解凍以後，她得悉他的名字叫杜姆。杜姆告訴她，他有一本書，它既講述了如何建造能把活人冷凍的冷凍櫃，也描述了建造時間機器的方法。兩人墜入愛河，結婚，而且不久生下了一名男嬰，他們給他起名叫迪伊。

多年後，迪伊長成了一個小夥子，他步父親的後塵，決定建造一架時間機器。這一次，迪伊和杜姆一起帶著那本書回到過去。然而這次旅行以悲劇告終，他們發現自己被困在遙遠的過去，食品也用盡了。由於意識到大限將至，迪伊做了一件有可能保住性命的事，那就是殺了他的父親，把他吃掉。然後迪伊決定按照那本書中所說的辦法建造一個超低溫冷凍櫃。為了保住自己，他進入這個冷凍櫃，陷入一種生命停頓狀態。

多年以後，約卡斯塔．鐘斯發現了這個冷凍櫃，並決定把迪伊解凍。迪伊為了掩蓋真相，把自己稱作杜姆。他們墜入愛河，後來就有了孩子，他們給他起名為迪伊……如此這般周而復始。

哈里森的挑戰引起了反響，人們提出了十幾種應對答案。一名讀者認為，「時間旅行的可能性本來就是個令人懷疑的命題，而這個故事就建立在這樣一個基礎之上，其內容之誇張離譜，足可以把它看做是一種反證」。需要注意的是，這個故事中不含祖父弔詭。因為迪伊回到過去的方式，是回到過去與他的母親相識。在任何一個時間點上，迪伊所做的事情都沒有一件會使現在成為不可能。（然而，由於那本講述如何使生命停頓以及如何進行時間旅行的密法的書不知從何而來，因此這裡面就有一個訊息弔詭。但是對於這個故事來說，那本書本身並不是關鍵）。

另一位讀者指出，這故事中蘊涵著一種奇怪的生物學弔詭。由於任何一個個體的DNA中，有一半來自母親，另一半來自父親，這意味著，迪伊的DNA中有一半來自鐘斯小姐，而另一半來自其父親杜姆。然而，迪伊就是杜姆。因此，迪伊和杜姆的DNA肯定是一樣的，因為他們就是同一個人。但這是不可能的，因為根據基因學法則，他們的基因一半來自鐘斯小姐。換句話說，在這種時間旅行故事中，一個人回到過去，並結識了自己的母親，而且成為了自己的父親，這是違反基因法則的。

有人可能會想，如果人能既成為自己的父親，又能成為自己的母親，那麼就可以在性別弔詭中找到漏洞，這樣一來，你的DNA就全部來自你自己。在羅伯特．海萊恩的經典故事《行屍走肉》中，一個年輕女孩做了變性手術，兩次回到過去，於是成了她自己的母親、父親、兒子和女兒，也就是說，她的整個家譜就是由她自己一個人構成的。然而，即使是在這樣一個離奇的故事中，也隱含著對基因法則的違背。

的求愛，那麼他本身的存在就受到威脅。

劇作家在製作好萊塢大片時隨意違背物理學定律。但是在物理學界，則非常嚴肅地對待這些弔詭。任何對這些弔詭的解答必須符合相對論和量子理論。例如，要符合相對論，時間的河流就不能簡單地結束。你不能築壩阻擋時間的河流。在廣義相對論中，時間用一個光滑的、連續的表面代表，不能撕開或撕裂。可以改變它的拓撲，但不能停止它。這意味著，如果你在出生前殺死你的父母，你不能完全消失。這就違背了物理規律。

當前，物理學家對於時間弔詭集中在兩個可能的解決方案上。第一，俄羅斯宇宙學家伊戈爾．諾維科夫（Igor Novikov）相信我們將被迫以一種方式行事而不讓弔詭發生。他的建議被叫做「自我一致性學校」。如果時間河流本身光滑地向回彎曲產生一個漩渦，他建議有某種「看不見的手」會阻止我們跳回到過去和產生時間弔詭。但是諾維科夫的方法提出了自由意願問題。如果我們在時間上回到過去，見到我們出生前的父母，我們可能會想我們應該有我們行動的自由。諾維科夫認為有一條未發現的物理定律阻止任何會改變將來的行動（例如殺死父母，使你不能出生）。他指出：「我們不能將時間旅行者送回到伊甸園要夏娃不從樹上摘蘋果。」【18】

阻止我們改變過去和產生弔詭的這種神秘的力是什麼呢？他寫道：「這種對我們自由行動意願的限制是不平常的和神秘的，但不是完全沒有道理的。例如，我們可能想要在沒有任何設備幫助下在天花板上行走。但重力定律不允許我們這樣做。如果這樣做的話就會掉下來，因此我們的自由意願受到限制。」【19】

但是沒有生命的物質（根本沒有自由意願）被投向過去也會發生時間弔詭。假定在西元前三三〇年，在亞歷山大大帝和古波斯帝國國王大流士三世就要爆發歷史性戰役之前，你把機關槍帶到那個時候，告訴他們怎樣使用。我們就有可能改變隨後整個歐洲的歷史（我們也許會發現我們現在講的是波斯語，而不是歐洲語）。

事實上，即便是對過去最微小的干擾也可能會引起目前意料不到的弔詭。例如，「混沌理論」利用「蝴蝶效應」這個隱喻。在地球氣候形成的危急關頭，即便是一隻蝴蝶翅膀的鼓翼也能產生波動，使力的平衡破壞和引發強大的暴風雨。即便是最小的、沒有生命的物體送回到過去，也會不可避免地以一種意想不到的方式改變過去，引起時間弔詭。

第二種解決時間弔詭的方式是：時間河流光滑地分岔成兩條河或支流，形成兩個截然不同的宇宙。換句話說，如果你在時間上回到過去殺死了你出生前的父母，你殺死的是另一個宇宙中在遺傳上與你父母相同的人，在那個宇宙中你不會降生。但是在你原來宇宙中的父母不受任何影響。

這第二種假定叫做「多世界理論」，即所有可能的量子世界都有可能存在的思想。這就消除了霍金發

在《行屍走肉》中，一位名叫珍妮的年輕女孩在孤兒院中長大。有一天她遇到了一位英俊瀟灑的陌生人，而且愛上了他。她為他生了個女兒，而這個女兒又被莫名其妙地綁架了。珍妮在生孩子的時候出現了併發症，醫生們不得不為珍妮做手術，把她變成一個男人。多年以後，這個男人遇到了一個時間旅行者，把他帶到過去，在過去，他遇到了年輕的珍妮。他們相愛，珍妮懷了孕。於是他把自己的新生女兒綁架帶走，並且回到更遙遠的過去，把新生兒珍妮拋棄在一家孤兒院。珍妮在那裡長大，並遇到了一個英俊的陌生人。這則故事幾乎成功地躲過了性別弔詭。因為在這裡面，一半的基因是來自年輕女孩的珍妮，而另一半基因是來自英俊陌生人的珍妮。然而，變性手術不可能把你的X染色體變成Y染色體，因此這個故事依然存在性別弔詭。

【18】Hawking, pp.84-85

【19】Hawking, pp.84-85

現的無限發散[20]，因為在麥思納的空間中放射線不重複穿過蟲洞。它只穿過一次。每次穿過蟲洞時它都進入一個新的宇宙。這個弔詭大概涉及到量子理論的最深層次問題：一隻貓怎麼會在同一時間又死又生呢？

要回答這個問題，物理學家不得不接受兩個令人震驚的答案：要麼有一個宇宙覺知在看著我們大家，要麼有無限多個量子宇宙。

[20] 要最終解決這些複雜的數學問題，就需要求助於一種新的物理學。例如，許多物理學家，包括像史蒂芬·霍金和基普·索恩，都採用一種叫做「半古典近似」（semiclassical approximation）的方法，也就是說，他們採用一種混合理論。他們假定次原子粒子遵循量子原理，但他們又允許重力是平滑的、非量子化的（也就是，在他們的計算中，他們不用重力子）。由於所有的發散和異常條件都源自重力子，所以這種半古典方法就不受這些無窮數的困擾。但是，透過數學方法可以證明，半古典的方法是有缺陷的，它得出的最終答案是錯誤的，因此，用半古典方法得出的結果不足為據，在那些最有趣的領域中尤其如此，例如黑洞中心、時間機器的入口，以及大霹靂的剎那間等。需要注意的是，許多聲稱時間旅行不可能，或你不可能穿越黑洞的「證據」都是用半古典近似方式計算出來的，因此是不可靠的。這就是為什麼我們必須藉助像弦理論和M理論那樣的量子重力理論。

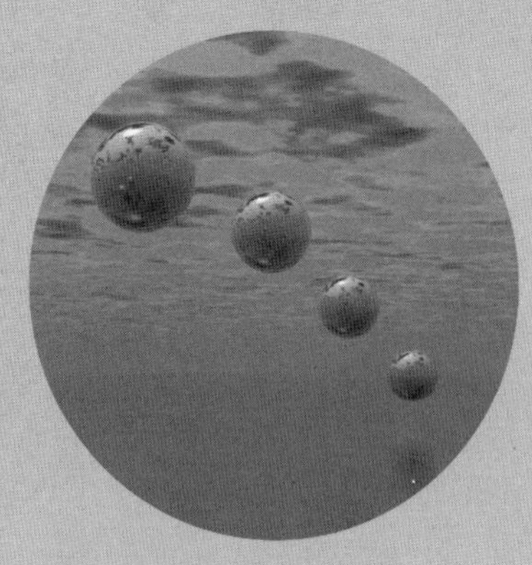

第六章

平行量子宇宙

我認為我可以有把握地說沒有人懂得量子力學。

——理察．費曼（Richard Feynman）

任何不被量子理論震撼的人就不懂得量子理論。

——尼爾斯．波耳（Niels Bohr）

無限多個不大可能事物的驅動器是一種在一瞬間飛越星座距離的奇妙新方法，而不需要在超空間中討論來討論去。

——道格拉斯．亞當斯（Douglas Adams）

在道格拉斯·亞當斯最暢銷的古怪科幻小說《銀河便車指南》中，書中的英雄偶然發現了去星星旅行最富有創造性的方法。在星系間旅行，他想像可以不利用蟲洞、超光速推進裝置或空間入口，而是利用測不準原理飛越廣闊的星際空間。如果我們能夠找到一種方法控制某些不可能事件的機率，那麼任何事情，包括超光速旅行，甚至時間旅行都是可能的。在幾秒鐘的時間飛到遙遠的星星是不太可能的事情，但是當我們能夠任意控制量子機率時，那麼即使是不可能的事也變成普通的事情了。

量子理論是根據這樣一種思想：所有可能的事件，不管它們多麼奇怪或可笑，都有一定的機率發生。這個想法也是暴脹宇宙理論的中心思想。當原始大霹靂發生時，宇宙發生量子轉變過渡到新的狀態，在這個新的狀態下有一個巨大的量使宇宙突然暴脹。看來我們整個的宇宙是從不大可能的量子躍遷中誕生的。儘管亞當斯說的是笑話，物理學家了解到如果能夠發現一種辦法控制這些機率，我們的技藝就會和魔術師沒有什麼區別。但是到目前為止，改變事件的機率遠遠超出我們的技術能力。

我有時問我們大學的博士生一個簡單的問題，如計算他們在牆的這一側突然消失又重新出現在牆的另一側的機率有多少。根據量子理論，有一個很小的但是可以計算的機率使這件事會發生。或者由於這種原因，我們會在自己的臥室中消失，又出現在火星上。根據量子理論，在原則上一個人有可能突然出現在火星上。當然，這樣的機率太小了，我們等待的時間不得不比宇宙的壽命還要長。結果，在我們日常的生活中，我們會排除這樣不可能的事件。但是在次原子的範圍，這些機率對電子、電腦、雷射的功能是至關緊要的。

事實上，在你的PC和CD零件的內部，電子規則地消失在牆壁的一側並出現在牆壁的另一側。事實是，如果不允許電子同時出現在兩個地方，現代文明就會崩潰。（沒有這個奇異的原理，我們身體內的分子也會崩潰。想像兩個太陽系在太空，由於牛頓的重力規律而碰撞。碰撞的太陽系會崩潰，形成混亂的一堆行星和小行星。類似地，如果原子服從牛頓的規律，只要它們與另一個原子撞擊就會破裂。將兩個原子鎖定在一個穩定的分子裡的原因是：電子可以同時處在很多的位置，從而形成電子「雲」將兩個原子綁在一起。因此，分子穩定和宇宙不破裂的原因是電子能同時處在很多位置。）

如果電子可以存在於平行的狀態，盤旋於存在和消失之間，那麼為什麼宇宙就不能呢？畢竟宇宙曾經比一個電子還小。一旦我們將量子原理應用的可能性引進宇宙中，我們就不得不考慮平行宇宙。

在菲利普．K．迪克（Philip K. Dick）寫的科幻小說《高堡奇人》中探討的正是這種可能性。在這本書中，因為一個關鍵的事件，有另外一個宇宙從我們的宇宙中分離出去。在一九三三年，那個宇宙中的總統羅斯福在他當權的第一年就被暗殺者槍殺了，世界歷史就此改變。副總統迦納取而代之，確定了孤立主義的政策，削弱了美國的軍事力量。由於對珍珠港偷襲沒有準備，整個美國艦隊被毀滅而無法恢復，一九四七年美國被迫投降德國和日本。美國最終被分成三塊，德意志帝國控制東海岸，日本控制西海岸，中間是一個不穩定的緩衝區，一個多岩石的山區。在這個平行宇宙中，有一個神秘的人根據聖經中的一段故事寫了一本書叫做《沉重的蚱蜢》，被納粹禁止。這本書講的是另一個宇宙，在這個宇宙中羅斯福沒有被暗殺，美國和英國打敗了納粹。故事中英雄的使命是去看另一個民主和自由盛行的宇宙是不是真的，而不是暴政和種族主義。

們的宇宙分開。

陰陽魔界

《高堡奇人》所在的世界和我們的世界僅僅是由一個微小的偶然事件，被暗殺者的一顆子彈所分開。然而，一個平行宇宙也可能透過一個最微小的可能事件，如一個量子事件，一個宇宙射線的衝擊，而與我們的宇宙分開。

在電視系列影集《陰陽魔界》中，曾有這樣一段故事情節：一個人醒來，發現他的妻子不認識他。她尖叫著離開去叫員警。當他在城鎮周圍漫步時，他發現他畢生的朋友也不認識他，好像他從未存在過。最後，他造訪他父母的家，讓他大吃一驚。他的父母說他們以前從未見過他，並且他們從來沒有過兒子。沒有朋友、家人或一個家，他漫無目的地在城市周圍遊蕩，最後在公園的長椅子上睡著了，像一個無家可歸的人。當他第二天醒來時，他發現他和他的妻子舒適地睡在床上。然而，當他的妻子轉過身來，他吃驚地發現她根本不是他的妻子，睡在他床上的是一個以前從未見過的陌生婦女。

這樣荒謬的故事可能嗎？也許吧。如果《陰陽魔界》中的主角問他的母親一些透露真情的問題，他或許能發現她流過產，因此從來沒有兒子。有時一條奇怪的射線，一個從外太空來的粒子就能夠穿透到胚胎內的DNA中，引起變化導致流產。在這樣的情況下，一個單一的量子事件就能將兩個世界分開，一個是我們正常生活的世界，另一個世界除了你從未誕生以外是完全相同的。

從這個世界走到另一個世界，物理學定律是允許的。但是這個可能性很小很小，也就是說發生的機率是非常非常小。並且正如你能看到的，量子理論對我們宇宙的描述比愛因斯坦的描述要奇怪得多。在相對論中，我們表演的生活舞臺可以是橡膠做成的，當演員在舞臺上活動時走過曲線的路徑。在愛因斯坦世界中的演員也像牛頓世界中的演員一樣，鸚鵡學舌地背誦事先寫好的劇本臺詞。但是在量子世界的表演中，演員會突然扔掉劇本按他們自己的意願表演。就好像木偶扯斷了拴住它們的線，按它們自己的意願表演一樣。演員可以從舞臺消失又重新出現。甚至陌生人也是這樣，他們可能會發現他們自己同時出現在兩個地方。演員在念他們的臺詞時，不能確切地知道是不是在對某個可能突然消失而又出現在另一個地方的人講話。

怪物的智力：約翰·惠勒

除了愛因斯坦和波耳以外，大概沒有人能比約翰·惠勒更強烈地挑戰量子理論的荒謬和成功了。難道所有自然的事實都是一種幻覺嗎？平行的量子宇宙確實存在嗎？在過去，當他不再琢磨這些難以處理的量子矛盾時，他把這些或然性用於造原子彈和氫彈，並宣導在黑洞的研究中。他的學生理察·費曼一直與量子理論的荒謬結論搏鬥，他曾經將約翰·惠勒稱為最後一位巨人或「怪才」。

「黑洞」這個術語是惠勒在一九六七年創造的，[1]那是在第一顆脈衝星發現之後，在紐約NASA的

[1] Bartusiak, p.61

戈達太空飛行中心的一次會議上提出的。

惠勒一九一一年生於佛羅里達的傑克遜維爾。他的父親是一個圖書管理員，但他的家族血統是工程。他的三個叔叔是採礦工程師，在他們的工作中經常使用炸藥。使用炸藥的想法讓他著迷，他喜歡看爆炸。（一天，他實驗一塊炸藥時，一不小心在他的手中意外爆炸，炸掉一節大拇指和一個手指尖。巧合的是，當愛因斯坦還是個學院學生時，由於不小心，一次類似的爆炸在他的手裡發生，結果縫了好幾針。）

惠勒是一個早熟的孩子，很早就掌握了微積分，並貪婪地閱讀能夠找到的有關量子力學新理論的每一本書。一個在歐洲發展的新理論，由尼爾斯·波耳、維爾納·海森堡和埃爾溫·薛丁格創立，就在他的眼前展開。這個理論突然揭開了原子的秘密。就在幾年前，哲學家恩斯特·馬赫（Ernst Mach）的追隨者還在嘲笑原子的存在，說原子從未在實驗室中觀察到，可能是一種虛構。他們說看不見的東西大概是不存在的。奠定熱力學定律的偉大德國物理學家路德維格·馮·波茨曼（Ludwig von Boltzman）在一九〇六年自殺，部分原因是他推出原子概念所面對的強烈嘲笑和奚落。

然而，經過短短重大的幾年，從一九二五年到一九二七年，原子的秘密突然被揭開了。在現代歷史上（除了一九〇五年愛因斯坦的工作以外）從來沒有在這樣短的時間內完成這麼重大的突破。惠勒想參與這個革命的一部分，但他了解到美國的物理學研究是落後的，其行列中沒有一位世界級的物理學家。像他之前的羅伯特·奧本海默一樣，惠勒離開美國旅行到哥本哈根向他的導師尼爾斯·波耳學習。

之前有關電子的實驗證明，電子既是粒子又是波。這個奇怪的波粒二相性最終是被量子物理學家揭示的：電子在圍繞原子跳動時它表現為粒子，但它伴隨有神秘的波。一九二五年，奧地利物理學家埃爾溫·薛丁格（Erwin Schrödinger）提出一個方程式（著名的薛丁格波動方程式），精確地描述伴隨電子的波的運動。這個波用希臘字母 ϕ（普西）表示，它驚人地精確預計原子的行為，引發了物理學的一場革命。突然之間，幾乎是從基本原理出發，人們能夠窺視原子的內部，計算電子怎樣在它的軌道上跳動，怎樣轉變和將原子綁在一起成為分子。

如量子物理學家保羅．狄拉克（Paul Dirac）所誇耀的，物理學將很快將所有的化學簡化為純粹的工程學。狄拉克宣佈：「大部分物理學和整個化學的數學理論所需要的基本物理定律因此完全清楚了，困難僅僅是從這些定律的應用得出的方程式太複雜，不好解。」【2】與這個波函數 ϕ 一樣引人入勝的是：它實際代表什麼仍然是個謎。

最後，在一九二八年，物理學家馬克斯．玻恩（Max Born）提出一個想法：這個波函數代表在一個給定地點發現電子的機率。換句話說，你絕不能精確知道電子在哪，所有你能夠做的是計算它的波函數，告訴你它在某處的機率。因此，如果原子物理能夠歸納為一個電子位於某處的機率波，但如果一個電子能夠同時出現在兩個地方，我們怎麼能夠最終確定電子確實在哪呢？

波耳和海森堡最終在一本量子烹調書中開出一套完整的藥方，能夠非常精確完美地應用在原子實驗中。波函數僅告訴你電子位於某處的機率。如果在某一點波函數大，這意味著電子位於此處的機率就大。如果在某一點波函數小，在這點發現電子的機率就小。例如，如果我們能夠「看」到一個人的波函數大，那麼你看到這個人的機率就很大。然而，波函數也逐漸滲漏到空間去，這意味著在月亮上發現這個人的機

【2】Cole, p.68

率就很小。(事實上，這個人的波函數實際散佈到整個宇宙中。)

這也意味著一棵樹的波函數可以告訴你，它或者是立著或者是倒下的機率，但是不能確切告訴你它實際的狀態。但是常識告訴我們物體是處於一個確定的狀態。當你看一棵樹時，這棵樹就確確實實在你的面前。也就是說樹不是立著就是倒下，不能同時是二者。

要解決機率波和有關存在的常識觀念之間的矛盾，他們假定：在一位外界觀察者做了測量之後，波函數就魔術般地「消失」了，電子落入確定的狀態。也就是說，我們看過這棵樹之後，我們看到這棵樹是確實立著的。換句話說，觀察過程確定電子的最終狀態。觀察對存在是至關重要的。在我們看了電子之後，它的波函數就消失了，因此現在電子是處在確定的狀態，不再需要波函數。

因此，波耳的哥本哈根學派的假定，粗略地講可以總結為以下幾點：

1. 所有的能量發生是在叫做「量子」的離散包中。(例如，光的量子叫做光子，弱力的量子叫做W玻色子和Z玻色子，強力的量子叫做「膠子」，重力的量子叫做「重力子」，它在實驗室中尚未發現。)

2. 物質由點粒子代表，但是發現點粒子的機率由一個波確定。該波動又服從特定的波動方程式(如薛丁格波動方程式)。

3. 在進行觀察前，物體可以同時以各種可能的狀態存在。要確定物體處在什麼狀態，必須進行觀察，它使波函數「消失」，物體進入確定狀態。觀察的作用是使波函數消失，使物體呈現確定的狀態。波函數所起的作用是：給我們在特定狀態下發現物體的精確機率。

決定論或不確定？

量子理論是所有年代最成功的物理理論。量子理論的最高形式是標準模式，它代表粒子加速器幾十年實驗的成果。這個理論的若干部分已經過測試，精度到一百億分之一。如果將微中子質量包括進去，那麼標準模式與所有次原子粒子的實驗一致，無一例外。

但是無論量子理論多麼成功，在實驗上它是根據一些基本假定，這些假定在過去八十年間遭到哲學界和理論界的強烈反對。特別是〔哥本哈根學派的〕第二個假定，因為它問是誰決定我們的命運，所以引起宗教界的憤怒。自始至終，哲學家、神學家和科學都對未來著迷，是不是有一種辦法能知道我們的命運。在莎士比亞的悲劇《馬克白》中，班柯絕望地揭開遮蓋我們命運的面紗，說出了以下難忘的話：

要是你們能夠洞察時間所播的種子
知道哪一顆會長成，哪一顆不會長成
那麼請對我說吧……
（第一幕，第三場）

莎士比亞在一六〇六年寫下這些話。八十年後，另一位英國人艾薩克·牛頓大膽地聲稱他知道這古老問題的答案。牛頓和愛因斯坦都相信「確定性」概念，它說所有將來的事件在原則上能夠確定。對牛頓來說，宇宙是一個在創世之初由上帝上緊了發條的巨大鐘錶。從那時起它就按照他的運動三定律，以可以預計的精確方式滴答滴答地走個不停。法國數學家，拿破崙的科學顧問皮埃爾·西蒙·德·拉普拉斯（Pierre Simon de Laplace）寫道，人們可以利用牛頓定律像觀察過去一樣精確地預測將來。他寫道，如果知道了宇宙中所有粒子的位置和速度，「對這樣一種才智非凡的人來說，沒有任何事情是不確定的，將來就好像過去一樣呈現在我們的眼前。」【3】當拉普拉斯將他的傑作《天體力學》贈送給拿破崙時，這個皇帝說：「你寫了這部有關天空的鉅著而一次都沒有提到上帝。」拉普拉斯回答說：「先生，我不需要這個假設。」

對牛頓和愛因斯坦來說，「自由意願」的概念，即我們是我們命運的主人的說法，實際上是一個幻想。愛因斯坦把這個實體的常識性概念，即我們接觸到的具體物體是真實的和存在於確定狀態的概念，叫做「客觀實體」。愛因斯坦在下面的話中最清楚地表達了他的態度：

> 我是決定論者，被迫行動就好像自由意願是存在的一樣，因為如果我想生活在文明社會，我必須負責任地行事。我知道在哲學上一個殺人犯不對他的罪行負責，但我不會願意和他一起喝茶……我的生涯是由我無法控制的種種力量所決定的。亨利·福特可能將它叫做他內心的聲音，蘇格拉底將它叫做他的精靈，每個人都能以他自己的方式解釋人類不是自由的這一事實……一切事情都是被我們無法控制的力決定的，對於昆蟲以及星星來說都是如此。人類、蔬菜或宇宙塵都在隨神秘的時間跳舞，一位遠距離的看不見的演員在為我們吟詠。【4】

神學家也爭論這個問題。世界上大多數的宗教相信某種形式的「先天註定」的思想。即上帝不僅是全能的，而且是無所不在的。上帝也是無所不知的（知道一切，甚至將來）。在某些宗教中，這意味著上帝在我們出生前就知道我們是去天堂還是地獄。從本質上講，在天堂的某處有一本命運的書，列舉著所有人的姓名，包括生日、我們的失敗和成功、我們的快樂和悲哀、甚至我們的死亡日期、是去天堂還是地獄。（在一五一七年，這個棘手而先天註定的神學問題，是威登堡的天主教堂分裂的部分原因。馬丁・路德在這個教堂貼出佈告九十五條論綱，抨擊教堂以販賣贖罪券的做法，讓富人用本質上是賄賂的方式，來鋪設進入天堂的旅程。也許，路德似乎在說，上帝確實事先知道我們的將來和我們的命運是先天註定的，但是上帝並不會因為我們對教堂的慷慨捐贈而被說服改變主意。）

但是對接受或然性的物理學家來說，到目前為止最有爭議的假定是第三個假定（哥本哈根學派的假定），它使幾代物理學家和哲學家感到頭疼。「觀察」的概念是一個不精確的、不清楚的概念。此外它依賴於實際上有兩種類型的物理學這一事實：一種是用於奇異的次原子世界的，在這個世界中電子似乎可以同時在兩個不同的地方出現；另一種是用於我們生活在其中的宏觀世界的，這個世界似乎服從一般承認的牛頓定律。

根據波耳的說法，有一堵看不見的「牆」將原子世界與日常的、熟悉的宏觀世界隔開。原子世界服從奇異的量子理論規則，而我們生活在此牆之外，在這個定義明確的行星和星星的世界中，而在這個世界中，波已經消失。

【3】Cole, p.68

【4】Brian. p.185

惠勒師從量子力學的創建者，喜歡總結兩個學派關於這個問題的思考。他提出一個例子，在一場棒球比賽中，三個裁判討論棒球的得分點。在做出決定時，三個裁判說：

第一個裁判：我按照看見他們的樣子進行裁定。

第二個裁判：我按照他們的實際情況進行裁定。

第三個裁判：在我裁定之前，他們不存在。【5】

對惠勒來說，第二個裁判是愛因斯坦，他相信有不依賴於人類經驗的絕對實體。愛因斯坦將此叫做「客觀實體」，即物體能夠以確定的狀態存在，而不需要人類的干預。第三個裁判是波耳，他認為僅在觀察之後實體才存在。

森林中的樹木

物理學家有時輕蔑地看待哲學家，他們引用羅馬哲學家西塞羅的話說：「沒有什麼事情比哲學家說的話更荒謬了。」數學家斯塔尼斯拉夫．烏拉姆（Stanislaw Ulam）鄙視將無聊的概念賦予高貴的名字，他曾經說：「對各種類型的胡言亂語進行細緻的區分是不值得的。」【6】愛因斯坦自己也曾經評論哲學，他說：「所有哲學家寫的東西都是蜂蜜嗎？這些東西初看上去好像很美妙，但是再看一次就什麼都沒有了，留下的只

是廢話。」【7】

物理學家也喜歡講一個據說是大學校長說的虛構故事，這位校長憤怒地看著物理系、數學系和哲學系的預算。他暗自說：「為什麼你們物理學家總是要求這麼昂貴的設備？而數學系什麼都不要，只要一些錢買紙和筆，還有廢紙簍。哲學系就更好了，它甚至連廢紙簍也不要。」【8】

然而，哲學家也可能笑到最後。量子理論是不完善的，依賴不可靠的哲學基礎。有關量子理論的論戰迫使人們重新考察哲學家，如柏克萊主教的思想。這位十八世紀的大主教聲稱：物體因為人們看到它才存在，一種叫做唯我論或唯心論的哲學。他們聲稱：如果一棵樹在森林中倒下，但是沒有人看到、聽到它，它就沒有真正倒下。

現在量子理論是這樣解釋森林中倒下的樹的。在進行觀察之前，你不知道它是不是倒下的。事實上，這棵樹可以同時存在於所有可能的狀態：也許它燒掉、倒下、被劈成了柴、被鋸成了木屑等。一旦進行了觀察，這棵樹突然呈現一種確定的狀態，例如，我們看見它倒下了。

費曼從哲學上比較了相對論和量子理論的困難性，他曾說：「有一段時間報紙說，只有十二個人懂得相對論。我不相信曾經有過這樣的時候……但是我相信我可以有把握地說，沒有人懂得量子力學。」【9】他

【5】Bernstein, p.96
【6】Weinberg2, p.103
【7】Pais2, p.318
【8】Barrow1, p.185
【9】Barrow3, p.143

寫道：「從常識的觀點看，量子力學對自然的描述是荒謬可笑的。但是它與實驗完全吻合。因此我希望你能夠接受自然是荒謬的，因為它確實是荒謬的。」【10】這在很多物理學家中產生一種不安的情緒，他們感到好像整個世界是建立在流沙上。史蒂文．溫伯格寫道：「我承認在我一生的工作中我感到有些不安，因為沒有人完全理解我建立的理論框架。」【11】

在傳統科學中，觀察者盡可能地使自己與世界超然的分離開來。（正如一位愛講笑話的人說的：「你總能在脫衣舞夜總會裡看到科學家，因為他是唯一一位考察觀眾的人。」）但是現在，我們開始看到不可能將觀察者與觀察對象分開。正如馬克斯．普朗克曾經說的：「科學不能解答自然的最終秘密。這是因為歸根到底，我們自己也是我們要解答的秘密的一部分。」【12】

貓的問題

埃爾溫．薛丁格首先引進了波動方程式，他想這是不是走得太遠了。他向波耳承認他感到抱歉，因為波耳將機率概念引進物理，而他卻提出了波的概念。為了推翻機率的想法，他提出一個實驗。想像一隻貓被關在一個盒子裡。盒子裡面有一瓶毒氣，瓶子上面有個錘子，錘子又連接到一個蓋氏計數器，計數器放在一塊鈾的附近。沒有人懷疑鈾原子的放射性衰變是一個事先無法預計的純粹量子事件。比如說鈾原子在下一秒衰變的機率是百分之五十。但是如果一個鈾原子發生衰變的話，它將觸發蓋氏計數器，蓋氏計數器又觸動錘子將玻璃瓶打碎，毒氣將殺害這隻貓。

在你打開盒子之前，不可能知道這隻貓是死是活。事實上，為了描述這隻貓的狀態，物理學家添加了活貓和死貓的波涵數。也就是說，我們把貓放入一個同時處在生死各百分之五十的地獄中。

現在打開盒子。一旦我們做了觀察，波函數就消失了，比如說，我們看見貓是活的。對薛丁格來說這是可笑的。一隻貓怎麼會同時是死的又是活的呢，只是因為我們還沒有看它嗎？愛因斯坦也不喜歡這種解釋。每當客人來到他的住宅，他會說：看那個月亮，是因為一隻老鼠看它，它才突然跳出來的嗎？愛因斯坦相信答案是「不」。但是在某種意義上，答案也許是「是」。

在一九三〇年的索爾韋會議上，在愛因斯坦和波耳之間發生了歷史性的衝突，爭論終於達到頂點。惠勒後來評論說：「這是我所知道在知識史上最偉大的爭論。三十年來，我從未聽過在兩位巨人之間的爭論，經歷的時間是這樣長，爭論的問題是這樣深奧，爭論結果的意義是這樣深遠，影響我們理解這個奇怪世界。」

愛因斯坦總是勇敢地、大膽地、極其雄辯地提出一系列連珠炮似的「想像實驗」以推翻量子理論。波耳則不停地喃喃細語反駁一次又一次的進攻。物理學家保羅．埃倫費斯特（Paul Ehrenfest）評述說：「我能夠在場聆聽波耳和愛因斯坦的對話真是太妙了，像一位棋手那樣，永遠都有新的棋局。愛因斯坦抱定決心要打敗不確定性。波耳則總是在哲學的煙霧之外尋找工具摧毀一次又一次的進攻。愛因斯坦像一個捉押

【10】Greene1, p.111
【11】Weinberg1, p.85
【12】Barrow3, p.378

玩具盒，每天早上都冒出新鮮的想法。哦，真是太令人愉快了。但是我幾乎是毫不客氣地支持波耳反對愛因斯坦了。他對待波耳的態度太傲慢了，完全像一個絕對冠軍一樣。」[13]

最後，愛因斯坦提出了一個實驗，他認為會給量子理論致命一擊。想像一個含有光子氣的盒子。假定盒子有一個快門能夠短暫地釋放單個光子。因為我們能夠精確地測量快門的速度，也能測量光子的能量，因此能夠無限精確地確定光子的狀態，從而違背測不準原理。

埃倫費斯特寫道：「對波耳來說這是沉重的一擊。在當時他找不到解答。整個晚上他非常不愉快，從這個人走到另一個人旁邊，試圖勸說他們相信愛因斯坦的話是不對的，因為如果愛因斯坦是對的話，這就意味著物理學的終結。但是他想不到駁斥的理由。我永遠也不能忘記兩位對手離開大學俱樂部的樣子。愛因斯坦雄赳赳氣昂昂地大步走過，面帶隱約輕蔑的笑容，而波耳小步走在愛因斯坦的旁邊，極其灰心喪氣。」[14]

後來埃倫費斯特遇到波耳時，他不說話，只是嘴裡一遍又一遍地咕噥：「愛因斯坦……愛因斯坦……愛因斯坦。」

第二天，經過緊張的不眠之夜，波耳在與愛因斯坦的爭論中找到一個小缺口。在發射光子之後，盒子要稍微輕一點，因為物質和能量是等同的。這意味著在重力作用下盒子會略微升起一點，因為能量是有重量的，這是根據愛因斯坦自己的重力理論。但是這就在光子的能量中引進了不確定性。如果計算這個重量的不定性和快門速度的不定性，就會發現這個盒子正好符合測不準原理。結果，波耳利用愛因斯坦自己的重力理論駁斥了愛因斯坦！波耳以勝利者出現。愛因斯坦以失敗者告終。

後來愛因斯坦抱怨說：「上帝不和我們的世界玩擲骰子遊戲。」據傳說，波耳回擊道：「別跟上帝說祂該做什麼！」最終，愛因斯坦承認波耳成功地駁斥了他的爭論。愛因斯坦寫道：「我相信這個理論的確包含了一定的真理。」【15】（然而，愛因斯坦蔑視那些不能確認量子理論中微妙矛盾的物理學家。他曾經寫道：「當然，今天每一個無賴都認為他知道答案，但是他是在糊弄他自己。」【16】）

在與量子物理學家經過這些和其他的激烈爭論之後，愛因斯坦最終讓步了，但採用的是不同的方法。他勉強承認量子理論是正確的，但只在一定的領域之內，僅僅是近似真正的真理。他想以相對論概括（而不是摧毀）牛頓理論的同樣方式，將量子理論併入一個更廣泛的、更強大的理論——統一場論中。

（以愛因斯坦和薛丁格為一方，波耳和海森堡為另一方的這場爭論並未平息，因為這些「想像的實驗」現在已經能在實驗室中進行。儘管科學家無法讓貓出現時既是死的又是活的，他們現在能夠用奈米技術操縱單個原子。近來，可使用一種含有六十個碳原子的巴克球〔Buckyball〕進行這些難以理解的實驗，於是由波耳想像的、將大物體和量子物體隔開的「牆」就迅速崩潰了。實驗的物理學家現在甚至預測，需要什麼才能顯示一個含有幾千個原子的病毒能同時出現在兩個地方。）

【13】Folsing, p.589
【14】Folsing, p.591; Brain, p.199
【15】Folsing, p.591
【16】Kowalski, p.156

原子彈

不幸的是，討論這些極有趣的弔詭，被一九三三年希特勒的崛起和製造原子彈的需要中斷了。人們透過愛因斯坦的著名方程式$E = mc^2$早已知道巨大的能量禁閉在原子中。但是大多數物理學家對能夠利用這個能量的想法一笑置之。甚至埃文・歐尼斯特・拉塞福（Even Ernest Rutherford），這位發現原子核的人也說：「通過破碎原子產生能量是一件不大可能的事情。任何人想要從轉變這些原子獲得能源只是一種妄想。」【17】

一九三九年，波耳作了一次決定性的美國之旅，在紐約降落會見他的學生約翰・惠勒。他帶來一個不祥的消息：奧托・哈恩（Otto Hahn）和麗莎・麥特娜（Lise Meitner）已經提出在一個叫做「裂變」的過程中，鈾核可以分裂成兩半釋放能量。波耳和惠勒開始研究核裂變量子動力學。因為在量子理論中，任何事情都與或然性和機會有關，他們估計一個中子破碎鈾核有可能釋放兩個或更多的中子，這些中子又使更多的鈾核裂變釋放更多的中子，如此下去，將觸發能毀滅一個現代城市的連鎖反應。（在量子力學中，絕不能知道哪個中子將裂變鈾核，但是可用難以置信的準確度計算在一枚原子彈中幾十億個鈾原子裂變的機率。這就是量子力學的威力。）

他們的量子計算顯示原子彈是可能的。兩個月後，波耳、尤金・魏格納（Eugene Wigner）、利奧・西拉德（Leo Szilard）和惠勒，在普林斯頓大學愛因斯坦的老辦公室中會面，討論原子彈的前景。波耳相信造原子彈要花費整個國家的資源。（幾年後，西拉德勸說愛因斯坦寫了一封具有決定性意義的信給羅斯福總統，催促他造原子彈。）

同一年，納粹知道了從鈾原子釋放的巨大能量能給他們無與倫比的武器，於是命令波耳的學生海森堡為希特勒造原子彈。一夜之間，關於裂變的量子機率的討論變成極其嚴肅的、事關人類歷史瀕臨危險的重大事件。發現活貓機率的討論很快被鈾裂變的機率取代了。

一九四一年，納粹佔領了大部分歐洲，這時海森堡作了一次秘密的旅行，去哥本哈根見他的導師波耳。這次會見的性質仍然是個謎，但已有獲獎劇目將此事寫成劇本，歷史學家一直在爭論它的內容：是海森堡答應破壞納粹製造原子彈的計畫嗎？還是海森堡要波耳幫助納粹造原子彈？（六十年後，在二〇〇二年，海森堡的意圖才最終浮出抬面，這一年波耳的家人公佈了波耳在二十世紀五〇年代寫給海森堡但從未寄出的信。在這封信中，波耳回憶到：海森堡在那次會面時說納粹的勝利是不可避免的。因為納粹的力量無法抗拒，唯一合乎邏輯的是要波耳為納粹工作。【18】）

波耳十分驚駭。雖然心驚膽戰，但他拒絕讓他關於量子理論的工作落入納粹之手。因為丹麥在納粹的控制下，波耳乘一架飛機秘密逃亡，在奔向自由的道路上由於飛機缺氧，波耳差一點窒息而死。

與此同時，在哥倫比亞大學，恩里科·費米（Enrico Fermi）已經指出核連鎖反應是可行的。在他得出這個結論後，他俯視紐約城，歎息只要一顆原子彈就可以將他看到的一切摧毀。惠勒認識到情況已變得有

【17】*New York Herald Tribune*, Seb.12, 1933

【18】*New York Times*, Feb.7, 2001, p.A12

多麼嚴重，他自願離開普林斯頓加入費米的工作，在芝加哥大學史泰格廣場的地下室裡建造了第一台核反應爐，正式開創了核時代。

在下一個十年，惠勒目擊了核戰中一些最重要的發展。在戰爭期間，他幫助管理巨大的華盛頓州漢福德原子能研究中心的建造，生產摧毀長崎的原子彈所需要的原料鈽。幾年後，他製造氫彈，目擊了一九五二年在太平洋一個小島上第一枚氫彈的爆炸和引起的破壞。但是站在世界歷史前沿十幾年之後，他最後回到他的初衷，研究量子理論的秘密。

路徑之和

第二次世界大戰後，惠勒的眾多學生中有一位名叫理察．費曼的，他大概是無意中發現了最簡單的，也是最深刻的量子理論的複雜性綜合方法。（這個想法的結果之一是費曼在一九六五年贏得了諾貝爾獎。）比如說你想走過一間房間，根據牛頓，你會選從A到B的最短距離，叫做經典路徑。但是根據費曼，你必須首先考慮連接A和B的所有可能路徑。這意味著要考慮到火星、木星、最近的星星的路徑，甚至在時間上返回到大霹靂的路徑。不管這些路徑是多麼愚蠢、多麼奇怪，但你必須考慮它們。費曼給每條路徑一個數值，提出一套精確的規則計算這個數值。不可思議的是，將所有可能路徑的數值加起來，你就得到標準量子力學提出的從A點走到B點的機率。這確實是非凡的。

費曼發現非常奇怪的和違背牛頓運動定律的路徑的這些數值通常相互抵銷，總和很小。這就是量子波動的起源，即它們代表的路徑總和很小。他也發現常識上的牛頓學說路徑不相互抵銷，因此總和最大，即它是具有最大機率的路徑。因此，我們通常瞭解的宇宙只是無數個狀態中機率最大的狀態。但是所有可能的狀態與我們共存，有些狀態把我們帶回到恐龍時代，有些把我們帶到最近的超新星，有些把我們帶到宇宙的邊緣。（這些奇異的路徑產生小的偏移，背離常識的、牛頓學說的路徑，但是幸虧它們的機率很低。）

換句話說，也許看上去很奇怪，每當你走過房間時，你的身體就會事先「尋找」各種可能的路徑，甚至通往遙遠類星體和大霹靂的路徑，然後把它們加起來。費曼利用強大的數學（叫做泛函積分）證明：牛頓路徑只是最可能的路徑，但不是唯一的路徑。費曼利用數學技巧證明：這種描述雖然看上去令人吃驚，但它是精確地等價於普通的量子力學的。（事實上，費曼用這個方法可以推導出薛丁格波動方程式。）

費曼的「路徑和」的功能在於，今天當我們建立大一統理論、暴脹理論，甚至弦理論時，我們採用費曼的「路徑積分」觀點。在全世界的每一個研究所中，現在教的就是這種方法，到目前為止它是最強大的、最便利的、描述量子理論的方法。

（我每天在自己的研究工作中都利用費曼的路徑積分方法。我寫的每個方程式都是用路徑積分寫的。當我作為一名研究生第一次學習費曼的觀點時，它改變了我整個思想中對宇宙的描繪。理智上，我懂得抽象的量子理論和廣義相對論，但是在某種意義上，我在「尋找」路徑，當我走過房間時尋找通往火星或遙遠星星的路徑，這改變了我的世界觀。突然，我有了一個奇怪的、生活在量子世界的幻覺。我開始認識到量子理論與相對論的空間時間彎曲有著很大的差異。）

當費曼建立這個奇異的公式時，惠勒正在普林斯頓大學，他匆忙地跑到隔壁的高等學術研究所去訪問愛因斯坦，想讓他相信這個新描述的美妙和能力。惠勒激動地向愛因斯坦解釋費曼的「路徑積分」新理論。惠勒沒有充分了解到，對愛因斯坦來說這是多麼的愚蠢。然後，愛因斯坦搖搖頭，重複他的想法，他不相信上帝會與世界玩擲骰子。愛因斯坦向惠勒承認他也許是錯的，但是他有權力錯。

魏格納的朋友

大多數物理學家在面對量子力學令人費解的弔詭時，都會聳聳肩膀表示絕望。對大多數科學家來說，量子力學是一套烹飪的規則，可產生驚人準確的正確機率。約翰．波金霍爾（John Polkinghorne）之前是一位物理學家後來成為一名牧師，他說：「普通的量子技工和普通的電機技工一樣都不是哲學家。」[19]

然而，某些物理學領域的深刻思想家卻奮力解決這些問題。例如，有幾種方式可解薛丁格的貓這個問題。首先，諾貝爾獎得主尤金．魏格納和其他人提倡「意識決定存在」。魏格納曾經寫道：「不考慮觀察者的意識就不可能以完全一致的方式建立量子力學的定律……正是外部世界的研究得出人的意識是最高實在這個結論。」[20]或者像一位詩人寫的：「任何事情在經歷之前都不能成為真的。」[21]

但是如果我在進行觀察，又是什麼確定我在什麼狀態呢？這意味著必須有別的人觀察我，使我的波函數消失。有時把這種狀況叫做「魏格納的朋友」。但是這也意味著必須有人觀察魏格納的朋友，以及魏格納的朋友的朋友，等等。是不是有一個宇宙意識在觀察整個宇宙以確定整個朋友系列呢？

安德列．林德是一位固執地相信意識具有中心作用的物理學家，他還是暴脹宇宙的奠基人之一。他說：

> 對我這樣一個人類的成員之一，在沒有任何觀察者的情況下，我不知道說宇宙是存在的有什麼意義，宇宙和我們是一起的。當你說沒有任何觀察者的宇宙是存在的，我從中得不出任何意義。我不能想像一個始終如一的萬有理論會是忽略意識的。一個記錄設備並不能因為它可讀取記錄設備上的記錄，而扮演一個觀察者的角色。為了讓我們看到某事發生、彼此談論某事發生，你需要有一個宇宙，你需要有一個記錄設備，你還需要有我們……沒有觀察者，我們的宇宙是死的。【22】

根據林德的哲學，恐龍化石在你看到它們之前並不實際存在。但是當你看到它們時，恐龍化石一躍而出，好像它們幾十億年前就存在了。（持這種觀點的物理學家小心翼翼地指出，這個描述在實驗上是和幾百萬年前恐龍化石所在的世界一致的。）

（有些人不喜歡將意識引進物理學，他們說照相機可以觀察一個電子，因此不需藉助意識存在，波函數就能消失。但是誰來說照相機是不是存在呢？需要另一個照相機來觀察第一個照相機，使它的波函數消失。這樣就需要第二個照相機來觀察第一個照相機，第三個照相機來觀察第二個照相機，如此等等。因

【19】Rees1, p.244
【20】Crease, p.67
【21】Barrow1, p.458
【22】*Discover* Magazine, June 2002, p.48

此，引進照相機不能回答波函數怎樣消失的問題。）

去相干

一個部分解決這些棘手的哲學問題的方法叫做「去相干」，現在已在物理學家中流行，它是德國物理學家迪特爾．策（Dieter Zeh）在一九七〇年首先提出的。他注意到在真實世界中不可能把貓與環境分開。貓不斷地接觸空氣分子、盒子，甚至通過實驗的宇宙射線。這些相互作用，不管它多麼小都迅速影響到波函數：如果波函數受到極其微小的擾動，那麼波函數就會突然分成不再相互作用的死貓或活貓的兩個截然不同的波函數。他指出：只要和一個空氣分子碰撞就足以使它消失，迫使死貓和活貓的波函數永久分開，彼此不再溝通。換句話說，甚至在你打開盒子之前貓就與空氣分子接觸了，因此貓就已經是死的或是活的了。

迪特爾．策進行了以前被忽略了的關鍵觀察：要想讓貓既是死的又是活的，死貓的波函數必須與活貓的波函數完全同步地振動，叫做「相干性」。但是這在實驗上是幾乎不可能的。在實驗室產生一致的相干物體振動是極其困難的。（實際上，由於外部世界的干擾要想讓幾個原子相干振動都十分困難。）在真實世界裡物體和環境相互作用，與外部世界的微小相互作用都能干擾這兩個波函數，使它們「去相干」，即不再同步和分離。一旦這兩個波函數不再彼此同相振動，迪特爾．策指出這兩個波函數就不再相互作用。

多個世界

去相干初聽起來很滿意，因為現在波函數的消失不需要通過意識，而是靠與外部世界的隨機相互作用。但是這仍然沒有解決困擾愛因斯坦的基本問題：自然界怎樣「選擇」波函數消失後進入什麼狀態呢？當一個空氣分子打在貓身上，誰或什麼決定貓的最後狀態呢？關於這個問題，去相干理論只是說了這兩個波函數分開了，不再相互作用了，但是沒有回答原來的問題：貓是死的還是活的呢？換句話說，去相干使意識在量子力學中不再必要，但是沒有解決困擾愛因斯坦的關鍵問題：自然怎樣「選擇」貓的最後狀態呢？關於這個問題，去相干理論沒有回答。

然而，去相干理論的自然擴展解決了這個問題，今天也得到物理學家的廣泛承認。這第二個方法是惠勒的另一個學生休．艾弗雷特（Hugh Everett Ⅲ）找到的。他討論了貓在同一時間可能既死又活的機率，但是在兩個不同的宇宙中。當艾弗雷特的博士論文在一九五七年完成時，沒有什麼人注意到。然而，若干年後，對「多世界」解釋的興趣開始增長。今天，對量子理論中的矛盾的興趣，像浪潮一般重新湧現出來。

在這個透徹的新解釋中，貓既是死的又是活的，因為宇宙分成了兩個。在一個宇宙中貓是死的，在另一個宇宙中貓是活的。事實上，在每一個量子的結合點，宇宙分成兩半，宇宙分裂的過程絕不會停止。在這種情景下所有的宇宙都是可能的，每一個宇宙都像別的宇宙一樣真實。生活在每個宇宙中的人都會說他們的宇宙是真正的，其他的宇宙是想像的或虛構的。這些平行宇宙不是短命的幽靈世界，每個宇宙都有實際的物體和具體的事件，像別的宇宙一樣真實和客觀。

這種解釋的優點是我們可以丟掉第三個條件，即波函數的消失。波函數絕沒有消失，它們只是連續在演化，永遠分裂成其他的波函數。就好像在一棵不斷分杈的樹中，每一個分杈代表一個完整的宇宙。多世界理論的最大優點是它比哥本哈根的解釋要簡單：它不要求波函數消失。付出的代價是現在需要將宇宙不斷地分成幾百萬個分支。（有些人覺得很難理解怎樣跟蹤所有這些增生擴散的宇宙。然而，薛丁格波動方程式可以自動完成這件工作。只要簡單地跟蹤波動方程式的演變，我們就能立刻發現波動的所有大量分支。）

如果這個解釋是正確的，那麼就在此時此刻，你的身體與處在生死搏鬥的恐龍的波函數共存。與你所在房間中共存的是另一個世界的波函數，在這個世界裡德國贏得了第二次世界大戰，在這個世界裡外星人在漫遊、你卻從未在這個世界裡誕生過。《高堡奇人》和《陰陽魔界》的人所在的世界也包括在存在於你臥室的各種世界之中。關鍵在於我們不再能與他們互動，因為他們已經脫離了我們。

正如阿蘭·古斯說過：「存在一個貓王還活著的世界。」[23]物理學家弗朗克·韋爾切克（Frank Wilczek）曾寫道：「因為我們知道有無限多個與我們稍有不同的世界正過著與我們平行的生活，我們知道每時每刻都有更多的世界出現，並將佔據我們各種可供選擇的將來，這些想法縈繞在我們的心間，讓我們備受折磨。」[24]他說過，如果特洛伊的海倫不是這樣美麗絕倫的話，如果她的鼻子上長有一個醜陋的疣的話，希臘文明的歷史，以致西方世界的歷史就會改寫。他說：「唔，疣可能起因於單細胞的轉變，通常是由於暴曬在太陽的紫外線下所觸發。」他接著說，「結論是：有很多很多的世界，在這些世界中特洛伊的海倫鼻尖上沒有長疣。」

我想起了奧拉夫·斯塔普雷頓（Olaf Stapledon）經典科幻小說《造星者》中的一段話：「每當一個存

有面對幾種可能的行動路線時，它採取所有的行動路線，因此創造了很多截然不同的宇宙歷史。因為在宇宙演化的每一個進程中有很多存有，而每個存有又經常面對很多可能的路徑，所以所有這些路徑的結合是數不清的，結果無限多個截然不同的宇宙從每一個暫時序列的每一個時刻脫離出來。」【25】

根據量子力學的解釋，所有可能的世界都與我們共存，認識到這一點讓我們感到頭暈目眩。儘管為了到達其他的這些世界也許需要蟲洞，但是這些量子世界就存在於我們所住的這個房間裡。無論我們走到哪，它們都和我們在一起。關鍵的問題是：如果這是真的，為什麼我們看不見其他這些世界充滿我們的臥室呢？原因就是去相干：我們的波函數已經與其他這些世界的波函數去相干（也就是說波動之間彼此不再同相）。我們不再與它們接觸。這意味著即使是環境的輕微干擾也將阻止各種波函數彼此相互作用。（在第十一章，我將提到這個規則的一個可能例外，在這種例外的情況下，智慧生命可以在各個量子世界之間旅行。）

這看來似乎不是太奇怪了嗎？能讓人相信這是可能的嗎？諾貝爾獎得主史蒂文．溫伯格把多宇宙理論比做無線電。圍繞我們周圍有幾百個不同的從遙遠廣播電臺播出的無線電波。在任何確定的時刻，你的辦公室、小汽車或臥室充滿了這些無線電波。然而，打開收音機，你每次只能聽一個頻率，其他的那些頻率已經去相干了，不再彼此同相。每個廣播電臺有不同的能量和不同的頻率。結果，只能將收音機一次調到

【23】引自BBC-TV Parallel Universes, 2002。

【24】Wilczek, pp.128-29

【25】Rees1, p.246

一個台。

同樣，在我們的宇宙中我們已調到與我們宇宙相應的頻率。但是有無限多個平行的宇宙與我們共存於同一個房間，儘管我們不能調到它們的頻率。儘管這些世界看上去都很像，但每一個世界有不同的能量。因為每個世界由百兆億個原子構成，這意味著能量的差別會很大。因為這些波動的頻率與它們的能量成正比（根據普朗克定律），這意味著每個世界的波以不同的頻率振動，不再能相互作用。不管是什麼意圖和目的，各種各樣的這些世界的波不發生相互作用或相互影響。

令人驚訝的是，科學家利用這個奇怪的觀點可以重新推導出哥本哈根的結果，而不需要波函數消失這個條件。換句話說，所做的實驗不管是用哥本哈根解釋，還是用多世界解釋都能得到完全同樣的結果。波耳的波函數「消失」在數學上等價於環境的干擾。也就是說，如果能有辦法將貓與週邊環境的每個原子或宇宙射線隔離開，薛丁格的貓就可以同時是死的和活的。當然，這實際上是不可能的。一旦貓與宇宙射線接觸，死貓和活貓的波函數就不再相干，看起來就好像波函數消失了一樣。

存在來自位元

由於人們對量子理論中的測量問題重新產生了極大的興趣，惠勒成了量子物理的科學前輩，經常以他的聲望出席眾多的會議，對物理學中的意識問題入迷的新世紀宣導者將他譽為領袖。（然而，他並非總對這樣的參與感到高興。有一次，他發現他與三位超心理學家被安排在同一個節目上，感到很喪氣。他很快

貼出一個聲明，其中有這樣一句話：「在有煙的地方就會有煙。」【26】）

在經過七十年對量子理論的矛盾思索之後，他是第一個承認不能得到所有答案的人。他總是對他的假設提出疑問。當有人問到量子力學中的測量問題時，他說：「我只是被這些問題搞得發瘋了。我承認有時我百分之百地相信世界是想像中虛構的事。有時我又相信世界是不依賴我們存在的。然而，我完全贊成萊布尼茨說的話：『這個世界也許是一個幻覺，存在也許只是一個夢，但是這個夢或幻覺對我來說已足夠真實了，如果很好地利用理智，我們就絕不會受它的欺騙。』」【27】

今天，多世界和去相干理論得到物理學家的普遍贊同。但是，惠勒覺得麻煩的是它需要「太多的累贅」。他給予薛丁格的貓問題另一個玩笑般的解釋。他把他的理論叫做：「存在來自位元。」這是一個非正統的理論，出發點是假定資訊是所有存在的根本。他聲稱：當我們看月亮、星系或一個原子時，它們的本質是儲存在它們裡面的資訊。當宇宙觀察它自己時，這個資訊展現出來。他畫了一個圓圈，代表宇宙的歷史。在宇宙開始的時候，由於被觀察，它一躍而出。這意味著當宇宙的資訊（「位元」）被觀察後，宇宙物質出現。他把這個宇宙叫做「與人分享的宇宙」，即宇宙以我們適應它的方式也適應我們，也就是說我們的存在使得宇宙成為可能。（因為對於量子力學中的測量問題沒有一個普遍的意見，很多物理學家對於存在來自位元理論抱持觀望的態度。）

【26】Bernstein, p.131
【27】Bernstein, p.132

量子計算和遠距傳輸

這樣的哲學討論也許看上去是完全不切實際的，在我們的世界上沒有任何實際應用。與多少天使能在大頭針的釘帽上跳舞的爭論不同的是，量子物理似乎是在爭論一個電子能同時處在多少位置。

然而，這些不是象牙塔式的學院中沒有價值的空想。終有一天它們會有最實際的應用，能推動世界經濟的發展。終有一天整個國家的財富將依賴薛丁格貓的奧妙。在那個時候，也許我們的電腦將在平行宇宙中計算。幾乎我們所有電腦的基礎結構都建立在矽電晶體的基礎上。摩爾定律說，每十八個月電腦的能力增加一倍，因為我們能透過紫外輻射線在矽晶片上蝕刻越來越小的電晶體。儘管摩爾定律使技術前景發生了革命，但不能永遠繼續下去。最高級的奔騰處理器晶片一層有二十個原子。在十五至二十年內，科學家預測將可能達到每層五個原子。在這樣難以想像的小距離上，我們不得不放棄牛頓力學，不得不採用以海森堡測不準原理為主導的量子力學。結果我們不再精確地知道電子在什麼地方。這意味著當電子跑到絕緣體和半導體之外，而不是停留在它們之內時，短路將會發生。

在將來，在矽晶片上進行蝕刻將達到一個極限。矽的時代將很快結束。也許它將引來一個量子時代。矽谷的興旺將不再存在。有一天我們也許不得不靠原子進行計算，需要引進新的計算體系結構。今天的電腦是根據二進位系統，即每個數不是0就是1。然而原子的旋轉可以同時指向上、下或側面。電腦的位元數（0或1）可能被「量子位元」（0和1之間的任何數）代替，使量子計算比普通計算要強大得多。

例如，一台量子電腦有可能動搖國際安全的基礎。今天，大銀行、跨國公司和工業國將他們的秘密用電腦邏輯編成密碼。很多密碼是根據將一個巨大的數分解為因數。例如，普通電腦分解一個一〇〇位的數需要幾百年。但是對於量子電腦來說，這樣的計算就輕而易舉。它們能夠破解世界各個國家的密碼。

量子電腦的基本工作原理如下：將一系列原子對齊，它們的旋轉在磁場作用下指向一個方向。然後將一個雷射光束打到它們上面，這樣當雷射光束從原子反射出去時，很多原子的旋轉（方向）就翻倒了。通過測量反射的雷射就可以記錄光離開原子散射的複雜的數學運算。如果按照費曼的方法利用量子理論計算這個過程，必須將所有可能方向的旋轉原子的所有可能位置加在一起。甚至一個簡單的量子計算也需要幾分之一秒的時間，在普通電腦上進行這樣的計算，無論花費多少時間都幾乎是不可能的。

在原則上，正如牛津大學的大衛・多伊奇（David Deutch）強調的，這意味著當我們使用量子電腦時，我們不得不將所有可能的平行宇宙加在一起。儘管我們不能直接與這些平行宇宙接觸，量子電腦可以利用在平行宇宙中的旋轉狀態來計算它們。（雖然在我們的臥室裡我們不再與其他宇宙相干，但是量子電腦中的原子，由於結構決定，卻是和諧一致地振動的。）

儘管量子電腦的潛力確實是令人驚愕的，然而實際面臨的問題也是非常多的。目前在量子電腦中所用的原子數量的世界記錄是七個原子。現在在量子電腦上，最多只能做到3乘5等於15，幾乎不能給人什麼深刻的印象。即便是要想讓量子電腦與一台普通的筆記型電腦匹敵，也需要幾百個、也許幾百萬個原子相干振動。因為甚至與一個空氣分子碰撞都可能使原子去相干，因此必須有極其潔淨的條件將量子電腦的原子與環境隔離。（要建造一台計算速度超過現代電腦的量子電腦需要幾十億個原子，因此量子計算仍然是幾十年後的事情。）

量子遠距傳輸

物理學家對平行量子宇宙的討論看似毫無用途，但最終可能會有另一個實際的應用：量子遠距傳輸。在《星際爭霸戰》科幻小說中使用的「傳輸器」和另一個穿越空間運送人員和設備的科幻計畫，似乎是一個快速飛過遙遠距離的不可思議的方法。但是難住科學家的是遠距傳輸似乎違背了測不準原理。對一個原子進行測量就擾亂了原子的狀態，因此就不能進行精確的複製。

但是，一九九三年科學家在這個爭論中發現一個論點，透過一種叫做量子糾纏的方式。這是根據一九三五年愛因斯坦和他的學生和同事納森．羅森及伯里斯．波多爾斯基（Boris Podolsky）提出的一個古老實驗，目的是想指出量子理論是多麼不切合實際。在該實驗中，爆炸使兩個電子沿相反方向飛開，以接近光的速度傳播。因為電子能夠像陀螺一樣旋轉，假定兩個電子的旋轉是有相互關係的，即一個電子的旋轉軸向下，另一個電子旋轉軸向上（這樣總旋轉動量為零）。然而，在測量之前，我們不知道每個電子旋轉的方向。

等過了幾年之後，現在兩個電子相距幾光年。如果我們現在測量一個電子的旋轉，發現它的旋轉軸指向上，那麼我們就會立刻知道另一個電子的旋轉軸向下（反之亦然）。事實上，發現電子旋轉軸向上的事實就迫使另一個電子旋轉軸向下。這意味著我們一下子就知道了幾光年以外的電子的情況。（資訊似乎跑得比光速還要快，顯然違背了愛因斯坦的狹義相對論。）通過微妙的推理，愛因斯坦指出透過對這一對電子的成功測量就違反了測不準原理。更重要的，他指出量子力學比以前任何人想的要更離奇。

在這之前，物理學家相信宇宙是局部的，即宇宙一部分的干擾只能從干擾源擴散到局部的地方。愛因斯坦指出量子力學基本上是非局部的，即從一個干擾源發出的干擾可以立即影響到宇宙的遙遠部分。愛因斯坦把它叫做「鬼魅似的遠距作用」，他認為這是荒謬的。因此愛因斯坦認為量子理論一定是錯誤的。（量子力學的批評者可以解決愛因斯坦—波多爾斯基—羅森弔詭（EPR，Einstein-Podolsky-Rosen paradox）他們認為，如果儀器十分靈敏的話，就能夠真正確定電子的旋轉和位置的表觀不確定性是虛構的，是由於測量儀器太粗糙造成的。他們引進一個叫做「隱藏變數」的概念，即一定有個隱藏的亞量子理論，根據這個新的隱藏變數，不確定性就完全不存在了。）

一九六四年，物理學家約翰．貝爾（John Bell）將EPR和隱藏變數放入酸性實驗，引起了一場劇烈的爭論。他指出，如果我們進行EPR實驗，在兩個電子旋轉之間就應該有大量的相互關係，取決於利用什麼理論。如果懷疑論者所相信的隱藏變數是正確的，兩個電子的旋轉以一種方式相干。如果量子力學是正確的，這些旋轉以另一種方式相干。換句話說，量子力學（所有現代原子物理的基礎）的成立和失敗將取決於這個實驗。

但是實驗最後證明愛因斯坦是錯的。在二十世紀八〇年代早期，法國的艾倫．阿斯佩克特（Alan Aspect）和他的同事用兩個距離十三公尺的檢測器進行EPR實驗，測量從鈣原子發出的光子旋轉。在一九九七年，用兩個距離一公里的檢測器進行EPR實驗。每一次都是量子理論贏。某種形式的知識確實傳播得比光速快。（儘管愛因斯坦在EPR實驗上是錯的，但他在超光速通訊的重要問題上是對的。EPR實驗儘管讓你立即知道星系另一側的事情，但它不允許你以這種方式發送消息。例如，你不能發送摩斯密碼。事實上，「EPR傳送器」只能發送隨機信號，因為每次你測量旋轉時，它們是隨機的。EPR實驗使你能獲取星系另一側的資訊，但不允許你傳送有用的資訊，即不是隨機的資訊。）

貝爾喜歡利用一個名叫貝塔斯曼的數學家來描述這個效應。這位數學家有個奇怪的習慣：每天按隨機順序一隻腳穿綠襪子，另一隻穿藍襪子。如果你有一天看到他左腳穿藍襪子，你就立刻知道另一隻腳穿的是綠襪子，比光速還快。但是知道並不等於允許你以這種方式傳遞資訊。顯示資訊不等同於發送資訊。EPR實驗不意味著我們能夠通過比光速還快的心靈感應或時間旅行來傳遞資訊。但它確實意味著不能將我們與宇宙整體完全分開。

然而，它迫使我們對我們的宇宙持有不同的看法。在我們身體裡的每一個原子和幾光年距離以外的原子有一種宇宙「糾纏」。因為所有的物質來源於一次大霹靂，在某種意義上我們身體的原子與宇宙另一側的某些原子，最初在某種類型的宇宙量子網路中是連接在一起的。糾纏在一起的粒子有些像通過臍帶（它們的波函數）連接的雙胞胎，臍帶或它們的波函數可以跨越幾個光年。一個成員發生的事情自動影響到另一個成員，因此涉及一個粒子的知識可以立刻在另一個粒子中顯示。糾纏在一起的一對物體的行為就好像是單個物體一樣，儘管它們分開的距離可能很大。（更精確地說，因為大霹靂中粒子的波函數是曾經連在一起和相干的，大霹靂後幾十億年它們的波函數也許仍然部分地連在一起，結果一部分波函數中的干擾會影響遠距離的另一部分波函數。）

一九九三年，科學家提出將EPR糾纏概念作為量子遠距傳輸的機制。在一九九七和一九九八年，美國加州理工學院、丹麥奧胡斯大學、英國威爾斯大學的科學家做了首次量子遠距傳輸的演示，演示一個光子跨過一個桌面進行遠距傳輸。這個小組的一個成員，威爾斯大學的塞繆爾·布勞施泰恩（Samuel Braunstein）將糾纏的一對光子比做情人，「他們心照不宣，即使離得很遠也能心有靈犀一點通。」【28】

（量子遠距傳輸實驗需要三個物體，叫做A、B和C。令B和C為糾纏在一起的雙胞胎。儘管B和C可以離得很遠，它們仍然彼此糾纏。現在讓B走過來接觸A，A是要遠距傳輸的物體。B「掃描」A，即A中包含的資訊傳給B。這個資訊然後自動傳給雙胞胎C。這樣，C成了A的精確複製品。）

量子遠距傳輸移動得很快。二〇〇三年，瑞士日內瓦大學的科學家做到了通過光纖電纜使光子遠距傳輸的距離達到一．二英里（一．九三公里）。在一個實驗室中波長為一．三公釐的光的光子與通過長電纜連接的另一個實驗室中不同波長（波長一．五五公釐）的光的光子進行遠距傳輸。這個實驗的一位物理學家尼古拉斯．吉辛（Nicolas Gisin）說：「也許在我有生之年能夠看到像分子這樣的較大的物體能夠進行遠距傳輸，但是真正的大型物體不能用可預測的技術進行遠距傳輸。」【29】

另一個巨大的突破是在二〇〇四年完成的，那時美國國家標準局與技術研究院（NIST）的科學家不只是遠距傳輸一個光量子，而是傳輸整個原子。他們成功地糾纏了三個鈹原子，並能夠將一個原子的特性傳輸給另一個原子，這是一個重大的成就。

量子遠距傳輸的潛在實際應用是巨大的。然而，應該指出的是量子遠距傳輸還存在幾個問題。首先，在遠距傳輸過程中原來的物體被破壞了，因此你不能做被傳輸物體的複製品。只有一個複製是可能的。第二，物體傳輸的速度不可能比光速還快。即便是遠距傳輸，相對論仍然成立。（物體A到物體C的遠距傳

【28】National Geographic News, www.nationalgeographic.com, Jan. 29, 2003.

【29】原文缺出處

輸需要通過中間物體B連接兩者，結果傳輸比光速慢。）第三，也許量子傳輸最重要的限制與量子計算面臨的問題相同：涉及的物體必須是相干的。環境的輕微干擾將破壞量子傳輸。但是可以相信在二十一世紀內有可能開始傳輸第一個病毒。

人類遠距傳輸可能引起其他問題。布勞施泰恩評論說：「現在關鍵的問題是涉及的訊息量太大。即便是我們目前能夠想像的最好通訊管道，要傳輸所有的資訊仍需要宇宙年齡那麼長的時間。」【30】

宇宙的波函數

當我們不只是將量子力學用於單個光子，也用於整個宇宙時，也許量子理論的最終實現將會到來。史蒂芬・霍金被薛丁格的貓這個問題困擾了很久，他說：「我一聽到貓，就想伸手掏槍。」他提出了他自己對這個問題的解決方案：找到一個整個宇宙的波函數。如果整個宇宙是波函數的一部分，那麼就沒有必要一定要有一個觀察者（他必須存在於宇宙之外）。

在量子理論中，每個粒子都與一個波相連。這個波又反過來告訴我們在任何一點找到粒子的機率。然而，宇宙在它很年輕的時候比一個次原子的粒子還小。因此，也許宇宙本身有一個波函數。因為電子可以同時處於很多狀態，又因為宇宙曾經比一個電子還小，所以也許宇宙也同時存在很多由超級波函數描述的狀態。

這是多世界理論的一個變種。它不需要調用能夠一瞬間觀察整個宇宙的觀察者。但是霍金的波函數與薛丁格的波函數完全不同。在薛丁格的波函數中，空間—時間中的每一點都有一個波函數。在霍金波函數中，每一個宇宙有一個波函數。薛丁格的波函數描述電子的所有可能的狀態，霍金引進的波函數代表宇宙的所有可能的狀態。在普通的量子力學中，電子存在於普通的空間中。然而，在宇宙的波函數中，波函數存在於「超空間」中，即存在於惠勒引進的所有可能的宇宙空間中。

這個主要的波函數（所有波函數之母）不服從薛丁格方程式（它只對單個電子成立），而是服從惠勒—德威特方程式（它對所有可能的宇宙成立）。在二十世紀九〇年代早期，霍金寫道：他能夠部分解他的宇宙波函數，並指出最可能存在的宇宙是宇宙學常數為零的宇宙。這篇文章引起相當多的爭論，因為它依賴於所有可能宇宙的總和。霍金計算所有宇宙的總和時，包括了連接我們宇宙和所有可能宇宙的蟲洞。（想像漂浮在空氣中無限大的肥皂泡的海洋，這些肥皂泡全都用細絲或蟲洞連接，然後將所有肥皂泡加在一起。）

最後，人們對霍金雄心勃勃的方法產生了懷疑。有人指出，將所有可能的宇宙求和，在數學上是不可靠的，至少在得出指導我們的「萬有理論」之前是這樣。批評家爭論說：在萬有理論產生之前，人們不能真正相信有關時間機器、蟲洞、瞬間大霹靂和宇宙波函數的任何計算。

然而，今天有很多物理學家相信：我們已經最終發現了萬有理論，儘管還不是最終的形式。這個萬有理論就是弦理論或M理論。這個理論能讓我們像愛因斯坦相信的那樣「解讀上帝的心思」嗎？

【30】原文缺出處

第七章

M理論：所有弦理論之母

在一個能以統一觀點掌握宇宙的人看來，整個造物過程就是一個具有唯一真理和必然發生的過程。

——J · 達朗貝爾（J. D'Alembert）

我覺得我們已經那麼接近弦理論，以致於，在我最樂觀的時候，我不由得會幻想隨便哪一天，這個理論的最終形式都會從天上掉下來，落在某個人的膝頭。但是以更現實的態度來看，我覺得，我們現在正處於建立一種理論的過程之中，它比我們以前所做過的任何探索都要深刻得多，而且進入二十一世紀以後很久，在我老得沒法對這個課題做任何有用的思考時，年輕一代的物理學家將不得不確認，我們是不是實際上已經發現了這個最終理論。

——愛德華 · 威騰（Edward Witten）

H·G·威爾斯一八九七年的經典小說《隱形人》以一段離奇的故事開始。在一個寒冷的冬日，外面天色昏暗，一個著裝怪異的陌生人走了進來。他的臉完全遮蓋著；他戴著一副深藍色的墨鏡，整個臉部都用白色的繃帶綁著。

起先，村民們覺得他可憐，以為那是一次可怕的事故造成的。但是奇怪的事情在村裡接二連三地發生。一天，他的房東太太走進他的空房間，看見衣服在自己走來走去，嚇得大叫起來。她驚恐地向人訴說道，一頂頂帽子在房間裡橫飛，床單跳到空中，椅子在移動，就連「傢俱也發了瘋」。

很快，整個村子裡有關這類異常現象的流言四起。最後，一群村民聚攏起來，追問這個神秘的陌生人。出乎他們的意外，這個人開始緩慢地解開他的繃帶。這群人大驚失色。除去繃帶之後，這個陌生人的臉完全看不見了。事實上，他是個隱形人。人們又叫又喊，亂成一團，村民們試圖追打這個隱形人，但他輕而易舉地就把他們打退。

犯了一系列小過失之後，隱形人認出了一位老相識，並把自己不同尋常的故事告訴了他。他的真名叫格里芬先生，來自大學學院。雖然他一開始是學醫的，卻偶然發現了一種革命性的方法，可以用來改變肌體的折射和反射特性。他的秘密就是那第四維度。他激動地大聲告訴坎普博士：「我發現了一條通用原理……一個公式，一種涉及到四個維度的幾何表現形式。」[1]

可悲的是，他並不是想用這個偉大的發現來造福人類，而是想要搶劫和私下受益。他提出要把他這位朋友拉進來做同謀。他聲稱，他們兩人一起可以搶遍全世界。但這位朋友被嚇壞了，並把格里芬先生的形跡報告了員警。由此發生了最後那場搜捕，在此過程中隱形人受了致命傷。

像所有最好的科幻小說一樣，威爾斯的許多故事中都有一定的科學根據。任何一個人，如果他能有辦法進入第四個空間維度（或者人們今天所說的第五維度，因為把時間看做是第四維度），他確實就能夠隱形，甚至能夠具備那些通常被認為只有鬼神才具備的能力。這會兒，先讓我們來想像一種能夠生活在像桌面那樣的兩維世界中的神秘生物，就像愛德溫．艾勃特（Edwin Abbot）一八八四年所寫的小說《平面國》中所描述的那種。他們在其中生活，不知道在他們的身邊有一個完整的宇宙，也就是有一個第三維度。

但是，如果一位「平面國」的科學家進行了一項試驗，使得自己離開桌面哪怕幾英寸，他就變成隱形的了，因為光線會從他的下面經過，就好像他不存在一樣。稍稍浮起在「平面國」之上，他就能夠看到事物在桌面上展開。懸浮在超空間，毫無疑問有其優越性，因為任何人，只要能夠從超空間俯視下來，就能夠具備神仙的能力。

不僅僅是光線可以從他的下面穿過，使他隱形，他還可以從其他物體上面穿過。換句話說，他可以隨意消失，並且穿牆過壁。只需跳入第三維度，他就從「平面國」的宇宙中消失了。而如果他跳回桌面上，他立刻就能無中生有地再次顯形。這樣，他就可以從任何監獄中逃脫。在「平面國」中的監獄會是在囚犯四周畫的一個圓圈，所以，只需簡單地跳進第三維度就跳到監獄外面來了。

對於超空間的存有而言，沒有秘密可守。深鎖在金庫中的金子，從第三維度的有利視點可以一目瞭然，因為那個金庫只不過是一個敞開的四方形。探進這個四方形中把金子提走而絲毫不打破金庫就會容易得如同兒戲。做外科手術的時候，也不必割開皮膚。

【1】Nahin, p.147

同理，H．G．威爾斯所要傳達的想法是，對於一個四維世界來說，我們就像「平面國」中的人一樣，根本不知道更高層面上的存有說不定就懸浮在我們的頭頂。我們以為，我們所在的世界就是由一切我們看到的東西構成的，殊不知，就在我們的鼻子尖之上可能存在著多少個完整的宇宙體系。雖然另一個宇宙可能就懸浮在我們頭頂，近在咫尺，懸浮在第四維度中，但卻是我們看不到的。

因為超空間的存有會擁有超出人類之上、通常被說成是鬼神才具備的能力。在另一篇科幻小說中，H．G．威爾斯思索的一個問題，就是超自然的存有是不是可能生活在更高的維度上。他所提出的一個關鍵性的問題，如今已成為人們大量研究和探索的課題：在這些高維度上，會不會有新的物理法則呢？在他一八九五年寫的一部叫做《奇異的探訪》的小說中，一位牧師的槍走了火，偶然擊中了一位碰巧路過我們這一維度的天使。由於宇宙中的某個原因，我們的維度臨時性地與一個平行宇宙相遇，使這位天使掉進我們這個世界。在這個故事中，威爾斯寫道：「說不定有不計其數的三維宇宙一個挨一個地擠在一起。」[2] 牧師向受傷的天使提問題。當他發現，我們的自然法則在那位天使的世界裡不再適用時，他大為震驚。比如，在這位天使的宇宙中，沒有平面，而是柱體，所以空間本身是捲曲的。（早在愛因斯坦的廣義相對論之前整整二十年，威爾斯就已經有了認為宇宙存在於彎曲面上的想法了。）正像那位牧師所說的那樣：「他們的幾何學與我們的不同，因為他們的空間是彎曲的，所以在他們那裡所有的平面都是柱體；而且他們的重力定律不遵循平方反比定律，他們不是只有三原色，而是有二十四原色。」威爾斯寫下他的故事以後，在一個世紀之後的今天，物理學家們意識到，新的物理法則可能真的存在於平行宇宙中，它們的次原子粒子、原子以及化學相互作用都另有一套。（在第九章中我們將看到，現在正在進行若干項試驗，探尋可能近在咫尺地懸浮在我們頭頂的平行宇宙。）

超空間的概念激起了藝術家、音樂家、神祕主義者、神學家以及哲學家的好奇心，尤其是在接近二十世紀開始的時候。根據藝術史家林達．達林普爾．韓德森（Linda Dalrymple Henderson）的說法，畢卡索創造立體派是受到他對四維空間的興趣的影響。（與此相似，俯視著我們的超空間的存有也會看到我們的全貌：也就是說，可以同時看到我們的前後左右。）在達利的名畫《超立體基督》中，他把耶穌基督畫成釘在一個解析開的四維立方體上，或稱為「立方體的四維模擬」。在達利的油畫《永恆的記憶》中，他透過熔化的鐘錶，試圖傳達把時間視做第四維度的想法。在杜象的油畫《走下樓梯的裸體》（作品2號）中，畫的是一個裸體走下樓梯的延時過程，這是一種想要在二維畫布上捕捉時間這一第四維度的又一次嘗試。

M理論

今天，圍繞著「第四維度」的神秘思想和傳說重被提起，但卻是由於一個截然不同的原因，即弦理論的發展，以及它的最新版本：M理論。在歷史上，物理學家一直不屈不撓地抵制超空間的概念；他們嘲諷那些關於更高維度的想法，認為那是屬於神秘主義者和江湖騙子的領域。認真提出可能存在不可見世界的科學家一直被人嘲弄。

【2】Wells2, p.20

由於M理論的出現，這一切都改變了。高維度問題現在處於物理學領域深刻革命的中心，這是因為物理學家不得不正視物理學今天所面臨的最大問題：也就是廣義相對論和量子理論之間的鴻溝。格外引人注目的是，這兩個理論在最根本的層面上構成了我們對宇宙所有物理學知識的總和。目前，只有M理論有能力把這兩個偉大的、貌似矛盾的宇宙論統一為一個連貫的整體，用以創立一個「萬有理論」。在二十世紀提出的所有理論中，唯一有可能像愛因斯坦所說的那樣「解讀上帝的心思」的理論，就是M理論。

只有在有10個或11個維度的超空間中，我們才能具備「足夠的容積」，把所有的自然力統一到單獨一個精巧的理論中。這樣一個神奇的理論將能夠回答這樣一些永恆的問題：在時間開始之前發生了什麼？時間可以倒轉嗎？維度通道能夠帶我們穿越宇宙嗎？（雖然持批評態度的人說得不錯，要對這個理論進行測試，超出了我們目前的試驗能力，但現在正計畫進行幾個試驗，如果成功，可能會改變這個局面。我們將在第九章談這個問題。）

過去五十年中，為創立一個真正統一的理論來描述宇宙，所做的一切嘗試最終都很不體面地失敗了。從概念上來講，這很容易理解。廣義相對論與量子理論在幾乎所有方面都恰恰相反。廣義相對論是最宏觀事物的理論：如黑洞、大霹靂、類星體，以及正在擴張的宇宙。它的基礎是平滑表面的數學，就像床單和彈跳床的網子那樣。量子理論正相反：它描述的是最微觀的世界，如原子、質子和中子，以及夸克。它是基礎，是一種稱做量子的離散包理論。與相對論不同，量子理論聲稱，我們所能計算的，只有事件的機率，因此我們永遠不可能確切地知道一個電子究竟在什麼位置上。這兩個理論的基礎，在數學、假說、物理原理和涉及的領域方面都不一樣。難怪所有想把它們統一起來的嘗試都舉步維艱。

物理學巨匠，例如追隨過愛因斯坦的埃爾溫·薛丁格、沃納·海森堡、沃爾夫岡·包立（Wolfgang

Pauli）及亞瑟·愛丁頓，都曾在統一場理論方面一試身手，但到頭來都失敗得很慘。一九二八年，愛因斯坦以他早期版本的統一場理論，偶然引發了一場媒體炒作。《紐約時報》甚至發表了這篇論文的一些章節，包括他所列的一些方程式。一百多名記者蜂擁擠在他家門外。遠在英格蘭的愛丁頓寫信給愛因斯坦，評論說：「在倫敦我們一家最大的百貨商場（塞爾弗里奇百貨），你的論文被貼在櫥窗中（六頁並列粘貼），好讓過路行人從頭到尾讀上一遍，我想你聽了一定會發笑。大批的人群聚在一起讀這篇論文。」【3】

一九四六年，埃爾溫·薛丁格也犯了個錯，以為他發現了傳說中的統一場理論。倉促之間，他做了一件在他那個時代不大尋常的事（但如今卻也算不上不尋常了）：他召開了一次記者招待會。連愛爾蘭首相埃蒙·德·瓦萊拉都到場聽薛丁格演講。當有人問道，他怎麼能確定他已捕捉到最終的統一場理論時，他回答說：「我相信我是對的。假如我錯了的話，我豈不成了個十足的傻瓜。」【4】《紐約時報》最終發表了有關這次記者會的報導，並把手稿郵寄給愛因斯坦和其他人，請他們評論。愛因斯坦遺憾地發現，薛丁格只是再發現了他幾年前提出、後來又拋棄掉的舊理論。愛因斯坦很委婉地作了答覆，但薛丁格還是丟了面子。

一九五八年，物理學家傑雷米·伯恩斯坦（Jeremy Bernstein）在哥倫比亞大學聽了一場演講，由包立講解他那一版本的統一場理論，這是他與海森堡一起發展出來的。波耳當時在聽眾席中，對這個報告不以

【3】Pais2, p.179

【4】Moore, p.432

為然。最後，波耳站起來說：「我們在後排的人一致確認，你的理論是個瘋狂的理論。但對於你的理論是否算得上足夠瘋狂，我們之間還有分歧。」【5】

包立立刻就明白了波耳的意思：海森堡—包立理論太一般、太普通了，不可能成為統一場理論。要「解讀上帝的心思」意味著要引進從根本上不同的數學方法和思想。

許多物理學家都確信，在世間萬物背後存在著一種簡單精巧而無法否認的理論，但它同時又是「瘋狂」且「荒謬」至極，而且正因為如此才是真真確確的。普林斯頓的惠勒指出，在十九世紀，要想對地球上發現的多種多樣的生命形式做出解釋似乎是沒有希望的。但後來達爾文提出了物競天擇理論，就是這樣一個單獨的理論，提供了用以解釋地球上一切生命的起源及多樣化原理的構架。

諾貝爾獎得主斯蒂文·溫伯格採用了另一種推理方法。在哥倫布之後，在詳細記載了早期歐洲探險者勇敢足跡的地圖上，強烈地顯示了一定存在一個「北極」，但就是沒有直接證據證明它的存在。因為描繪地球的每一張地圖都顯示出了一個巨大的空白，北極應該就位於那塊地方。早期探險家們以此斷定應該存在一個北極，儘管他們之中誰也沒有到訪過那裡。與此相像的是，今天的物理學家像早期的探險家一樣，發現了大量的間接證據，指向存在著一個萬有理論，儘管目前對於這個理論究竟是什麼樣子，還沒有一個普遍一致的意見。

弦理論的歷史

有一個理論顯然「瘋狂」到了「足以」成為統一場理論的程度，這就是弦理論，或M理論。在物理學的編年史中，弦理論的歷史可能是最為怪誕的了。它的發現相當偶然，又被應用於不該用它解決的問題上，於是被棄置一邊默默無聞。但它突然間又冒了出來，作為一種萬有理論。而且到頭來，由於只要對它做一些小的調整就會破壞這個理論，所以它不是成為一個「萬有理論」，就是成為一個「萬無理論」。

它之所以有這樣一段奇怪的歷史，是因為弦理論是倒著演進的。正常情況下，在像相對論那樣的理論中，人們首先從基本的物理原則著手，然後再把這些原則磨成一套基本的經典方程式，最後，人們計算對應於這些方程式的量子漲落。弦理論是倒著展開的，是從它的量子理論被偶然發現開始的；對於什麼樣的物理原理才能指導這個理論，物理學家們至今迷惑不解。

弦理論的起源要追溯到一九六八年，當時在日內瓦的歐洲核子研究組織（CERN）【6】，核子實驗室的兩名青年物理學家，加布里爾・維內齊亞諾（Gabrielle Veneziano）和鈴木真彥正自己翻閱一本數學書，偶然發現了歐拉的貝塔函數。這是由李昂哈德・歐拉（Leonard Euler）在十八世紀發現的一個晦澀的數學運算式，它給人一種奇怪的感覺，似乎在描述次原子世界。他倆驚訝地發現，這個抽象的數學公式似乎是在描述兩個π介子在巨大的能量下碰撞的情形。這個「維內齊亞諾模型」很快在物理學界引起了不小的轟動，足足出現了幾百篇論文試圖對它進行歸納概括，用以描述各種核力。

【5】Kaku2, p.137

【6】譯註：歐洲核子研究組織（European Organization for Nuclear Research，縮寫CERN），歐洲的核子物理研究組織，世界上最大型的粒子物理學實驗室，成立於一九五四年。

換句話說，這個理論純粹是偶然發現的。高等學術研究所的愛德華．威騰（許多人都相信，是他創造性地推進了這個理論所取得的許多令人驚歎的突破），他說過：「照理說，二十世紀的物理學家本不應有研究這一理論的殊榮。照理說，弦理論現在還不能夠被發明出來……」【7】

弦理論所造成的轟動我至今還歷歷在目。當時，我還是柏克萊加州大學的一個物理學研究生。我記得看見物理學家們連連搖頭，聲稱物理學本不應是這個樣子。過去，物理學的基礎通常是要對自然現象進行極為煩瑣細緻的觀察，形成一些局部性的假說，比照著資料小心翼翼對所得出的想法進行測試，然後不厭其煩地、一遍又一遍地重複這個過程。而弦理論則是個「靈機一動」的方法，靠的僅僅是對答案進行猜測。如此簡便快捷，到了令人心驚肉跳的地步，怎麼可能會是這樣呢?!

由於即使動用我們最強大的儀器也看不見次原子粒子，物理學家們就採用了一種雖然粗暴卻很有效的方法來對它們進行分析，用巨大的能量來把它們打碎。耗費了幾十億美元來建立巨大的「原子擊破器」或稱粒子加速器，每個都有好幾英里長，能夠產生互相迎頭撞擊的次原子粒子束。然後物理學家對碰撞後的碎塊進行周詳的分析。這個不勝其煩的痛苦過程的目的，是要建立一系列的資料，稱為「散射矩陣」，或「S矩陣」。這個資料獲取過程有關鍵作用，因為它可以把所有的次原子物理資訊編集起來，也就是說，一旦瞭解了S矩陣，就可以推論出基本粒子的所有特性。

基本粒子物理學的目標之一，就是要為強相互作用預測出S矩陣的數學結構。這個目標極其艱鉅，一些物理學家甚至認為它已超出了任何已知的物理學範圍。而維內齊亞諾和鈴木真彥只是翻看了一本數學書就猜到了S矩陣，由此造成的轟動可想而知。

這個模型與我們迄今為止所見到過的任何東西都完全不同。一般情況下，當有人提出一個新理論的時候（例如夸克），物理學家就試圖對這個理論進行一些修修補補，改變一些簡單的參數（例如粒子的質量或耦合強度）。但是維內齊亞諾模型編制得如此精緻，哪怕稍稍改動一下它的基本對稱關係，就會使整個公式作廢。就像一件製作精美的水晶工藝品，任何改變它形狀的努力都會使它破碎。

那數百篇論文雖然都只是對它的參數做了一些微不足道的修改，卻已經摧毀了它本來的美，而且至今一個也沒能經受住考驗。為數不多的幾篇現在還能讓人想得起來的論文，都是那些想要理解這個理論為什麼居然有效，也就是那些試圖揭示其對稱關係的論文。物理學家們最終瞭解到，原來這個理論根本沒有任何可調整的參數。

雖然維內齊亞諾模型是個非凡卓越的模型，但它也還有若干問題。首先，物理學家們發現，它只不過是最終的S矩陣的一個初步近似模型，而非全貌。當時在威斯康辛大學的崎田文二、米格爾・維拉索羅（Miguel Virasoro）和吉川圭二意識到，S矩陣可以被看做是一個無窮級數項（infinite series of terms），而維內齊亞諾模型只是這個級數中第一個也是最重要的一個項。（粗略而言，這個級數中的每個項所代表的是粒子可以有多少種彼此碰撞的方式。他們設定了一些規則，用它們可以近似地建立起更高的項。我在寫自己的博士論文時，決心把這個項目嚴謹地完成，對維內齊亞諾模型做一切可能的修正。我和我的同事L・P・于一起，對該模型修正項的無窮集進行了計算。）

最後，芝加哥大學的南部陽一郎和日本大學的後藤哲夫發現了這個模型得以成立的關鍵特性：一個振

【7】Davies2, p.102

動著的弦。（李奧納特・蘇士侃〔Leonard Susskind〕和霍爾格・尼爾森〔Holger Nielsen〕也沿著這些線索進行了研究。）當一根弦與另一根弦發生碰撞時，它就會產生出一個維內齊亞諾模型所描述的S矩陣。在這個場景中，每個粒子都只是一個振動，或是弦上的一個音符，別的什麼都不是。（後面我會詳細闡述這個概念。）

進展非常快。一九七一年約翰・施瓦茨（John Schwarz）、安德列・內維烏（Andre Neveu）和皮埃爾・拉蒙（Pierre Ramond）對弦模型進行了歸納整理，使它有了一個新的叫做「自旋」的量值，這樣它就成為粒子相互作用的實實在在的候選方案了。（就像我們將要看到的那樣，所有次原子粒子看起來都像微型陀螺一樣地自旋著。每個次原子粒子的自旋量，以量子單位來計算的話，如果不是像0、1、2那樣的整數的話，就是像1/2，3/2那樣的半整數。引人注目的是，內維烏－施瓦茨－拉蒙弦，提出的正是這種自旋模式。）

不過我對此仍然不滿足。這個「雙共振模型」，這是那時人們稱呼它的名字，是一些零散的公式和一般經驗規則的鬆散集合。在那之前的一百五十年間，全部物理學都是以各種「場」為基礎的，這個概念最初是由英國物理學家麥可・法拉第（Michael Faraday）提出的。試想由條形磁鐵造成的磁場線。力線就像蜘蛛網一樣遍佈全部空間。在空間中的每一個點上，你都可以對磁力線的強度和方向進行測量。與此類似，「場」是一個數學客體，在空間中的每一個點上都有不同的值。如此，場的概念是用來測量宇宙中任何一個點上的磁力、電能或核力的強度的。由於這個原因，對電、磁、核力和重力的基本描述都是建立在場的概念上。對於弦來說，有什麼理由不一樣呢？當時需要的是一種「弦的場論」，有了它，就可以把這個理論的全部內容歸納到單獨一個等式中去了。

一九七四年，我決定解決這個問題。我和我的同事，大阪大學的吉川圭二一起成功地演繹出了弦的場論。我們用一個不到一英寸半（三·八公分）長的方程式【8】，就可以把弦理論中包含的所有資訊都歸納進去。弦的場論用公式表達出來之後，我必須使物理學界的大部分人信服它的力量和美感。那年夏天，我在科羅拉多州的阿斯潘中心參加了一個理論物理會議，並給一小群經過挑選的物理學家作了一次講座。我當時相當緊張：在場的有兩位諾貝爾獎得主，他們是默里·蓋爾曼和理察·費曼，他們擅長提出尖刻的問題，在這方面是出了名的，經常弄得演講者下不了台。（有一次，史蒂文·溫伯格在做一場演講，他在黑板上畫了一個角，標上字母W，這叫溫伯格角，是以他的名字命名的。費曼這時就問，黑板上的這個「W」代表的是什麼。溫伯格剛要回答，費曼就大聲喊道：「錯！」【9】會場上一片笑聲。費曼也可能博得了聽眾一笑，但笑到最後的還是溫伯格。這個角代表的是溫伯格理論中的一個關鍵部分，這個理論把電磁相互作用和弱相互作用統一了起來，就是因為這個理論，使溫伯格後來贏得了諾貝爾獎。）

我在演講中強調，弦的場論可以為弦理論提供最簡單、最有綜合性的途徑，在這之前，弦理論基本上

【8】原則上，所有的弦理論都可以用我們的弦場論來做歸納。但是，這個理論還不是它的最終形式，因為眾所周知的勞侖茲不變性被打破了。後來，威騰成功地寫出了一種優雅版本的開放玻色弦場論（open bosonic string field theory），它是協變的。再後來，麻省理工學院小組、京都小組以及我自己，都成功地構建成了協變封閉式玻色弦理論（covariant closed bosonic string theory，然而這個理論不是多項式的形式，因此不便使用）。今天，由於有了M理論，人們的興趣已經轉向了膜，但是人們還不知道是不是有可能構建出一種真正的膜的場論。

【9】譯註：英文中「錯」的第一個字母就是「W」。

是五花八門的一堆互相脫節的公式。有了弦的場論，整套理論就可以歸納進單一的、大約一英寸半長的等式中去，也就是說，維內齊亞諾模型的所有特性、無窮擾動近似中所有的項，以及自旋弦的一切特性，都可以從一個簡短得可以裝到一個幸運籤餅中的等式推導出來。我強調了弦理論的對稱之美，是這種對稱之美賦予了它美感和力量。當弦在時空中移動的時候，它們會拖出一條條像帶子一樣的二維表面。不論我們用什麼樣的座標系來描繪這種二維表面，這個理論都保持不變。我永遠也忘不了，當時我講完以後，費曼走到我面前說：「我也許不能完全同意弦理論，但你所做的演講，是我所聽過最出色的演講之一。」

10個維度

但是弦理論剛剛起步不久，就很快地解體了。羅格斯大學的克勞德・拉夫雷斯（Claude Lovelace）發現，原有的維內齊亞諾模型中有一個細微的數學瑕疵，除非空間－時間有26個維度，否則無法消除。與此相似，內維烏、施瓦茨和拉蒙的超弦模型也只有在具備了10個維度的情況下才可能存在[10]。這一發現使物理學家們震驚。在整個科學史中，以前從未聽說過有這樣的事。在其他任何領域裡，我們都不會發現有哪個理論需要挑選適合於它自己的維度。例如，牛頓和愛因斯坦的理論在任何維度中都可以成立。例如，著名的重力平方反比定律在四維空間中可以歸納為一個立方反比律。然而弦理論卻只能存在於特定的維度中。

從實際應用的角度來看，這是個災難性的打擊。所有人都相信，我們這個世界存在於三個空間維度

（長、寬、高）和一個時間維度之中。如果接受一個有10個維度的宇宙的話，那就意味著這個理論簡直是科幻小說了。弦理論家們由此成了人們的笑柄。（約翰・施瓦茨記得一次理察・費曼在電梯裡開玩笑地對他說：「對了，約翰，今天你在多少個維度中生活？」【11】但是，無論弦物理學家們如何努力去拯救這個模型，它還是很快地消亡了。只有一些死硬派還在繼續研究這個理論。那是一段孤軍奮戰的時期。

在那些慘澹年月中，有兩個堅持研究這項理論的死硬派，一個就是加州理工學院的約翰・施瓦茨，還有一個是巴黎高等師範學校的喬埃爾・謝爾克（Joël Scherk）。到那時為止，人們認為弦模型只是用來描述強核相互作用的。但這裡面有個問題：該模型預言了一種粒子，而它在強相互作用中沒有出現，這是個古

【10】與此相似，內維烏、施瓦茨和拉蒙的超弦模型也只有在具備了10個維度的情況下才可能存在。10和11這兩個數字在弦理論和膜理論中之所以受到偏愛，實際上有好幾個理由。首先，如果我們以越來越高的維度來研究勞侖茲群的表現，我們發現費米子的數量，整體來說是隨著維度的增長而呈幾何級數增長，而玻色子的數量則隨維度的增長而呈線性增長。這樣一來，只有在低維度下我們才能得到費米子和玻色子數量相同的超對稱理論。如果我們對群論做仔細的分析，我們會發現，如果我們有10個或11個維度的話（假定我們最多能有一個自旋為2的粒子，而不是3或更高），那麼我們就可以得到完美平衡。所以，我們僅從群論的角度就可以證明10和11是最合適的維度。

還有其他一些辦法來說明10和11是「魔法數字」。如果我們研究較高等級的環路圖（higher loop diagrams），我們會發現總體來說，單一性保持不住了，對於這個理論來說就是個災難。它意味著粒子可以忽然出現，忽然又消失，如同變魔術。但我們發現，在這些維度中，微擾理論（perturbation theory）又恢復了單一性。

我們還可以證明，在10個以及11個維度時，可以消除「鬼」粒子。鬼粒子是不遵循真正粒子的一般條件的粒子。

總而言之，有了這些「魔法數字」，我們就可以保持：(a)超對稱性，(b)微擾理論的可窮盡性，(c)微擾序列的單一性，(d)勞侖茲不變性，(e)消除異常。

【11】出自私下交流。

怪的粒子，它的質量是零，卻擁有兩個量子單位的自旋。所有試圖擺脫這個惱人粒子的努力都歸於失敗。每次要想消除這個自旋2粒子的時候，模型就塌縮了，失去了它的神奇特性。不知怎的，這個不討喜的自旋2粒子好像藏著整個模型的秘密。

於是謝爾克和施瓦茨大膽地猜測，這個瑕疵也許實際上能帶來好運。如果他們把這個糾纏不清的自旋2粒子解釋為重力子（從愛因斯坦理論中產生出來的重力粒子），那麼這個理論實際上就納入到愛因斯坦的重力理論中去了！（換句話說，愛因斯坦的廣義相對理論只是作為超弦的最低層振動或音符而出現的。）具有諷刺意味的是，在其他量子理論中，物理學家們都極力避而不談重力，而弦理論卻恰恰要用到重力。（實際上，這正是弦理論吸引人的特性之一，即它必須包含重力，否則這個理論就講不通。）由於有了這樣大膽的一躍，科學家們意識到，原來弦模型是被錯誤地用錯了地方。它本來就不僅僅是個強核相互作用的理論，相反，它是一個萬有理論。正如威騰強調過的那樣：「弦理論極其吸引人，因為它把重力硬塞給了我們。所有已知的、能夠說得通的弦理論中都包含重力。當我們所知道的量子場理論根本容不下重力的時候，在弦理論中它卻是必不可缺的。」

然而，謝爾克和施瓦茨最有影響的想法卻被所有人都忽視了。如果要用弦理論來既描述重力又描述次原子世界的話，那就意味著那些弦只能有10^{-33}公分長（即普朗克長度）；換句話說，它們比質子還要小十億倍的十億倍。對於大多數物理學家來說，這是難以接受的。

但是在二十世紀八〇年代中期之前，其他嘗試建立統一場理論的努力都已亂了陣腳。那些天真地想要把重力添加到標準模型上的理論都陷入了無窮大的泥淖（我很快就會講到）。每次只要有人想人為地把重力與其他量子力結合起來的時候，就會出現數學矛盾，把這個理論扼殺。（愛因斯坦相信，也許上帝在創造這個宇宙的時候沒有其他選擇。之所以會這樣，可能是因為只有一個理論能夠避免所有這些數學矛盾。）

這類數學矛盾有兩種。第一種是無窮大的問題。通常情況下，量子漲落是非常微弱的。量子效應只是對牛頓的運動定律有一點小修正。這就是為什麼在多數情況下，我們可以在宏觀世界中忽略它們，因為它們太微弱了，覺察不到。但是，當把重力轉換成量子理論以後，這些量子漲落居然變為無窮大，這是毫無道理的。第二個數學矛盾與「異常」有關，這是說，當我們把量子漲落加進一個理論中去的時候，這個理論就會發生一些小的失常現象。這些異常破壞了理論原來的對稱性，因此使它失去其原有的力。

例如，我們可以想像一位火箭設計師，他必須要設計一艘光滑的流線型飛船，用以穿越大氣層。火箭必須非常對稱，這樣才能減少空氣摩擦和阻力（這裡指的是圓柱對稱性，也就是，當我們在它的軸線上轉動火箭時，它始終都是同一個形狀；這種對稱性被稱為O(2)）。但是有兩個潛在的問題。首先，由於火箭的速度非常高，機翼中會發生振動。對於亞音速飛機來說，這種振動相當小。然而以遠遠超過音速的速度飛行時，這種波動會越來越強，最終把機翼撕扯掉。類似的發散現象不斷困擾著任何一種量子重力理論【12】。一般情況下，它們小到可以被忽略不計，但在量子重力理論中它們就當場發作。

【12】物理學家們試圖解決複雜理論的時候，通常使用「微擾理論」，也就是，先解決一個簡單點的理論，然後再分析這一理論中出現的小偏差。這些微小偏差反過來又為原來以理想狀態為基礎的理論，提供出無窮數量的小修正因數。每個修正通常被稱為一個「費曼圖」（Feynman diagram），它可以用示意圖的方式作圖像化的描述，代表各種粒子可以互相碰撞的所有可能方式。

歷史上，由於微擾理論中的項可以變為無窮大，物理學家們曾為此頭痛，因為這樣一來整個程式就作廢了。但是，費曼和他的同事發現了一系列的巧妙做法和手法，這樣就可以把這些無窮數消除掉（為此他們在一九六五年贏得了諾貝爾獎）。

飛船的第二個問題是，船體上可能會出現微小的裂紋。這些瑕疵都使飛船失去其原有的O(2)對稱性。儘管這些瑕疵非常微小，但它們會蔓延到最終使飛船解體。同樣的道理，這類「裂紋」也能破壞重力理論的對稱性。

有兩種方法可以解決這些問題。第一種方法是找到一種補綴的解決方案，例如用膠把裂紋補一補，用棍子支撐著把機翼加固，希望火箭不要在大氣層中爆炸。歷史上，大多數試圖把量子理論與重力結合起來的物理學家採用的都是這種方法。他們想把這兩個問題糊弄過去。第二種方法是推倒重來，採用新的外形，以及能經受住宇宙航行中巨大壓力的新穎材料。

物理學家們耗費了幾十年的時間，試圖拼湊起一個量子重力理論，到頭來只是發現它千瘡百孔，充滿了數不清的發散現象和異常。慢慢地，他們意識到，解決的辦法可能應該是放棄這種補綴的方式，而採用一種全新的理論。【13】

弦的浪潮

一九八四年，反對弦理論的態勢突然掉轉了方向。加州理工學院的約翰．施瓦茨和倫敦女王學院的邁克．格林（Mike Green）證明，以往曾置那麼多理論於死地的所有那些數學矛盾，在弦理論中全都不存在。那時，物理學家們已經知道，弦理論中不存在數學上的發散現象。但是施瓦茨和格林證明，弦理論中也沒有異常之處。於是，弦理論成了萬有理論的首要候選理論（到了今天，它已成了唯一的候選理論）。

剎那間，一個以往被認為基本上已失效的理論又死而復生了。弦理論一下子從一個什麼都不是的理論，變成了一個可以包羅萬象的理論。幾十名物理學家奮力研讀弦理論方面的論文。研究論文從世界各地的研究實驗室大量生產出來。圖書館裡過去塵封已久的論文一下子成了物理學中最熱門的話題。平行宇宙的想法過去被認為過於離譜，現在則站到了物理學界的中心講壇上，召開了幾百次會議，就這個題目所寫的論文毫不誇張地說有幾萬份。

量子重力的問題在於，這一整套量子修正實際上是無窮的，也就是說，每個修正因數都等於無窮大，哪怕我們動用費曼和他同事們設置的那一整套技巧也還是如此。我們說，量子重力是「不可重整的」（not renormalizable）。

在弦理論中，這種微擾展開（perturbation expansion）實際上是可以窮盡的，我們之所以會去研究弦理論，其根本原因就在這裡。（從技術上來說，在這方面不存在絕對嚴謹的證據。但是，可以證明，有無數等級的示意圖都可以被證明為可窮盡的，而且還有一些算不上嚴謹的數學論據，說明這個理論很可能在一切層面上都是可窮盡的）。然而，單憑微擾展開並不能代表我們所知道的這個宇宙，因為微擾展開保持著完美的超對稱性，這在自然界中是見不到的。我們在宇宙中所看到的對稱性是嚴重破碎的（例如，我們找不到超粒子的實驗證據）。因此，物理學家們需要對弦理論做出「非微擾」描述，但要做這件事，其難度超乎想像。事實上，目前還沒有一種統一的辦法用來對量子場論計算出非微擾性的修正值。要建立一種非微擾性的描述方式，有許多困難。例如，如果我們想提高該理論中各種力的強度，這就意味著使微擾理論中的每個項都不斷加大，這樣，大到使微擾理論講不通的程度。例如，1＋2＋3＋4……之和就沒有意義，因為各個項變得越來越大。M理論的優越性在於，它使我們第一次能夠透過二元性得出非微擾性的結果。這意味著，一種弦理論的非微擾性限值可以被證明是與另一個弦理論相等的。

【13】慢慢地，他們意識到，解決的辦法可能應該是放棄這種頭痛醫頭腳痛醫腳的方式，而採用一種全新的理論。弦理論和M理論是一種對廣義相對論的比較激進的新做法。愛因斯坦是圍繞著彎曲時空的概念建立起了廣義相對論，而弦理論和M理論則是圍繞著延展物體的概念建立起來的，比如在超對稱空間中運動的弦或膜。最終有可能把這兩種對宇宙的描繪方式聯繫起來，但目前對此還沒有透徹理解。

（有幾次，由於一些物理學家得了「諾貝爾狂熱」，事情一發不可收拾。一九九一年八月，《發現》雜誌甚至在封面上爆出這種聳人聽聞的標題——「新發現的萬有理論：一名物理學家解決了宇宙的終極之謎。」該篇文章援引一位熱衷於沽名釣譽的物理學家之說，「我不是那種講究謙虛的人。如果這次成功的話，就可以得到諾貝爾獎了。」他誇口道。當有人批評說，弦理論還只是處於襁褓期，他反唇相譏道：「弦理論中那些最權威的人士說，還需要四百年才能證實弦理論，但我要說，他們應該住嘴。」）【14】一輪淘金熱上演了。

結果，引來了對「超弦浪潮」的反彈。正如一位哈佛大學的物理學家所譏諷的那樣：「對弦理論的探索，如果不在哲學系甚至宗教系進行的話，至少應該限於數學系。」哈佛大學的諾貝爾獎得主謝爾敦．格拉肖打頭陣，他把超弦浪潮與星際大戰計畫相提並論（這項計畫耗費了大量的資源，卻從來沒有測試過）。「我非常高興，我有這麼多的年輕同事都在研究弦理論。」他說，「因為這是一個真正有效的辦法，讓我眼不見心不煩。」當有人問他，對威騰所說的，弦理論有可能在今後五十年中主導物理學，就像量子力學在過去五十年所占的主導地位一樣，他有什麼看法時，他說：「弦理論主導物理學的方式，會像卡魯扎—克萊恩（Kaluza-Klein）理論（他認為這個理論是乖謬的）在過去五十年中主宰物理學的情況一樣。這也就是說，絲毫主宰不了。」他試著想把弦理論擋在哈佛大學門外。但是，隨著新一代物理學家轉而研究弦理論，即使這孤獨的聲音出自一位諾貝爾獎得主，也很快被淹沒了。（哈佛大學從那之後聘用了若干位年輕的弦理論學者）。

宇宙之音

愛因斯坦有一次說，一項理論所做的物理學描述如果不能做到連小孩子都能懂，那它可能就是個沒用的理論。僥倖的是，弦理論背後就是個簡單的物理學描述，它的基礎是音樂。

根據弦理論，如果你有一架超級顯微鏡，可以用來窺探到電子的中心，那你所看到的不會是一個點狀的粒子，而是一根振動著的弦。（這根弦非常之微小，只有10^{-33}公分這樣一個普朗克長度，比質子要小十億個十億倍，由於這樣小，所以所有的次原子粒子看起來都像個點。）如果我們彈撥這根弦，它的振動就會發生變化；其電子說不定會變成一個微中子。再彈撥一下，它說不定會變成一個夸克。事實上，如果你用合適的力度來彈撥它，它會變成任何一種已知的次原子粒子。就是以這種方式，弦理論可以毫不費力地解釋為什麼有如此多的次原子粒子。在超弦上沒有別的，只有可以彈撥出來的各種不同的「音符」。做一個類比來說，在小提琴上，A調、B調或升C調都不是本質所在。只要簡單地用不同的方式彈撥這根弦，就可以發出音階中所有的音。比如，降B調並不比G調更具什麼本質性。它們都只不過是小提琴弦發出的音符而已，別的什麼都不是。同樣，電子和夸克都不是具有本質性的東西，弦才是本質性的東西。事實上，宇宙中所有的亞粒子都可以被視為弦的各種不同振動，別的什麼都不是。弦上所發出的各種「和絃」就構

【14】*Discover* Magazine, Aug. 1991, p.56

成各種物理學定律。

弦可以通過拆分和再對接的方式進行相互作用，由此產生我們在原子中所看到的電子和質子之間的相互作用。就這樣，通過弦理論，我們可以再現所有的原子和核子物理定律。可以寫在弦上的「旋律」相當於化學定律。現在，我們就可以把整個宇宙看成是一首氣勢恢弘的弦樂交響曲了。

弦理論不僅可以把量子理論中的粒子解釋為宇宙的音符，它也同樣可以解釋愛因斯坦的相對論——它是弦的最低振動，零質量的自旋2粒子可以被解釋為重力子，也就是重力的粒子或量子。如果我們計算一下這些重力子的相互作用，我們發現它正是以量子形式表達的愛因斯坦舊的重力論。隨著弦的移動、拆解和重組，它會對空間－時間造成巨大的約束力。當我們對這些約束因素進行分析時，我們又一次發現了愛因斯坦原來的廣義相對論。這樣，弦理論可以嚴絲合縫地解釋愛因斯坦的理論，沒有額外的工作要做。愛德華．威騰說過，即使愛因斯坦沒有發現相對論，他的這個理論也還是有可能被作為弦理論的一個副產品而被發現出來。廣義相對論從某種意義上來說可以隨手拈來。

弦理論的美，在於它可以比喻成音樂。音樂提供了一種比喻，我們既可以從次原子層面上，也可以從宏觀宇宙層面上用它來理解宇宙的性質。正如著名小提琴家耶胡迪．梅紐因（Yehudi Menuhin）曾寫道：「音樂是亂中求序的，因為節奏在各行其是中加進了步調一致；旋律使相互脫節的東西前後貫穿；而和絃則從本不相同的東西中找出匹配。」【15】

愛因斯坦也許會寫說，他對統一場論的探索最終會使他得以「解讀上帝的心思」。如果弦理論是正確的，那麼我們現在已經看到，上帝的心思就是在10個維度的超空間迴響著的宇宙音樂。正如萊布尼茨有一次說的：「音樂是靈魂所做的變相數學練習，連它自己都不知道正在進行演算。」【16】

歷史上，音樂與科學之間的聯繫早在西元前五世紀就已經鑄就了，當時希臘的畢達哥拉斯學派發現了和聲定律，並把這些定律簡化為數學。他們發現，撥動七弦琴的琴弦所發出的音調與其長度相對應。如果把琴弦加長一倍，則音調就會降低整整一個八度。如果把琴弦縮短三分之二，則音調就會改變五度。這樣，音樂與和絃的定理可以簡化為精確的數字關係。難怪畢達哥拉斯派的座右銘是「萬物皆是數字」。起初，他們對這項結果非常滿意，以致於大膽地將這些和聲定理應用到整個宇宙。但由於物質是極其複雜的，他們的這種努力失敗了。然而，從某種意義上，有了弦理論以後，物理學家們就圓了畢達哥拉斯學派的夢。

在對這個歷史關聯做評論的時候，傑米．詹姆斯（Jamie James）有一次說道：「音樂與科學曾（一度）被看成是極度密不可分的，誰要敢說它們之間有任何本質區別就會被視為無知，（但現在）如果有人想說它們之間有什麼共同點的話，有些人就會說他是一竅不通，另一些人會說他是一知半解，更有甚者，兩票人都會說他是蹩腳的通俗作家。」【17】

【15】Barrow2, p.305
【16】Barrow2, p.205
【17】Barrow2, p.205

超空間中的問題

但是如果超空間確實在自然界中存在，而不是僅僅存在於純數學中，那麼弦理論家們就必須要面對遠在一九二一年就困擾著西奧多·卡魯扎（Theodr Kaluza）和菲利克斯·克萊恩（Felix Klein）的同樣一些問題，那時他們建立了世界上第一個高維數理論：這些高維度存在於什麼地方？

卡魯扎，過去是個默默無聞的數學家，給愛因斯坦寫了一封信，建議用五個維度（一個時間維度和四個空間維度）來構建愛因斯坦的方程式。從數學上來講，這不成問題，因為愛因斯坦那些等式以任何維度都可以寫得面面俱到。但是那封信中包含了一項令人吃驚的發現：如果人為地把這一個五維方程式中所包含的那些四維部分分離出來，你會自然而然地發現馬克斯威爾的光理論，簡直像變魔術一樣！換句話說，只要我們簡單地加上一個第五維度，馬克斯威爾的電磁力理論就從愛因斯坦的重力方程式中脫穎而出了。雖然我們看不見第五維度，但第五維度可以形成波紋，而它們是與光波對應的！這是個皆大歡喜的結果，因為過去一百五十年中，一代又一代的物理學家和工程師都不得不死背艱澀的馬克斯威爾方程式。而現在，這些複雜的方程式輕而易舉地就從第五維度中我們可以找到的最簡單的振動中顯現了。

想像一池淺水中魚緊貼著荷葉下面游動的情景，把它們的「宇宙」想像成只有兩個維度。我們的三維空間可能就超出了它們的體驗。但是可以有一種方法使它們察覺到第三個維度的存在。如果下雨了，它們可以清楚地看到水波形成的影子沿著池塘的水面蔓延開去。與此類似，雖然我們看不見第五維度，但第五維度中的波紋，在我們看來就是光。

（卡魯扎的理論非常之美，而且非常深刻地揭示出對稱性的力量。後來又證明，如果我們在愛因斯坦原來的理論中加進更多的維度，並使它們振動起來，那麼這些高維度的振動就會再現弱核力和強核力中的W玻色子和Z玻色子，以及膠子！如果卡魯扎推出的體系是正確的，那麼顯然宇宙要比以前所想像的簡單得多。只須簡單地把越來越高的維度振動起來就可以再現主宰著世界的許多種力量。）

雖然愛因斯坦對這一結果大為吃驚，但它聽起來太完美了，令人難以相信是真的。隨著時間的推移，陸續發現了一些問題，把卡魯扎的想法駁得一無是處。首先，這個理論充斥著發散與異常問題，這是量子重力理論的通病。第二，它還有一個更加令人不安的問題：為什麼我們找不到第五個維度？當我們向空中射箭的時候，我們沒看到它們消失在另一個維度中。想像一下煙的樣子，它可以慢慢地彌漫到空間每個地方。由於從來沒有人觀察到煙消失在一個更高的維度中，物理學家們意識到，更高的維度即使存在，也必然比原子還要小。過去一百年中，神秘主義者和數學家都有了有關高維度的想法，但物理學家對此嗤之以鼻，因為從來沒人見過物體進入更高的維度。

為了拯救這個理論，物理學家不得不提出，這些高維度是極小的，所以在自然界中是觀察不到的。由於我們的世界是個四維世界，這就意味著，第五個維度只能捲在比原子還小的圈裡，透過實驗是無法觀察到的。

弦理論也必須面對這一同樣的問題。我們必須把這些沒人需要的高維度捲在一個非常小的球裡（這個過程叫做「緊致化」）。根據弦理論，宇宙原來是10維的，所有的力都由弦來統一起來。然而，10維超空間是不穩定的，於是10個維度中有六個開始捲曲到一個微小的球中，而其餘的四個維度則隨著大霹靂向外擴散開去。我們看不見其他這些維度的原因，是因為它們比原子小得多，因此沒有東西能夠進到它們裡面。（事實上走近了看，發現它們原來有二維表面，或者說是管形的，只是由於這第二維從遠處看是縮起來的，因此看不見。）

為什麼是弦？

雖然以前建立統一場理論的種種嘗試全部失敗了，但弦理論卻經受住了所有挑戰而存活了下來。事實上，它根本就沒有對手。幾十種理論都失敗了，而弦理論卻站住了腳，這有兩個原因。

首先，作為一項以延長體（弦）為基礎的理論，它避開了點狀粒子所帶有的許多發散現象。正如牛頓所觀察到的，隨著我們離一個點狀粒子的距離越來越近，圍繞著它的重力會變得無窮大。（根據著名的牛頓平方反比定律，重力以$1/r^2$的方式增長，所以，當我們接近點狀粒子的時候，它會猛增至無窮大，即，當r降為零的時候，重力增長為$1/0$，也就是無窮大。）

即使在量子理論中，隨著我們接近點狀的量子粒子，重力也還是增長為無窮。在幾十年的時間中，費曼以及許多其他人發明了一系列艱澀難懂的規則，想把這些以及許多其他的無窮大處理掉。但是對於一個量子重力理論，即使費曼設計了一整袋的招數也不足以去除這個理論中所有的無窮大。關鍵在於，由於點狀粒子是無窮小，這就意味著它們的力和能可以變為無窮大。

但是當我們仔細分析弦理論的時候，會發現有兩項機制可以消除這些發散現象。第一項是由於弦的拓撲學特徵造成的；第二項，是由於它的對稱性造成的，稱為「超對稱性」。

弦理論的拓撲學特徵與點狀粒子的拓撲學特徵完全不同，因此它的發散現象也很不相同。（大體來說，由於弦有確定的長度，這就意味著，當我們接近弦的時候，各種力都不會猛增至無窮。在靠近弦的地方，各種力只以$1/L^2$的方式增長，其中L是弦的長度，它是個10^{-33}公分這樣的普朗克長度。這個長度L就具有削減發散的作用）。由於弦不是個點狀粒子，它有確定的長度，人們就可以證明，各種發散都沿著弦「敷開」了，於是所有的物理量值都變為有限度的了。

雖然好像一眼就能看明白弦理論的各種發散是可以敷開的，因而是有限的，但要用數學來精確地表達這個現象卻相當困難，要用到「橢圓模函數」，而這是數學中最奇特的函數之一，它有一段非常精彩的歷史，以致於它在好萊塢電影《心靈捕手》中扮演了一個重要的角色。故事講的是一個出身於勞苦家庭的野孩子，由麥特·戴蒙扮演，他在劍橋的後巷中長大。那孩子展現了令人驚異的數學才能。他是麻省理工學院的工友，沒事的時候常與地痞流氓廝混，打架鬥毆。麻省理工學院的教授們吃驚地發現，這個市井小地痞實際上是個數學天才，對於看似糾纏不清的數學難題，他能夠一揮而就地寫出答案來。意識到這個野小子已經自學了高等數學以後，其中一個教授脫口而出地說他就是「下一個拉馬努金」。

實際上，《心靈捕手》大體上就是以拉馬努金（Ramanujan）的生平為素材的，他是二十世紀最偉大的數學天才，上個世紀之交的時候，在印度馬德拉斯孤苦伶仃地長大。由於孤苦伶仃，他只能依靠自己的力量推導出歐洲十九世紀的數學結果。他的數學生涯猶如一顆超新星，以他的數學光芒照亮天際之後，轉瞬即逝。一九二〇年，他在三十七歲時就悲慘地死於肺結核。像《心靈捕手》中的麥特·戴蒙一樣，他也夢到了數學方程式，這次是「橢圓模函數」，它有奇異卻非常美麗的數學特性，唯一的問題是它有24個維度。數學家們至今仍在試圖解讀拉馬努金那本在他死後找到的「丟失了的數學筆記本」。現在回過頭來看，我們發現拉馬努金的著作可以被歸納為8個維度，這是可以直接應用於弦理論的。為了要建立一項物理理論，物理學家們額外又加上了兩個維度。（例如，偏振光太陽鏡就是利用了光有兩個物理偏振方向，即光可以左右振動或上下振動。但是馬克斯威爾方程式中光的數學公式有四個要素。這四種振動方式中有兩個實際是多餘的。）當我們在拉馬努金函數中再加上兩個維度以後，數學「幻數」就變成了10和26，恰恰就是弦理論的「幻數」。從某種意義上來講，拉馬努金在第一次世界大戰之前就在研究弦理論了！

這些橢圓模函數的神奇特性本身就解釋了，為什麼這個理論必須有10個維度。只有在恰好有這麼多維度的情況下，困擾著其他那些理論的大部分發散現象才會像變魔術一樣地消失。但是，弦的拓撲學特性本身還不足以消除所有的發散。該理論中剩下的那些發散要依靠弦理論的第二個特性，即它的對稱性來消除。

超對稱性

弦具有科學上已知的一些最了不起的對稱性。第四章中討論暴脹和標準模型的時候，我們已經看到，對稱性使我們得以用優美的方式，將次原子粒子安排成賞心悅目的格局。三種夸克可以按照SU(3)對稱性進行安排，該對稱性可以在它們之間進行三個夸克的互換。有人相信，大一統理論中的五種夸克和輕子似乎可以按照SU(5)對稱性進行安排。

在弦理論中，這些對稱性將該理論中剩餘的發散和異常取消。由於對稱性是我們能夠使用的最美和最強大的工具，我們可以預期，宇宙理論必定具備科學已知的最優美和最強大的對稱性。符合邏輯的選擇應該是，這種對稱性不僅能互換夸克，而且要能互換自然界中能找到的所有粒子，也就是說，即使我們把它們當中所有的次原子粒子都重組一遍，等式仍然保持不變。而這正是超弦的對稱性，稱為「超對稱性」【18】。它是唯一一種能夠把物理學已知的所有次原子粒子進行對換的對稱性。這使它成為一種理想的對稱性候選者，可以把宇宙中所有的粒子安排到單獨一個優美統一的整體中。

如果我們觀察一下宇宙中的各種力和粒子，會發現它們全都屬於兩個類別：「費米子」和「玻色子」，

【17】在二十世紀六〇年代末期，當物理學家們最初開始尋找一種可以包括自然界所有粒子的對稱性時，卻故意沒有把重力包括進去。這是因為，有兩種對稱性。粒子物理學中的對稱性是把粒子重新分組的對稱性。但還有另外一種對稱性，它把空間轉換為時間，而且這種空間—時間對稱性是與重力相關聯的。重力理論不是建立在點狀粒子可以互換的這種對稱性上的，而是建立在四個維度可以輪換的這種對稱性上的：那就是四個維度的勞侖茲群O(3,1)。

此時西德尼．柯爾曼（Sidney Coleman）和傑佛瑞．曼都拉（Jeffrey Mandula）證明了一項有名的理論，聲稱不可能將描述重力的空間—時間對稱性與描述亞粒子的對稱性相結合起來。這一「止步」定理對任何想要建立一種宇宙「主對稱」的想法潑了一瓢冷水。（舉例來說，如果有人想要使GUT群中的SU(5)與相對論群的O(3,1)結合起來，其結果就是災難性的。比如，粒子的質量會一下子變為連續性的，而不是離散性的。這種情況是令人失望的，因為這意味著，你不可以想當然地以為可以藉助於一種更高層次的對稱性把重力與各種其他作用力放在一起。這也就意味著，說不定根本就不可能有統一場理論。）

然而弦理論運用迄今為止，為粒子物理學找到的最強有力的對稱理論解決了所有這些棘手的數學問題：超對稱。目前，超對稱是已知的唯一一種能夠避免柯爾曼—曼都拉止步定理的方法。（超對稱利用了這項定理中的一個微小但關鍵的空子。通常情況，當我們引入像「a」或「b」這樣的數字時，我們會認為a×b＝b×a。這在柯爾曼—曼都拉定理中是默認的。但在超對稱中，我們引進了「超數字」，這樣一來，a×b＝-b×a。這些超數字有奇異的特性。例如，如果a×a＝0，那麼a可以是非零，對於普通數字來說，這聽起來荒唐。如果我們把超數字插入到柯爾曼—曼都拉定理中去，就會發現這個定理不再起作用）。

這取決於它們的「自旋」。它們像極微小的陀螺一樣，以各種不同的速率自旋。舉例來說，光子，即傳遞電磁力的光粒子的自旋為1。弱核力和強核力是由自旋同樣為1的W玻色子和膠子傳遞的。重力子的自旋為2。所有這些帶整數自旋的都稱為「玻色子」。同樣，物質粒子是由帶半整數自旋的次原子粒子來描述的，例如1/2，3/2，1/2，5/2等。（半整數自旋粒子被稱為「費米子」，它們包括電子、微中子和夸克。）這樣，超對稱性以優雅的方式代表了玻色子與費米子、力和物質之間的二元性。

在超對稱理論中，所有的次原子粒子都有一個伴子：每個費米子都與一個玻色子成為一對。雖然我們從來沒有在自然界中看到過這些超對稱夥伴粒子，但物理學家們把電子的夥伴粒子叫做超電子（selectron），其自旋為0。（物理學家在「電子electron」前面加上一個「s」，以顯示它是一個超伴子粒子）弱相互作用包括一些叫做輕子的粒子；它們的超伴子被稱為「超輕子（slepton）」。同理，夸克也可以有一個叫做「超夸克」（squark）的自旋0伴子。已知粒子（夸克、輕子、重力子、光子等）的伴子統稱「超粒子」（sparticles），也就是superparticles。我們的原子擊破器中迄今還沒有找到這些超粒子（也許是因為我們的機器還沒有強大到足以把它們製造出來）。

不過，由於所有的次原子粒子不是費米子就是玻色子，所以超對稱理論就有可能把所有已知的次原子粒子統一到一個簡單的對稱之中。**我們現在有了一個大到足以囊括整個宇宙的對稱性。**

試想一片雪花。把雪花的六個分支中的每一個都想像為代表一個次原子粒子，每隔一個分支就是一個玻色子，緊接著的是一個費米子。那麼這片「超雪花」的美，就在於無論我們怎樣旋轉它，它都保持不變。超雪花就以這種方式把所有的粒子及其超粒子統一起來。所以，如果我們要試著建立一個假想中只包含六個粒子的統一場理論，超雪花就自然而然成為候選對象。

超對稱性幫助我們消除了其他理論中剩餘的那些致命的無窮大。我們在前面提過，由於有了弦理論，多數的發散現象都已消除，即，由於弦有確定的長度，因此在我們接近它的時候，各種力不會飆升至無窮大。當我們審視剩餘的這些發散現象時，我們發現它們有兩種，分屬於玻色子和費米子的相互作用。然而，這兩種作用總是帶有正反兩種符號，因此玻色子的作用正好消除費米子的作用！換句話說，由於費米子的作用和玻色子的作用總是以相反的符號出現，理論中剩下的那些無窮大會互相抵銷。所以，超對稱性不僅僅是擺樣子的東西；它不只是一種能夠把自然界中所有的粒子統一起來，因而給人以美感的對稱性，它還在消除弦理論中的發散現象方面具有不可或缺的作用。

回想一下那個關於設計一架流線型火箭的比喻，機翼中的振動會不斷增大，最終把機翼撕扯掉。其中一個解決辦法就是探索對稱性的威力，重新設計機翼，使得一個機翼中的振動抵銷掉另一個機翼中的振動。當一個機翼順時針振動時，另一個機翼逆時針振動，這樣來抵銷前者的振動。於是，火箭的對稱性就不只是一種人為的藝術性設置，它還具備消除和平衡機翼中應力的關鍵作用。與此同理，超對稱性通過玻色子和費米子相互抵銷的方式消除了發散現象。

（超對稱性還解決了一系列高度技術性的難題，它們都足以斷送大一統理論[19]。大一統理論中那些錯綜

【19】首先，它解決了「層級問題」，這個問題實際上註定了大一統理論不能成功。在建立統一場理論時，我們碰到兩種很不相同的質量標度。有一些粒子，例如質子，它們的質量就是我們尋常所見的那種質量。還有一些粒子則有相當大的質量，其蘊涵的能量堪與接近大霹靂時的能量相比，也就是普朗克能量。這兩種質量標度必須分別對待。然而，當我們考慮量子修正的時候，災難性的結果就出來了。由於存在量子漲落，這兩種不同類型的質量開始混合，因為一套輕粒子會轉變為另一套重粒子，這種機率是有定數

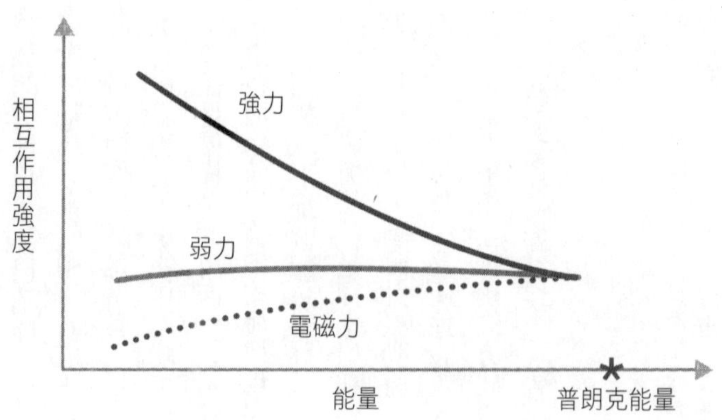

弱作用力、強作用力和電磁力的強度與我們在日常世界中所知的完全不同。但是，當能量接近大霹靂時的水準，這些力的強度應該完美地趨向一致。加上了超對稱性之後，這一趨同現象就出現了。因此超對稱性在統一場論中也許是一個關鍵的因素。

複雜的數學矛盾需要用超對稱性來消除。）

雖然超對稱性是一種有如此威力的思想，但目前，還沒有得到任何實驗證據來支持它。這也許是因為，我們所熟知的電子和質子的超伴子對於我們當今的粒子加速器來說，過於龐大，難以製造。然而，有一樣極具誘惑力的證據，指向通往超對稱性的途徑。我們現在知道，三種量子作用力的強度是相當不同的。事實上，在低能量的情況下，強作用力要比弱作用力強三十倍，比電磁力強一百倍。然而它並不總是這樣。在發生大霹靂的那個瞬間，我們估計所有這三種力都是一樣的強度。物理學家們可以反向推算出當時間開始之際，這三種力各自的強度應該是多少。通過分析標準模型，物理學家們發現，在接近大霹靂的時候，這三種力似乎在強度上趨於相同，但它們並不完全相等。然而，當人們把超對稱性加上去之後，所有這三種力都完美匹配起來了，而且強度相等，正好是人們預料統一場理論應該顯示的那樣。雖然這不是超對稱性的直接證據，但它至少說明，超對稱性是與已知的物理學法則一致的。

推演標準模型

雖然超弦中完全不存在可調整的參數，但弦理論卻可以提出與標準模型驚人相似的結論。而標準模型則使用一堆五花八門的怪異次原子粒子和十九種自由參數（例如粒子的質量以及它們的耦合強度）。此外，標準模型中的所有夸克和輕子還有完全一樣和多餘的三套，似乎完全沒有必要。幸運的是，弦理論可

的，反之亦然。這意味著應該存在著一種各種粒子連續體（a continuum of particles），其質量在尋常質量和大霹靂時的巨大質量之間流暢地轉換著，而這種大霹靂時的巨大質量我們顯然在自然界中是看不到的。這就是著名的「層級問題」。這實際上就斷送了大一統理論。而這時就需要用到超對稱。人們可以證明，在超對稱理論中，兩種不同的能量標度不會混合，會發生一種美妙的抵銷過程，使兩種標度永遠不會互相發生作用。費米子項正好抵銷掉玻色子項，而得出可窮盡的解。據我們所知，超對稱可能是解決「層級」問題的唯一一種途徑。

此外，超對稱還解決了一九六〇年代的柯爾曼—曼都拉定理第一次提出的一個問題。這個定理證明，不可能把一個以像SU(3)那樣的夸克為基礎而產生作用的對稱群，與像愛因斯坦相對論中的空間—時間為基礎而產生作用的對稱相結合。因此根據這項定理，不可能存在能夠把這兩種對稱性統一起來的對稱性。這是令人沮喪的，因為這意味著這種統一在數學上是不可能的。然而超對稱性給這項定理提供了一種微妙的解決餘地。這是超對稱性的許多理論突破之一。

以毫不費力地推導出標準模型許多帶本質性的特性。這簡直就像是不勞而獲。一九八四年，德州大學的菲利普．坎德拉斯（Philip Candelas）、加州大學聖塔芭芭拉分校的蓋利．霍洛維茨（Gary Horowitz）和安德魯．施特羅明戈（Andrew Strominger），以及愛德華．威騰證明，如果你把弦理論的10個維度中的六個包裹起來，同時保持所剩4個維度的超對稱性，這個細小的6維世界就可以用數學家們所說的「卡拉比－丘流形」（Calabi-Yau manifold）來描述。他們通過對卡拉比－丘的空間做幾項簡單的選擇，顯示出弦的對稱性可以被解析成一種與標準模型驚人近似的理論。

就這樣，弦理論對為什麼標準模型會有三套多餘產生，提出了一個簡單的答案。在弦理論中，夸克模型產生或者說冗餘的數量是與我們在卡拉比－丘流形中有多少個「洞」相聯繫的。（例如，麵包圈、內胎以及咖啡杯都屬於帶有一個洞的表面。眼鏡架帶有兩個洞。卡拉比－丘流形表面可以有任意數量的洞。）這樣，隨便選擇一個帶有特定數量的洞的卡拉比－丘流形，我們就可以建立起產生不同數量冗餘夸克的標準模型。（由於卡拉比－丘流形的空間太小，我們從來都看不到它，所以我們也從來都看不到這個空間有麵包圈一般的洞。）多年來，一批又一批的物理學家費盡心機地想要把所有可能存在的卡拉比－丘空間歸類，他們意識到，是這種6維空間的拓撲學特徵決定了我們這一個4維宇宙中的夸克和輕子。

M理論

一九八四年圍繞著弦理論所迸發出來的興奮好景不長。到了二十世紀九〇年代中期，物理學家逐漸對超弦浪潮失去了興趣。該理論所提出的一些簡單問題已經逐個解決，剩下的都是些很難解決的問題。其中一個問題是，在弦的方程式中發現了幾十億個解。以不同的方式把空間－時間壓縮或捲縮起來，你可以用任何維度，而不僅僅是4個維度，寫出弦的解。這幾十億個弦的解中的每一個都對應於一個從數學上來講自成一體的宇宙。

物理學家一下子被淹沒在弦的解之中了。特別值得注意的是，其中有許多與我們的宇宙非常相似。只要選擇一個合適的卡拉比－丘空間，要再現出標準模型的許多主要特徵是相對容易的，包括它那一堆奇特的夸克和輕子，甚至包括它那一套莫名其妙的冗餘副本。然而，要想從中找出分毫不差的標準模型，與它的十九個參數的具體值以及三套冗餘產生完全一樣的，則異常困難（即使在今天也仍然是一項挑戰）。（弦解的數量多到令人目眩的程度，但對於相信多重宇宙的物理學家來說，這恰恰是求之不得的，因為每一個解都代表一個完全自成一體的平行宇宙。但是令人頭痛的是，在這些糾纏不清的宇宙中，物理學們卻很難找到正好等於我們自己這個宇宙的解。）

之所以這樣困難，其中一個原因是，由於在我們這一低能量的世界中看不到超對稱性，所以我們最終必須打破超對稱性。舉例來說，我們在自然界中看不到超電子，也就是電子的超伴子。如果不打破超對稱性的話，那麼每個粒子的質量就會等於它的超粒子的質量。物理學家們相信，打破超對稱性後所得到的結果是質量巨大的超粒子，超出了當前粒子加速器的能力範圍。但是目前還沒有人拿出可信的方案來打破超對稱性。

位於聖塔芭芭拉的加弗利理論物理研究所的大衛．格羅斯說過：「帶三個空間維度的解有幾十兆個……然而，雖然我們有這麼多的解，但卻沒有一個好辦法來從中進行選擇，這多少有些令人尷尬。」

除此之外，還有一些令人頭痛的問題。其中最令人尷尬的是現在有五個自成一體的弦理論。令人難以想像，宇宙中怎麼可能容得下五種互不相同的統一場理論。愛因斯坦相信，上帝在創造宇宙的時候沒有別的選擇。如果是這樣，上帝怎麼會建立五套理論呢？

以維內齊亞諾公式為基礎的最初理論描述了一個叫做「第一類（Type I）」的超弦理論。第一類理論的基礎既包括開放弦（例如，帶有兩端的弦），也包括封閉弦（例如，環形的弦）。這項理論在二十世紀七○年代初期得到了最深入的研究。（利用弦的場論，吉川和我把全套第一類弦相互作用進行了歸類。我們證明了，第一類弦需要有五種相互作用；對於封閉的弦，我們證明了只需要一個互動項就夠了。）

吉川和我還證明，只用封閉的弦就可能建立完全自成一體的理論（例如像一個環套）。今天，這些被稱為「第二類（Type II）」弦理論，在其中，弦的相互作用是通過擠壓一個環形弦使之形成兩個較小的弦來完成的（就像細胞的有絲分裂）。

最具現實意義的弦理論叫做「雜」弦理論，是由普林斯頓小組，包括大衛·格羅斯、艾米爾·馬西內茨（Emil Martinec）、賴恩·羅姆（Ryan Rohm）和傑佛瑞·哈威（Jeffrey Harvey）制定的。雜弦可以包容叫做E(8)×E(8)或O(32)的對稱群，它們大到足以吞下各種大一統理論。雜弦完全以封閉弦為基礎。二十世紀八○年代和九○年代，當科學家們提到「超弦」的時候，他們實際指的就是雜弦理論，因為它的豐富程度足以讓人用來分析標準模型和大一統理論。例如，對稱群E(8)×E(8)可以被分解為E(8)，再分解為E(6)，而E(6)又大到足以將標準模型中的SU(3)×SU(2)×U(1)對稱包括進去。

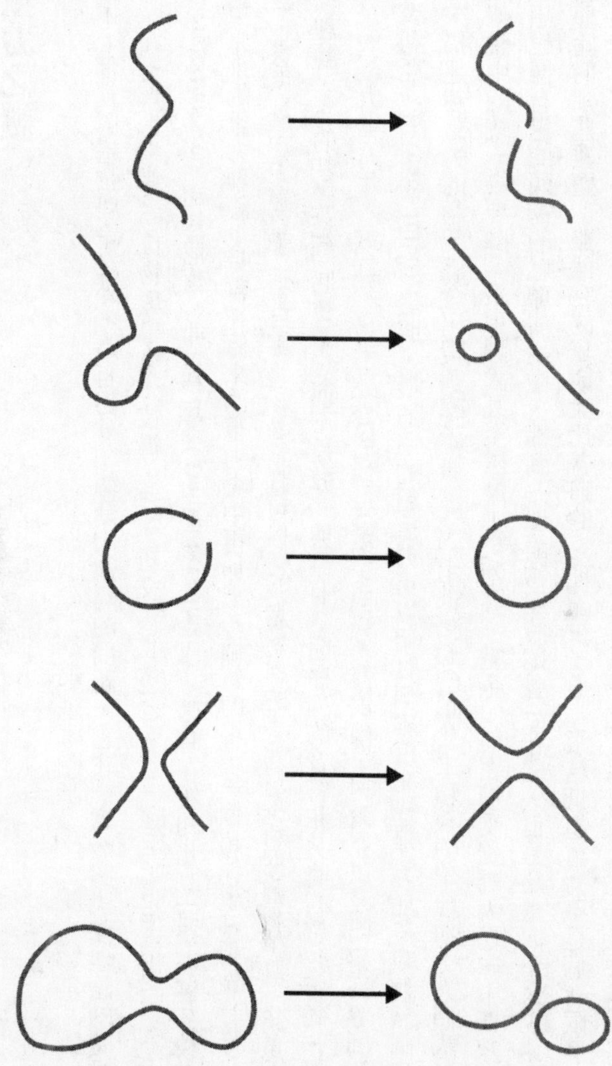

第一類（Type I）弦經歷五種可能的相互作用，在其中弦可以折斷、連接以及裂變。對於封閉的弦，只需最後這種相互作用就夠了（像細胞的有絲分裂一樣）。

超重力之謎

除了有五個超弦理論之外，還有另外一個令人頭痛的問題，它在一窩蜂解決弦理論的時候被遺忘了。早在一九七六年，有三位物理學家，彼得·范·紐文惠仁（Peter van Nieuwenhuizen）、謝爾基奧·費拉拉（Sergio Ferrara）和丹尼爾·弗里德曼（Daniel Freedman），當時在紐約州立大學石溪分校工作，發現愛因斯坦原來的重力理論，只需在原來的重力場中再加上一個新的場，一個超伴子（稱做「伴重力子（gravitino）」，意思是「小重力子」，自旋為3/2）就可以變為超對稱的了。這項新理論被稱為「超重力（supergravity）」理論，它的基礎是點狀粒子，而不是弦。與具有無窮序列的音符和共鳴的超弦不同，超重力只有兩個粒子。一九七八年，歐仁·克萊默（Eugene Cremmer）、喬埃爾·謝爾克以及巴黎高等師範學校的伯納德·裘利亞（Bernard Julia）證明，最通用的超重力可以用11個維度來描述。（如果我們試圖用12個或13個維度來描述超重力的話，就會出現數學矛盾。）二十世紀七〇年代末和八〇年代初，人們認為超重力可能就是傳說中的統一場理論。這項理論甚至啟發了史蒂芬·霍金，他在接受劍橋大學盧卡斯數學教授這一當年牛頓也擁有過的頭銜的就職演說中，提到「理論物理的尾聲」在望。但是超重力不久也遇到了扼殺以前各種理論的那些難題。雖然它的無窮大比普通的場理論少，但歸根結柢超重力不是個有限度的理論，它最後可能會被異常糾纏住。就像所有其他的場論一樣（弦理論除外），該項理論在科學家的面前告吹了。

另一種可以在11個維度存在的超對稱理論是超膜理論。雖然弦只有一個維度，用來定義它的長度，但超膜可以有兩個以上的維度，因為它代表的是一個平面。特別引人注目的是，已經證實有兩種類型的膜

（二維膜〔two-brane〕和五維膜〔five-brane〕）在11個維度中也可以自成一體。

然而，超膜也有其問題，想要運用它們的話會出奇地困難，而且它們的量子理論實際上是發散的。小提琴的琴弦是那麼簡單，希臘的畢達哥拉斯學派在二千年前就得出了它們的和聲定律，而膜的難度則是如此之大，即使在今天也沒有人能拿得出一項建立在它們基礎之上、令人滿意的音樂理論。此外，已經證實這些膜是不穩定的，最終會衰變為點狀粒子。

於是，到了二十世紀九〇年代中期，物理學家們就面臨著幾個謎。為什麼10維度的弦理論有五個？為什麼有兩個11維度的理論，也就是超重力和超膜理論？再者，所有這些都具備超對稱性。

第11個維度

一九九四年，又爆出了驚天大新聞。一項新的突破再一次使整個局面改觀。愛德華·威騰和劍橋大學的保羅·湯森德（Paul Townsend）從數學上發現，存在著一個11個維度的理論，其源頭不為人知，10個維度的弦理論實際上是這個更高次元的神秘理論的近似理論。例如，威騰證明，如果我們在11維度取一個膜樣理論（membrane like theory），把其中一個維度捲曲起來，那麼它就變成一個10維度的第二類 a 型（Type IIa）弦理論！

在這之後不久就發現，五個弦理論全都是這種情況，它們同樣都是這個神秘的11維度理論的近似理論，只是近似的方式有所不同。由於有各種不同類型的膜可以存在於11維度中，威騰就把這一新理論稱為

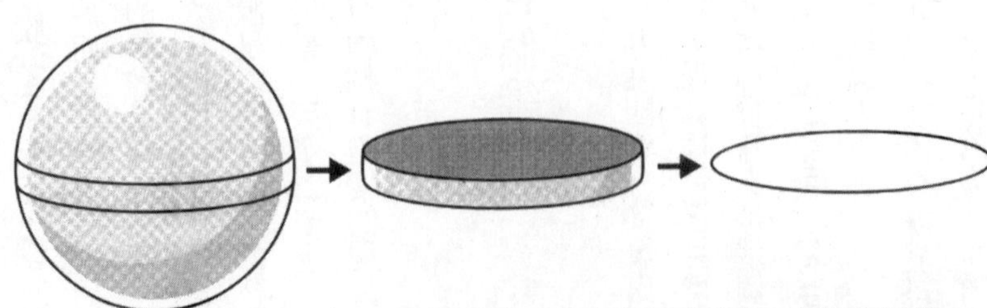

從 11 維度的膜上切下或捲起一個維度以後，一個 10 維度的弦就脫穎而出。在其中一個維度塌縮之後，膜的中緯線變成了弦。這種簡約過程可以通過五種方式來實現，這樣就產生了五種不同的 10 維度超弦理論。

「M理論」。但這個理論不僅把五個不同的弦理論統一起來，它還有額外驚喜，可以解釋超重力之謎。

你可能還記得，超重力是一項有11個維度的理論，它只包括兩個質量為零的粒子，即原有的愛因斯坦重力子，再加上它的超對稱伴子（稱為伴重力子）。然而，M理論有無窮大的粒子，其質量各不相同（這與某些類型的11維膜上所泛起的無窮數量的振動相對應）。但是，如果我們假定M理論中極小的一部分（只含那些無質量的粒子）正是舊的超重力理論的話，我們就可以解釋超重力的存在。換句話說，超重力理論是M理論中的一個微小的子集。同理，如果我們取這一神秘的11維度膜樣理論，並捲起其中一個維度，膜就變為一個弦。事實上，它分毫不差地變為第二類（Type II）弦理論！舉例來說，如果我們觀察一個11維度的球體，然後把其中一個維度捲起來，這個球體就會塌縮，它的中緯線就會變成一個封閉的弦。這樣，我們看到，如果我們把第11個維度捲成一個小圓環的話，弦理論可以被視為從這個有11個維度的膜上切下的一片。

於是，我們找到了一種精美而又簡單的方法，把所有的10維和11維物理理論統一成單獨一個理論！這是個令人叫絕的概念突破。

我至今仍記得這項爆炸性的發現所引起的轟動，當時我正在劍橋大學作一場演講。保羅．湯森德很親切的把我介紹給聽眾。但是在我開始講話之前，他以極大的熱忱介紹了這一新結果，說通過第11個維度，我們可以把各種弦理論統一成單一的理論。我的演講標題中提到了第10個維度。在我開始演講之前，他告訴我，如果這個新結果被證明是成功的，那麼我的演講標題就過時了。

我暗自想：「哇喔！」如果他不是在信口開河的話，那麼整個物理學界要鬧得天翻地覆了。

我沒法相信自己的耳朵，於是我像連珠炮似地向他提出了一堆問題。我指出，他幫忙建立起來的11維度超膜理論是沒有用的，因為很難對它們進行數學處理，不只如此，它們還不穩定。他承認這是個問題，但他堅信，這些問題將來會得到解決。

我還說，11維度的超重力沒有止境；它會像除了弦理論以外的所有其他理論一樣破滅。對此他平靜地回答說，這已不再是個問題，因為超重力不是別的，它是一個更大的、更為神秘的理論，是M理論的近似理論，而M理論是可窮盡的，這實際上是用膜的概念在第11個維度中重新建立起來的弦理論。

於是我說，沒人能夠接受超膜，因為從來沒有人能夠解釋超膜在互相碰撞和重組過程中是如何相互作用的（就像多年前我在自己的博士論文中對弦理論所做的那樣）。他承認這是個問題，但他堅信，這個問題也是可以解決的。

最後我說，M理論實際上根本談不上是個理論，因為沒人知道它的基本方程式。與弦理論不同（弦理論可以用我在多年前寫下的、可容得下各項簡單的弦的場方程式這整個理論來表達），膜根本就沒有場論。他對這一點也認可，但他仍然堅信，最終一定會找到M理論的方程式。

我的頭腦中不由得翻江倒海起來。如果他是對的，那麼弦理論就將再一次經歷劇變。一度被扔進物理學史垃圾箱的膜理論，忽然之間又起死回生了。

出現這項革命的起因，是因為弦理論仍在倒著發展著。甚至直到今天也仍沒有人懂得貫穿這整個理論的簡單物理學原理究竟是什麼。我喜歡把這一情形比做漫步在沙漠中，突然絆上了一塊小小的美麗石子。當我們拂開沙子，發現這個小石子原來是埋沒在成噸重的沙子下面的一座巨型金字塔的頂端。經過幾十年堅持不懈地挖沙工作，我們才能見到神秘的象形文字、隱蔽的墓室和墓道。終有一天，我們會找到它的最下一層，最終開啟它的大門。

膜世界

M理論的新穎之處在於它不僅引用了弦，而且還有種類齊全的、有各種不同維度的膜。在這裡，點狀粒子被稱為「零維膜」（zero-branes），因為它們無窮小，而且沒有維度。於是一根弦就是一個「一維膜」（one-brane），因為它是個只有長度的一維客體。一片膜就被稱為「二維膜」（two-brane），像籃球的表面那樣，它有長度和寬度。（籃球可以浮起在三維空間，但它的表面卻只有兩個維度。）我們的宇宙說不定就是某種類型的「三維膜」（three-brane），是一種具有長、寬、高的三維客體。（正如一位頗為機智的傢伙所說的，如果空間有p個維度，如果這個p是個整數，那麼我們這個宇宙就是個p維膜，在英文中讀音與

「pea-brain」〔字面意為『豌豆大小的腦子』〕同。而顯示所有這些「豌豆大小的腦子」的圖表就稱為「腦掃描」。）

我們可以有多種方法把膜蛻減為一根弦。除了把第11個維度包裹起來以外，我們還可以把具有第11個維度的膜的中緯線切削掉，這樣就形成一個環形帶子。如果我們讓這個帶子的厚度收縮，那麼這根帶子就變成了一個有10個維度的弦。彼德羅·霍拉瓦（Petr Horava）和愛德華·威騰證明，我們可以用這種方式得出雜弦（heterotic string）。

實際上，可以證明有五種方式將有11個維度的M理論降解為10個維度，由此而得出五種超弦理論。對於為什麼會有五種不同的弦理論這個謎，M理論給了我們一個快速直觀的答案。想像自己站在一大片山頂上，俯瞰山下的平原。由於我們在第三維度上的有利視角，我們可以看到平原上各個不同的部分被統一成一幅單一連貫的圖像。同理，當我們站在第11個維度的有利角度上俯瞰第10個維度，我們就可以看出，這五種茫無頭緒的超弦理論不過是第11個維度的不同組成部分而已。

二元性

雖然保羅·湯森德當時沒有辦法回答我所提出的大部分問題，但又有一種對稱理論的威力使我最終相信了這一想法的正確性。M理論不僅具有物理學中已知最大的一套對稱性，它還懷揣著另一個絕招：這就是「二元性」，它使M理論具備了難以置信的能力，將這五種超弦理論全部吸納到單一一個理論中去。

考慮一下由馬克斯威爾方程式支配的電和磁。很久以前人們就注意到，如果你簡單地將電場和磁場調換，其方程式看起來幾乎完全一樣。如果你在馬克斯威爾的方程式中加進單極（磁的單極），這一對稱性就完美無缺了。如果我們把電場和磁場交換，並把電荷e與反向的磁荷g對調，那麼經過修改的馬克斯威爾方程式就會保持與原來完全一樣。這意味著電（在電荷低的情況下）與磁（在磁荷高的情況下）是完全相等的。這種等效性就稱為「二元性」。

過去，這一對偶性被認為不過是個科學上的小把戲而已，因為從來沒有人見到過單極，即使是今天也一樣。然而，物理學家發現了一個不可思議的現象，馬克斯威爾的方程式中包含著一種隱含的對稱性，在自然界好像是用不到的（至少在我們這部分宇宙中是如此）。

同樣，五個弦理論全部都互為對偶。以I類和雜化SO（32）弦理論為例。一般情況下，這兩個理論甚至在外表上都沒有相似之處。I類理論的基礎是封閉的和開放的弦，它們可以用五種不同的方式進行相互作用，與弦分裂和連接。而SO（32）弦則不同，它完全是建立在封閉弦的基礎之上的，它只有一種可能的相互作用方式，像細胞一樣進行有絲分裂。I類弦完全是以10維空間定義的，而SO（32）弦則是以在26維空間中定義的一套振動來定義的。

一般情況下，你找不到看起來如此不同的兩種理論。然而，正像在電磁中一樣，這兩種理論具備強大的對偶性：如果你讓相互作用的力度加強，I類弦會像變魔術一樣地變為SO（32）雜弦。（這一結果太令人意想不到了，我第一次見到這個結果時，吃驚地搖起了頭。在物理學中，看起來完全不一樣的兩種理論最終被證明在數學上相等的情況很罕見。）

麗莎・藍道爾

M理論相對於弦理論的最大優越性可能在於，這些高維度不僅不是很小，實際上反而相當大，甚至於可以在實驗室中觀察到。在弦理論中，有六個高維度必須被捲成一個小球，捲成一個卡拉比－丘流形，小到現有的儀器無法觀察到。這六個維度都被緊壓起來，要想進入一個高維度是不可能的。比那些希望有一天能夠飛入一個無窮大的超空間（hyperspace），而不想走一條經過蟲洞穿越緊縮著的超空間捷徑的人，還要失望一些。

然而，M理論中也有膜；可以把我們整個的宇宙看做是漂浮在另一個大得多的宇宙之上的一片膜。於是，並不是所有這些高維度都必須捲縮到一個小球中去。實際上，其中有些維度可以很巨大，大到無邊無際。

哈佛大學的麗莎・藍道爾（Lisa Randall）是試圖對這一宇宙新圖像進行探索的物理學家之一。藍道爾長得有點像女演員茱蒂・福斯特，而理論物理是個在睪丸素刺激下競爭激烈、高度緊張的男性專業，她在這裡看起來頗不協調。她所鑽研的想法是，如果宇宙確實是一個漂浮在另一個更高維度的空間中的三維膜（three-brane），這或許就能解釋為什麼重力會比另外三種力弱那麼多了。

藍道爾在紐約的皇后區長大（就是因阿齊・邦克[20]而名垂史冊的那個區）。雖然她在兒時對物理學沒

[20] 編註：阿齊・邦克（Archie Bunker），美國喜劇影集的主角。

有特別的興趣，但她卻迷上了數學。雖然我相信，我們所有人在童年時都是與生俱來的科學家，但並不是每個人在成年以後依然能夠做到終身愛好科學。其中一個原因就是他們撞上了數學這堵磚牆。

不管我們願不願意，如果我們想以科學為生涯，我們最終都必須得學「大自然的語言」——數學。沒有數學，我們就只能被動地觀望自然之舞，而無法積極參與。正如愛因斯坦一次所說的那樣：「純數學以其特有的方式成了邏輯思維的詩篇。」[21]現在讓我來做個比喻，人可以愛好法國文明和文學，但要想真正理解法國人的思維方式，就必須學習法語，並且學會法語的動詞變位。對於科學和數學來說也是一樣的道理。伽利略曾寫道：「除非我們學會了（宇宙的）語言、熟悉了它的文字，否則我們將無法讀懂它。這是用數學的語言寫就的，它的字母就是三角、圓以及其他幾何圖形，沒有這些手段，即使只想理解一個字也是非人力所能及的。」[22]

但是數學家往往以其在所有科學家中最不具實用價值而自鳴得意。數學越抽象越無用越好。早在二十世紀八〇年代初，藍道爾還是大學生的時候，她就走向了一個不同的方向，促使她這樣做的，是她熱衷於物理學可以建立宇宙「模型」這一想法。當我們物理學家初次提出一項新理論的時候，它不是簡單地建立在一堆方程式上的。新的物理理論往往是建立在一個簡化的、在理想條件下與某一現象接近的模型上。這些模型通常非常圖形化、直觀化、簡單易懂。例如，夸克模型，就是建立在質子中有三個小的夸克構成這一想法之上。簡單的以物理圖像為基礎的模型，就足以解釋宇宙中的很多現象，這給藍道爾留下了深刻印象。

二十世紀九〇年代，她對M理論、對整個宇宙有可能只是一片膜產生了興趣。她開始專攻重力中可能最令人困惑不解的特徵，即，它的力是天文數字般地小。無論是牛頓還是愛因斯坦都沒有涉及這一基本而又神秘的問題。宇宙中其他三種力（電磁、弱作用力和強作用力）的強度大致都差不多，而重力卻大相徑庭。

特別是，夸克的質量與量子重力相關的質量相比還要小得多。「這個差距不小，這兩種質量標度之間相差十六個量級！只有能夠解釋這種巨大比值的理論，才可能擔當起標準模型的理論基礎。」藍道爾說。[23]

正是因為重力是如此之弱，才能解釋恆星為什麼如此之大。地球，連同其海洋、山巒及大陸，在與巨大的太陽相比之下，只不過像一個小小的斑點。但因為重力是如此之弱，需要用整個恆星的質量才能把氫擠壓到能夠克服質子中的電斥力。所以恆星如此巨大是因為重力與其他各種力相比太弱之故。

由於M理論在物理學中激起了這麼多的轟動，有幾個研究小組就試圖把這項理論應用到我們這個宇宙。假設宇宙是一個三維膜，漂浮在一個五維世界中。這時，三維膜表面的振動就對應於我們身邊所看到的原子。這樣，這些振動就永遠不會離開三維膜，也因此不能漂移到第五維度中去。即使我們的宇宙漂浮在第五維度中，我們的原子也不會離開我們的宇宙，因為它們代表的是三維膜表面的振動。這樣就可以回答卡魯扎和愛因斯坦在一九二一年提出的問題：第五個維度在哪裡？回答就是：我們正漂浮在第五維度中，但我們無法進入第五維度，因為我們的身體附著在三維膜的表面。

但這麼一幅圖像中有一個潛在的毛病：重力代表著宇宙的曲率。因此，我們可能會天真地以為重力會

【21】Cole, p.174

【22】Wilzcek, p.138

【23】www.edge.org, Feb. 10, 2003

填滿所有的五維空間，而不僅僅是三維膜。這樣一來，重力一旦離開三維膜就會被稀釋，使重力弱化。對於支持這項理論來說這是個好事，因為我們所知道的重力恰恰比其他各種力弱得多。但是它把重力弱化得太多了，這將違反牛頓的平方反比定律，而事實上，平方反比定律與行星、恆星以及星系的情況是完全相符的。在空間中的任何地方我們都找不到重力的立方反比定律。（想像房間中一顆點亮的燈泡，燈光散佈為一個球體。光的強度隨球體的外延而減弱。這樣，如果你把球體的半徑加大一倍，光在球體中散佈的範圍就擴大為四倍。一般而言，如果一個燈泡存在於一個 n 維空間，那麼，當半徑升至第 n－1 次冪，球體的範圍也隨著擴大，光的強度也被稀釋了。）

為回答這個問題，一組物理學家，包括 N．阿爾卡尼－哈米德（N. Arkani-Hamed）、S．迪莫普羅斯（S. Dimopoulos）和 G．德瓦利（G. Dvali）提出，也許第五維不是漫無邊際的，它也許就像 H．G．威爾斯的科幻小說中所說的那樣，離開我們一公釐，漂浮在我們頭頂上。（假如第五維大於一公釐的話，它違反牛頓平方反比定律的程度就可以測定出來。）如果第五維只離我們一公釐遠，就可以在非常短的距離上尋找對牛頓萬有引力定律的微小偏差，從而對這項預測進行測試。牛頓的萬有引力定律在天文距離上很有效，但從未有人在一公釐的距離上對它進行測試。實驗人員現正爭先恐後地做測試，尋找對牛頓平方反比定律的微小偏差。其結果目前成了幾項正在進行實驗的研究對象，我們將在第九章談到它。

藍道爾和她的同事拉曼．桑壯（Raman Sundrum）決定採用一種新的方式，來重新檢查，看第五維是否有可能並非離我們一公釐遠，而可能甚至是無窮的。為了要做到這點，他們先要解釋為什麼第五維度可以無窮大，而同時又不破壞牛頓的萬有引力定律。正是在這裡，藍道爾找到了一個解決這個難題的可能答案。她發現，三維膜有其自己的重力牽引，可以防止重力子自由漂移到第五維度中去。由於三維膜的重力作用，重力子只能附著在三維膜上（就像蒼蠅被黏在黏蠅紙上那樣）。這樣，當我們試圖測定牛頓定律的時候，我們會發現，它在我們的宇宙是近似正確的。重力在離開三維膜，漂移進第五維度時被稀釋和弱化，但程度並不很嚴重：因為重力子仍然受到三維膜的吸引，所以平方反比定律大致上仍然存在。（藍道爾也引進了與我們的膜平行存在的第二個膜的可能性，如果計算兩片膜之間微妙的相互重力作用，我們可以對它進行調節，這樣就可以用數字來說明重力的微弱性）。

「第一次有人提出用額外的維度可以作為解決（層級問題）的一種可能的選擇辦法時，人們相當興奮。」藍道爾說，「一開始，額外的空間維度可能看起來像個瘋狂的想法，但是有非常具說服力的原因使人相信，確實存在額外的空間維度。」【24】

如果這些物理學家是對的，那麼重力的強度就與其他各種力沒有兩樣，只不過因為它洩漏了一部分到更高維度的空間，因而減弱了。這一理論造成的深遠意義是，使這些量子效應達到可檢測程度的能量，可能不是過去人們以為的普朗克能（10^{19}億電子伏特）。也許只需要幾兆電子伏特就夠了，這樣，大型強子對撞機在這個十年期內就有可能找出量子重力效應了。這在實驗物理學家中激起了相當的興趣，競相搜尋次原子粒子標準模型以外的奇異粒子。也許，量子重力效應離我們已經近在咫尺了。

膜理論還為暗物質之謎提供了說得通的答案，雖然還只是猜測性的。在H‧G‧威爾斯的小說《隱形人》中，主人公懸浮在第四維度中，因此而變得不可見。同理，想像有一個平行世界恰好懸在我們的宇宙

【24】 www.edge.org, Feb. 10, 2003

之上。在那個平行宇宙中的任何星系對我們來說都是不可見的。但因為重力是由超空間的彎曲造成的，所以重力可以在宇宙間跳躍。在另一個宇宙中的任何大的星系都可以越過超空間而被我們這一宇宙中的一個星系所吸引。這樣，當我們測定我們這一星系的特性時，我們就會發現，它的重力牽引會比根據牛頓定律預期的要強得多，因為它的身後正藏著另一個星系，在附近的一層膜上漂浮著。這個躲在我們這一星系身後的隱藏星系，由於是漂浮在另一個維度中，所以是完全看不到的，但它會看起來像是包圍著我們這一星系的光暈，含有百分之九十的物質。因此，暗物質有可能是由平行宇宙的存在而造成的。

相互碰撞的宇宙

現在就把M理論應用到嚴肅的宇宙學可能有點為時過早。然而，物理學家已經嘗試應用這一新的「膜物理學」，以便為宇宙研究中通常採用的暴脹方法加進新意。有三種可能的宇宙學引起人們注意。

第一種宇宙學試圖回答這樣的問題：為什麼我們生活在四維時空中？原則上，M理論在11個維度以下都可以成立，所以，為什麼單單是四個維度，似乎是件神秘莫測的事。羅伯特·布蘭登伯格（Robert Brandenberger）和庫姆蘭·瓦法（Cumrun Vafa）猜測，這也許是由弦的幾何特性造成的。

在他們設定的場景中，宇宙是以完美的對稱起始的，所有較高維度都在普朗克尺度上緊緊地捲起。阻止宇宙擴張的是一個環套又一個環套的弦，緊緊地纏繞在各個維度周圍。想像一個壓緊的彈簧圈被弦緊緊地纏繞著不能張開。如果弦綳斷了，彈簧圈會突然彈開擴張。

在這些微小的維度中，由於既有弦的纏繞，又有反弦的纏繞（大體上來說，反弦與弦的纏繞方向相反），所以阻止了宇宙的擴張。如果弦和反弦相撞，它們就會消失掉，就像解開了一個結，結就不復存在了一樣。在非常大的維度中，「地方」要大得多，弦和反弦很少能碰撞到，也從來不能解開。然而，布蘭登伯格和瓦法顯示，在三個以下的空間維度中，弦與反弦碰撞的可能性就比較大了。一旦發生這種碰撞，弦就解開了，這些維度就迅速向外四散彈開，形成了大霹靂。這幅圖像引人入勝之處，在於弦的拓撲學特性大致解釋了為什麼我們能夠看到我們周圍熟悉的四維時空。更高維度的宇宙是可能的，但不大可能被看到，因為它們仍被弦和反弦緊緊地包裹著。

但是M理論中也還有其他的可能性。如果宇宙可以互相擠壓，或從一個中爆出另一個，產生出新的宇宙，那麼說不定相反的過程也有可能發生；若干宇宙可以碰撞，其間產生出火花，繁衍出新的宇宙。在這種情況下，大霹靂的出現也許是因為兩個平行的膜宇宙之間發生了碰撞，而不是孕育出了一個宇宙。

這第二個理論是由普林斯頓大學的保羅．斯坦哈特（Paul Steinhardt）、賓夕法尼亞大學的伯特．歐弗魯特（Burt Ovrut）和劍橋大學的尼爾．杜洛克（Neil Turok）提出的，他們創立了「火劫」（ekpyrotic）宇宙（希臘文ekpyrotic的意思是「大火災」）學說，以便包容M膜圖像中的新特性，其中，有些額外的維度可以很大，甚至無窮大。他們從兩個平坦的、同樣性質的，而且是平行的三維膜著手，它們代表一種最低能量狀態。起初它們是空寂寒冷的宇宙，但重力逐漸把它們拉到一起。最後它們發生碰撞，碰撞產生的巨大動能轉化為構成我們宇宙的物質和輻射。有人把這叫做「大劈開」（big splat）理論，以區別於大霹靂理論，因為它是由兩個膜的碰撞造成的。

碰撞的力量把兩個宇宙互相推開。隨著這兩個膜互相越離越遠，它們迅速冷卻，形成我們今天看到的這個宇宙。冷卻和膨脹持續幾兆年，直到宇宙的溫度達到絕對零度，其密度在一千兆（quadrillion）立方光年[25]的空間中只有一個電子。這樣，宇宙實際上就變成了一片空蕩死寂。但是重力繼續吸引兩片膜，直至幾兆年以後，它們再次相撞，這個循環周而復始。

這種新的描述能夠得出符合暴脹說的結果（例如均勻度和統一性等）。它還解決了宇宙為什麼這麼平坦的問題——因為作為兩片膜，它們一開始就是平坦的。這個模型還可以解釋視界問題（horizon problem），即，為什麼宇宙從一切方向上看過去都是這樣驚人地均衡。這是因為膜已經經歷了很長的時間來逐漸達到平衡。這樣，暴脹學說以宇宙猛然膨脹來說明視界問題，而這個學說則以相反的方式來說明視界問題：宇宙是以慢動作達到平衡的。

（這同時也意味著，超空間中可能還懸浮著其他膜，將來可能會與我們這個膜碰撞，造成另一次大劈開。由於我們的宇宙事實上正在加速膨脹，所以另一次碰撞實際上是可能的。斯坦哈特補充說：「說不定宇宙膨脹加速正是這場碰撞的前奏，這讓人想起來不寒而慄。」）

任何公然挑戰占主流地位的暴脹說所描述的情景，都註定會引起激烈的反響。事實上，這篇論文放到網上不到一個星期，林德和他的妻子列娜塔·卡洛許（Renata Kallosh，她本人就是個弦理論家）以及多倫多大學的列夫·霍夫曼（Lev Kofman）就發表了對這一學說的批評文章。林德批判了這個模型，因為凡是像兩個宇宙相撞那樣的大災難，都可能造成一個奇異點，其溫度和密度都接近無窮。「那就好比有人向黑洞中扔進一把椅子，黑洞會把椅子的粒子蒸發掉，而那人卻還說椅子的形狀依然存在一樣。」林德駁斥道。[26]

斯坦哈特反駁說：「從四維空間看來好像奇異的東西，在五維空間則未必如此……當兩片膜擠到一起時，第五維度會暫時消失，但膜本身並不消失。所以密度和溫度不會升至無窮，而時間依然持續。雖然這時廣義相對論已錯亂，但弦理論不會。而且我們的模型中曾經看來像是災難性的東西，現在看來是可掌控的。」

斯坦哈特所依仗的是M理論的威力，眾所周知該理論可以消除奇異性。事實上，理論物理學家需要有量子重力理論的初衷，本來就是要消除一切無窮大。然而林德指出了這一學說中存在的一個概念上的弱點，即膜從一開始就存在於一種平坦均衡的狀態之中。「如果你從理想狀態著手，你也許確實能解釋眼前看到的現象……但你還是沒能解釋這個問題：宇宙為什麼一定會在理想狀態中開始呢？」【27】林德問道。斯坦哈特回答說：「平坦加平坦等於平坦。」【28】換句話說，你只能從一開始就把膜設想為處在最低能量狀態上，而在這種狀態下它只能是平坦的。

阿蘭·古斯則保持了開放態度。「我想斯坦哈特和杜洛克還遠未能證明他們的學說。但他們的想法無疑值得一看。」【29】他說。他反過頭來又向弦理論家們發起進攻，要求他們解釋暴脹學說，「從長遠觀點來看，我認為弦理論和M理論不可避免地需要把暴脹學說納入進來，因為暴脹學說顯而易見地回答了它所要

【25】譯註：10^{15}立方光年。
【26】Seife, p.197
【27】*Astronomy* magazine, May 2002, p.34
【28】*Astronomy* magazine, May 2002, p.34
【29】*Discover* Magazine, Feb.2004, p.41

解決的問題，也就是為什麼宇宙是如此均衡平坦的。」【30】於是他問了這樣一個問題：M理論能夠推導出膨脹過程的標準圖像嗎？

最後，還有另一個參與角逐的宇宙理論，它運用的是弦理論。這就是加布里爾．維內齊亞諾的「前大霹靂理論」（pre-big bang theorty），維內齊亞諾就是早在一九六八年幫助創立了弦理論的物理學家。根據他的理論，宇宙開始的時候實際是一個黑洞。如果我們想知道黑洞裡面是什麼樣子，我們只須向外看即可。

根據這項理論，宇宙實際已經歷了無窮歲月，是在遙遠的過去以近乎空寂寒冷的狀態開始的。重力作用開始在宇宙各處創造出物質的團塊，它們逐漸凝縮成一些密度極大的區域，最終變成黑洞。每個黑洞開始形成事件視界，把事件視界的外部與事件視界的內部永久分隔開。在每個事件視界之內，物質繼續在重力作用下收縮，直至黑洞最終達到普朗克長度。

這個時候，弦理論開始作用。普朗克長度是弦理論所允許的最小長度。這時黑洞開始以巨大的爆炸力發生反彈，造成大霹靂。由於這一過程可能在宇宙各處反覆出現，這意味著，在遙遠的地方還可能有其他的黑洞／宇宙。

（我們的宇宙可能是一個黑洞這一想法其實並不像它看起來的那樣離譜。我們直覺上認為，黑洞一定有極高的密度，有巨大的、能把一切碾碎的重力場，但實際並不總是這樣。黑洞事件視界的大小是與黑洞的質量成比例的。黑洞的質量越大，它的事件視界就越大。但是，事件視界越大，物質鋪開的體積就越大；結果，隨著質量加大，密度實際會減小。事實上，如果一個黑洞的重量與我們的宇宙一樣，它的體積就會與我們這一宇宙接近，而且它的密度會相當低，可與我們的宇宙相比。）

然而一些天文物理學家對於把弦理論和M理論應用在宇宙學不以為然。位於加州大學聖塔克魯茲分校的喬爾．普里馬克（Joel Primack）就不像其他人那樣客氣了：「我認為在這件事情上大做文章很愚蠢……這些論文中所提出的想法本質上是無法驗證的。」[31]我們只有讓時間去評判普里馬克是不是正確，但因為弦理論的進展步伐在加快，我們也許不久就會找到這一問題的確切答案，它也許會由我們的人造衛星提供。在第九章我們將會看到，二○二○年之前將送上外太空的新一代重力波探測器，像LISA〔雷射干涉太空天線〕，將使我們得以排除或者驗證其中一些理論。例如，如果暴脹理論是正確的，LISA應該能探測到原始膨脹過程所產生的劇烈重力波。然而「火劫宇宙」學說預言宇宙之間的碰撞是緩慢發生的，因此重力波也會弱得多。LISA應能從實驗的角度排除其中一項理論。換句話說，原始大霹靂產生的重力波所包含的資訊，將足以確定哪一種學說正確。LISA將能夠首次針對暴脹說、弦理論和M理論給出硬碰硬的實驗結果。

微型黑洞

由於弦理論本質上是整個宇宙的理論，所以要對它進行直接測試就需要在實驗室中建立一個宇宙（見

【30】*Astronomy* magazine, May 2002, p.39

【31】*Discover* Magazine, Feb.2004, p.41

第九章）。一般情況下，我們預期重力的量子效應會在普朗克能量條件下出現，這比我們最強大的粒子加速器還要強大一百萬的四次方倍，因此不可能對弦理論進行直接測試。但是，如果在離我們不到一公釐的地方確實存在著一個平行宇宙，那麼，使統一和量子效應出現所需的能量可能就會相當低，我們的下一代粒子加速器，例如大型強子對撞機（ＬＨＣ）就有能力做到。這反過來又引發了對黑洞物理學的研究熱潮，其中最令人興奮的就是「微型黑洞（mini-black hole）」。微型黑洞的表現如同次原子粒子，它們是一種「實驗室」，在其中人們可以對弦理論中的一些預言進行測試。有了大型強子對撞機就有可能創造出微型黑洞，物理學家們為此而興奮。（微型黑洞小到與電子的大小差不多，所以不怕它們會吞下整個地球。一般到達地球的宇宙射線，其能量都超過了這些微型黑洞，但並沒有對地球造成不利影響。）

黑洞以次原子粒子的形象出現，雖然聽起來頗具顛覆性，但其實是個早已存在的想法，它是愛因斯坦於一九三五年首次提出的。在愛因斯坦看來，肯定存在著一個統一場理論，在其中，由次原子粒子構成的物質可以被看成是空間－時間結構中的某種扭曲現象。在他看來，像電子那樣的次原子粒子實際上是一些捲曲空間的「扭折」或蟲洞，它們只是在一定距離上看起來像粒子。愛因斯坦和納森．羅森一起玩味著電子可能實際上是喬裝起來的微型黑洞這樣一種想法。他以他的方式，想把物質納入這一統一場理論，它最終會把次原子粒子降解為純幾何學。

微型黑洞後來又被史蒂芬．霍金再次提出，他證明，黑洞一定會蒸發，並發射出一絲微弱的能量。黑洞在億萬年間不斷地散發能量，以致於逐漸縮小，最終變得像次原子粒子那樣的大小。

弦理論現在又再次引進了微型黑洞的概念。回想一下，黑洞是在大量的物質被壓縮到其史瓦西半徑以內的時候形成的。由於物質和能量可以互相轉換，因此黑洞也可以透過壓縮能量而製造出來。大型強子對撞機是不是能夠在十四兆電子伏特的能量下將兩個質子對撞，從由此產生的碎塊中製造出微型黑洞，對此人們頗為期待。這些黑洞將非常之小，可能只有一個電子質量的一千倍那麼重，而且可能只持續10^{-23}秒。但是在大型強子對撞機所創造出來的次原子粒子軌跡中清晰可辨。

物理學家們還希望，外太空的宇宙射線中說不定也包含微型黑洞。設在阿根廷的皮埃爾．奧格宇宙射線觀測站非常敏銳，能夠探測到科學史上所記錄過的幾次最大的宇宙射線爆發。由於宇宙射線在到達地球的高層大氣時，會產生具有明顯特徵的輻射簇射，人們希望，可以從中自然找到微型黑洞。一項計算表明，奧格宇宙射線探測器每年或可發現十次由微型黑洞引發的宇宙線簇射。

說不定在這十年之內，設在瑞士的大型強子對撞機或阿根廷的奧格宇宙射線探測器就會探測到微型黑洞，這可能就會提供出良好證據，證明平行宇宙的存在。雖然它未必能夠一勞永逸地證明弦理論是正確的，但它可以使整個物理學界信服弦理論與所有的實驗結果都吻合，是正確的方向。

黑洞與訊息弔詭

弦理論還可以對黑洞物理學中一些最深刻的弔詭做出揭示，例如訊息弔詭。正如你可能知道的，黑洞並非一片純黑，而是通過隧道效應發出少量輻射。根據量子理論，輻射總有那麼一點機會逃逸黑洞如老虎鉗般緊夾的重力。這導致輻射從黑洞中緩慢洩漏，稱為霍金輻射。

這種輻射本身又與一定的溫度相聯繫（與黑洞事件視界的表面積成比例）。對這個方程式，霍金做了一個概括性的推導，但牽涉的許多論據薄弱。然而，要對這個結果進行嚴謹的推導，就需要動用統計力學的全部威力（以計算黑洞的各種量子態為基礎）。通常情況下，統計力學的計算是通過計數原子或分子能佔據多少態來完成的。但你怎樣才能計數黑洞的量子態呢？根據愛因斯坦的理論，黑洞是完全光滑的，這樣，要計數它的量子態就成了難題。

弦理論家們迫切需要合攏這一缺口，於是，哈佛大學的安德魯·施特羅明戈和庫姆蘭·瓦法決定運用M理論對黑洞進行研究。由於黑洞本身太難以掌握了，他們採用了另一種方式，問了一個聰明的問題：黑洞的對偶是什麼？（我們知道，電子是磁單極的對偶，例如單獨一個北極。因此，通過觀察弱電場中的電子，這很容易做到，我們就可以對一項複雜得多的實驗進行分析：放置在非常大的磁場中的單極子。）這個想法是，黑洞的對偶會比黑洞本身易於分析，但它們所能得出的最終結果卻可能是一樣的。經過一系列的數學處理，他們得以證明，黑洞的對偶是一組一維膜和五維膜。這省去了大量的麻煩，因為這些膜的量子態計數已經為人所知。當施特羅明戈和瓦法計算量子態的數量時，他們發現，其結果分毫不差地再現了霍金所得出的結果。

這是個皆大歡喜的消息。弦理論有時被取笑為與現實世界不相干，結果卻為黑洞熱力學提供了可能是最為優雅的解。

現在，弦理論家們正試圖解決黑洞物理學中最大的難題：「訊息弔詭」。霍金曾經論證說，如果你把什麼東西扔進黑洞中去，那麼它所攜帶的訊息就永遠丟失了，再也找不回來。（要進行一項無懈可擊的犯罪，這可是個妙招。因為扔進黑洞裡去的訊息會永遠消失，罪犯可以利用黑洞來銷毀一切犯罪證據。）從一定的距離上，我們可以測量黑洞的唯一參數就是它的質量、自旋和電荷。不論你把什麼東西扔進黑洞，你就失去了它的一切訊息。（「黑洞無毛」這一說法指的就是這個，即，一切訊息都丟失了，除了這三個參數外，連一根毛也沒留下。）

根據愛因斯坦的理論，訊息從我們這個宇宙中消失似乎是不可避免的結果，但這違反了量子力學的原理。根據量子力學，訊息永遠不可能真正消失。訊息一定會飄蕩在我們宇宙中的某個地方，哪怕原來那個東西被丟入黑洞。

「多數物理學家願意相信，訊息沒有丟失，」霍金寫道，「只有這樣，世界才是安全的，可預知的。但我相信，如果我們認真看待愛因斯坦的廣義相對論，我們就必須接受，空間時間有可能把自己打成了結，訊息有可能在褶縫中消失。確定訊息是不是真的會消失，是當今理論物理學要解決的主要問題之一。」【32】

這項使霍金陷入與多數弦理論家論爭的弔詭到現在也還沒有解決。但弦理論家們打賭，我們最終會找到失去的訊息究竟去了哪裡。（例如，如果你把一本書扔進黑洞，而蒸發著的黑洞有霍金輻射，不難想像書中所包含的訊息會以霍金輻射所包含的微小振動形式，慢慢溜回我們的宇宙中。或者，它會從黑洞另一端的白洞中再冒出來。）這就是為什麼我個人覺得，當有人最終計算出當訊息消失在弦理論中的黑洞之後會發生什麼情況時，他們會發現，訊息沒有真正丟失，而是以微妙的形式在其他地方再次出現。

二〇〇四年，霍金的態度令人吃驚地逆轉，他在電視的鏡頭前聲明他對有關訊息問題的看法錯了，因而上了《紐約時報》的首頁。（三十年前他和其他的物理學家打賭，說訊息絕不會漏到黑洞的外面，誰要

【32】Greene1, p.343

是輸了，就要給贏者一本容易提取資訊的百科全書）。他重新進行了某些他早期的計算，得出結論說：如果一個像書這樣的物體掉進黑洞，這樣的物體可能會干擾黑洞發射的輻射場，使訊息洩漏到宇宙中。書中所含的訊息會編碼在輻射中，慢慢洩漏出黑洞，但是是以一種毀壞的形式向外洩露的。

一方面，這樣一來霍金就與大多數相信訊息不會丟失的量子物理學家一致了。但是它也提出這樣一個問題：訊息可以傳遞到平行宇宙中去嗎？在表面上，他的解答對訊息可以通過白洞傳遞到平行宇宙的想法產生了疑問。然而，沒有人相信這是該課題的最後結論。在弦理論完全建立之前，或進行完全的量子重力計算之前，沒有人相信訊息弔詭會得到完全解決。

全息宇宙

最後，M理論還有一項相當神秘的預言，至今仍沒有人理解，但可能在物理學和哲學方面產生影響。而且這個結果讓我們不得不問這樣一個問題：宇宙是一幅全息圖嗎？有沒有一個「影子宇宙」，我們的身體以壓縮的二維形式存在其中？這就又提出了另一個同樣令人不安的問題：宇宙是一個電腦程式嗎？可以把宇宙放到一片CD光碟上，供我們在閒暇之餘播放嗎？

現在，信用卡上、兒童博物館中以及遊樂園等地方都可以看到全息圖。它們的不尋常之處在於，它們可以在二維平面上再現完整的三維圖像。一般情況下，當我們看著一幅照片，然後轉動我們的頭部時，照片上的圖像不會有變化。但全息圖不同。當我們看著一幅全息圖，並移動我們的頭部，我們發現圖片在變化，就像我們從窗戶裡或鑰匙孔裡看東西一樣。

（全息圖有可能最終使人生產出三維電視和電影。將來，也許我們會在自己的起居室中一邊休息，一邊欣賞著牆上的螢幕，那上面展示著遙遠地方的完整的全息圖像，看壁掛電視猶如從窗戶裡望著一片嶄新的風景。另外，如果壁掛螢幕做成筒狀，把我們的起居室安排在它的當中，我們就會覺得彷彿來到了一個新世界。無論我們朝哪裡看，我們見到的都是這個新世界的三維圖像，與真實世界難辨真偽。）

全息圖的實質，是它的二維平面包含了再現三維圖像的所有資訊。（在實驗室中製作全息圖，是用雷射照射感光片，並使光線與原有光源上發出的雷射產生干擾。兩個光源的干擾產生出一個干涉圖像，將形象「凍結」在二維感光片上。）

有些宇宙學家推測，這也可能運用到宇宙本身，也可能我們就生活在全息圖中。這一奇特的猜測源自黑洞物理學。貝肯斯坦和霍金推測，黑洞中包含的全部訊息量與事件視界的表面積（是球形的）成比例。這是個奇怪的結論，因為通常一個物體中所存放的資訊是與其體積成比例的。例如，一本書中所存有的訊息量是與這本書的大小，而不是與其封面的表面積成比例的。我們憑直覺就知道，不能以封面來評判一本書。但這種直覺對黑洞不起作用：我們可以從黑洞的表面瞭解它的全部。

我們可以不去理睬這一奇特的假說，因為黑洞本身就是一種怪異的東西，在它們那裡，正常的直覺都不起作用。然而，這個結果對M理論也適用，而M理論可以對整個宇宙做出我們最好的描述。一九九七年，現在在普林斯頓的高等學術研究所工作的胡安．馬爾達西那（Juan Maldacena）證明，弦理論可以推導出一種新型的全息宇宙學說，引起了不小的轟動。

他從一個經常出現在弦理論和超重力理論中的五維「反德．西特爾宇宙」著手。德．西特爾宇宙有一個正的宇宙學常數，造成一個加速膨脹中的宇宙。（我們記得，我們的宇宙當前最好的描繪是德．西特爾宇宙，具有一個宇宙學常數以越來越快的速度將星系推開，反德．西特爾宇宙則有一個負的宇宙學常數，因此會引向內爆）。馬爾達西那證明，在這一個五維宇宙與它的「邊界」之間存在著對偶性，而這個「邊界」則是個四維宇宙[33]。尤為奇怪的是，任何生活在這個五維空間的存有，從數學上說就等於生活在這個四維空間的存有。沒有任何辦法可以把它們區分開。

讓我們做一個粗略的比喻，設想在魚缸中游動的金魚。這些魚認為它們的魚缸就等於全部現實世界。現在再設想，這些金魚的二維全息圖像被投射到了魚缸的表面。這一圖像精確再現了原來的金魚，只不過它們現在是平面的。魚缸中的魚的每個動作都在魚缸表面的平面圖像中得到反映。在魚缸中游動的魚和生活在魚缸表面平面圖像中的魚都認為它們自己是真魚，對方是幻象。兩種魚都是活的，都像真魚一樣地活動。那麼哪種說法是正確的？事實上兩者都對，因為它們在數學上是相等的，無法區分的。

使弦理論家們感到興奮的是，五維反德．西特爾空間是相對比較容易計算的，而四維場論則是出了名的難以處理。（即使是在今天，經過了幾十年的艱苦努力，我們最強大的電腦仍然無法解出四維夸克模型，得出質子和中子的質量。夸克方程式本身相當容易理解，但是事實證明，在四個維度中解這些方程式，以便得出質子和中子的特性要比原來想像的困難。）其中一個目標，就是運用這一奇異的對偶性來計算質子和中子的質量和特性。

這一全息對偶性還可以有一些實際用途，例如用來解決黑洞物理學中的訊息弔詭。在四個維度中，要想證明我們把物體扔進黑洞之後訊息並沒有丟失，是極度困難的。但是這樣一個空間是一個五維世界的對偶，在五維世界中，訊息永遠不會丟失。人們希望，在四個維度中很難解決的問題（如訊息難題、計算夸克模型的質量等）最終可以在五個維度中解決，五個維度中的數學要簡單些[33]。而且始終有這種可能：這個比喻實際上確實反映了真實世界，我們確實是作為全息圖像存在著。

宇宙是一個電腦程式嗎？

我們前面已經提到過，約翰·惠勒相信所有的物理現實都可以被降解為純資訊。貝肯斯坦把黑洞資訊的思想又向前推進一步，進入了一個未知水域，他問：整個宇宙會是一個電腦程式嗎？我們有可能只是一張宇宙CD光碟上的位元嗎？

關於我們是不是生活在電腦程式中這個問題，被《駭客任務》這部影片絕妙地搬上了銀幕，那些異類們把一切物理現實都降解為一套電腦程式。億萬的人類都以為自己在過著日常生活，忘記了這一切只不過是由電腦創造出來的幻覺，而他們的真身則在艙室中熟睡，被異類們當做能源來使用。

在這部影片中，你可以運行小一點的電腦程式，用以產生出微型的人工現實。如果誰想要成為功夫

【33】更準確地說，馬爾達西那所證明的，是II型弦理論壓縮為一個五個維度的反德·西特爾空間後，就成為處在其邊界上的四維共形場論的一個對偶。人們原本希望，在弦理論和四維QCD（量子色動力學）之間可以建立起這一怪異對偶性的修改版本：強相互作用理論。如果可以建立起這種對偶性，那就是一項突破，因為那樣一來，說不定就有可能直接從弦理論中對像質子那樣的強相互作用粒子的特性進行計算了。然而目前這一願望還沒有實現。

大師或直升機飛行員，只須在電腦中插入一張CD光碟，程式就輸入我們的大腦，剎那間人就學會了這些複雜的技能。隨著CD光碟運行，一個全新的亞現實被創造出來。但這又提出了一個饒有興味的問題：現實中的一切真的都可以放在一張CD光碟上嗎？要給億萬熟睡中的人類模擬出現實來，所需要的電腦威力絕對驚人。但從理論上來說：真的可以把整個宇宙數位化，存放在一段有限的電腦程式中嗎？

這個問題的根源要回溯到牛頓的運動定律，它在商業活動和我們的日常生活中有非常實際的應用。馬克·吐溫的一句話很出名：「每個人都在抱怨天氣，但從未有人為此著手做些什麼。」現代文明哪怕連一場雷雨的過程都改變不了，所以物理學家所提的問題比這要簡易：我們能夠預測天氣嗎？能不能設計出一個電腦程式，用它來預報地球上複雜的天氣變化過程？對於每個關心天氣的人，從想要知道什麼時候可以收穫莊稼的農民，到想要知道本世紀全球暖化過程的氣象學家來說，這是一項非常實際的應用。

原則上來說，電腦可以利用牛頓的運動定律，對構成天氣的分子的活動過程做任意精確度的計算。但實踐中，電腦程式是極其粗略的，最多只能對幾天的天氣做預報，超出這個範圍就不可靠了。要預測天氣，需要確定每個空氣分子的動向——這超出了我們最強大的電腦的能力若干個量級；還有「混沌理論」和「蝴蝶效應」的問題，蝴蝶翅膀哪怕最微小的一次振動都會造成連鎖反應，如果它發生在某些節骨眼上，就會從幾百英里之外對改變天氣產生決定性的影響。

數學家們對這一情況作了總結，說可以對天氣做精確描述的最小模型是天氣本身。不對每個分子做微觀分析，最好的辦法是對明天的天氣做估測，以及對大趨勢和大格局（如溫室效應）做估測。

所以，要按照牛頓學說把世界分解為電腦程式是極其困難的，因為有太多的變數，太多的「蝴蝶」。但是在量子世界中，則會發生奇怪的事情。

我們前面已經看到，貝肯斯坦證明，黑洞所含的全部訊息量與黑洞事件視界的表面積成比例。有一種直觀的辦法來理解這一點。許多物理學家相信，最小的可能長度是10^{-33}公分的普朗克長度。這是個小到難以置信的距離，這時空間－時間不再光滑，而變成「泡沫狀」，像發起了一堆泡泡。我們可以把事件視界的球面分割成很小的正方形，每個都是普朗克長度那麼大。如果每個正方形中都存有一些資訊，那麼當我們把所有的正方形加起來，就大致得出黑洞中存有的全部訊息量。這似乎就表示，每一個「普朗克正方形」就是一個最小的資訊單位。如果事實如此，那麼貝肯斯坦就聲稱，也許訊息才是物理學的真正語言，而不是場論。如他所說：「場論由於包含無窮性，所以不可能成為最終答案。」【34】

如我前面提過的，自從有了麥可·法拉第在十九世紀所做的那些工作，物理學一直是以場的語言來描述的，場是光滑連續的，在空間－時間中的任何一個點上對磁、電、重力等的強度進行測量。但場論是以延續性的結構，而不是數位化的結構為基礎的。場可以有任何值，而數位化的數字只能代表以0和1為基礎的具體數字。這種區別就如同符合愛因斯坦理論的一塊光滑的橡膠墊和一張細密的金屬絲網之間的差別。橡膠墊可以被分割成無窮數量的點，但金屬絲網則有最小的距離，也就是網孔的長度。

貝肯斯坦提出，「終極理論決不是場的理論，甚至也不是空間時間的理論，它應該是有關物理過程中資訊交換的理論。」【35】

【34】*Scientific American*, Aug. 2003, p.65
【35】*Scientific American*, Aug. 2003, p.65

如果宇宙可以被數位化，並可以被降解為0和1，那麼宇宙的資訊總量是多少呢？貝肯斯坦估算，大約一公分見方的黑洞可存有10^{66}位元的訊息。但是如果一個一公分見方的物體可以存有大量位元的資訊，那麼他估計，可見宇宙所存有的資訊可能要多得多，絕不少於10^{100}位元的資訊（原則上可以被塞進一個直徑為十分之一光年的球體中。這個巨無霸數字是1之後跟著一百個0，被稱為一個「古戈爾〔googol〕」）。

如果這幅圖像是正確的，那麼我們就面臨著一個奇怪的局面。它可能意味著，雖然以牛頓學說描述的世界不能被電腦類比（或只能由一個與它一樣大的系統來類比），但在量子世界中，也許宇宙本身可以被放在一張CD光碟上！從理論上說，如果我們可以把10^{100}位元的資訊放到一張CD光碟上，那我們就可以在自己的起居室中坐看宇宙中的任何事件在自己眼前展開。原則上我們可以把這張光碟上的位元組重新安排或改編，讓物理現實以不同的方式展開。從某種意義上來說，人就可以擁有像上帝一樣的能力來改寫腳本。

（貝肯斯坦也承認，宇宙的全部訊息量可能比這要大得多。事實上，能夠包容宇宙訊息量的最小容積可能就是宇宙本身。如果這是正確的，那麼我們就又回到了原來的起點：能夠類比宇宙的最小系統就是宇宙本身。）

然而弦理論對於「最小距離」以及我們是否能夠把宇宙數位化並存放到一張光碟上去，提出了一個略有不同的解釋。M理論具有所謂的T對偶性。我們還記得古希臘哲學家芝諾說過，一條線可以被分割為無窮數量的點，永無止境。但今天，像貝肯斯坦那樣的量子物理學家相信，最小的距離可能是普朗克距離，是10^{-33}公分，在那個尺度上，空間—時間會變成泡狀。但M理論對此又有新說法。比方說，我們採用弦理論，把一個維度包進一個半徑為R的圓圈中。然後我們取另外一個弦，把一個維度包進一個半徑為$1/R$的圓圈中。對比這兩個相當不同的理論，我們發現它們完全一樣。

現在讓R變為非常小，比普朗克長度還要小得多。這意味著普朗克長度以內的物理學與普朗克長度以外的物理學完全一致。在普朗克長度上，空間－時間可以變為團塊和泡沫狀，但普朗克長度以內的物理學和非常大距離上的物理學則會是平滑的，實際上完全一致。

這種對偶性是一九八四年由我原來的同事，大阪大學的吉川圭二和他的學生山崎雅美首次發現的。雖然弦理論看似得出結論，認為存在一個「最小距離」，即普朗克長度，但物理學並不以普朗克長度而戛然中止。在這一新發現中，小於普朗克長度的物理學與大於普朗克長度的物理學相等。

如果這一頗富顛覆性的解釋是正確的，那就意味著，即使是在弦理論中「最小的距離」以內，也可以有一個完整的宇宙。換句話說，即使是在大大小於普朗克能量的距離之內，我們依然可以運用場論及其延續性結構（而非數位化結構）來描述宇宙。所以，也許宇宙根本不是一個電腦程式。不管怎麼說，由於這是個有明確定義的問題，所以時間會做出評判。

（此T對偶性說明我早些時候提到的維內齊亞諾大霹靂前的假想是合理的。根據該模型，黑洞塌縮至普朗克長度，然後發生「反彈」，再次發生大霹靂。這種「反彈」不是一種突然發生的事件，而是在小於普朗克長度的黑洞與大於普朗克長度的擴張中的宇宙之間的一種平滑的T對偶性。）

到盡頭了嗎？

如果M理論獲得成功，如果它的確是一項包羅萬象的理論，那麼它是否就是我們所知的物理學的盡頭呢？

回答是「不」。讓我舉個例子。雖然我們懂得象棋的規則，但懂得規則並不能使我們成為象棋大師。同理，知道了宇宙的法則並不意味著我們在理解其豐富多樣的解方面成了大師。

我個人認為，把M理論應用於宇宙學可能還為時過早，儘管它以令人驚異的方式為宇宙是如何開始的，描繪了一幅新圖像。我認為，主要的問題在於這個模型還沒有最終定型。M理論很有可能成為包羅萬象的理論，但我相信它還遠未完善。這個理論自一九六八年起就在倒著發展，而它的最終方程式至今仍未找到。(例如，吉川和我多年前證明了弦理論可以通過弦的場論形成。但M理論中與此對應的方程式現在還沒人知道。)

M理論面臨著若干問題。其一是物理學家現在沉溺在p維膜中了。發表了一系列的論文，試圖把各維度中可以存在的、多到令人眼花繚亂的各類膜進行歸類。有些膜的形狀像是帶有一個洞的麵包圈，有的像是帶有多個洞的麵包圈，還有互相交叉的膜，等等。

這使人想起了盲人智者摸象的寓言。每個人摸到了象的不同部位，於是就得出了不同的理論。一個盲人智者摸到了尾巴，於是說大象是一種一維膜（弦）。另一位智者摸到了耳朵，於是說大象是一種二維膜（膜）。最後一位說前兩位都錯了。他摸到的是象腿，感覺像樹幹一樣，這第三位智者就說大象實際是一種三維膜。因為他們是盲人，他們無法看到整體的畫面，不知道一維膜、二維膜和三維膜加在一起只是一種動物，一頭大象。

同樣，很難相信，M理論中所發現的幾百種膜能夠有什麼根本性的意義。目前我們對M理論還沒有形成全面理解。根據我目前所做的研究工作，我個人的觀點是，這些膜和絃代表的是空間的「縮影」（condensation）。愛因斯坦試圖以純幾何方式來描述物質，把它們看做是時空結構中的某種「扭折」。例如我們的床單上出現了一個扭折，這個扭折會發展，如同它自己有生命一樣。愛因斯坦試圖建立電子和其他基本粒子的模型，把它們比做時空幾何中的某種紊亂現象。雖然他最終失敗了，但這一想法可以在M理論中高得多的層面上再生。

我相信愛因斯坦的思路是正確的。他的想法是通過幾何學來產生次原子物理學。愛因斯坦的策略是為點狀粒子找出幾何模擬，但我們可以對此進行修改，為由純空間—時間構成的弦和膜建立一個幾何模擬。

要理解這一方法的邏輯，一種方法是回顧一下物理學的歷史。過去，每當物理學家面臨依次排列的一系列客體時，我們就會意識到其根源處一定有某種更具根本性的東西。例如，當我們發現氫氣散發出的光譜線時，我們最終意識到，它們源自原子，源自電子圍繞原子核旋轉時作出的量子躍遷。同樣，在二十世紀五〇年代，當物理學家們遇到強粒子（strong particles）的擴散現象時，最後意識到它們不過是夸克的一些束縛態。而當面臨標準模型中夸克和其他「基本」粒子的擴散現象時，多數物理學家現在相信它們起源於弦的振動。

在M理論中，我們面臨的是各種各樣p維膜的擴散。難以相信這是一種帶有根本性的現象，因為p維膜實在太多了，同時也因為它們天然帶有不穩定性和發散性。還有一種簡單些的辦法，與追溯歷史的辦法相一致，是假定M理論源自於一種更為簡單的典範，可能就是幾何學本身。

要想解決好這個根本問題，我們需要懂得這個理論的物理原理，而不僅是其艱澀的數學原理。正如物理學家布萊恩．格林恩（Brian Greene）所說的：「目前，弦理論家的處境與愛因斯坦沒有找到等效原理相似。自從一九六八年維內齊亞諾有深刻見解的猜測以來，一項發現加一項發現，一次革命又一次革命，這項理論被逐步拼湊起來了。但是，仍然缺少一個具核心組織作用的原理，把這些發現以及這個理論的所有其他特性總攬到一個能夠包羅萬象的、成為體系的框架之中，在其中，每一個具體組成都是絕對不可缺少的。這個原理的發現，將標誌著弦理論發展中的一個轉捩點，它將以前所未見的清晰度揭示出這項理論的內在工作原理。」【36】

它還將告訴人們，迄今為止為弦理論找到的幾百萬個解究竟意味著什麼，它們每一個都代表著一個完全自成一體的宇宙。過去曾經認為，在這些數不清的解中，只能有一個解可以代表弦理論的真解。但今天，我們的想法已有了變化。迄今為止，還沒有任何一種方法可以從迄今已發現的幾百萬個宇宙模式中單單挑出一個來。有越來越多的意見認為，如果我們無法為弦理論找到一個獨一無二的解，那麼就有可能根本不存在這樣一個解。所有的解都一樣。有的只是由許多宇宙構成的多重宇宙（multiverse of universes），每一個都符合所有的物理法則。這就把我們引向了所謂的人擇原理（anthropic principle）以及存在著「設計者宇宙」（designer universe）的可能性。

【36】Greene1, p.376

第八章

設計者宇宙？

在這個體系被構建出來之前的無窮歲月中，或許也有過無數的宇宙七拼八湊生生滅滅；耗費了大量的勞動，多少次嘗試無疾而終，而在這無窮歲月中，創造世界的技藝改進了，儘管緩慢，但從未中斷。

——大衛·休謨（David Hume）

在我還在讀小學二年級的童年，我的老師不經意地說過一句話，使我永生不忘。她說：「上帝太愛地球了，所以他把地球放在了離太陽正合適的距離上。」作為一個六歲的孩子，這一簡單而有力的論斷使我恍然大悟。如果上帝把地球放得離太陽太遠，那麼海洋就會凍結。如果他把地球放得太近，那麼海洋就會被煮沸。對於她來說，這不僅意味著上帝確實存在，而且他還是仁慈的，他那麼愛地球，所以他把地球放在離太陽正合適的距離上。這使我深受觸動。

今天，科學家們說地球生活在離太陽一定距離的「適居區」中，正好可以使液態水這種「萬能溶劑」存在，以便進行能產生生命的化學反應。如果地球離太陽再遠些，它可能就變得像火星一樣，是一片「冰封沙漠」，冰點溫度在那裡造成了嚴酷荒涼的地表，水，甚至是二氧化碳都通常被凍成固體。即使是在火星土壤下面，人們找到的也是永凍帶，一層永久凍結的水。

如果地球和太陽靠得近些，那麼它可能就會更像金星，它的大小與地球幾乎完全一樣，但大家都知道它是個「溫室行星」。由於金星太靠近太陽，由於它的大氣是由二氧化碳構成的，所以太陽光的能量被金星捉住不放，使溫度飆升到華氏九百度（五百℃）。由於這個緣故，在太陽系中平均來看，金星是最熱的行星。硫黃酸雨、一百倍於地球的大氣壓力、炙熱的溫度，這一切使金星成了太陽系中可能最像地獄的行星，這主要是因為它比地球離太陽近的緣故。

對我的小學二年級老師的論點進行分析的時候，科學家會說，她的說法就是人擇原理的一個例子，根據此說，自然法則是特意安排的，這樣才使生命和精神意識成為可能。這些法則究竟是來自某種更偉大的設計安排，還是意外造成的，一直是個大有爭議的話題，尤其是近些年來更是如此，因為發現了大量的「意外」或巧合，是它們使得生命和精神意識成為可能。對一些人來說，這證明有一個神，他有意把自然法則安排成使得生命以及我們人類成為可能。但對另一些科學家來說，這意味著我們是一連串「幸運巧合」的副產品。或者也許，如果你相信暴脹說及M理論的一些流派的話，還存在著由許多宇宙構成的多重宇宙。

要想理解這些觀點的複雜性，首先來想一想那些使得地球上的生命成為可能的意外和巧合。我們不僅生活在太陽的適居區之內，我們還生活在一系列其他的適居區之內。例如，我們月球的大小正好可以穩定地球的軌道。如果月球比現在小得多，即使地球自轉中少許的動盪，都會在幾千萬年期間慢慢積聚，使地球搖晃到災難性的地步，導致劇烈的氣候變化，使生命成為不可能。電腦程式顯示，如果月球不夠大（大約是地球大小的三分之一），地球的軸線在幾百萬年期間可能會移動高達九十度。由於科學家們相信，產生DNA需要有幾億年的穩定氣候，所以如果地球軸線週期性地傾斜，會給天氣造成災難性的變化，使得DNA的創造成為不可能。幸運的是，我們的月球大小「正合適」，可以穩定地球的軌道，所以這種災難不會發生。（火星的幾個衛星不夠大，不能穩住它的自轉。結果，火星正慢慢進入另一個不穩定的時期。天文學家相信，過去火星在其軸線上的搖晃可能高達四十五度。）

由於小的潮汐力作用，月球也在以大約每年四公分的速度離開地球；二十億年以後，它將離地球太遠，不能再穩定地球的自轉。這對於地球上的生命會產生災難性的後果。幾十億年以後，由於地球在其軌道上翻滾，不僅夜空中不再有月亮，我們所看到的星座也會完全不同。地球上的天氣會變得無法辨認，使生命無法持續。

華盛頓大學天文學家彼得·D·華德（Peter D.Ward）和唐納德·布朗李（Donald Brownlee）寫道：

「沒有月亮就會沒有月光，沒有月份，沒有神經病，沒有阿波羅計畫，詩詞的數量會減少，這個世界上每

天晚上都會黑暗陰沉。沒有月亮還可能就沒有了鳥類、紅杉，鯨、三葉蟲，或其他高等生命，讓地球永遠優美。」【1】

同樣，我們太陽系的電腦模型顯示，太陽系中有木星，對於地球生命來說是個萬幸的事，因為它的巨大重力幫助把小行星甩進外太空。三十五億至四十五億年前的「隕石時代」期間，幾乎用了十億年的時間才把小行星碎片和太陽系形成後遺留下來的彗星從我們的太陽系中「清理乾淨」。如果木星比現在小得多，它的重力弱得多，那麼我們的太陽系至今仍會充斥著小行星，它們會栽進我們的海洋，毀滅生命，使地球上的生命成為不可能。所以，木星同樣也是大小正合適。

我們還生活在行星質量的適居區內。如果地球再小一點，它的重力就會太弱，無法保存其氧氣。如果它太大，那麼它會留住許多原始的有毒氣體，使生命成為不可能。地球的重量「正合適」，使它保有了有益於生命的大氣成分。

我們還生活在行星容許軌道的適居區內。尤其是，除了冥王星之外【2】，其他行星的軌道都近乎圓形，這意味著太陽系中的行星之間的影響會很罕見。這也就是說，地球不會與任何巨型氣體星球靠得太近，因它們的重力會很容易地破壞地球軌道。這又是有助於生命產生的，地球需要幾億年的穩定環境。

同樣，地球也存在於銀河系的適居區內，離開其中心有三分之二的距離。如果太陽系離銀河系的中心太近，那裡隱藏著一個黑洞，其輻射場強大到使生命不可能。但是如果太陽系離得太遠，就不會有足夠的重元素，無法創造生命所必須的元素。

科學家可以舉出許多例子，說明地球位於數不勝數的適居區之內。天文學家華德和布朗李論證說，我們生活在這麼多的窄帶或適居區中，說不定地球上的智慧生命的確是銀河系中、甚至是宇宙中獨一無二的。他們列舉一系列令人嘆服的事實，說明地球上的海洋、板塊構造、氧氣含量、熱含量、地球軸線的傾角，如此等等的資料都「正合適」創造智慧生命。如果地球處於所有這些非常狹窄的範圍中的哪怕一個之外，都不會有我們在這裡談論這個問題了。

難道真是因為上帝愛地球，才把它放置在所有這些適居區當中？有可能。然而，我們也可以得出另外一個無需藉助神力的結論。也許宇宙中有幾百萬顆死行星，它們確實離自己的太陽太近，它們的月亮太小，它們的木星太小，或者它們離自己的銀河系中心太近。換句話說，對於地球來說，存在於適居區中未必意味著上帝情有獨鍾；它可能僅僅是個巧合，是宇宙中幾百萬個死行星中的一個罕見特例，其他的都處於適居區之外。

提出原子存在假說的古希臘哲學家德謨克利特，他曾寫道：「有無窮數量的世界，大小各異。有些世界既無太陽也無月亮。有些則不止一個太陽和月亮。各個世界之間的距離是不等的，在有些方位上世界的數量多些……如果它們互相碰撞，它們就毀滅了。有些世界中沒有動植物生命，沒有任何濕度。」【3】

事實上，到了二〇〇二年，天文學家已發現了一百個太陽系外行星在圍繞著自己的恆星轉。現在每兩個星期左右就會發現一顆太陽系外行星。由於太陽系外行星自己不發光，天文學家們是通過各種間接方式找到它們的。最可靠的辦法是觀察母恆星有沒有搖動，當有金星大小的行星圍繞著它轉的時候，它會前後

【1】Brownlee and Ward, p.222
【2】編註：本書初版於二〇〇五年，但冥王星已於二〇〇六年的國際天文聯合會正式列為矮行星，不再是行星。
【3】Barrow1, p.37

晃動。通過對晃動的恆星所發射的光的都卜勒偏移進行分析，可以計算出它移動得有多快，並可以運用牛頓定律計算出它的行星質量。

「你可以把恆星和大行星看做像舞伴一樣旋轉到各個方向，手握在一起向外伸出著。轉大一點的圈子時，外側小一點的舞伴移動的距離要長一些，內側的大一點的舞伴則只是在很小的圈子裡挪動腳步——而在那個很小的內圈上顯示出來的那種挪動，就是我們從這些恆星上看到的『晃動』。」【4】卡內基研究所的克里斯・麥卡錫（Chris McCarthy）說。這種方法現在非常精確，對一顆幾百光年遠的恆星，我們可以探測到以每秒鐘三公尺的速度出現的微小振動（輕健步伐的速度）。

還有人提出了更為別出心裁的方法來發現更多的行星。其中一種是在行星遮擋母恆星的時候找到它，當行星在恆星面前通過時，會使恆星的亮度稍微減弱。而且十五到二十年之內，NASA將把它的太空干涉衛星送入軌道，它將能夠找到外太空中較小的像地球一樣的行星。（由於母恆星的亮度蓋住了行星，這顆NASA的衛星將利用光干涉來消除掉母恆星強烈的光暈，藉此除去類似地球的行星的面紗。）

迄今為止，我們所發現的有木星大小的太陽系以外的行星中，沒有一顆像我們的地球，而且可能都是死星球。天文學家是在高偏心軌道，或者離母恆星非常近的軌道上找到它們的；在這兩種情況中，都不可能有位於適居區之內、類似地球的行星。在這種太陽系中，木星大小的行星會穿過適居區，把任何像地球一般大小的小行星拋入外太空，阻止我們所知的生命形式產生。

高偏心軌道在太空中很普遍，非常普遍，事實上，當在太空中發現了一個「正常」太陽系時，成了二○○三年的報紙頭條新聞。美國和澳大利亞的天文學家都預言了會發現圍繞著HD 70642恆星旋轉的一顆木星大小的行星。這顆行星（大約是我們的木星的兩倍大）的不尋常之處在於，它有一個圓形軌道，其比

例與我們的木星至太陽的比例大致相同。【5】

但是將來，天文學家將能夠把附近所有的恆星都歸類，從中尋找與太陽系相近的恆星系。「我們正努力把所有距離最近的二千顆類似太陽的恆星納入觀測，也就是所有一五〇光年以內類似太陽的恆星。」【6】華盛頓卡內基研究所的保羅．巴特勒（Paul Butler）說。他參與了一九九五年第一次太陽系以外的行星的發現。他說：「我們的目標是雙重的，即，對我們在太空中最近的鄰居做偵察，做第一次普查；以及為解答我們自己的太陽系究竟有多普遍或者說有多罕見這個基本問題，提供第一手資料。」

宇宙意外

要能夠創造生命，我們的行星必定經歷了幾億年的相對穩定。但是，要想製造一個穩定幾億年的世界，其難度是驚人的。

首先從原子的結構來看，質子的重量略小於中子。這意味著中子最終會衰變為質子，質子的能態要低一些。只要質子再多重百分之一，它就會衰變為中子，這樣所有的核（nuclei）就會變得不穩定，並且解

【4】www.sciencedaily.com, July 4, 2003.
【5】www.sciencedaily.com, July 4, 2003.
【6】www.sciencedaily.com, July 4, 2003.

體。原子會飛散開來，生命也就不可能了。

另一項使生命成為可能的宇宙意外，是質子是穩定的，不會衰變為反電子。實驗證明，質子壽命絕對是天文數字，它比宇宙的壽命要長得多。為了製造穩定的DNA，質子必須穩定至少幾億年。

如果強核力稍微弱一些，像氘那樣的核就會飛散，那麼宇宙中就沒有一種元素可以通過核合成在恆星內部成功組合。如果核力稍微強一些，恆星的核燃料會燃燒得太快，生命就不會存在了。

如果我們改變弱力的強度，我們會發現，生命又不可能了。微中子是通過弱核力活動的，它們在承載爆發中的超新星的能量方面具有關鍵作用。這種能量反過來又負責創造比鐵更重的元素。如果弱力稍弱一些，微中子將很難起任何相互作用，這就意味著超新星無法創造超過鐵的元素。如果弱力稍強些，微中子就可能無法正常逃脫恆星的核心，因此又不能創造出構成我們的身體及世界的重元素。

事實上，科學家列出了長長一份這類「驚喜的宇宙意外」的清單。看著這份不得不接受的清單，看到有那麼多熟悉的宇宙學常數，處在使生命成為可能的非常狹窄的範圍之中，真是令人震驚。這些意外中只要有一個被改變，恆星就將永遠不會形成，宇宙就會灰飛煙滅，DNA就不會存在，我們所知道的生命就成為不可能，地球就會翻轉或者凍結，等等。

為了說明這一切令人驚訝到了什麼程度，天文學家休·羅斯（Hugh Ross）把這比喻為，就像是龍捲風在襲擊廢物堆積場時，湊巧完整裝配出一架波音747飛機。

人擇原理

所有上面提出的這些論點回過來又被歸入到人擇原理的名下。關於這項有爭議的原理，你可以持幾種不同的態度和觀點。我前面提到過，我的小學二年級老師覺得這些「驚喜巧合」說明存在著一個宏大的設計或規劃。正如物理學家弗里曼．戴森一次說過的：「宇宙似乎知道我們要來了。」這是「強人擇原理」的一個例子，認為物理常數是經過精細調節的，它不是意外，而是暗示存在著某種設計。（「弱人擇原理」只是簡單地說，宇宙中的物理常數本來就有可能創造生命和精神意識。）

物理學家唐·佩奇（Don Page）對多年來提出的各種形式的人擇原理進行了歸納：[7]

- 弱人擇原理（weak anthropic principle）：「我們對宇宙所做的觀察，都限於我們作為觀察者所需要的生存條件。」
- 強的弱人擇原理（strong-weak anthropic principle）：「宇宙中存在許多世界……其中至少有一個世界必定會產生出生命。」
- 強人擇原理（strong anthropic principle）：「宇宙必定具有在一定的時候產生出生命的特性。」

---

[7] Page, Don. “The Important of the Anthropic Principle”, Pennsylvania State University, 1987.

- 最終人擇原理（final anthropic principle）：「宇宙中必然會發展出智慧，它一旦產生就再也不會滅絕。」

維拉·吉斯蒂亞科夫斯基（Vera Kistiakowsky）是麻省理工學院的一位物理學家，很認真看待強人擇原理，宣稱這是上帝存在的一個標誌。她說：「我們對物理世界的科學認識所揭示的這種精妙秩序只能由神性來解釋。」[8]還有一位支持這一觀點的物理學家是約翰·波金霍爾，他是一位粒子物理學家，放棄了在劍橋大學的職位，成了一位英格蘭教會的牧師。他寫道，宇宙不是「隨便一個什麼『信手拈來的世界』，它是一個特殊和專門為生命而精確調適過的，因為它是造物主的創造，是他讓它成為這個樣子的。」[9]確實，艾薩克·牛頓所提出的概念，是一些顛撲不破的法則，它們無須神的干預就可以應用於行星和恆星，但事實上，他本人相信這些優雅的法則都指向上帝的存在。

但物理學家和諾貝爾獎得主史蒂文·溫伯格對此不相信。他承認人擇原理有其吸引人之處：「人類幾乎不得不相信我們與宇宙有某種特殊關係，不得不相信人類的生命不只是宇宙最初三分鐘內一系列意外所造成的、多少有些可笑的產物，不得不相信在某種意義上我們從宇宙一開始就被安排在其中。」[10]然而他得出的結論是，強人擇原理「比神秘主義的信口胡說強不了多少」。

其他人對人擇原理的力量也不大信服。已故物理學家海因茨·斐傑斯（Heinz Pagels）一度被人擇原理所打動，但最終對它失去了興趣，因為它不具備預測功效。這個理論是無法測試的，也沒有任何辦法從中提取新訊息。相反，它所能提供的只是無窮無盡空洞的同義反覆，例如：因為我們存在，所以我們存在之類。

阿蘭．古斯也否定人擇原理，他說：「我覺得難以相信，會有什麼人在能對事物做更好的解釋時還會採用人擇原理。我倒是願意聽聽世界歷史的人擇原理……人擇原理是一種人們在想不出有什麼更有益的事情可做時，才會做的事情。」【11】

多重宇宙

另外一些科學家，像劍橋大學的馬丁．里斯爵士，相信所有這些宇宙意外證明存在著多重宇宙。里斯相信，出現這幾百項「巧合」的頻率小到難以置信的程度，而我們正生活於其中，這是個事實，要解釋這個事實，唯一的辦法就是假定存在著幾百萬個平行宇宙。在這個由許多宇宙組成的多重宇宙中，多數宇宙都是死的。質子是不穩定的。原子從不凝縮。ＤＮＡ從來沒有形成。宇宙還未發育成熟就塌縮，或幾乎直接就凍結了。但在我們這個宇宙中，一系列宇宙意外發生了，這並不是因為上帝出手干預了，而是統計學上的平均律使然。

【8】Margenau, p.52

【9】Rees2, p.166

【10】*New York Times*, Oct. 29, 2002, p.D4

【11】Lightman, p.479

從某種意義上來說，在推崇平行宇宙思想的人中，馬丁·里斯爵士是最令人意想不到的一位。他是英格蘭皇家天文學家，在代表該機構對宇宙的看法方面負有重大責任。里斯滿頭銀髮，儀表出眾，穿著方面無懈可擊，他在談及一般公眾關心的話題像是宇宙的奇蹟時，口才相當流利。

他相信，宇宙是經過精心調適的，以便生命能夠存在，這決不是偶然。宇宙能夠存在於這樣狹窄而允許生命存在的範圍中，所需要的意外實在太多了。「這種我們賴以存在的、看起來經過精心調適的狀態有可能是個巧合，」里斯寫道，「我一度這樣認為過。但這種看法現在看來過於狹隘……一旦我們接受這一點，我們宇宙中看起來很特殊的一些特性，那些一度為某些神學家引證為存在神性或有目的的設計的特性，就不再令人驚奇了。」【12】

里斯為穩固其論點，他量化了其中一些概念。他宣稱宇宙似乎受到六個數字的支配，其中每一個都是可測度的、經過精心調節的。這六個數字必須滿足生命所需要的條件，否則就創造出了一個死的宇宙。

第一個數字是艾普西隆 ε（Epsilon，讀做艾普西隆，第五個希臘字母），它等於〇·〇〇七，這是氫在大霹靂時通過融合轉化為氦的相對比例。如果這個數字是〇·〇〇六而不是〇·〇〇七，核作用力就會被減弱，質子和中子就不能結合在一起。氘（帶有一個質子和一個中子）就不能形成，因而永遠不能在恆星中創造出更重的元素，我們身體中的原子不會形成，而整個宇宙則解離為氫。核作用力哪怕稍微減少一點，就會在元素週期表中產生不穩定，能夠用於創造生命的穩定元素就會減少。

如果 ε 的值是〇·〇〇八，則融合的速度會快到在大霹靂中剩不下一點氫，那麼今天就不會有恆星為行星提供能量。或者兩個質子會結合在一起，這也使得恆星中的融合成為不可能。里斯指出，【13】弗雷德·霍伊爾發現，核作用力中哪怕小到只有百分之四的變動都會使恆星中不可能形成碳，使得重元素和以其為基礎的生命成為不可能。霍伊爾還發現，如果稍稍變動一下核作用力，那麼鈹就會不穩定到根本無法成為形成碳原子的「橋樑」。

第二個數字是N，它的值等於10^{36}，這個值代表電力的強度除以重力的強度，重力的強度是表示重力弱到什麼程度的。如果重力再弱些，那麼恆星就無法凝聚並產生出融合需要的巨大溫度。這樣，恆星就不能發光，行星就陷入冰冷的黑暗。

但如果重力稍微強一些，這就會使恆星升溫過快，它們的燃料在生命還沒來得及出現之前就燒完了。而且，大一點的重力會使星系形成得較早，這樣它們會相當小。恆星擠在一起的密度更大，使各種恆星和行星之間發生災難性的碰撞。

第三個數字是Ω，代表宇宙的相對密度。如果Ω的值太小，那麼宇宙擴張和冷卻的速度就會太快。但如果Ω的值太大，那麼宇宙在生命起步之前就會塌縮。里斯寫道：「大霹靂之後的第一秒鐘，Ω的值與1的差別不會超過千兆分之一（即$1/10^{15}$），只有這樣，在一百億年之後的今天，宇宙才能仍在擴張，Ω的值偏離1才不太離譜。」【14】

第四個數字是Λ，這是宇宙學常數，決定宇宙的加速度。如果它稍微大幾倍，它所產生出來的反重力會把宇宙炸飛，並使它直接進入大凍結，使生命成為不可能。但如果宇宙學常數是個負數，宇宙就會劇烈

【12】Rees1, p.3
【13】Rees2, p.56
【14】Rees2, p.99

地收縮，進入「大崩墜」，而生命還沒來得及形成。換句話說，宇宙學常數和Ω一樣，也必須在某個窄帶範圍內，這樣生命才成為可能。

第五個數字是Q，代表宇宙微波背景中不均勻分佈的振幅，等於10^{-5}。如果這個數字小一點點，那麼宇宙就會極端均勻，成為死氣沉沉的一團氣體和塵埃，永遠不會凝縮為今天的恆星和星系。宇宙會是黑暗、均勻、毫無特性、死氣沉沉的。如果這個數字再大些，那麼物質就會在宇宙歷史中提前凝縮成巨大的超星系結構體。這些「巨大的物質團塊就會凝縮成巨大的黑洞」，里斯說[15]。這些黑洞會比整個星系團還要重。在這種巨大的氣團中不論形成了什麼樣的恆星，它們都會緊緊地擠在一起，不可能出現行星體系。

最後一個數字是D，是宇宙維度的數量。由於對M理論發生了興趣，物理學家們又回到了在更高或更低維度中是否可能產生生命的問題。如果空間是一維的，那麼，因為這樣的宇宙太小了，可能不會有生命。通常，當物理學家們試圖把量子理論運用到一維宇宙時，我們發現粒子之間相互穿過對方而不發生相互作用。所以只有一個維度的宇宙可能無法支持生命，因為粒子無法「黏」在一起，以形成越來越複雜的物體。

在二維空間中，我們也會有問題，因為生命形式可能會解體。想像一種生活在桌面上的二維的扁平族類，讓我們稱他們為「平國人」。想像他們會如何吃東西。從嘴到屁股的那條通道會把平國人一分為二，他就解體了。所以很難想像，平國人怎能作為複雜的生命體存在，而不解體或分為一塊一塊的。

還有一項生物學上的論點，說明智慧生命不可能存在於三個維度以下。我們的大腦是由大量互相重疊的神經元構成的，由一張寬廣的電力網絡連接在一起。如果宇宙是一維的或二維的，那就很難建立複雜的神經網路，尤其是如果要把它們彼此之間短路置放時。維度太低的話，大量的複雜邏輯線路和神經元就受到了極大的局限，無法放在很小範圍內。例如，我們自己的大腦有大約一千億個神經元，差不多與銀河系中恆星的數量一樣多，每個神經元都與一萬個其他的神經元相連接。這種複雜程度在更少的維度中是難以再現的。

在四個空間維度中，則又會出現另一個問題：行星圍繞太陽的軌道就不穩定了。牛頓的平方反比定律被一種立方反比定律所取代。一九一七年，保羅．埃倫費斯特，他是愛因斯坦的親密同事，對在其他維度中物理學會是什麼樣子進行了猜測。他對所謂波瓦松—拉普拉斯方程式（支配行星體運動以及原子中的電荷）進行了分析，發現在有四個以上的空間維度時，軌道就不再穩定。由於原子中的電子以及行星不時會受到碰撞，這意味著原子和太陽系可能無法在更高維度中存在。換句話說，三個維度別有意義。

對於里斯來說，人擇原理是多重宇宙最有力的論點之一。正像地球有適居區這一事實暗示還存在太陽系以外的行星一樣，宇宙有適居區也暗示還存在著平行宇宙。里斯評論道：「如果你有大量的衣服，那麼你能從中找出一套合身的來就沒什麼可奇怪的。如果有許多宇宙，每個宇宙受到一套不同數字的支配，那麼其中就會有一套數字特別適合於生命。而我們就在那樣一個宇宙中。」【16】換句話說，我們的宇宙之所以是這個樣子，是多重宇宙中許多宇宙的平均定律使然，而不是由一個宏大設計使然。

溫伯格似乎在這一點上同意他的看法。事實上，溫伯格覺得多重宇宙這個想法從學術上來講是討人喜歡的。他從來不喜歡那種認為時間是在大霹靂之時突然冒出來的，在那之前不存在時間的想法。根據多重

【15】*Discover* Magazine, Nov. 2000, p.68

【16】*Discover* Magazine, Nov. 2000, p.66

宇宙說，有無窮的宇宙不斷地被創造出來。

里斯偏愛多重宇宙說還有另外一個離奇的原因。他發現，宇宙中含有一點點「醜陋」。例如，地球的軌道稍微有點橢圓。如果它是正圓的，那麼有人就會像神學家所做過的那樣，證明這是神性干預的一個副產品。但它不是，說明在狹窄的適居區中存在一定的隨機性。同樣，宇宙學常數也並非正好為零，而是一個很小的數，這說明我們的宇宙「絕非為我們的存在而專門設置的」。所有這一切，都與我們這個宇宙是意外隨機產生的說法相吻合。

宇宙的演化

由於里斯是一位天文學家而不是哲學家，所以他說，所有這些理論的底線，是它們必須為可測定的。事實上，這就是他傾向於多重宇宙說的原因，而不喜歡與多重宇宙說競爭的一些神秘主義理論。多重宇宙理論「實實在在處於科學的範疇之內」，因為它是可以測試的。「未來二十年中，我們有可能使多重宇宙論建立在堅實的科學基礎之上，或把它排除掉。」

多重宇宙思想的一個變種實際上現今就可測試。物理學家李．斯莫林（Lee Smolin）走得比里斯還要遠，他設想各種宇宙在「演化」，如同達爾文演化論那樣，最終會演進成像我們的宇宙一樣的宇宙。例如，根據混沌暴脹理論，「子嗣宇宙」的物理常數與母宇宙的略有不同。如果宇宙可以像一些物理學家相信的那樣從黑洞中萌生，那麼主宰多重宇宙的那些宇宙就應該是那些黑洞最多的宇宙。這意味著，如同在動物世界中一樣，「子女」最多的宇宙最終會占據主導地位，散佈它們的「資訊基因」，也就是大自然的物理常數。如果這是正確的，那麼我們的宇宙在過去可能已有過無窮數量的祖先，而且我們的宇宙是億萬年自然選擇的副產品。換句話說，我們的宇宙是個「適者生存」的產物，也就是說，它是那些黑洞最多的宇宙的後代。

雖然宇宙間的達爾文演化是個離奇的想法，但斯莫林相信，只須數一數黑洞的數量就可以對此加以驗證。我們的宇宙應該是最大限度地適合產生黑洞的。（然而，黑洞數量最多的宇宙是否即是像我們這個宇宙一樣適合產生生命，仍有待驗證。）

由於這個想法是可測試的，因此可以想出一些反例。例如，或許可以對宇宙的物理參數進行假想調整，來看看沒有生命的宇宙是不是很容易產生黑洞。例如，我們或許可以證明，具有更強大的核作用力的宇宙中存在燃燒極快的恆星，創造出大量的超新星，它們很快地塌縮為黑洞。在這樣的宇宙中，核作用力的值較大，意味著恆星的壽命短，所以生命無法起步。但這樣一個宇宙也可能黑洞更多，這樣就否定了他的想法。這個想法的優點在於，它可以被測試、複製或證偽（這是任何真正科學理論的標誌）。時間會告訴我們這種理論是否能夠站得住腳。

雖然任何涉及到蟲洞、超弦以及更高維度的理論，都超出了我們當今的實驗能力，但新的試驗一直在進行著，未來的試驗也在規劃中，以便確認這些理論是否正確。我們正經歷著一場實驗科學的革命，動用了衛星、太空望遠鏡、重力波探測器和雷射的全部威力，來對付這些問題。這些實驗的豐富成果將很好地解答宇宙學中一些最深奧的問題。

第九章

尋找來自第11維度的回聲

不尋常的觀點應有不尋常的證據。

——卡爾・薩根（Carl Sagan）

平行宇宙、空間入口以及高維度等這些概念雖然令人叫絕，但需要有無懈可擊的證據來證明它們的存在。正如天文學家肯．克洛斯威評價的：「其他的宇宙會令人陶醉！關於它們，你想說什麼就可以說什麼，只要天文學家一天沒有找到它們，就一天不能說你是錯的。」[1]以前，要對許多這類預言進行測試似乎是毫無指望的，因為我們的試驗設備太原始。然而，由於電腦、雷射和衛星技術的最新發展，對許多這類理論進行實驗驗證已經近在眼前。

對這些思想進行直接驗證也可能異常困難，但間接驗證是可能做到的。我們有時會忘記，天文學中的大部分驗證都是間接完成的。例如，從沒有人訪問過太陽或恆星，但我們還是通過對這些發光體所發出的光進行分析，知道了恆星的構成成分。通過對星光的光譜進行分析，我們間接地知道，恆星主要是由氫和一些氦構成的。同樣，從來沒有人看到過黑洞，而且事實上，黑洞是無形的，無法直接看到。然而，我們通過尋找吸積盤以及計算這些死恆星的質量，找到了它們存在的間接證據。

在所有這些實驗中，我們尋找恆星和黑洞的「回聲」，以確定它們的性質。同樣，第11維度或許不是我們所能直接接觸到的，但由於我們現在有了新的帶有革命性的儀器，我們有可能對暴脹和超弦理論進行驗證。

GPS與相對論

衛星技術使相對論的研究得到了革命性的發展，最簡單的一個例子就是全球定位系統（GPS），二十四顆衛星持續圍繞地球運轉，發射出精確的同步脈衝，使人可以對自己在地球上所處的位置進行三角測量，準確度驚人。GPS系統已成為航行、商務乃至戰爭中的一個要素。所有的東西，從汽車中的電子地圖到巡航導彈都要求能在五百億分之一秒內將信號同步化，以便在十五碼（十三．七一六公尺）以內的精確度找到地球上的物體。【2】但是要確保這種難以置信的精確度，科學家必須做出計算，對牛頓定律稍做修正，因為根據相對論，衛星在外太空翱翔時，無線電波的頻率會稍有偏移。【3】事實上，如果我們傻乎乎地省略掉根據相對論進行修正這一步，那麼GPS時鐘每天就會走快四十兆分之一秒，【4】整個系統就變得不可靠了。所以，相對論對於商務和軍事是不可缺少的。物理學家克利福德．威爾（他曾為一位美國的空軍將領講解根據愛因斯坦的相對論對GPS系統進行至關重要的修正問題）曾經評論說：他知道，如果連五角大樓的高級官員都需要瞭解相對論的時候，相對論的時代就到來了。

【1】Croswell, p.128

【2】Bartusiak, p.55

【3】但是要確保這種難以置信的精確度，科學家必須做出計算，對牛頓定律稍做修正，因為根據相對論，衛星在外太空翱翔時，無線電波的頻率會稍有偏移。這種偏移以兩種方式發生。因為近地衛星以每小時一萬八千英里（二八，九六八．二公里）的速度飛行，因此相對論就發生作用，衛星上的時間就會變慢。這也就是說，衛星上的時鐘與地面上的時鐘相比，看起來要慢了一些。但由於衛星在外太空所受到的重力場要弱一些，而廣義相對論的緣故，它的時間也會加快一些。因此，根據衛星與地球之間的距離，衛星上的時鐘要麼減慢（由於狹義相對論的緣故），要麼加快（由於廣義相對論的緣故）。事實上，在離地球的某個距離上，這兩種效應會正好相互抵銷，衛星上的時鐘會與地面上的時鐘走得一致。

【4】譯註：原文40,000 billions似應為40,000 billionths。

重力波探測器

迄今為止，我們對天文學所瞭解的幾乎一切知識都是以電磁輻射的形式得到的，不論它是星光、無線電還是宇宙深處的微波。現在科學家為了科學上的發現，正在首次引入一種新的介質，這就是重力本身。「每次我們用一種新的方式看天空的時候，我們都會看到一個新的宇宙。」重力波專案的副主任、加州理工學院的蓋利．桑德斯（Gary Sanders）說。【5】

是愛因斯坦本人於一九一六年首次提出了重力波的存在。讓我們回想一下前面提到過的一個例子，即，如果太陽消失了，會發生什麼。我們應該還記得那個關於保齡球陷在床墊中的比喻。如果把保齡球突然取出，床墊將立刻彈回原來的狀態，產生衝擊波，沿床墊向外擴散。如果把保齡球換成太陽，那麼我們會看到重力的衝擊波會以一個特定的速度，即光速擴散。

雖然愛因斯坦後來為他的方程式找到了一個包含了重力波的精確的解，但令他失望的是，在他的有生之年未能看到其預言得到驗證。重力波非常微弱，即使是恆星碰撞所產生的衝擊波也不足以被當前所能夠做的試驗測量到。

目前，重力波只是被間接探測到了。有兩位物理學家，拉塞爾．赫爾斯（Russell Hulse）和小約瑟夫．泰勒（Joseph Taylor）推測，如果對太空中互相追逐旋轉的雙中子星進行分析，則隨著它們的軌道慢慢衰退，每顆星都會放射出一股重力波，與攪動糖蜜時出現的波痕差不多。他們對兩顆中子星緩慢盤旋彼此接近過程中的固定軸旋繞進行分析。他們把研究集中在離地球一萬六千光年的雙中子星PSR 1913+16

上，它們每七小時四十五分鐘對繞一圈，在此過程中，它們向外太空發射出重力波。

運用愛因斯坦的理論，他們發現，這兩顆星每轉一圈就應該互相靠近一公釐。雖然這個距離小到微乎其微，但一年時間加起來就是一碼（〇．九一四四公尺），這個四三五，〇〇〇英里（七〇〇，〇四五公里）的軌道會慢慢變小。他們這項開創性的工作顯示，軌道恰好是按照愛因斯坦理論在重力波基礎上所做的預言進行衰退的。（愛因斯坦的方程式事實上預言，由於能量以重力波的形式向宇宙中輻射消耗，這些恆星最終會在二．四億年內相互栽進對方的懷中。）由於他們的這項工作，他們獲得了一九九三年的諾貝爾物理學獎。[6]

我們還可以繼續回溯，運用這項精確的實驗，來測量廣義相對論本身的精確性。在進行反向計算的過程中，我們發現，廣義相對論的精確度至少達到了百分之九十九．七。

LIGO重力波探測器

但是，要獲取有關早期宇宙的可用資訊，必須對重力波進行直接觀察，而不是間接觀察。二〇〇三

[5] *Newsday*, Sept. 17, 2002, p.A46

[6] *Newsday*, Sept. 17, 2002, p.A47

年，第一台可操作的重力波探測器，ＬＩＧＯ（雷射干涉重力波觀測站，Laser Interferometer Gravitational-Wave Observatory）終於啟動了，利用重力波探究宇宙奧秘長達十年之久的夢想得以實現。ＬＩＧＯ的目標，是探測對於地球上望遠鏡來說太遙遠或太微弱的宇宙事件，例如黑洞或中子星之間的碰撞。

ＬＩＧＯ有兩項巨型的雷射設備，一個設在華盛頓州的漢福德，另一個設在路易斯安那州的利文斯頓教區。這兩個設備各有兩條長管子，每條長二・五英里（四公里），形成一個L形的管道。在每條管子內發射雷射，在L形的接頭處，兩個雷射光束相撞，它們的光波彼此干涉。正常情況下，如果沒有干擾，兩個光波是同步的，彼此抵銷。但是如果黑洞或中子星相撞發射出的最微弱重力波到達了這個裝置，一條管道的收縮和擴張就會與另一條不同。這種干擾足以破壞兩股雷射光束之間精密的抵銷過程，結果，兩股光束不是互相抵銷，而是產生出典型的波狀干擾圖，可用電腦詳加分析。重力波越強，兩股雷射光束之間的不匹配就越強，干擾圖形也就越強。

ＬＩＧＯ是個工程奇蹟。由於空氣分子會吸收雷射，容納雷射的管子必須抽空至兆分之一大氣壓力。每個探測器的容積為三十萬立方英尺（八，四九五立方公尺），也就是說，ＬＩＧＯ具有世界上最大的人造真空。ＬＩＧＯ具有這樣高的靈敏度，部分地歸功於鏡子的設計，它們是由非常小的磁體控制的，一共有六個，每個都像螞蟻那麼大。鏡子磨得非常光滑，精準到三百億分之一英寸。負責監控鏡子的蓋利林・比林斯利（GariLynn Billingsley）說：「想像一下，如果地球也有那麼光滑的話，那麼山的平均高度不會超過一英寸（二・五四公分）。」【7】它們非常精密，移動精確到小於百萬分之一公尺，所以ＬＩＧＯ的鏡子可能是世界上最靈敏的。「多數控制系統的工程師們聽說我們想做什麼事情的時候，都驚訝得目瞪口呆。」ＬＩＧＯ科學家麥可・薩克（Michael Zucker）說。【8】

由於ＬＩＧＯ異常平衡，有時一些最意想不到的振動源發出了輕微的、多餘的振動，也會使它不得安寧。例如位於路易斯安那州的那個探測器在白天就不能工作，因為伐木工人在離現場一千五百英尺（四五七．二公尺）的地方伐樹。（ＬＩＧＯ靈敏到哪怕在一英里（一，六〇九公尺）以外伐樹，也會使它白天不能工作。）即使在夜間，半夜路過的運輸車輛的振動和早上六點托架的振動也會使它不能工作。ＬＩＧＯ能連續運轉的時間有多長呢？

有時，甚至幾英里以外海浪拍岸的輕微振動也會影響到結果。衝擊北美沙灘的海浪平均每六秒鐘沖刷一次海岸，由此產生的低沉咆哮聲也能實實在在地被這些雷射探測器捕捉到。實際上，由於這種聲響的頻率非常低，因此它可以直接穿透陸地。「它感覺起來像一陣隆隆聲。」薩克對這種潮汐聲這樣評價。「在路易斯安那州的颶風季節，這是非常令人頭痛的問題。」[9]ＬＩＧＯ還受到月球和太陽的引力牽引地球時產生的潮汐影響，產生幾百萬分之一英寸的干擾。

為了消除這些令人難以置信的輕微干擾，ＬＩＧＯ工程師們採用一個特別的方式，把該裝置的大部分都與地球隔絕起來。每個雷射系統都架在四個巨型的不銹鋼平臺之上，一個平臺疊在另一個之上，每層之間以彈簧分隔以消除任何振動。所有精密的光學設備都有自己的地震絕緣系統；[10]地板是一塊三十英尺（

【7】Bartusiak, p.152
【8】Bartusiak, pp.158-59
【9】Bartusiak, p.154
【10】Bartusiak, p.158

一〇・四四公尺）厚的混凝土，不與牆壁接合。

ＬＩＧＯ事實上是國際合作的一部分，其中包括名叫ＶＩＲＧＯ的法國—義大利探測器，位於比薩；名叫ＴＡＭＡ的日本探測器，位於東京郊外；以及一個名叫ＧＥＯ ６００的英國—德國探測器，位於德國漢諾威。ＬＩＧＯ的最終造價加起來將達到二．九二億美元（再加上八千萬美元的交付使用和升級費用）【11】，這使其成為國家科學基金會有史以來出資最昂貴的項目。

但即使靈敏到了這種程度，許多科學家承認，ＬＩＧＯ可能仍然不足以在其壽命期限內探測到真正令人感興趣的事件。對該設施的下一次升級，也就是ＬＩＧＯ II，如果資金被批准了的話，計畫將於二〇〇七年進行。若ＬＩＧＯ探測不到重力波，人們將賭注放在ＬＩＧＯ II可探測到。ＬＩＧＯ科學家肯尼士・利布雷希特（Kenneth Libbrecht）聲稱：ＬＩＧＯ II將使該設備的靈敏度提高一千倍，「從每十年（探測到）一次，這是相當痛苦的，到每三天探測到一次，非常愜意。」【12】

要讓ＬＩＧＯ探測到兩個黑洞的碰撞（距離三億光年以內），科學家要等上一年到一千年之久。如果說，用ＬＩＧＯ來探測這樣一個事件，意味著要由天文學家的玄玄玄……玄孫的子女才能等得到，那麼許多天文學家可能就要對此重新考慮了。但正如ＬＩＧＯ科學家彼得・索爾森（Peter Saulson）說的：「人們從解決這類技術挑戰中獲得樂趣，這很像中世紀的教堂建築師們，明知自己可能看不到建成後的教堂，但還是繼續工作。但如果說在我的有生之年無論如何努力也不可能看到重力波，那我可能就不會鑽研這個領域了。這不只是在追逐諾貝爾獎……我們為之奮鬥的這種精確程度，是我們這項工作的特點；只有這樣才算走對了路。」【13】有了ＬＩＧＯ II，【14】一個人的有生之年發現真正有趣事件的可能性就大大提高了。ＬＩＧＯ II有可能以每天十次到每年十次的速率，在六十億光年這更為廣大的距離內探測到黑洞碰撞。

然而，即使是ＬＩＧＯⅡ的威力也不足以探測到宇宙形成那一瞬間發射出的重力波。要達到這個目的，我們必須再等十五至二十年，等到ＬＩＳＡ問世。

ＬＩＳＡ重力波探測器

ＬＩＳＡ（雷射干涉太空天線，Laser Interferometry Space Antenna）將是下一代的重力波探測器。與ＬＩＧＯ不同的是，它將被設在外太空。二〇一〇年前後，ＮＡＳＡ和歐洲太空總署計畫向太空發射三顆衛星，它們將在離地球大約三千萬英里（五〇八〇．三二萬公里）的軌道上圍繞太陽轉。這三顆衛星的雷射探測器將在太空中形成等邊三角形（每邊五百萬公里）。每顆衛星將有兩個雷射器，使之與另外兩顆衛星保持聯絡。雖然每個雷射器只用半瓦能量發射雷射光束，但其光學靈敏度非常高，能夠以十億兆分之一（one part in a billion trillion）的精確度探測到來自重力波的振動（相當於移動了單個原子百分之一的寬度）。ＬＩＳＡ應能夠探測到九十億光年處傳來的重力波，穿越了大部分的可見宇宙。

【11】Bartusiak, p.150
【12】Bartusiak, p.169
【13】Bartusiak, p.170
【14】Bartusiak, p.171

ＬＩＳＡ的精確度將能夠探測到大霹靂本身發出的原始衝擊波。這將給我們提供宇宙形成一剎那時更大程度的最精確樣貌。如果一切都能按計畫進行，[15]ＬＩＳＡ應能窺探到大霹靂之後第一個兆分之一秒時的情形，這或許就使其成為宇宙學中最強大的工具。人們相信，ＬＩＳＡ可能將會找到統一場理論，即包羅萬象的理論，其確切性質的第一手實驗資料。

ＬＩＳＡ的一個重要目的，就是要提供暴脹理論的確鑿證據。迄今為止，暴脹說與所有的宇宙資料都吻合（例如均勻度、宇宙背景的漲落等）。但這並不意味著這個理論就是正確的。為了給這項理論做定論，科學家想要研究由膨脹過程本身所產生出來的重力波。大霹靂一剎那間產生的重力波如同指紋一樣，將能夠顯示出暴脹說和任何其他待選理論之間的區別。有些人，例如加州理工學院的基普・索恩相信ＬＩＳＡ還可能顯示某些版本的弦理論是否正確。如我在第七章中解釋過的，暴脹宇宙理論預言：從大霹靂中產生的重力波應該相當猛烈，與宇宙早期迅猛的擴張相符；而火劫宇宙模型則預言：擴張過程要溫和得多，重力波也平緩得多。ＬＩＳＡ應能排除各種有關大霹靂的待選理論，對弦理論做出至關重要的測試。

愛因斯坦透鏡和愛因斯坦環

在探測宇宙方面的另一個強大工具是使用重力透鏡和「愛因斯坦環」。早在一八〇一年，柏林天文學家約翰・喬治・馮・索爾德納（Johan Georg von Soldner）就已經能夠計算出，太陽的重力可能使恆星的光發生偏轉。（儘管由於索爾德納嚴格採用了牛頓學說，他少了一個關鍵的因數2。愛因斯坦寫道：「這種偏轉一半是由於太陽的牛頓引力場造成的，另一半是由太陽對空間的幾何修正（『曲率』）造成的。」[16]

一九一二年，就在他完成廣義相對論之前，愛因斯坦還考慮過是否可以把這種偏轉當做一個「透鏡」，就像你的眼鏡在光線到達你的眼睛之前使它發生偏轉一樣。一九三六年，一位捷克工程師魯迪・曼德爾（Rudi Mandl）寫信給愛因斯坦，問他重力透鏡是否可以把來自附近恆星的光放大。回答是可以，但是由於他們的技術所限，還不能探測到。

愛因斯坦還特別意識到，你可能會看到光學錯覺，例如同一個客體的雙影，或還有一個因畸變而形成的光環。例如，當從非常遙遠的星系發出的光經過我們的太陽時，光束會先從太陽的左右經過，再合攏來達到我們的眼睛。當我們盯住遙遠星系看的時候，我們看到的會像一個環，這是由廣義相對論造成的光學錯覺。愛因斯坦的結論是：「直接觀察到這一現象的希望不大。」[17]事實上，他寫道：這項工作「沒什麼價值，只是能讓可憐人（曼德爾）有點成就感」。

四十多年以後，在一九七九年，[18]英格蘭卓瑞爾河岸天文臺的鄧尼斯・沃爾士（Dennis Walsh）首次發現了透鏡作用的局部證據，他是雙類星體 Q0957+561 的發現者。一九八八年，從電波源 MG1131+0456 觀測

【15】WMAP衛星測量的宇宙背景輻射可回溯到大霹靂後的三十八萬年，因為初始爆炸發生後，在那時原子首次開始凝聚。然而，LISA可能會檢測到的重力波可回溯到重力開始與其他的力分離的時候，這種分離發生在接近大霹靂發生的瞬間。因此，某些物理學家相信LISA將能驗證或排除今天提出的各種理論，包括弦理論。

【16】*Scientific American*, Nov. 2001, p.66

【17】Petters, pp.7, 11

【18】*Scientific American*, Nov. 2001, p.68

到第一個愛因斯坦環。一九九七年，哈伯太空望遠鏡和英國的多元無線電波干涉儀網（MERLIN）電波望遠鏡陣列，透過對遙遠星系1938+666進行分析，捕捉到了第一個完整圓形的愛因斯坦環，再一次證實了愛因斯坦的理論。（這個環非常小，只有1弧秒〔1″≈〈1/3600〉。〕，或大致相當於從兩英里〔三．二二公里〕以外看一便士硬幣的大小。）目睹了這一歷史性事件的天文學家們這樣描述他們的興奮心情：「第一眼看去，它像是人為造成的，我們還以為它是圖像中的某種缺陷，但後來我們意識到，我們看到的正是一個完美的愛因斯坦環！」曼徹斯特大學的伊恩．布朗（Ian Brown）博士說。今天，愛因斯坦環已成為天文物理學家手中一件必不可缺的武器。【19】在外太空中已經發現了約六十四個雙類星體、三類星體以及多類星體（愛因斯坦透鏡作用造成的幻象），或者說，每五百顆觀察到的類星體中就有一顆。

甚至不可見形式的物質，如暗物質，也可以通過分析它們所造成的光波畸變而「看到」。用這種方法，人們可以湊成一些顯示宇宙中暗物質分佈情況的「地圖」。由於愛因斯坦透鏡作用會歪曲星系團，造成大的弧形（而不是環形），這就有可能對這些星系團中暗物質的分佈情況進行估計。一九八六年，美國國家光學天文臺、史丹佛大學，以及法國南庇里牛斯天文臺，發現了首批巨大的星系弧（galactic arcs）。從那以後，已經發現了大約一百個星系弧，其中最令人驚歎的是在Abell 2218星系團中。【20】

愛因斯坦透鏡還可以被當做一種獨立的方法，對宇宙中MACHOs（大質量緻密暈天體，包括死恆星、黃矮星和塵埃雲）的數量進行測量。一九八六年，普林斯頓大學的波丹．帕欽斯基（Bohdan Paczynski）意識到，如果MACHOs在恆星面前經過的話，它會放大它的亮度，造成第二個圖像。

二十世紀九〇年代初期，幾支科學家隊伍（如法國的EROS，美國—澳大利亞的MACHO，以及波蘭—美國的OGLE）把這一方法應用到銀河系的中心，並發現了五百多個微透鏡現象（比預料的要多，因為其中有些物質是由低質量恆星構成的，而不是真正的MACHOs）。這種方法還可以用來尋找圍繞其他恆星轉的太陽系以外的行星。由於行星可以對其母恆星的光產生微弱但觀察得到的重力作用，所以原則上愛因斯坦透鏡作用是可以探測到它們的。用這一方法已經找到幾個太陽系以外的行星候選對象，其中有些位於靠近銀河系中心的地方。

利用愛因斯坦透鏡甚至可以測量到哈伯常數和宇宙學常數。哈伯常數可以透過一項微妙的觀察測得。類星體會隨著時間而忽明忽暗；由於雙類星體是同一個對象的兩個影像，我們可以預料它會以同樣的速率擺動。實際上，這些雙類星體擺動的步調並不十分統一。利用對物質分佈的已有瞭解，天文學家可以計算時間延遲與光線達到地球的全部時間之比。透過測出雙類星體亮起來的時間延遲，就可以進而計算出它與地球的距離。知道了它的紅移，就可以計算出哈伯常數。（這個方法被應用到了類星體Q0957+561，發現它離地球大約有一四〇億光年。自那以後，又對另外七顆類星體進行了分析，用以計算哈伯常數。在誤差範圍之內，這些計算都與已知結果相符。有意思的是，這種方法完全不依賴於恆星的亮度，像造父變星和Ia型超新星，於是成為可獨立檢核結果的方法。）

宇宙學常數可能掌握著通往我們這一宇宙未來的鑰匙，它也可以用這種方法測得。計算方法有些粗糙，但也還是與其他一些方法相吻合的。由於宇宙的總體積在十億年前要小一些，在過去找到能夠形成愛

【19】*Scientific American*, Nov. 2001, p.68

【20】*Scientific American*, Nov. 2001, p.70

因斯坦透鏡的類星體的可能性也更大些。因此，測定宇宙演進過程中各個不同時期雙類星體的數量，就可以大體計算出宇宙的總體積，由此而得出在推進宇宙擴張方面起作用的宇宙學常數。一九九八年，哈佛—史密松天文物理中心的天文學家對宇宙學常數做了第一次粗略估算，[21]並得出結論，它可能構成了不超過宇宙全部物質／能量含量的百分之六十二。（實際的ＷＭＡＰ結果為百分之七十三。）

你家起居室中的暗物質

暗物質如果的確遍佈宇宙的話，就不會只存在於冰冷的宇宙真空中。事實上，它應該也能在你家起居室中找到。今天，若干科研隊伍正在競相角逐，看誰能第一個在實驗室中捕獲第一個暗物質粒子。人們下的賭注很高，哪支隊伍如果能夠捕捉到一個在他們的探測器中一閃而過的暗物質粒子，就將成為在二千年內第一個探測到新物質形式的人。

這些實驗的中心想法，是製造出一大團、暗物質粒子可以在其中相互作用的純物質（例如，碘化鈉、氧化鋁、氟利昂、鍺、矽等）。一個暗物質粒子或許偶爾會與原子核相撞，由此產生出一種特有的衰變圖形。通過把這一衰變過程中粒子的軌跡拍照，科學家就可以確認暗物質的存在。

實驗者們都持謹慎的樂觀態度，因為他們的設備非常靈敏，這給了他們最好的機會，終有一天能觀察到暗物質。我們的太陽系以每秒二二〇公里的速度圍繞著銀河系中心的黑洞旋轉。因此，我們的行星正穿越相當多的暗物質。物理學家們估計，我們這個世界中的每平方公尺中，包括我們的身體，每秒鐘都有十

億個暗物質粒子穿過。【22】

雖然我們生活在席捲我們這個太陽系的「暗物質風」中，但在實驗室中做尋找暗物質的實驗一直異常困難，因為暗物質粒子與普通物質的相互作用非常弱。例如，科學家估計，在實驗室中，從每克物質中找到這種現象的機率每年在〇・〇一次到十次之間。換句話說，你需要花上好多年的時間仔細觀察大量的這類物質，才可能發現一些含有暗物質碰撞的現象。

迄今為止，一些以首字母為代號的實驗專案，如英國的UKDMC、西班牙坎弗蘭克的ROSEBUD、法國呂斯特勒的SIMPLE，法國弗雷瑞斯的EDELWEISS，都還沒有發現任何這類現象。【23】一九九九年羅馬郊外的一項稱為DAMA的實驗引起了一陣轟動，有報導說那裡的科學家看到了暗物質粒子。由於DAMA使用了一百公斤的碘化鈉，所以它是世界上最大的探測器。但是，當其他探測器試圖再現DAMA的結果時，它們什麼也沒有找到，這就給DAMA的發現打上了問號。

物理學家大衛・B・克萊恩（David B. Cline）評論道：「如果這些探測器確實找到並驗證了這樣一個信號，那它將成為二十一世紀最偉大的成就之一而載入史冊……現代天文學中的最大奧秘可能不久就將揭曉。」【24】

【21】*Scientific American*, Nov. 2001, p.69
【22】*Scientific American*, March. 2003, p.54
【23】*Scientific American*, March. 2003, p.55
【24】*Scientific American*, March. 2003, p.59

如果暗物質能像許多物理學家希望的那樣很快找到，那麼也可能不需要使用原子擊破器就能為超對稱學說提供支持（甚至隨著時間推移，支持超弦理論）。

超對稱暗物質

對超對稱學說所預言的粒子稍加留意就可以看出，有幾種可能的候選對象可以解釋暗物質。其中一個是「超中性子」（neutralino），粒子中的一個族系，其中包含質子的超對稱夥伴。從理論上來看，超中性子似乎與資料相吻合。它不僅在電荷方面是中性的，因而是不可見的，也不僅是有質量的（因此會受重力影響），而且它還是穩定的。（這是因為它在這一族系的所有粒子當中質量最輕，因而不能衰變為任何更低的狀態。）最後，也可能是最重要的一點，宇宙中應該充滿了超中性子，這就可能使它們成為暗物質的最理想候選對象。

超中性子有一大優勢：它們也許可解答為什麼暗物質構成宇宙中物質／能量成分的百分之二十三，而氫和氦僅占微不足道的百分之四這個奧秘。

我們知道，當宇宙還是三十八萬歲時，大霹靂的極高溫度下降到原子不再互相碰撞而破裂。那時，這個膨脹中的火球開始冷卻，凝縮，形成穩定完整的原子。今天的大量原子大致起源於那一時期。我們所瞭解到的情況是，宇宙中的大量物質起源於宇宙冷卻到足以使物質穩定下來的那個時期。

這一學說也同樣可以應用於計算超中性子的數量。大霹靂之後不久，溫度高到連超中性子都因碰撞而破壞。但隨著宇宙冷卻，在一定的時候，溫度降低到連超中性子都可以形成而不被破壞。大量的超中性子就起源於這個早期時代。當我們進行這項計算的時候，我們發現，超中性子的數量遠高於原子，事實上它大致對應於今天暗物質的實際數量。由於這個原因，我們可以用超對稱性粒子來解釋，為什麼宇宙中各處都充斥著壓倒多數的暗物質。

史隆巡天觀測

雖然在二十一世紀，裝備方面的進步大部分都將與衛星有關，但這並不意味著，以地球為基地的光學和電波天文望遠鏡研究被擱在了一邊。事實上，由於數位革命的衝擊，光學和電波天文望遠鏡的用法改變了，對以幾十萬計的星系進行統計分析成為了可能。望遠鏡技術由於出現了這項新技術而迸發了生命的第二春。

在歷史上，天文學家們需要經過努力爭取，才能得到允許在有限的時間內使用世界上最大的望遠鏡。他們十分珍惜能夠使用這些儀器的寶貴機會，分秒必爭的在冰冷潮濕房間內通宵達旦地工作。這種陳舊的觀測方式效率非常低，而覺得自己被獨攬天文望遠鏡使用時間的「神職人員」所冷落的天文學家們之間，經常激起痛苦的爭鬥。隨著網際網路和高速計算技術的出現，所有這一切都改變了。

今天，許多望遠鏡都已完全自動化，並且可以由遠在不同大陸上的天文學家們從幾千英里以外的程式設計控制。這些巨量的恆星觀測結果可以被數位化，然後放到網際網路上，由強大的超級電腦對資料進行分析。「在家搜索外星智慧」（SETI@home）就是這種數位化方式的一個例子。這是一個以柏克萊的加州大學為基地的專案，用於信號分析，尋找外星智慧。位於波多黎各的阿雷西博電波望遠鏡收集到的大量資料，被分割為很小的資料段，通過網際網路發送到全球各地的個人電腦，主要都是業餘愛好者。個人電腦不用的時候，有一個螢幕保護軟體程式會對資料進行分析。利用這種方法，研究組建立了世界上最大的電腦網路，連接著分佈在全球各地大約五百萬台的個人電腦。

當今對宇宙進行數位化探索一個最突出的例子是史隆巡天觀測，這是有史以來對夜空所進行過的最為雄心勃勃的觀測。以前的帕洛瑪巡天觀測使用的是老式的照相底片，體積龐大，而史隆巡天觀測將建立起一個天空中精確的天體圖。這項觀測計畫已經建立起一個遙遠星系的三維圖像，用五種顏色顯示，包括一百多萬個星系的紅移現象。史隆巡天觀測產生了一幅宇宙的大比例結構圖，比所有以前做過的都要大幾百倍。它將為整個天空的四分之一繪製出詳盡的天文圖，確定一億個天體的位置和亮度。它還將測定一百多萬個星系和大約十萬個類星體的距離。該項觀測所產生的資訊將達到十五兆位元組，可與國會圖書館所儲存的資訊量媲美。

史隆觀測的核心是一台設在新墨西哥二．五公尺的天文望遠鏡，它裝著有史以來最先進的照相機。它有三十個叫做CCD（電荷耦合元件）的高度靈敏的電子感光器，每個有二英寸見方（十二．九平方公分），密封在真空中。每個感光器都用液氮冷卻至負八十度C，有四百萬像素。因此，由望遠鏡所採集到的光可以當即被CCD轉換為數位，然後直接輸入電腦進行處理。該項觀測所繪製出的宇宙圖令人驚歎，其成本不到二千萬美元，僅為哈伯太空望遠鏡的百分之一。

該觀測專案然後把這種數位化資料的一部分放到網際網路上，供全世界的天文學家潛心研究。用這種方法，我們還可以挖掘全世界科學家的智慧潛能。在過去，第三世界的科學家不能獲得最新的望遠鏡資料及刊物，這成了家常便飯。這是對科技人才的巨大浪費。現在，由於有了網際網路，他們可以下載巡天觀測的資料，有關文章一經在網際網路上登出就可以讀到，並且以光速在網上發表文章。

史隆觀測正在改變天文學研究的方式，透過對幾十萬個星系進行分析得出了新的結論，這在僅僅幾年以前都是難以想像的。例如，二〇〇三年五月，一群西班牙、德國和美國科學家宣佈，他們為尋找暗物質的證據，對二十五萬個星系進行了分析。在這一龐大的數量之中，他們把研究焦點集中在有星團圍繞其旋轉的三千個星系。透過運用牛頓運動定律對這些衛星的運動進行分析，他們對中央星系週邊應該有多少暗物質進行了計算。目前，這些科學家已經排除了一項待選理論。（這項待選理論是一九八三年首次提出的，它試圖透過對牛頓定律本身做修正，來解釋星系中恆星的反常軌道。也許根本就沒有暗物質，這只是由於牛頓定律的內部錯誤造成的誤解。但觀察資料對這項理論提出了疑問。）

二〇〇三年七月，另一組德國和美國科學家宣佈，他們利用史隆觀測對十二萬個鄰近的星系進行了分析，以便解開星系與它們內部的黑洞之間的關係之謎。所提出的問題是：這二者之中哪個出現在先，是黑洞還是含有黑洞的星系？這項調查的結果顯示：星系和黑洞的構成密不可分，它們有可能是一起形成的。他們證實，在通過該項觀測分析的十二萬個星系中，足足有二萬個含有仍在長大的黑洞（這與銀河系中的黑洞不同，銀河系中的黑洞似乎是靜止不動的）。他們的結論顯示，含有正在長大的黑洞的星系要比銀河系大得多，它們吞噬下星系中較冷的氣體，從而長大。

修正大氣熱擾動

還有一項使光學望遠鏡獲得新生的方法，是用雷射對由大氣造成的失真進行彌補。恆星並不因為它們有振動而閃爍；恆星的閃爍主要是因為大氣中有微弱的熱擾動。這意味著，在遠離大氣的外太空，恆星會一眼不眨地瞪著我們的太空人。雖然美麗的夜空主要是由這種閃爍造成的，但對天文學家來說它卻像噩夢般揮之不去，使天體的圖像模糊不清。（我記得在孩提時代看著火星的模糊圖片發愣，希望能有什麼辦法得到這顆紅色行星清澈乾淨的圖像。我想，只要能重新安排光束，把大氣干擾消除，可能就可以解決外星生命之謎了。）

解決這個問題的辦法之一，就是利用雷射和高速電腦，把這種失真現象去除。這種方法運用了「自適應光學」，它是由勞倫斯利福摩爾國家實驗室的克雷爾·麥克斯（Claire Max）博士等人首創的，他是我在哈佛大學的同班同學，使用了設在夏威夷的巨型W·M·凱克望遠鏡（世界最大的），以及一個小一點的、設在加州利克天文臺的三公尺的謝恩望遠鏡。舉例來說，把一束雷射射入外太空，我們可以測定大氣中的微弱溫度波動。這一資訊由電腦分析之後，對望遠鏡的鏡子進行細微的調整，對星光的失真現象進行彌補。這樣就可以大致消除掉大氣造成的失真現象。

一九九六年對這一方法進行了成功的測試，從那以後，我們就得到了清澈分明的行星、恆星和星系的圖像。這個系統用一個使用十八瓦電力的可調諧染色雷射向空中發射光束。這個雷射裝在三公尺的天文望遠鏡上，它的可變形反射鏡可以調節，對大氣造成的失真現象進行修正。所得到的圖像本身被CCD照相機捕捉並數位化。以一筆低廉的預算，該系統所得到的圖像幾乎可以與哈伯太空望遠鏡相比。用這種方法，我們可以看到外太空行星細微的局部，甚至可以窺探到類星體的核心，為光學望遠鏡注入了新生命。

這一方法還使凱克望遠鏡的解析度提高了10倍。凱克天文臺坐落於夏威夷休火山毛納基之巔，海拔將近一萬四千英尺（四，二六七公尺），有兩台各二七〇噸重的姊妹望遠鏡。每個反射鏡直徑十公尺（三九四英寸），由三十六個六邊形鏡面組成，每個都可以透過電腦單獨操控。一九九九年，凱克II中裝上了一個自適應光學系統，由一個可以每秒鐘六七〇次改變形狀的小型可變形反射鏡構成。這一裝置已經捕捉到了圍繞著我們這一銀河系中心處的黑洞旋轉的恆星圖像，以及海王星和泰坦（土星的一顆衛星）的圖像，甚至一顆太陽系以外的行星，它在距離地球一五三光年的地方遮擋其母恆星。當這顆行星從恆星HD 209458面前經過時，光線正如預言的那樣變暗，分毫不差。

將電波天文望遠鏡綁在一起

電腦革命同樣也煥發了電波天文望遠鏡的生命。過去，電波天文望遠鏡受到它們碟形天線尺寸的限制。碟形天線越大，從太空中收集到可供分析的無線電信號就越多。然而，天線越大，它就越昂貴。解決這一問題的一種方法就是把若干碟形天線綁在一起，來模仿超級電波天文望遠鏡的無線電收集能力。（地球上可以綁在一起形成的最大電波望遠鏡，就是地球本身那麼大。）過去德國、義大利和美國在捆綁電波望遠鏡方面所做過的一些努力局部證明是成功的。

這種方法的一個問題是，需要把所有這些電波望遠鏡收集到的信號精確地組合起來，然後再輸入電腦。過去，這項工作極其困難。然而隨著網際網路以及廉價的高速電腦的出現，成本大大降低了。在今天，建立起有效規模像地球本身一樣大的電波天文望遠鏡已不再是幻想。

在美國，採用這項干涉技術的最先進裝置是VLBA（非常長基線陣列），這是一組十個電波天線，設置在不同地點，包括新墨西哥、亞利桑那、新罕布夏、華盛頓、德州、維京群島和夏威夷。每個VLBA站都有一個巨型的八十二英尺（二十五公尺）直徑的碟形天線，重二四〇噸，像一座十英尺（三．〇四八公尺）高的建築那樣立著。每個網站都把無線電信號小心地錄在磁帶上，然後送到新墨西哥的索柯洛運行中心進行拼接和分析。這一系統耗資八千五百萬美元，一九九三年投入使用。

把這十個網站的資料拼接起來以後，就形成了一個實際長達五千英里（八，〇四七公里）的巨型電波望遠鏡，可以產生出地球上可以得到的最清晰圖像。這相當於站在紐約市去讀一張位於洛杉磯的報紙。目前，VLBA已經製作出宇宙噴流和超新星爆發的「電影」，以及對銀河系以外一個天體的距離做了迄今為止最精確的測量。

在將來，甚至光學望遠鏡也將能夠利用干涉測量法的威力，儘管由於光的波長很短，這項工作的難度相當大。有一項計畫是把夏威夷凱克天文臺的兩台望遠鏡的光學資料放在一起進行干涉，由此造成一個實質上比這兩者都要大得多的巨型望遠鏡。

對第11個維度進行測量

除了探索暗物質和黑洞，對於物理學家來說，最具誘惑力的是探尋高維度的空間和時間。在驗證是否存在臨近宇宙方面，位於丹佛的科羅拉多大學做了一項更為大膽的嘗試。那裡的科學家試圖測量出對牛頓那著名的平方反比定律的偏差。

根據牛頓的重力理論，任何兩個物體之間的重力隨著兩者之間的距離平方而減弱。如果你把地球到太陽的距離加長一倍，則重力就會降低二的平方倍，也就是四倍。這反過來又用於測量空間維度。

迄今為止，牛頓的重力定律在包括大型星系團在內的宇宙距離上都是適用的。但還沒有人把他的重力定律在微小尺度上進行充分測試，因為在過去要做這項工作是極其困難的。因為重力是一種非常弱的作用力，即使是最輕微的干擾也會把實驗破壞。即使過路卡車的振動也足以使測量兩個小型物體之間的重力的實驗作廢。

科羅拉多的物理學家們製造了一個精巧的儀器，叫做高頻共鳴器，它所能測試的重力定律最低可達十分之一公釐，這是有史以來第一次在如此微小的距離上做這項實驗。這項實驗有兩根懸在真空中的極細鎢簧片。其中一個簧片以每秒一千個週期的頻率振動，看起來像一個振動著的跳水板。物理學家然後觀察有什麼振動會穿越真空傳達到第二個簧片。這個裝置極其靈敏，即使是一粒沙子的十億分之一重的力量引起了第二個簧片的動作，也會被探測到。如果牛頓的重力定律中有了偏差，那麼第二個簧片中就會記錄到輕微的干擾。然而，在逐次分析到一．〇八億分之一公尺的距離上以後，物理學家們仍沒有找到這種偏差。

「到目前為止，牛頓的學說經受住了考驗。」義大利特倫托大學的C．D．霍伊爾（C. D. Hoyle）說，他在《自然》雜誌上對這個實驗發表了分析文章。【25】

這是個否定的結論，然而這卻更加吊起了其他物理學家的胃口，使他們想在微觀層面上測試有沒有偏離牛頓理論的現象。

普渡大學正在計畫另一項試驗。那裡的物理學家不是要在公釐級對牛頓重力的微小偏離進行測試，而是要在原子層面上進行測試。他們計畫運用奈米技術，對鎳58和鎳64之間的差別進行測量。這兩種同位素的電氣及化學特性相同，但其中一個同位素比另一個多了六個中子。從原則上來說，這兩種同位素之間的唯一差別就是它們的重量。

這些科學家設想建立一個卡西米爾裝置，它有兩套用這兩種同位素製作的中子板。正常情況下，當這兩塊板緊靠在一起時什麼也不會發生，因為它們沒有電荷。但如果使它們相互非常靠近，就會發生卡西米爾效應，兩塊板會輕微地互相吸引，這是一種已在實驗室中測量到的效應。但由於這兩套平行放置的板子是由不同的鎳同位素製造的，依據它們的重力不同，它們之間的吸引會有輕微的不同。

為使卡西米爾效應最大化，這些板子須放置得極端靠近。（這種效應與它們之間相隔距離的負四次方成正比。所以，當把這些板子靠近時，這種效應就迅速提高。）普渡大學的物理學家將採用奈米技術，製造由原子距離間隔開的板子。他們將使用最先進的「微機電扭轉振盪器」來測量板子中的微弱振盪。鎳58和鎳64之間的任何差異都可以歸咎於重力。這樣，他們希望能在原子距離上測量到對牛頓運動定律發生的偏差。如果他們用這一創意精巧的裝置找到了對牛頓著名的平方反比定律的偏離，這將是一個信號，說明存在著一個更高維度的宇宙，與我們的宇宙相隔著一個原子的距離。

大型強子對撞機

但是，有可能對這許多問題做出決定性解答的裝置是ＬＨＣ（大型強子對撞機），它設在瑞士著名的ＣＥＲＮ核實驗室，在日內瓦郊區，現在已經接近完工。[26]與以前那些針對我們這個世界中自然出現的奇異形式的物質所進行的實驗不同，ＬＨＣ可能會有足夠強大的能量，直接在實驗室中把它們創造出來。ＬＨＣ將能夠對小到 10^{-19} 公尺的微小距離進行探測，也就是說，比質子小一萬倍，並製造出自大霹靂以來所沒有見到過的溫度。「物理學家們相信，大自然隱藏著新的秘密，只有通過那些碰撞才能揭示出來，這也可能是一種被稱為希格斯玻色子（Higgs boson）的奇異粒子，也可能是證明存在一種叫做超對稱性的奇妙效應的證據，或者也可能是某種令人意想不到的東西，把理論粒子物理學翻個底朝天。」前ＣＥＲＮ理事長、如今的倫敦大學學院院長克里斯．盧溫納．史密斯（Chirs Llewellyn Smith）這樣寫道。[27]日內瓦的ＣＥＲＮ目前已有七千人在使用其設備，這已超過了全球所有實驗粒子物理學家人數的一半以上。而且其中有許多人將直接參與到ＬＨＣ實驗中去。

ＬＨＣ是一台強大的圓形機器，直徑二十七公里，世界上有許多城市都可以被它整個圍起來。它的管

【25】*www.space.com*, Feb. 27, 2003

【26】編註：本書初版於二〇〇五年，ＬＨＣ已於二〇〇八年九月開始試運轉。

【27】*Scientific American*, July 2000, p.71

道之長，實際上是橫跨在法國－瑞士邊界上的。ＬＨＣ非常昂貴，要由幾個歐洲國家合力建造。二〇〇七年當它最終投入運轉時，圓形管道中安置的強大磁力將迫使一束質子以越來越高的能量循環，直至達到十四兆電子伏特的能量。

這台機器有一個巨大的環形真空艙室，在沿線精心計算過的位置上安置著巨大的磁體，將強大的粒子束轉成一個圓圈。當粒子束在管道內循環時，能量將被注入到艙室中，使質子加速。當粒子束最終打到目標上的時候，它會爆發出巨大的輻射。透過這種撞擊產生的碎塊被成組的探測器拍照，尋找存在著新的、奇異的次原子粒子的證據。

ＬＨＣ實實在在是一個龐然大物。如果說ＬＩＧＯ和ＬＩＳＡ是擴展了靈敏度的極限，那麼ＬＨＣ則是把純粹的蠻力推到了極限。它強大的磁體把質子束彎成一個優雅的弧，產生出八．三特士拉的磁場，比地球的磁場高十六萬倍。為了產生這一大得嚇人的磁場，物理學家要通過一系列線圈輸入一萬二千安培的電流，並要把這些線圈冷卻至攝氏負二七一度，使線圈失去一切電阻，成為超導體。它一共有一二三二個十五公尺長的磁體，沿著這台機器百分之八十五的周長安放。

在管道中，質子被加速到光速的百分之九九．九九九九九九，直到它們撞上沿管道設置的四個位置上的目標，從而製造出每秒幾十億次的撞擊。這些地方安置著巨型的探測器（最大的有六層樓那麼大），對碎塊進行分析，並捕捉一縱即逝的次原子粒子。

如前面史密斯提到過的那樣，ＬＨＣ的目標之一就是要找到一縱即逝的希格斯玻色子，這是標準模型中迄今仍未被捕獲到的最後一種粒子。[28]這項工作之所以重要，是因為這一粒子導致粒子理論中的自發失稱（spontaneous symmetry breaking），並使量子世界有了質量。希格斯玻色子的質量，估計在一一五〇億到二〇〇〇億電子伏特之間（相比之下，質子的重量大約為十億電子伏特）。【29】（兆電子伏特加速器是芝加哥市外費米實驗室一座小得多的機器，其實有可能成為第一個捕捉到飄忽不定的希格斯玻色子的加速器，只要這種粒子的質量不太重。兆電子伏特加速器如果能按計畫運行的話，原則上有可能產生多達一萬個希格斯玻色子。而LHC產生粒子所需要的能量要高七倍。有了十四兆電子伏可玩，LHC可以想見會變成一個希格斯玻色子的「製造工廠」，通過它的質子碰撞製造出幾百萬個這種粒子。）

LHC的另一個目標，是創造出自大霹靂以來未曾有過的一些條件。尤其是，物理學家們相信，大霹靂本來由一些極端高溫的夸克和膠子集合而成，稱做「夸克—膠子電漿」。LHC將能夠產生出這種夸克—膠子電漿，它在宇宙產生後的頭十微秒中充斥著宇宙。在LHC中，我們可以用一．一兆電子伏特的能量使鉛的核子對撞。在這種強大的對撞之下，可以把這四百個質子和中子「熔化」，把夸克釋放到這種高溫電漿中去。這樣，宇宙學可能逐步從某種程度上變為不再僅僅是一種觀察科學，而更多地是一種實驗科學，直接在實驗室中就可以對夸克—膠子電漿做精確的實驗了。

LHC還有希望像第七章所說的那樣，通過極高的能量把質子撞在一起，從產生的碎片中找到微型黑洞。一般情況下，黑洞要在普朗克能量下才能產生，這種能量超過LHC的百萬之四次方倍（10^{24}倍）。但

【28】編註：二〇一二年七月四日，歐洲核子研究組織（CERN）已宣布LHC探測到兩種新粒子極像希格斯玻色子。二〇一三年三月十四日CERN正式宣布，先前探測到的新粒子暫時確認是希格斯玻色子，但仍有數據待處理與分析。二〇一三年諾貝爾物理學獎決定授予彼得．W．希格斯（Peter W. Higgs）和弗朗索瓦．恩格勒（François Englert），以表彰他們對希格斯玻色子的預測。

【29】*Scientific American*, June 2003, p.75

如果有平行宇宙存在於距離我們的宇宙一公釐之內，這就會降低所需要的能量，使得量子重力效應具備可測性，使微型黑洞成為LHC力所能及的。

最後，還有一種希望，LHC可能能夠找到超對稱性的證據，這將成為粒子物理學中的一項歷史性突破。這些超粒子據信是我們在大自然中所能看到的普通粒子的伴子。雖然弦理論和超對稱性學說預言，每個次原子粒子都有一個自旋值不同的「孿生對」，但在自然界中還從來沒有觀察到超對稱性，也許是因為我們的機器還沒有強大到足以探測到它。

超對稱粒子的存在可以幫助回答兩個一直糾纏著我們的問題：第一，弦理論是否正確？雖然要直接探測到弦非常困難，但要探測到弦理論的低八度音階或共鳴則是有可能的。如果發現了超對稱粒子，那麼就在從實驗上證實弦理論方面取得了長足的進展（雖然這還不能直接證明其正確性）。

第二，有可能由此產生出最解釋得通的待定暗物質。如果暗物質是由次原子粒子構成的，那麼它們必須穩定，有中性電荷（否則就能看到它們了），並且必須在重力上互相作用。弦理論所預言的超對稱粒子中能夠找到所有這三種特性。

LHC作為最強有力的粒子加速器，一旦最終投入運行，對於多數物理學家來說實際是個第二選擇。早在二十世紀八〇年代，雷根總統就批准了超導超級對撞機（SSC），這是一個周長五十英里（八〇・四八公里）的巨無霸機器，本來要建在德州的達拉斯郊外，會使LHC相形見絀。相比LHC以十四兆電子伏特的能量產生粒子碰撞，SSC的設計是以四十兆電子伏特產生對撞。這個專案最初獲得了批准，但在最後幾天的聽證會中，美國國會猝然取消了這項計畫。這對高能物理學是個巨大打擊，使這個領域的工作整整倒退了一個世代。

辯論主要圍繞著這台機器一一〇億美元的造價和科學中更重大的優先課題進行。科學界本身就對SSC存在著嚴重分歧，一些不同領域中的物理學家宣稱，SSC可能會把他們自己的研究經費抽走。爭議激烈到連《紐約時報》都發表了評論性社論：說「大科學」有可能扼殺「小科學」。（這些論點有誤導作用，因為SSC的預算與小科學的預算在來源上是不同的。真正在爭奪資金的是太空站，許多科學家覺得這才是真正浪費金錢。）

但是，回想起來，這次爭議也涉及到應該學會用公眾能夠理解的語言講話的問題。從某種意義上，物理學界已經習慣於請國會來批准原子擊破器這種龐然大物，只因為俄羅斯人也在建造它們。事實上，俄羅斯人當時在建造他們的UNK加速器，來與SSC競賽。這事關國家地位及榮譽。但蘇聯解體了，他們的機器被取消了，SSC專案能藉助的東風也漸漸失勢。【30】

【30】在決定SSC（超導超級對撞機）專案命運的最後幾天聽證會上，一位國會議員問了這樣一個問題：我們用這台機器能夠找到什麼？不幸的是，得到的答覆是：希格斯玻色子。不難想像他當時目瞪口呆的樣子。花一一〇億美元就是為了再找出一枚粒子？最後幾個問題中有一個是由共和黨議員哈利斯．W．法威爾（Harris W. Fawell，伊利諾州共和黨議員）提出的，他問道：「這台機器能讓我們找到上帝嗎？」共和黨議員唐．里特（Don Ritter，賓夕法尼亞州共和黨議員）又加上一句：「如果它能，那我再回過頭來支持它。」（Weinberg1, p.244。）不幸的是，物理學家們沒能向國會議員們提供強有力、有說服力的回答。

由於這個失誤以及其他一些公共關係上的失誤，SSC專案被取消了。美國國會已經給了我們十億美元來為這台機器挖個洞，隨後國會又取消了它，然後再給了我們十億美元來把這個洞填上。這個國會，以它的智慧一共給了我們二十億美元來挖一個洞然後再填上它，使之成為歷史上最昂貴的洞。

（我個人認為，那個要回答關於上帝問題的倒楣物理學家應該這樣回答：「閣下，我們有可能找到上帝，也有可能找不到上帝，但我們的機器將在人力可及的範圍內最大限度地接近上帝，或者不管你把這種神性的存在稱作什麼。它會提示出神最偉大成就的秘密，也就是創造宇宙的過程本身。」）

出現了LHC，物理學家逐漸接近了當今一代加速器可達到的能量上限，它使許多現代城市都相形見絀，並且要耗費幾百億美元。它們巨大到了只有由幾個國家組成財團才能造得起。如果想推倒這種常規加速器所面臨的障礙，就需要找到新的想法和原理。對於粒子物理學家來說，他們的「聖杯」就是建造一個「桌面」加速器，它的規模和成本是常規加速器的一個零頭，可以用幾十億電子伏特的能量產生粒子束。

桌面加速器

要理解這個問題，可以試想一場接力賽跑，參賽者沿著一個非常大的環形跑道分佈。參賽者沿著跑道賽跑時交接接力棒。現在設想，每次接力棒從一個選手交到另一個選手手中時，選手都會獲得一股額外的能量，這樣他們依次沿著跑道越跑越快。

這與粒子加速器相像，它的接力棒就是一束次原子粒子沿著環形跑道運動。每次粒子束從一位選手遞到另一位選手時，這個粒子束就被注入一股無線電頻率（RF）能量，使它的速度越來越快。過去半個世紀中，粒子加速器就是這樣建造的。常規粒子加速器的問題是，我們已經接近了可以用來驅動加速器的RF能量的極限。

為解決這一難題，科學家們在試驗一些本質上不同的方法，把能量泵入粒子束中，例如強大的雷射光束，它的強度按指數上升。雷射的一個優點，在於它的「一致性」，也就是，所有的光波振動都精確一致，這就可能產生出極為強大的雷射光束。目前，雷射光束可以產生出幾兆瓦（terrawatts）的陣發能量，持續短暫的一段時間。（與此相比，核電廠產生的只是微不足道的幾十億瓦能量，但很穩定。）現在能夠產生一千兆瓦（quadrillion watst或a petawatt）的雷射器也出現了。

雷射加速器的工作原理如下：雷射的熱度足以產生電漿氣體（電離原子的集合），它會像波浪般起伏著高速運動。然後一束次原子粒子在這一電漿波產生的餘波上「衝浪」。通過注入越來越多的雷射能量，電漿波的行進速度越來越快，激發起在其上衝浪的粒子束的能量。最近，通過用一個五十兆瓦的雷射器對一個固體靶子衝擊，英國拉塞福阿普頓實驗室的科學家得到了從該靶子發出的一束質子，在準直射束中負載了高達四億電子伏特（400 MeV）的能量。在巴黎理工學校，物理學家們在一公釐的距離上把電子加速到200 MeV（二億電子伏特）。

迄今為止所建造的雷射加速器都還很小，也不夠強大。但是設想一下，這種加速器被放大了尺寸，它不是在一公釐的距離上工作，而是達到了整整一公尺，那時會怎麼樣。那時，這個加速器將能夠在一公尺的距離上把電子加速到200 GeV（二千億電子伏特），實現桌面加速器的目標。二〇〇一年實現了另一個里程碑式的成就，SLAC（史丹佛線形加速器中心）的物理學家們在一・四公尺的距離上加速了電子。他們沒有使用雷射光束，而是通過注入一束帶電粒子產生出電漿波。雖然取得的能量較低，但它證明電漿波可以在一公尺距離上加速粒子。

在這一大有希望的研究領域中，進展異常迅速：由這些加速器獲得的能量以每五年增長十倍。按照這種速度，桌面加速器原型機的出現可能已近在咫尺。如果它能夠成功，它會使LHC看起來像是最後一隻恐龍。雖然大有希望，但是擺在這樣一種桌面加速器面前的障礙當然還有許多。如同沖浪者在兇險的海浪中被「掀翻」一樣，要使粒子束穩當地駕馭在電漿波上是困難的（這些難題包括聚焦好粒子束，保持其穩定和強度）。但這些難題中似乎沒有一樣是無法克服的。

要證明弦理論還有一些較大的風險。愛德華．威騰堅信，在大霹靂的瞬間，宇宙擴張得極為迅速，可能會有一根弦與之一起擴張，結果太空中飄蕩著一根巨大的宇宙比例的弦。他思忖道：「雖然聽起來有些離奇，但這是我最希望證實弦理論的一種場景，因為要解決這個問題，沒有什麼比在望遠鏡中看到一根弦更有戲劇性了。」[31]

布萊恩．格林恩列舉出五種可能證實弦理論的實驗資料，[32]或至少使它獲得可信度：

1. 難於捕捉的、鬼魅般的微中子的微小質量，可通過實驗確定，並且弦理論可以對它進行解釋。
2. 可以找到違反標準模型的小現象，它們違反了點狀粒子物理學的規則，比如某些次原子粒子的衰變。
3. 可以從實驗中找到新的長程力（不包括重力和電磁力），這將意味著可以對卡拉比－丘流形做一定的選擇。
4. 實驗室中可以找到暗物質粒子，並可以與弦理論的預言做比較。
5. 弦理論或許可能對宇宙中暗物質的數量進行計算。

我個人的觀點是，對弦理論的驗證可能會完全來自於純數學，而不是實驗。由於弦理論號稱要成為包羅萬象的理論，因此它也應該是一種既包括日常能量也包括宇宙能量的理論。這樣的話，如果我們最終能夠完全解出這個理論，那麼我們就應該能夠計算普通物體的性質，而不只是那些只有在外太空才能找到的奇特物體。例如，如果弦理論可以從基本原理計算出質子、中子和電子，這將是頭等的成就。在所有的物理學模型中（弦理論除外），這些熟悉的粒子質量是加工放入的。從某種意義上來說，我們不需要LHC來對這個理論進行驗證，因為我們已經知道了幾十種次原子粒子的質量，所有這些都應該由弦理論在不加任何可調節參數的情況下確定。

正如愛因斯坦說的：「我相信，我們可以通過純數學模式發現概念和定理……以它們作為理解自然現象的鑰匙。經驗或許可以暗示出相應的數學概念，但數學概念多數肯定是不能從經驗中推導出來的……因此，在某種意義上我認為，純思維是能夠像古人夢想的那樣掌握現實。」【33】

如果這是真的，那麼也許M理論（或者不論是什麼最終把我們引向量子重力理論的其他理論）將使尋找宇宙中所有智慧生命的最終之旅成為可能，使我們在幾兆年又幾兆年後，逃離這個瀕臨死亡的宇宙，找到一個新的歸宿成為可能。

【31】Greene1, p.224
【32】Greene1, p.225
【33】Kaku3, p.699

第三部分

遁入超空間

PART THREE

ESCAPE INTO HYPERSPACE

第十章

萬物之終結

（讓我們考慮一下）現在大多數物理學家的觀點，也就是，太陽及其所有的行星最終將變得對於生命來說過於寒冷，除非真的有什麼大型天體衝進太陽系，重新賦予其生命——由於我相信，在遙遠的未來，人類將變得比現在完美得多，所以，人類和其他生物在經歷如此漫長的演化之後，最終會註定歸於滅絕這種想法是不可接受的。

——查理斯．達爾文（Charles Darwin）

根據挪威傳說，最後審判日，或者叫做「萬物滅絕」，意思是天神隱沒時分，將會伴隨著大洪水。塵世（中土世界）與天堂都將像被鐵鉗夾住般陷入徹骨冰寒之中。刺骨的寒風、撲面的暴風雪、毀滅性的地震和饑荒在大地上肆虐，男女老少大批死亡。有三個這樣的冬天就會使地球癱瘓，沒有喘息的機會，貪婪的狼群會吞掉太陽和月亮，使世界完全陷入黑暗。天上的群星墜落，大地顫抖，山崩地裂。亂世之神洛基逃逸，群魔掙脫束縛，在荒涼的大地上散佈戰爭、混亂和不和。

眾神之父奧丁將在瓦爾哈拉最後一次召集他的勇士進行最後一搏。最終，隨著眾神逐個死去，邪神蘇圖爾噴出火和硫黃，點燃巨大的地獄之火，吞滅整個天地。當整個宇宙陷入火海之中的時候，大地陷入海洋，時間停止。

但從這場劫後灰燼之中，新的起始在孕育。與過去不一樣的一個新的大地從海中升起，新的果實和奇異的植物從肥沃的土壤中泉湧而出，催生出一個新種族的人類。

在維京人的傳說中，世界末日的淒慘景象是嚴寒、烈焰和最終的廝殺。在世界各地的神話中，類似的題材都可以找到。世界末日伴隨著巨大的天災，通常是大火、地震或是暴風雪，最後是一場正義與邪惡的戰鬥；但也包含著希望的訊息，從灰燼中一切重新開始。

科學家們面對無情的物理定律，現在也必須面對同樣的主題。與篝火旁傳播的神話不同，科學家們對宇宙終結的看法要由嚴格的數據說了算。但是，科學界恐怕也要普遍接受類似的景象。從愛因斯坦方程式得出的各種解中，我們同樣看到，未來可能也要包括嚴寒、烈火、天災以及宇宙的終結。但是最終的再生又在哪裡呢？

根據從WMAP衛星得到的一幅照片，有一股神秘的反重力正在使宇宙的擴張加速。如果這一情況持續幾十億年到幾兆年，宇宙最終將達到「大凍結」，與預兆著眾神隱沒的大暴雪相似，使所有我們所知的生命終結。這種把宇宙推開的反重力與宇宙的容積成正比。於是，宇宙變得越大，把星系互相推開的反重力就越大，這反過來又使宇宙的容積更大。這一惡性循環無止境地重複下去，直至宇宙進入失控狀態，並以指數的速度增長。

最終，這將意味著，由於幾十億個鄰近星系飛速越離了我們的事件視界，整個的可見宇宙中只剩下本星系群中的三十六個星系。隨著星系間的空間以比光速更快的速度擴張，宇宙將變得孤寂到令人恐怖的地步。溫度隨著能量在空間中散佈得越來越稀薄而驟降。當溫度跌到接近絕對零度的時候，智慧生命的大限就到了：他們將被凍死。

熱力學三定律

如果整個世界像莎士比亞所相信的那樣是個大舞臺，那麼最終一定會有第三幕戲。在第一幕中，我們有了大霹靂，最終在地球上產生了生命和意識。在第二幕中，可能我們還活著，對恆星和星系進行探索。最後，到了第三幕，我們面臨著宇宙在大凍結中最後死去。

最終，我們將發現，這個劇本只能遵循熱力學定律。十九世紀，物理學家們計算出了支配熱物理學的熱力學三定律，並開始思索宇宙的最終之死。一八五四年，偉大的德國物理學家赫爾曼·馮·亥姆霍茨（Hermann von Helmholtz）發現，熱力學定律可以應用於整個宇宙，也就是說，我們身邊的一切，包括恆星和星系，最終都不免消耗殆盡。

第一條定律說[1]，物質和能量的總量守恆。雖然能量和物質可以相互轉換（透過愛因斯坦的著名方程式$E = mc^2$），但物質和能量的總量永遠不能被創造或銷毀。

第二條定律是最神秘也是最深奧的。它說宇宙中熵（混沌或無序）的總量只能永遠增加。換句話說，一切事物最終必然老化和耗盡。森林起火、機器生銹、帝國消亡、人體老化，所有這一切都代表宇宙中的熵增加了。例如，要點燃一張紙是很容易的。這對總體的混亂度造成淨增加。然而，要把燃起的煙再恢復為紙則是不可能的。（加上機械作用之後，熵可以被降低，例如冷凍機，但這只是在很小的鄰近範圍內；整個體系中熵的總量，這指的是冷凍機再加上它所在的整個環境，永遠只會增加。）

亞瑟．愛丁頓有一次談論到第二定律：「我認為，熵永遠增加的定律，也就是熱力學第二定律，在大自然法則中佔有至高無上的地位……如果你的理論被發現違反了熱力學第二定律，我可以告訴你，你的理論是沒有希望的；除了在奇恥大辱中失敗，你什麼也得不到。」[2]

（起初，地球上存在著形形色色的複雜生命這一現象，看來似乎違反了第二定律。在早期地球的混沌之中出現了複雜的生命形式，種類多到難以置信，甚至還孕育出了智慧生命和意識，這似乎完全是一種無中生有的過程，它使熵的總量降低了，這看起來令人驚異。有些人認為這一奇蹟證明有仁慈的造物主在插手其間。但是不要忘了，生命是由自然演化法則推動的，而且熵的總量仍在增加，因為太陽在不斷地為生命添加燃料。如果我們把太陽和地球包括進去，熵的總量還是增加了。）

第三條定律說，沒有任何冷凍機可以達到絕對零度。你可以達到離絕對零度只有分毫之差，但你永遠達不到零運動的狀態。（而且，如果我們把量子原理包括進去的話，這意味著分子中將永遠有一小點能量。

這是因為，零能量意味著我們可以知道每個分子的準確位置和速度，而這就會違反測不準原理。）

如果把第二定律應用於整個宇宙，那就意味著宇宙最終將耗盡。恆星將耗盡其核燃料，星系將停止照亮天空，宇宙中將只剩下一堆無生命的死矮星、中子星和黑洞。宇宙將陷入永恆的黑暗。

有些宇宙學家想要藉助一種振盪宇宙學說來逃避這一「熱寂」。隨著宇宙膨脹以及最終收縮，熵會繼續增加。但在大崩墜之後，還不清楚宇宙中的熵會發生什麼變化。有些人認為，也許宇宙在下一個週期只是原樣再重複一次。更現實的想法是，熵會在下一個週期中延續，這意味著宇宙的生命週期會隨著每增加一個週期而逐步加長。但不論人們怎樣看這個問題，振盪的宇宙，與開放的和封閉的宇宙一樣，最終結果都是毀滅一切智慧生命。

大崩墜

用物理學來解釋宇宙終結的第一次嘗試，是一九六九年由馬丁·里斯爵士寫的一篇論文，題名〈宇宙的塌縮：末世研究〉。【3】在那個時候，Ω的值大部份仍是未知，所以他把它假定為2，這意味著，宇宙最

【1】這條定律反過來又意味著，根據已知的物理學定律，號稱可以「無代價獲利」的「永動機」（perpetual motion machines）是不可能的。

【2】Barrow1, p.658

終將停止擴張，並在大崩墜中，而不是大凍結中死去。

他計算出，宇宙的擴張終將停止，星系的距離將是今天的兩倍遠，重力終於克服了宇宙原來的擴張。我們現在看到的太空中的紅移現象，將因星系競相朝我們飛來而變為藍移。

根據這一說法，距今大約五百億年以後，天災事件將會發生，預示宇宙的垂死掙扎。最終大崩墜之前一億年，宇宙中的星系，包括我們自己的銀河系，將開始互相碰撞，最終融合。他發現奇怪的是，由於有兩個原因，單個恆星甚至在發生互相碰撞之前就會自行解體。第一，太空中其他恆星的輻射將隨著宇宙收縮而提高能量，這樣，恆星將浸沒在其他恆星炙熱的藍移光中。第二，微波背景輻射的溫度將隨著宇宙的溫度急劇攀升而大為加強。這兩種作用加在一起所產生出來的溫度，將超過恆星的表面溫度，使其吸收熱的速度快於釋放熱的速度。換句話說，恆星可能會解體，變成超高溫度的氣體雲而消散。

在這樣的環境下，智慧生命受到鄰近恆星和星系傾瀉而下的宇宙高溫炙烤，將不可避免地消失，無可逃遁。正如弗里曼·戴森所寫的：「我不得不承認，在這種情況下我們不可能逃脫被煎炸的命運。不管我們向地球內部挖得多深，以求遮避藍移背景輻射，我們也只能把悲慘的終結延遲幾百萬年。」[4]

如果宇宙最終走向大崩墜，那麼剩下的問題就是，宇宙會不會像振盪宇宙說那樣塌縮而後再生。這是波爾·安德森的小說《τ零度》中所採用的場景。如果宇宙完全符合牛頓學說，那麼，如果星系互相向對方擠壓的時候有足夠的側向運動，這是有可能的。在這種情況下，恆星可能不會被擠壓成單獨一個點。它們可能在擠壓力最大的點上互相錯開，然後彈開，而不是互相碰撞。

然而宇宙遵循的不是牛頓學說，而是愛因斯坦的方程式。羅傑·潘洛斯和史蒂芬·霍金證明，在最尋常的條件下，一堆塌縮擠壓的星系必然被擠壓成一個奇異點。（這是因為星系的側向運動有能量，因此會與重力相互作用。這樣，愛因斯坦理論中的重力就要比塌縮宇宙說所運用的牛頓理論中的重力大得多，於是宇宙就塌縮為單一一個點。）

宇宙的五個階段

然而，最近從WMAP衛星得到的資料傾向於大凍結說。為了分析宇宙的壽命，科學家們，如密西根大學的弗雷德·亞當斯（Fred Adams）和格列格·勞夫林（Greg Laughlin）試著把宇宙的年齡分成五個分明的階段。由於我們探討的是真正的天文時間尺度，我們要採用對數時間框架。這樣，10^{20}年就以20來表示。（這個時間表是於宇宙在加速這一概念的意義被完全認識清楚之前提出的。但是宇宙階段的大致劃分並沒有變。）

揮之不去的一個問題是：智慧生命有沒有能力運用智慧從這些階段中存活下來，從一系列的天災乃至宇宙的死亡中存活下來？

第一階段：原始時期

【3】"The Collapse of the Universe: An Eschatological Study." Rees1, p.194

【4】Rees1, p.198

在第一階段（介於-50至5之間，或10^{-50}和10^{5}秒之間），宇宙經歷了快速地擴張但同樣也是快速地冷卻。隨著它的冷卻，宇宙中一度曾統一在一個總的「超級作用力」中的各種作用力，逐步分崩離析，形成我們今天所熟悉的四種力。首先分離出來的是重力，然後是強核力，最後是弱核力。起初，宇宙是不透明的，天空是白色的，因為光在產生出來之後很快就會被吸收。但是在大霹靂三十八萬年之後，宇宙已經冷卻到足以使原子形成，而不再被劇熱所打碎。天空於是轉為黑色。微波背景輻射就是源自這個時期。

在這一時期，原始的氫融合為氦，產生出目前散佈在宇宙各處的星際混合燃料。在宇宙演化的這一階段，我們知道的生命是不可能的。溫度極高，任何DNA或其他自催化分子，即使形成了也會在與其他原子的隨機碰撞中破壞，使生命所需要的穩定化學成分成為不可能。

第二階段：群星遍佈時期

如今我們正生活在第二階段（介於6至14之間，或10^{6}和10^{14}秒之間），氫氣被壓縮，恆星已點燃，照亮蒼穹。在這一時期，我們看到富含氫的恆星熊熊燃燒幾十億年，直至耗盡它們的核燃料。哈伯太空望遠鏡拍攝到了處於各個演化階段的恆星，包括一些由漩渦狀的塵埃和碎片圍繞的年輕恆星，它們可能就是以後形成行星和太陽系的前身。

這一階段具備創造DNA和生命的理想條件。既然在可見宇宙有巨量的恆星，那麼天文學家就試圖提出在已知科學定理的基礎上解釋得通的論點，來說明其他行星系統也可以產生智慧生命。但是，任何智慧生命形式都面臨著若干宇宙障礙，其中有許多是智慧生命自己造成的，例如環境污染、全球變暖以及核武器。假設智慧生命還沒有自我毀滅，那麼它還要面對一系列難以克服的自然災害，其中任何一項都具有毀滅性。

在幾萬年的時間尺度上，可能會出現冰河時期，與曾經把北美洲埋在幾乎一英里（一，六〇九公尺）的冰層之下的那次差不多，使人類文明成為不可能。一萬年以前，人類生活得如同狼群一般，以小而孤立的族群為單位，尋覓著一星半點的食物，不可能有知識和科學方面的積累。沒有書面文字。人類一門心思只有一個目的：活下來。然後，由於某些我們至今仍不明白的原因，冰河期結束了，人類開始迅速從寒冰中崛起，成為明星。然而，這一短暫的「間冰期」不能永久延續。也許再過一萬年，會再有一次冰河期覆蓋世界的大部分地區。地理學家們相信，地球圍繞其軸線自轉中微小變化的效應最終會積聚起來，使來自冰冠的噴射氣流降臨到低緯度，把地球覆蓋在嚴寒的冰層之下。那時我們說不定需要躲入地下才能保暖。過去地球曾一度完全被寒冰覆蓋。這也許會再次發生。

在幾千年至幾百萬年的時間尺度上，我們必須有準備應付隕石和彗星的撞擊。六千五百萬年以前滅絕的恐龍，極有可能是發生了隕星和彗星的撞擊。科學家們相信，一個直徑可能不到十英里（一六．〇九公里）的地球外的天體，一頭栽進了墨西哥的猶加敦半島，掏出了一個一八〇英里（二九〇公里）直徑的隕石坑，碎片四射，進入大氣層，遮蔽了太陽，使地球陷入黑暗，造成嚴寒氣候，使植被和恐龍這些當時在地球上占主宰地位的生命形式滅絕。在不到一年的時間裡，恐龍和地球上多數物種就滅絕了。

從過去發生撞擊的頻率來推測，今後五十年中，小行星撞擊地球造成世界災難的可能性有十萬分之一。在幾百萬年時間裡發生重大撞擊的可能性說不定高達近百分之百。

（在地球所在的內太陽系，可能有一千到一千五百顆直徑在一公里以上的小行星，以及一百萬顆直徑在五十公尺以上的小行星。小行星觀測報告以每天一萬五千份的速率湧入位於〔美國〕劍橋的史密松天文物理台。幸運的是，只有四十二顆小行星可能撞上地球，其機率很小，但比較確定。過去曾有過幾次有關這些小行星的「虛驚」，最著名的一次是小行星1997XF11，天文學家們誤以為它會在三十年內撞上地球，這一消息成了全世界的頭版頭條。但是經仔細研究一顆叫做1950DA的小行星軌道，科學家們計算出，它有可能在二八八〇年三月十六日撞上地球，其機率雖然很小，但卻不是零。加州大學聖塔克魯茲分校所做的電腦類比顯示【5】，如果這顆小行星撞上海洋，它會激起四百英尺（一二二公尺）高的海嘯，以排山倒海般的洪水淹沒大部分的沿海地區。）

在幾十億年的尺度上，我們就要為太陽吞掉地球而擔憂了。今天的太陽溫度已然比其誕生時期提高了百分之三十。電腦研究顯示，三十五億年以後，太陽的亮度將比現在提高百分之四十，這意味著地球將逐步升溫。白天在天空中看到的太陽將越來越大，直至把地平線以上的部分幾乎完全填滿。從短期上來講，生物將拼命躲避太陽的烘烤，可能被迫退回海洋，使這顆行星上的演化進程倒轉。最終海洋本身也會沸騰，使得我們所知道的生命形式成為不可能。五十億年以後，太陽核心中氫的供給將消耗殆盡，從而變異為一顆巨大的紅巨星。有些紅巨星非常之大，如果把它們放在我們這顆太陽的位置上的話，它可以把火星吞沒其中。然而，我們的太陽可能只能向外膨脹到地球軌道那麼大，把水星和金星吞沒，並使地球上的山脈熔化。這樣說來，我們的地球有可能在大火中死去，而不是在寒冰中死去，遺留下一團燒乾淨的灰燼圍繞太陽轉。

有些物理學家論證，在這一情況發生之前，就算我們還沒有乘坐巨大的宇宙方舟從地球移居到其他行星上，我們也應已能夠運用先進技術使地球在更大的軌道上圍繞太陽旋轉了。「只要人類技術提高得比太陽變亮的速度更快，地球就能保持生命旺盛。」天文學家和作家肯·克洛斯威如是說。【6】

科學家提出了若干種把地球從它現在圍繞太陽旋轉的軌道上移開的辦法。其中一種簡單的辦法是，小心地使一系列小行星從小行星帶中改道，讓它們圍繞著地球飛轉。這種甩動效應會推動地球的軌道，使它與太陽之間的距離加大。推動的距離只能逐次加碼，但我們還有足夠的時間使幾百顆小行星改道，完成這一壯舉。「在太陽膨脹為紅巨星之前的幾十億年時間內，我們的後代將能夠捕獲一顆過路的恆星，把它放到圍繞太陽旋轉的軌道上，再使地球跨出太陽軌道，轉入圍繞新恆星旋轉的軌道。」肯·克洛斯威接著寫道。【7】

我們的太陽將遭遇與地球不同的命運，它將不是死於火，而是死於冰。最終，作為一顆紅巨星，以氦為燃料燃燒七億年之後，太陽的大部分核燃料都將耗盡，重力將把它壓縮為一顆如地球般大小的白矮星。我們的太陽太小，不會經歷那種稱做超新星的災變而變為黑洞。我們的太陽變為白矮星之後，最終將冷卻，發出淡淡的紅光，然後是棕色，最後變為黑色。它將變為一塊死寂的核灰燼在宇宙空間飄蕩。我們身邊所見的差不多所有的原子，包括我們自己的身體以及我們所鍾愛的人們的身體中的原子，未來的歸宿都在一團燒淨的灰燼上，圍繞著一顆黑矮星旋轉。由於這顆矮星將只有〇·五五個太陽質量，地球遺骸將在

【5】www.sciencedaily.com, May 28, 2003; *Scientific American*, Aug. 2003, p.84
【6】Croswell. p.231
【7】Croswell. p.232

一個比今天遠出百分之七十的軌道上安頓下來。【8】

在這個尺度上，我們看到，地球上的動植物繁盛期將只不過延續十億年（如今這個黃金時期已經過了一半）。「大自然母親生來不是要讓我們快樂的。」天文學家唐納德．布朗李說。【9】與整個宇宙的壽命相比，生命之花只持續不能再短的一瞬間。

第三階段：退化階段

在第三階段（介於15至39之間），宇宙中恆星的能量將最終耗盡。先燒氫後燒氦這一看似永恆的過程最終停止下來，只剩下一塊塊了無生氣的、已經死去的核物質，其形式是矮星、中子星和黑洞。天空中的星星不再閃耀，宇宙逐漸陷入黑暗。

在第三階段中，隨著恆星失去其核動力，溫度大幅度下降，圍繞著死恆星旋轉的任何行星都將陷入冰凍。假設地球仍然完好，那麼不論地球表面成了什麼樣子，它都將變成一塊冰層，迫使智慧生命尋找新的居所。

巨星可能持續幾百萬年，像我們的太陽那樣燃燒氫的恆星可持續幾十億年。與此不同，微小的紅矮星則實際可燃燒幾兆年。這就是為什麼重新將地球軌道安置在紅矮星身邊的想法在理論上講得通。離地球最近的恆星，半人馬比鄰星，是一顆紅矮星，離地球只有四．三光年。我們這個最近的鄰居，其重量只有太陽質量的百分之十五，比太陽暗四百倍，所以，任何圍繞著它旋轉的行星都必須離得非常近才能享受到它那微弱的星光。地球圍繞這顆星的軌道要比現在圍繞太陽的近二十倍才能接受到同樣多的陽光。一旦在圍繞紅矮星的軌道上旋轉，行星就可以得到持續幾十億年的能量。

最終，唯一繼續燃燒核燃料的恆星將是紅矮星。然而到了一定的時候，即使是它們也會變暗。一百兆年以後，最後的紅矮星也將絕跡。

第四階段：黑洞時期

在第四階段（介於40至100之間），唯一的能源將是從黑洞緩慢蒸發的能量。正如貝肯斯坦和霍金證實的那樣，黑洞並不真的是黑色的，它們實際輻射出微量的能量，這被稱做「蒸發」(evaporation)。（在實踐中，這種黑洞蒸發非常小，難以通過實驗觀察到，但是在長時間尺度上，蒸發最終決定黑洞的命運。）

蒸發中的黑洞可有不同的壽命。像質子那麼大的微型黑洞在太陽系壽命那麼長的時間內可以輻射出一百億瓦的能量【10】，像太陽一樣重的黑洞將蒸發10^{66}年，像星團一樣重的黑洞將蒸發10^{117}年；然而，當黑洞緩慢地釋放出輻射，最後接近其生命尾聲的時候，它會猛然爆炸。智慧生命有可能像無家可歸者擠坐在即將熄滅的餘燼周圍一樣，聚集在蒸發中的黑洞所釋放出的微弱熱量周圍，攝取一點溫暖，直至它們蒸發完畢。

【8】*Astronomy* magazine, Nov. 2001, p.40

【9】www.abcnews.com. Jan. 24, 2003

【10】Rees1, p.182

第五階段：黑暗時期

在第五階段（超過101），我們進入了宇宙的黑暗時期，所有熱源都最終消耗殆盡。在這一階段，宇宙緩慢地向終極的熱寂漂移，溫度逼近絕對零度。這一時刻，原子本身幾乎停頓。說不定連質子本身也衰變了，只剩下一片漂蕩著的質子之海，以及稀薄的互相微弱作用的粒子湯（微中子、電子和它們的反粒子，即正電子）。宇宙可能由一種新的叫做正電子素（positronium）的「原子」構成，它由互相對繞旋轉的電子和正電子構成。

有些物理學家猜測，這種由電子和反電子構成的「原子」說不定能在這一黑暗時期成為一種新的基本要件，形成智慧生命。然而這種想法面臨著難以逾越的困難。一般而言，正電子素原子的大小可與普通原子相當。但在黑暗時期的正電子素原子的直徑會達到10^{12}百萬秒差距，這要比我們今天的可見宇宙大上幾百萬倍。所以在這種黑暗時期，即使這種「原子」能夠形成，它們也會像整個宇宙那麼大。由於在黑暗時代，宇宙可能已擴張到了極遠的距離，它將很容易容納這些巨大的正電子素原子。但是由於這些正電子素原子非常大，這意味著任何以這些「原子」為基礎的「化學反應」將在驚人的時間尺度上進行，與我們所知道的任何東西都完全不同。

正如宇宙學家托尼．羅斯曼（Tony Rothman）寫的：「於是，10^{117}年以後，整個宇宙最終就是幾個拴在笨重軌道上的電子和正電子，重子衰變後剩下的微中子和質子，以及從正電子素消亡和黑洞中逃逸的質子。因為這也是寫在命運之書中的。」【11】

智慧生命能夠倖免於難嗎?

根據大凍結終結時令人驚嚇的狀態，科學家們爭論，有沒有什麼智慧生命可以倖免於難。乍看起來，討論在第五階段智慧生命有沒有可能存活似乎毫無意義，因為那時溫度跌到了接近絕對零度。然而，實際上物理學家們對智慧生命能否存活下去進行了熱烈的討論。

這場討論集中在兩個關鍵問題上。第一個問題：當溫度接近絕對零度的時候，智慧生命能否開動他們的機器?根據熱力學定律，由於能量從高溫向低溫流動，可以利用能量的這種流動完成有用的機械功。例如，機械功可以從一台連接兩個不同溫度的熱引擎中取得。溫差越大，引擎的效能就越高。這是帶動了工業革命這類機器的基礎，例如蒸汽機和機車。初看起來，在第五階段要利用熱引擎做任何工作都是不可能的，因為所有溫度都將是一樣的。

第二個問題：智慧生命能夠發送和接收資訊嗎?根據資訊理論，可以發送和接收的最小單位與溫度成正比。當溫度降到接近絕對零度，處理資訊的能力也會受到極大的破壞。隨著宇宙冷卻，可以傳遞的資訊將會變得越來越小。

物理學家弗里曼·戴森等人重新分析了在垂死宇宙中度日的智慧生命面臨的物理條件。他們問道，能

---

[11] *Discover* Magazine, July 1987, p.90

不能找到別出心裁的方法，使溫度即使降到接近絕對零度時，智慧生命也能存活？

當宇宙中的溫度開始普遍下降時，起初生物將試圖利用基因工程降低自身體溫。這樣，他們將能夠大大提高日漸減少供應的能源效率。但最終體溫將達到水的結冰點。這時，智慧生命可能將不得不放棄他們脆弱的血肉之軀，換上機器身體。機器身體遠比血肉之軀更能抵擋嚴寒。但機器也必須遵循資訊理論和熱力學定律，即使對機器人來說生存條件也將異常艱辛。

即使智慧生命放棄其機器軀體，轉變為純意識，資訊處理的問題仍然存在。隨著溫度繼續下降，唯一活命的辦法就是「思維」放慢。戴森的結論是，透過把處理資訊所需要的時間拉長，並以冬眠保持能量，智慧生命將還能夠無限期地進行「思維」。雖然思維和資訊處理的物理時間也可能會延展為幾十億年，但智慧生命感受到的「主觀時間」仍將保持不變。他們將永遠覺察不到這當中的區別。他們仍將能夠進行深度思索，只是時間尺度大大地放慢了。戴森以雖然奇怪但樂觀的調子得出結論，以這種方式，智慧生命將能夠無限期地處理資訊並進行「思維」。對哪怕單獨一個念頭進行思索都可能要耗費幾兆年的時間，但從他們的「主觀時間」來看，思索過程仍是正常進行的。

但是如果智慧生命思維放慢，說不定他們會目睹宇宙中發生宇宙量子躍遷。一般來說，這種宇宙躍遷，例如新宇宙誕生，或向另一個量子宇宙躍遷，要以幾兆年的時間跨度來發生，因此是純理論上的。但是在第五階段，「主觀時間」中的幾兆年將被壓縮，對於這些生物來說可能只相當於幾秒鐘；他們的思維如此之慢，以致於在他們看來奇異的量子事件一直都在發生。他們可能會時常目睹泡泡宇宙從虛無中產生出來，或量子躍遷進入另類宇宙。

但是根據最近的發現，宇宙正在加速，物理學家們重新研究了戴森的著作，這又點燃了新一輪的辯論，得出了相反的結論，即，智慧生命必然在加速宇宙中滅絕。物理學家勞倫斯．克勞斯和格林．史達克曼（Glenn Stackman）得出結論說：「幾十億年以前，宇宙太熱，生命不能存在。從現在起無數歲月之後，它又會變得極冷極空，不管多麼聰明的生命都將滅絕。」【12】

在戴森原來的著作中，他設想宇宙中二．七度（K）的微波輻射將繼續無止境地下降，這樣智慧生命也許可以利用這些微小的溫差有效的做功（usable work）。只要溫度持續下降，總是可以提取到有用功的。然而，克勞斯和史達克曼指出，如果宇宙有宇宙學常數，那麼溫度就不會像戴森設想的那樣無止境地下降，而是會最終達到一個下限，也就是吉本斯—霍金溫度（約10^{-29}度）。在遙遠的未來，一旦達到這個溫度，宇宙各處的溫度都將完全一樣，因此智慧生命將無法利用溫差提取有用的能量。一旦整個宇宙達到統一的溫度，一切資訊處理過程都將停止。

（二十世紀八〇年代，人們發現某些量子系統（例如液體中的布朗運動）可以作為電腦的基礎，而不論外面的溫度有多冷。所以，即使溫度跌落，這些電腦仍能利用越來越少的能量工作。這對於戴森來說是個好消息，但這裡面有個問題。它必須滿足兩個條件：第一，它必須與其環境保持平衡，它必須永遠不丟棄資訊。但如果宇宙在擴張，那麼平衡就是不可能的，因為輻射會被稀釋，其波長會被延展。加速中的宇宙變化太快，系統無法達到平衡。第二，永遠不丟棄資訊這項條件意味著智慧生命永遠不能忘記任何東西。最終，一個不能丟棄記憶的智慧生命會發現自己一遍又一遍地生活在過去的記憶之中。「所謂『永恆』

【12】*Scientific American*, Nov. 1999, pp.60-63

只會變成一座監獄，而不會使創造和探索的領域無止境地變得越來越寬廣。它也可能是涅槃，但那還是生命嗎？」克勞斯和史達克曼問。[13]）

歸結起來，我們看到，如果宇宙學常數接近於零，那麼在宇宙冷卻的時候，智慧生命可以通過冬眠以及放慢思維而無限期地「思維」下去。但是在像我們這樣一個加速宇宙中，這是不可能的。根據物理定律，一切智慧生命註定了要消亡。

從這種宇宙視野的制高點來看，我們可以看出，我們所知道的生命所擁有的生存條件，不過是一個更大場景中的一個瞬息即逝的小插曲。只有一扇微小的窗子，那裡的溫度「正合適」支持生命，既不太熱，也不太冷。

脫離宇宙

死亡可以定義為最終停止處理一切資訊。宇宙中的任何智慧物種從開始理解物理學基本定律的時候起，就將被迫認識到，宇宙及其可能容納的任何智慧生命最終都將死亡。

幸運的是，我們還有充分的時間積聚起能量完成這樣一個旅程，而且，就像我們在下一章中將要看到的那樣，還存在其他選擇。我們要探討的問題是：物理學定律允許我們逃往平行宇宙中去嗎？

[13] *Scientific American*, Nov. 1999, pp.60-63

第十一章

逃離宇宙

任何足夠先進的技術都與魔法無異。

——亞瑟・C・克拉克（Arthur C.Clarke）

在小說《亙古》中，科幻作家葛瑞格．貝爾講述了一個從支離破碎的世界中逃進平行宇宙的驚險故事。一顆龐大的小行星接近了地球，搖搖欲墜，人們驚恐萬狀。然而，它沒有擊中地球，而是奇怪地在一個圍繞地球的軌道上安頓了下來。成群結隊的科學家被派往太空進行調查。不過，科學家們找到的不是一片荒涼、了無生氣的地面，而發現這顆小行星實際上是空心的，它是一艘被一個擁有高級技術的族類放棄的巨型太空船。在空無一人的太空船內部，這本書的女主角，理論物理學家帕特麗西亞．瓦斯奎茲發現了七個寬廣的艙室，它們通往一些不同的世界，其中有湖泊、森林甚至整座城市。接下來，她偶然找到了一些巨大的圖書館，記載了這些陌生人的完整歷史。

她隨意撿起一本舊書，發現它是馬克．吐溫寫的《湯姆歷險記》，不過是二一一〇年重印的。她意識到，這顆小行星根本不是來自於一個異類文明，而是來自地球本身，來自一千三百年以後的未來。她瞭解到如下這個令人心悸的真相：這些陳舊的記錄告訴人們遙遠的過去爆發了一場古代核戰，殺死了幾十億人，它還引發了核子冬天，殺死了幾十億人。經過對這場核戰的日期進行確認，她吃驚地發現它就發生在兩個星期以後！她毫無能力阻止這場不可避免、即將消滅整個地球的戰爭，她所鍾愛的親人們即將被殺死。

怪異地是，她從這些舊檔案中找到了她個人的歷史記錄，發現她在未來所做的空間－時間研究，後來會為這顆小行星中的一個巨大隧道奠定基礎，這個隧道被稱做「道」，它能讓人們離開小行星進入其他宇宙。她的理論證明存在著無窮數量的量子宇宙，代表了所有可能的現實。此外，她的理論還可以用來沿著「道」建立許多出入口，使人進入這些宇宙，它們各自都有不同的歷史。最後，她進入了隧道，沿著「道」旅行下去，遇見逃到小行星上的人們，他們是她的後代。

這是個奇怪的世界。幾個世紀之前，人們放棄了嚴格意義上的人的形象，現在可以換上各種各樣的形狀和身體。即使是早已死去的人們，也可以把他們的記憶和個性儲存在電腦資料庫中，使他們起死回生。他們可以多次復活並下載到新的身體中。他們身體中的植入體可以讓他們獲得幾乎無窮的資訊。雖然這些人幾乎可以擁有他們想要的任何東西，但我們的女主角還是在這個技術的天堂中感到悲哀和孤獨。她思念她的家庭、男朋友以及屬於她的那個地球，而所有這一切都在核戰中摧毀了。最後，她被允許搜索沿著「道」安排的多重宇宙，找出一個核戰被避免、她的親人還活著的平行地球。最終她找到了一個，一躍而入。（不幸的是，她犯了一個小小的數學錯誤，在她選定的這個宇宙中的埃及帝國始終沒有衰亡。她以她的餘生企圖逃離這個平行地球，找到她真正的家。）

雖然《瓦古》中描繪的維度入口純屬虛構，但它提出了一個有趣的問題，與我們有關：如果在我們自己的宇宙中，環境變得無法忍受，我們能找到一個平行宇宙作為庇護所嗎？

我們這個宇宙最終會解體為一團無生命的電子、微中子和質子霧，這似乎預示著一切智慧生命最後的命運。在宇宙尺度上，我們看到生命是何等脆弱和短暫。允許生命興旺的時期集中在一個非常狹窄的範圍中，與照亮夜空的恆星的壽命相比，瞬息即逝。隨著宇宙變化和冷卻，生命似乎不可能再繼續。物理學和熱力學定律很清楚：如果宇宙像奔逃一般地繼續加速膨脹，我們所知道的生命最終將難逃厄運。但是，當宇宙的溫度在億萬年中繼續下降的時候，先進的文明會不會試圖拯救自己？通過動用它所擁有的一切技術，以及宇宙可能存在的任何其他文明所擁有的技術，它能不能逃脫不可避免的大凍結？

由於宇宙各階段演變的速率是以幾十億年到幾兆年來衡量的，勤奮智慧的文明還有充足的時間來迎接這些挑戰。雖然還難以想像先進文明能拿出何種技術來延長他們的生存，還只能做一種純粹的猜測，但我們可以運用已知的物理定律來探討，幾十億年以後會有多麼豐富的辦法可供他們選擇。物理學不會告訴我們，一個先進的文明會採用哪些具體的計畫，但它有可能告訴我們，能夠說明我們逃生所需要的參數能有多大的範圍。

對一位工程師來說，離開宇宙的主要問題，在於我們是否有足夠的資源來建造一架能夠實現這一奢望的機器。但對於一位物理學家來說，主要的問題不在於此：物理定律是否允許這些機器的存在才是第一位的。物理學家要求有「支持這種原理的證據」，也就是，我們要求證明，在你擁有足夠先進的技術的情況下，根據物理學定律，逃往另一個宇宙是可以做到的。我們是否擁有足夠的資源這個問題，相對是個較小的具體細節，只能留給幾十億年以後的未來，面臨著大凍結的那些文明來解決。

根據皇家學會天文學家馬丁．里斯爵士的說法：「蟲洞、額外的維度以及量子電腦，給人提供了遐想的空間，它們最終說不定能把整個宇宙改造成一個『有生命的宇宙』。」[1]

I、II、III類文明

為了理解各種文明今後幾千年到幾百萬年間的技術水準，物理學家們有時根據它們對能源的消耗以及熱力學定律來對它們進行劃分。在對天空進行掃描，尋找智慧生命的跡象時，物理學家們不是在尋找綠色小矮人，而是尋找具備I、II、III類文明的能量產出的文明。這幾類等級的概念是二十世紀六〇年代由俄羅斯物理學家尼古拉．卡爾達舍夫（Nikolai Kardashev）在對外太空可能存在的文明所發出的無線電信號進行分類時提出的。每種文明類型所釋放的輻射都有其特有的形式，可以被測量和分類。（即使一個先進的文明想掩蓋其存在，我們的儀器也能把它們探測到。根據熱力學第二定律，任何先進文明都將產生以廢熱為形式的熵，它不可避免地要漂入外太空。即使它們想掩蓋它們的存在，也不可能把它們的熵所造成的輕微輻射掩蓋起來。）

Ⅰ類文明應已掌握了行星級別的能源。它們對能源的消耗可以精確測量：從定義上來說，他們能夠利用到達他們星球的全部太陽能，相當於10^{16}瓦。擁有了這種行星能源，它們應可對天氣進行控制或更改，使颶風改道，或在海洋上建立城市。這種文明真正成了它們行星的主人，並建立了一個行星級的文明。

Ⅱ類文明應已耗盡了單獨一顆行星的能源，並已掌握了一整顆恆星的能源，大約相當於10^{26}瓦。它能夠利用它的恆星的全部能量輸出，因而也可以想像，它們能夠控制太陽閃焰耀斑，並點燃其他恆星。

Ⅲ類文明已耗盡了單一一個太陽系的能量，並已在其本星系的廣大範圍內進行殖民。這種文明能夠利用一百億顆恆星的能量，大約相當於10^{36}瓦。

每類文明與比其低一個級別的文明之間的差別為一百億倍。因此，一個Ⅲ類文明由於掌握了幾十億顆恆星系的能量，它可以利用的能源產出量是Ⅱ類文明的一百億倍，而Ⅱ類文明掌握的能量輸出則為Ⅰ類文明的一百億倍。雖然這些文明之間的差距似乎到了天文數字，但還是有可能計算出要達到第Ⅲ類文明的地位估計需要多少時間。假設一個文明以每年百分之二至三的低速度在能量產出方面增長。（這種假設是有

【1】 Rees3, p.182

道理的，因為經濟增長是可以相當準確地計算出來的，而它是與能量消耗直接聯繫的。經濟規模越大，它的能源需求就越大。由於許多國家的國內生產總值，也就是GDP，是以每年百分之一至二以內的速度增長，我們可以預期它的能量消耗大致也是按同樣的速率增長。）

按照這種平緩的速率來算，我們可以估計，我們現在的文明還需要大約一百年到二百年的時間，才能達到I類文明的地位。要達到II類文明的水準需要一千到五千年的時間，要達到III類文明的水準需要十萬到一百萬年的時間。以這樣一個尺度來看，我們今天的文明可以分類為0類文明，因為我們主要從死去的植物獲取能量（石油和煤炭）。一場颶風可以釋放出幾百枚核武器的能量，但即使對颶風進行控制也超出了我們的技術能力。

為了對我們目前的文明進行描述，天文學家卡爾·薩根提出在各類文明之間設置更具體的等級。我們已經看到，I、II、III類文明各自的能量產出大致是10^{16}、10^{26}和10^{36}瓦。他提出，比方說，可以分出一個I.1類文明，它的能量產出量是10^{17}瓦，一個I.2類文明，它的能量產出量是10^{18}瓦，諸如此類。把每種I類文明分為十個子類，我們就可以把我們自己的文明歸類了。在這個尺度上，我們當今的文明多半像是個0.7類文明——真正的行星文明已經在我們的打擊距離之內了。（0.7類文明在能量生產方面仍然比I類文明小一千倍。）

雖然我們的文明仍然相當原始，但我們已經可以看到，向I類文明過渡正在我們眼皮底下發生。當我注目報紙頭條的時候，我時刻注意到這種歷史過渡正在進行之中。事實上，我覺得能夠親歷這一過程是三生有幸：

- 網際網路是一種正在崛起的I類文明電話系統，它有能力成為無所不能的全球通訊網路的基礎。
- I類文明的社會經濟將不是由民族國家主宰，而是由像歐盟那樣的大型貿易集團主宰，它的形成是因為與NAFTA（北美國家自由貿易協定）競爭之故。
- 英語有可能成為我們這個I類文明社會的通用語言，它現在已經是地球上的第二大語言了。今天在許多第三世界國家，上層階級和受過大專教育的人往往既講英語也講當地語。I類文明的全部人口可能就像這樣，都講雙語，一種本地語，一種全球通用語。【2】
- 民族國家雖然可能還會以某種形式繼續存在幾個世紀，但隨著貿易壁壘的倒塌，整個世界在經濟上的相互依存度加強，它的重要性會降低。（現代的民族國家部分地來說是被資本主義者以及那些希望有統一貨幣、邊界、稅收法律以便從事經濟活動的人劃分出來的。隨著經濟活動本身越來越國際化，國家邊界的重要性照理會降低。）沒有任何一個單獨的國家能夠強大到足以阻止這一邁向I類文明的進程。
- 戰爭也許將永遠與我們同在，但隨著全球中產階級的出現，人們更感興趣的是旅遊和積累財富及資源，而不是壓制其他國家的人民、控制市場和地理區域，因此戰爭的性質會改變。
- 污染問題將越來越多地放在全球層面上來解決。溫室氣體、酸雨、熱帶雨林失火等現象不會顧及任

【2】這也同樣可以適用於I類文明的文化。在許多第三世界國家中，都存在著菁英集團，他們既會講本地語言，也會講英語，同時也與最新的西方文化和時尚保持同步。因此，I類文明同時也可能會是雙文化的，擁有一種遍及全球的通用文化，並與本地文化和習俗並存。所以，全球文化不一定意味著摧毀地方文化。

何國家邊界，鄰近國家會對主犯國施加壓力，要求它約束自己的行為。由於全球環境問題的存在，這將促進加速找到全球解決方案。

- 由於過量開發和消費，資源漸漸枯竭（例如魚類和糧食的收穫量、水資源），會有越來越大的壓力要求在全球層面上對資源進行管理，否則就要面臨饑荒和崩潰。
- 資訊將幾乎成為免費的，促使社會大幅度提高民主程度，讓被剝奪公民權的人獲得新的發言權，給專制制度施加壓力。

所有這些力量都不是任何單獨個人或國家能夠左右的。網際網路是無法封殺的。事實上，任何想要封殺網際網路的措施只會招致更多的嘲笑，而不是恐懼，因為網際網路是通向經濟繁榮、科學以及文化娛樂的道路。

但是從0類文明向I類文明的過渡也是最艱險的，因為我們身上還帶著從森林中崛起時就有的野性。從某種意義上來說，我們文明的進步就是一種與時間賽跑的過程。一方面，走向I類全球文明將給我們帶來前所未有的和平和繁榮。另一方面，熵的力量（溫室效應、污染、核戰、原教旨主義、疾病）仍有可能將我們毀滅。馬丁．里斯爵士把這些威脅，以及由於恐怖主義、生物工程開發出來的微生物和其他由技術進步帶來的噩夢造成的威脅，看做是人類面臨的最大挑戰。他清醒的指出，我們成功解決這些問題的機率只有百分之五十。

這也許是我們為什麼不能從太空中看到地球外文明的原因之一。如果它們確實存在，那麼也許它們太先進了，很難對我們這種0.7類文明社會產生興趣。也有一種可能，也許它們已在戰爭中毀滅，或在邁向I

類文明的過程中被自己造成的污染所滅絕。（從這個意義來說，現在活著的這一代人，也許是地球上所存在過的人中最重要的一代；我們能不能安全地過渡到I類文明，很可能要取決於這代人。）

但是正如尼采曾經說過的那樣，如果能夠大難不死，那我們就會變得更強大。我們從0類向I類的艱難過渡必將是一次火的考驗，要經歷幾個命懸一線的回合。但如果我們能夠從這一挑戰中挺住，我們將會以更強大的形象崛起，正如錘打熔化的鋼只是使它得到了鍛煉。

I類文明

達到了I類文明以後，還不大可能立刻奔向恆星，更有可能的是繼續在本土行星生活幾個世紀，要有足夠的時間來解決過去遺留下來的民族主義、原教旨主義、種族及宗派情緒。科幻作家們經常低估宇宙航行和宇宙殖民的難度。今天，要把任何東西放上近地軌道，每磅（〇．四五三六公斤）重量的費用是一萬到四萬美元。（要能想像出太空旅行有多麼昂貴，可以想像一下用實心的金子打造一個約翰．葛倫[3]需要多少錢。）每次發射太空梭的費用在八億美元以上（以太空梭計畫的全部成本除以發射次數算）。太空旅行

【3】編註：約翰．葛倫（John Glenn），美國最初的一批太空人「水星七人」的一員。一九八八年以七十七歲的高齡，搭乘發現號太空梭進入太空，成為至今為止最高齡的太空飛行紀錄。

的費用有可能會降低，但在今後幾十年中也只能降低十倍，這要等第一次發射完成之後可立刻再用的可重複使用運載火箭（RLVs）問世以後。在整個二十一世紀，太空旅行除了對最有錢的個人及國家來說，將始終是個昂貴得高不可攀的話題。

（這方面可能會有一個例外：開發出「太空電梯」。由於最近在奈米技術方面的進步，已經有可能製造出由超強超輕碳奈米管紡成的線。從原則上來講，這些碳原子線將有足夠的強度，將位於距地球二萬英里〔三二，一八七公里〕軌道上的地球同步衛星連接在地上。如同《傑克與魔豆》中所描寫的那樣，只要花費平常價格的零頭，就可以沿著這根碳奈米管線到達外太空。歷史上，太空科學家否定過太空電梯的想法，因為任何已知的纖維都經受不住這種纜線上的拉力。然而，碳奈米技術可能會改變這種狀況。NASA已經出資對這種技術進行初步研究，今後將密切分析其進展情況。但是，即便這種技術被證明是可行的，太空電梯最多也只是把我們帶到圍繞地球的軌道，而不能到達其他行星。）

宇宙殖民的夢想必須降溫，因為通往月球和其他行星的載人航行將比近地航行貴許多倍。與幾個世紀前哥倫布和早期西班牙探險家在地球上所做的航行不同，那時一艘船的費用只是西班牙國內生產總值中很小的部份，而其潛在的經濟回報非常巨大；但要在月球和火星上建立殖民地會使多數國家破產，同時幾乎不會帶來任何直接的經濟效益。向火星進行一次簡單的載人航行，費用要一千至五千億美元，卻很難說能有什麼經濟上的收穫。

同樣，還必須考慮人類乘客所面臨的危險。半個世紀以來的液體燃料火箭經驗表明，火箭發射中災難性失敗的機率大約為每七十次中有一次（事實上，這個比值中還包括了兩次太空梭慘劇）。我們經常忘記，太空旅行與旅遊是不同的。裝載著這麼多揮發性燃料，人類的生命面臨著這麼多致命威脅，未來幾十年中太空旅行將繼續是個冒險的話題。

然而從幾個世紀的尺度來看，這種局面可能會逐漸發生變化。隨著太空旅行的成本持續緩慢下降，火星上也許會逐步建立幾個太空殖民地。以這種時間尺度而論，有些科學家甚至創造性地提出了一些機制，來把火星改造得像地球一樣，例如令一顆彗星改道，使之在大氣中蒸發，從而在大氣中增加水蒸氣。另外一些人提出在大氣中注入甲烷，以便在這顆紅色星球上人為創造出溫室效應，提高溫度，逐漸融化火星表面以下的永凍土，幾十億年以來第一次在火星的湖泊和溪流中灌進水。有些人還提出了一些更為極端和危險的措施，例如在冰冠下引爆一枚核彈頭，把冰融化（這將對未來的太空殖民者造成健康危害）。但這些設想仍然過於異想天開。

更為可能的情況是，在最近的幾個世紀中，I類文明將把太空殖民作為一種遙遠的選項。但是對於在時間上要求並不很高的遠距離行星間的航行來說，開發一種太陽能／離子發動機可能為星際間航行提供一種新形式的推動力。這種慢速發動機提供的推進力不大，但一次可使這種推進力維持好幾年。這種發動機把來自太陽的太陽能集中起來，把一種像銫這類的氣體加熱，然後從排氣管中把這種氣體噴出，提供一種幾乎可以無限期維持的適度推進力。由這種發動機提供動力的運載工具，說不定可以很理想地在行星間建立一個連接各行星的「州際公路系統」。

最終，I類文明說不定可以向鄰近的恆星發射幾個實驗性的探測器。由於化學燃料火箭的速度最終受到火箭排氣管中氣體的最大速度所限，如果物理學家們想要達到幾百光年遠的地方，就必須找到更奇特形式的推動力。其中一個可能的設計，就是創造一種融合衝壓噴射引擎，這是一種從星際空間收集氫，然後把它融合，在此過程中無止境地釋放能量的方法。然而，質子—質子融合即使在地球上也很難做到，更不要說是在外太空中的一艘星際飛船上了。這樣的技術至少也要等到一個世紀以後的未來。

II類文明

能夠運用整個恆星能量的II類文明，可能會像《星際爭霸戰》系列中的那種行星聯邦，只是沒有那種「曲速引擎」。它們已經在銀河系中的一小塊區域進行殖民，能夠點燃恆星，因此符合一個新興的II類文明。

為了充分利用太陽的輸出能量，物理學家弗里曼．戴森猜測說，II類文明可能會建造一個巨大的球體圍繞著太陽轉，以便吸收它的光線。例如，這一文明將能夠把一個木星大小的行星解體，把它的質量配置在一個圍繞太陽轉的球體中。由於熱力學第二定律，這個球體最終會熱起來，發射出特有的紅外線，從外太空可以看得到。位於日本的文明研究所的壽岳潤（Jun Jugaku）和他的同事們[4]對遠達八十光年的天際進行了搜索，試圖找到其他這種類似的文明，但是沒有找到這種紅外線射出物（然而要記得我們銀河系的直徑有十萬光年）。

II類文明有可能對在它們太陽系中的一些行星進行殖民，甚至有可能啟動一個計畫來開發星際旅行。由於II類文明能夠掌握的資源非常多，它最終有可能開發出一些奇異形式的推進力，例如為它們的星際飛船裝上反物質／物質推進器，使接近光速的航行成為可能。從理論上來講，這種形式的能源具有百分之百的能源效率。在I類文明的水準上，這在實驗中也是可以做到的，只是昂貴得令人卻步（需要動用原子擊破器來創造反質子束，用以製造反原子）。

對於II類文明將會怎樣運轉，我們只能猜測。然而，它將有幾千年的時間來把財產、資源和權力方面的爭端理清楚。II類文明有可能永不消逝。有可能，科學已知的任何東西都不能毀滅這種文明，唯一的可能，或許是其居民自己做出了瘋狂的舉動。彗星和隕星將被改道；氣候格局被改變，避免了冰河期；甚至在受到鄰近的超新星爆炸威脅時，也只需放棄自己的本土行星，把整個文明遷移出傷害範圍之外就可以了——乃至有可能對垂死恆星的熱核反應機制進行修改。

III類文明

當一個社會達到III類文明的水準時，由於有了令人難以置信的能量，它有可能開始考慮空間和時間變得不穩定的問題。我們知道普朗克能量，在這種能量水準上，量子效應起主導作用，空間—時間變成「泡沫」狀，充滿了泡泡和蟲洞。普朗克能量如今還遠在我們的能力範圍之外，但這只是因為我們是從0.7類文明的視角來對能量進行判斷的。到了III類文明的時候，它所擁有的能源將比當今地球上能找到的多幾百億的幾百億倍（或者說10^{20}）。

【4】 *Scientific American*, July 2000, p.40

倫敦大學學院的天文學家伊恩・克勞福德（Ian Crawford）在談到Ⅲ類文明的時候寫道：「假定典型的殖民範圍為十光年，飛船的速度為光速的百分之十，建立一個星際殖民地以及由這個殖民地派遣出自己的殖民隊伍之間，有四百年的時間間隔，那麼殖民潮的陣線將以每年〇・〇二光年的速度擴張。由於我們銀河系的直徑為十萬光年，在大約不超過五百萬年的時間裡，整個銀河系就被殖民化了。這雖然對人類來說是個很長的時間，但它只是星系年齡的百分之〇・〇五。」【5】

科學家們已經認真嘗試過探測我們自己銀河系中Ⅲ類文明的電波發射源。位於波多黎各的巨型阿雷西博電波望遠鏡已經對銀河系大部分區域進行過掃描，尋找接近氫氣發射譜線一・四二千兆赫的電波發射源。在那個範圍中，他們沒有發現任何輻射出10^{18}至10^{30}瓦能量（即I.2類到II.4類）的文明。然而，這並不排除有一些文明剛好超過我們的技術水準，處於0.8至I.1類之間，或比我們先進得多，例如在II.5類以上。【6】

它也不排除其他通訊方式。例如，先進的文明也可能通過雷射，而不是無線電來發射信號。如果它們採用無線電的話，它們採用的頻率也可能不是一・四二千兆赫。例如，它們有可能把信號散佈在許多頻率上，然後在接收端重新組合。這樣的話，過路的恆星或彗星就不會對整個訊息造成干擾。任何接收到這種分散信號的人所聽到的可能只是雜音。（我們自己的電子郵件也是分解成許多片斷的，每個片斷都通過一個不同的城市發出，最後重新組合起來到達你的個人電腦。與此類似，先進文明有可能決定把信號分解，然後在另一端把它重新組合。）

如果宇宙中存在著Ⅲ類文明，那麼它迫切關心的事情之一就是要建立一個連接整個星系的通訊系統。這當然取決於它們是否能夠通過某種方式掌握了高於光速的技術，例如通過蟲洞。假定它們還不能夠，那麼它們的發展會受到相當大的阻礙。物理學家弗里曼・戴森在援引吉恩—馬克・列維—勒布朗（Jean-Marc

Levy-Leblond）的著作時猜測，這樣的社會可能生活在一個「卡羅爾式」的宇宙中，這是以路易斯・卡羅爾名字命名的[7]。他寫道，過去，人類社會是以部落為基礎的，在那時空間是絕對重要的，但時間只是相對重要。這意味著分散部落之間的通訊是不可能的，在人的一生當中，我們只能冒險離開自己的出生地點很短的一段距離。每個部落都被廣大的絕對空間阻隔著。隨著工業革命的到來，我們進入了牛頓宇宙，在這裡空間和時間成為絕對重要的因素，也就是，我們有了船和車，把分散的部落連接為國家。到了二十世紀，我們進入了愛因斯坦宇宙，這時空間和時間都變成了相對的，並且我們開發出了電報、電話、無線電和電視，可以進行即時通訊。Ⅲ類文明有可能再度退回到「卡羅爾」宇宙，太空中孤立的殖民點被巨大的星際距離阻隔，由於存在光速這一障礙而無法進行溝通。為了避免出現這種分散的卡羅爾宇宙[8]，Ⅲ類文明可能需要開發蟲洞，在次原子層面上進行高於光速的通訊。

【5】*Scieintific American*, July 2000, p.41

【6】*Scientific American*, July 2000, p.40

【7】譯註：路易斯・卡羅爾（Lewis Carroll），《愛麗絲夢遊仙境》的作者。

【8】Dyson, p.163

Ⅳ類文明

有一次我在倫敦天文館作演講時，一個十歲小男孩來到我面前，堅持說肯定存在著Ⅳ類文明。我提醒他說，因為只有行星、恆星和星系，只有它們才是萌生智慧生命的平臺。【9】但他聲稱，Ⅳ類文明可以利用連續區（continuum）的能量。

我意識到，他說的沒錯。如果能有Ⅳ類文明，它的能源可能超出星系，比方說，我們身邊看到的暗物質構成了宇宙中物質／能量含量的百分之七十三。雖然它有可能是一種巨大的能量儲備——宇宙中遠為最大的——但這種反重力場散佈在宇宙中廣大的虛空地帶，因此在空間中的任何一個點上都是極度微弱的。

尼古拉．特斯拉（Nikola Teslas）是個電氣天才，也是湯瑪斯．愛迪生的競爭對手，曾寫過大量的文章論述如何利用真空能量。他相信真空中蘊藏著難以計數的能量資源。他認為，如果我們能有辦法開啟這一看不見的能量，那它就會引起整個人類社會的革命性變化。然而，要想利用這種神奇的能量是極端困難的。例如要在海洋中尋找金子。海洋中分佈的金子，可能比諾克斯堡（美國國家黃金儲藏地）以及世界上所有其他金庫中的黃金還要多。然而，要在如此廣大的區域中採掘這種黃金，其費用高到令人望而生畏。因此，躺在海底的黃金從來沒有人去採掘過。

與此相同，暗物質中隱藏的能量超過了恆星和星系的全部能量含量。然而它散佈在幾十億光年的區域中，難以集中起來。但是，根據物理學定律，我們還是可以想像，先進的Ⅲ類文明在耗盡了星系中恆星的能量之後，可能會想出辦法來開採這種能源，藉此過渡到Ⅳ類文明。

資訊分類

以新技術為基礎，可以對這種分類進一步細化。卡爾達舍夫是在二十世紀六〇年代第一次寫出這一分類的，那時電腦微型化進程還沒有開始，奈米技術還沒有取得進步，還沒有意識到環境惡化問題。根據這些新發展，先進的文明可以以一種稍微不同的方式進步，對我們今天經歷的這種資訊革命加以充分利用。

由於先進文明是以幾何級數般的速度發展的，所產生的巨量廢熱會把行星的溫度提高到危險的程度，造成氣候問題。皮氏培養皿中的細菌族群會以幾何級數增長，直至耗盡食物來源，毫不誇張地淹死在自己排出的廢物中。與此類似，由於太空旅行在未來幾個世紀仍將昂貴到令人望而卻步，要想對附近的行星進行地球化改造，即使可能的話，也將是一場艱巨的經濟和科學挑戰，一個演進中的I類文明要麼淹死在自己的廢熱中，要麼把它的資訊產物微縮簡約化。

要瞭解這種微縮化的效率，想一想人類的大腦：它包含了大約一千億個神經元（與可見宇宙中星系的數量一樣多），卻幾乎不產生任何熱量。大腦顯然可以毫不費力地進行每秒百萬之四次方（10^{24}）位元的運行，以此類比，如果我們今天的電腦工程師也要設計出有這種能力的電子電腦的話，它可能就要像幾個街區那樣大，而且還需要有一座水庫來給它降溫。然而我們的大腦可以進行最為深邃的思索，而不會出一滴

【9】可以想像，說不定存在著比III類文明更高級的文化，它會開發利用暗物質，而暗物質構成宇宙中全部物質／能量成分的百分之七十三。電視劇《星際爭霸戰》中，那個「Q」就稱得上這樣一種文明，因為Q的能量威力是跨星系的。

汗。

大腦能夠做到這一點，得益於它的分子和細胞結構。首先，它根本不是個電腦（也就是標準意義上的圖靈機，有輸入磁帶，輸出磁帶以及一個中央處理器）。大腦沒有作業系統，沒有Windows，沒有CPU（中央處理器），沒有奔騰處理器晶片，沒有這些通常與電腦相聯繫的東西。它是一個高效的「神經網路」，是個學習機器，記憶和思維模式分佈在整個大腦中，而不是集中在一個中央處理器中。大腦的計算速度甚至並不十分快，因為沿神經元傳達的電子訊號是化學性質的。但由於它能夠進行多重處理，並能夠以天文數字般的高速對新任務進行學習，因此彌補了這些不足，而且綽綽有餘。

為了對電子電腦的粗笨效率進行改進，科學家正試圖採用一些新穎的想法，許多都取法大自然，來建造出下一代的微縮電腦。普林斯頓的科學家們已經能夠在DNA分子上進行計算（把DNA作為一段電腦磁帶，其基礎不是二進位的0和1，而是四種核酸：A、T、C和G）；他們的DNA電腦解出了包括幾座城市之間的「旅行業務員問題」（也就是計算出連接N座城市的最短路徑的問題）。同樣，分子電晶體也已在實驗室中建成，甚至連第一個原始的量子電腦（可以以一個個原子為基礎進行計算）也已經建成了。

有鑑於奈米技術方面的進步，可以想像，先進的文明會找到比這更為高效的方法進行發展，而不是製造出巨大的廢熱，危及他們的生存。

A至Z類

薩根提出了另一種方法，按照它們的資訊含量對先進文明進行排序，這些資訊對於任何試圖離開這個宇宙的文明都是必不可缺的。例如，A類文明能夠處理10^6位元的資訊。這對應於沒有書面文字，只有口頭語言的原始文明。為了理解A類文明中含有多少資訊，薩根以一個叫做「二十個問題」的遊戲為例。在這個遊戲中，你可以問二十個只能以「是」或「否」來回答的問題，來辨認出一種神秘的東西。其中一種做法是，問一些可以把世界分為兩大類的問題，例如，「它是活的嗎？」問過二十個這樣的問題以後，我們就已經把世界分成了2^{20}份，或者說10^6份，而這就是一個A類文明所包含的全部資訊。

一旦發明了書面文字，全部訊息量就開始迅速爆炸。麻省理工學院的物理學家菲利普．莫里森估計，古希臘時代全部遺存下來的書面遺產大約為10^9位元，或者相當於薩根排序中的C類文明。

薩根對我們當今的資訊含量進行了估計。通過對全世界所有圖書館的藏書數量（數以千萬計），以及每本書的頁數進行估計，他的結論是有10^{13}位元的資訊。如果把照片包括進去的話，這個數量可以達到10^{15}位元。如果這樣的話，那我們就是一個H類文明。由於我們的能量和資訊產出量低，我們可以被歸類為0.7 H類文明。

他估計，我們第一次接觸到的地球外文明至少將屬於1.5 J或1.8 K類，因為他們已經掌握了恆星星際旅行的動力學。這樣的文明最低限度也要比我們的先進幾個世紀到幾千年。同樣，一個星系級Ⅲ類文明的標誌，將是每顆行星上的資訊含量乘以該星系中能夠支持生命的行星數量。他估計，這樣一個Ⅲ類文明應屬於Q類。他估計，一個能夠掌控十億星系，也就是可見宇宙的大部分資訊含量的先進文明可以夠得上Z類文明。

這不是一項可有可無的學術演算，任何即將離開這個宇宙的文明都必將計算宇宙另一邊的條件。愛因斯坦的方程式是出了名的困難，因為要計算出任何一個點上的空間曲度，你必須知道宇宙中一切物體的位置，每一個都影響到空間的曲度。你還必須知道對黑洞的量子修正值，而這在目前還是無法計算的。由於這項工作的難度大大超出了我們電腦的能力，現今的物理學家通常研究只含有一個已經塌縮的恆星的宇宙，來對黑洞進行近似計算。要對黑洞的事件視界之內或靠近蟲洞洞口處的動力學有一個更為接近實際的理解，我們必須知道所有鄰近恆星的位置和能量，並對量子漲落進行計算。這又是困難到了令人生畏的事情。要解開一個處在空寂宇宙中單獨一顆恆星的方程式已然十分困難，更不要說漂浮在已暴脹的宇宙中的幾十億個星系了。

這就是為什麼任何一個想要進行穿越蟲洞之旅的文明，必須具備遠遠超過像我們這種0.7 H類文明的計算能力。也許到了ⅢQ類文明才能夠具備最低限度的能量和資訊來認真考慮進行這種跳躍。

同時也可想像得到，智慧生命的分佈也可能不限於卡爾達舍夫分類的範圍，正如馬丁·里斯爵士說的：「不難想像，即使現在生命只存在於地球上，它最終還是會遍佈銀河系，並超出銀河系。所以，生命不會永遠都只是宇宙中無關緊要的微量污染物，即便它現在是。事實上，我覺得這是個非常吸引人的觀點，而且我覺得如果人們能廣泛持有這種觀點，那將是值得慶幸的。」【10】但是他告誡我們：「如果我們自己把自己斷送掉，那我們就毀滅了宇宙真正的潛力。所以，即便我們現在相信，生命是地球所獨有的，那也並不意味著生命將永遠是宇宙中無關緊要的一部分。」【11】

一個先進的文明準備離開他們垂死的宇宙時，會做那些方面的考慮呢？它必須要克服一系列大量的障礙。

第一步：創立一種萬有理論，並對其進行測試

想要離開這個宇宙的文明所遇到的第一個障礙就是要完成一個萬有理論。不管它是不是弦理論，我們都必須有一種辦法來對愛因斯坦方程式做出可靠的量子修正，否則我們的理論就都沒有用。幸運的是，由於M理論進展迅速，全球一些最有創造力的頭腦都在為這個問題而工作，用不了多久，在幾十年中，甚至更短的時間內，我們就將得出結論，它究竟是一個真正的萬有理論，還是什麼都不是。

一旦找到了萬有理論，或叫量子重力理論，我們就需要運用先進的技術對這個理論所能帶來的後果進行測試。有幾種可能性，包括建造大型原子擊破器來製造超粒子，甚至在太空中，或在太陽系範圍內各顆行星的衛星上建立巨型重力波探測器。（行星的衛星是相當穩定的，壽命很長，不受侵蝕，沒有大氣干擾。所以，行星系的重力波探測器應能窺探到大霹靂的細節，解決我們在量子重力以及創建新宇宙方面所存有的任何問題。）

一旦找到了一個量子重力理論，而且巨型原子擊破器和重力波探測器也證明了它的正確性，那麼我們就可以開始回答有關愛因斯坦方程式和蟲洞的一些至關重要的問題了：

【10】Lightman. p.169

【11】Lightman. p.169

1. 蟲洞穩定嗎？

穿越克爾旋轉黑洞時的問題在於，正是你本身的存在打亂了黑洞；在你通過愛因斯坦—羅森橋，還沒有完全穿越它的時候，它就會塌縮。這項穩定性計算必須根據量子修正重新計算，量子修正可能會使計算結果完全不同。

2. 是否有發散性？

當我們從連接兩個不同時間區域的可穿越性蟲洞通過時，蟲洞入口處的輻射會積聚到無窮大，造成災難性結果。（這是因為，輻射可以穿越蟲洞，沿著時間回溯，經過許多年之後再第二次進入蟲洞。這一過程可以無窮次地重複，造成無窮大的輻射積聚。但是，如果多世界理論成立的話，那麼這個問題就可以解決，輻射每穿越一次蟲洞，宇宙就分裂一次，這樣就不會有無窮大的輻射積聚。我們要有了萬有理論才能解決這一奧妙問題。）

3. 我們能夠找到大量的負能量嗎？

負能量是打開蟲洞並使之穩定下來的關鍵因素，現在已經證明是存在的，但只有很少的數量。我們能夠找到足夠數量的負能量，打開蟲洞並使之穩定下來嗎？

如果能找到這些問題的答案，那麼先進文明就可以認真考慮如何離開這個宇宙，否則就註定消亡。這有幾種可能性。

第二步：找到自然出現的蟲洞和白洞

蟲洞、維度出入口以及宇宙弦可能在外太空中自然存在。在大霹靂的一瞬間，當巨量的能量釋放到宇宙中的時候，蟲洞和宇宙弦可能就自然形成了。然後，早期宇宙的暴脹可能使這些蟲洞擴張到非常巨大。此外，外太空中也有可能存在奇異的物質或負物質。這將對我們逃離垂死宇宙的努力有極大的幫助。然而，我們無法保證自然中確實存在這些物質。從來沒有任何人見過這些物質，而且要把所有智慧生命的命運押在這個假設上，風險實在太大。

其次，通過對天空進行掃描，有可能找到「白洞」。愛因斯坦的方程式中有了白洞這個解，時間就可以倒轉，物體就會以被黑洞吸進去的同樣方式，從白洞中彈出。白洞也許可以在黑洞的另一端找到，這樣，進入黑洞的物質最終會從白洞出來。迄今為止，所有的天文搜索都還沒有找到白洞的證據，但是有了下一代建立在太空的探測器以後，它們的存在可能被證實。

第三步：發射探測器穿越黑洞

利用像蟲洞這類的黑洞絕對有優越性。我們現在已經發現，宇宙中的黑洞相當多；如果能夠解決大量的技術難題，先進的文明一定會認真考慮將黑洞作為脫離宇宙的逃生艙口。同時，如果穿越黑洞的話，我們就不受到無法回到時間機器被創造出來之前的時代的這項約束了。處於克爾環中心的蟲洞可能把我們的宇宙與很不相同的宇宙連接起來，或聯繫到同一個宇宙的不同點上。解惑的唯一辦法是用探測器進行試驗，並用超級電腦計算宇宙中物質的分佈情況，計算出穿過蟲洞時所需要的愛因斯坦方程式的量子修正。

目前，大多數物理學家相信，穿越黑洞之旅會是致命的。然而，我們對黑洞物理學的理解還只是在初級階段，還從來沒有人對這一猜想進行測試。為了辯明論點，可以假設穿越黑洞之旅是可能的，特別是穿越一個旋轉著的克爾黑洞。那麼，任何先進文明都會認真考慮對黑洞內部進行探測。

由於穿越黑洞之旅是有去無回的，由於靠近黑洞的地方存在著巨大的危險，先進文明有可能先找一顆鄰近的恆星黑洞，首先發射一個探測器來穿越它。在它最終穿過事件視界並失去一切聯繫之前，探測器可以發回寶貴的資訊。（穿越事件視界可能相當危險，因為事件視界周圍有強大的輻射場。進入黑洞的光會發生藍移，因此在接近中心的時候會增強能量。）任何近距離經過事件視界的探測器必須具備完善的防護罩，以抵禦這種強大的輻射場。此外，這還有可能破壞黑洞本身的穩定，使事件視界變為一個奇異點，因而關閉蟲洞。探測器將精確測定事件視界附近有多少輻射，以及儘管有這一切能量流，蟲洞是否仍能保持穩定。

探測器進入事件視界之前收集到的資料必須以無線電發射到附近的太空船上，但這就又出現了另一個問題。對於這些太空船上的觀察者來說，隨著探測器離事件視界的距離越來越近，它在時間上似乎放慢了。當它進入事件視界的時候，探測器事實上看起來似乎在時間中凍結了。為了避免這個問題，探測器必須在離事件視界一定距離的地方發射其資料，否則無線電信號會紅移得非常嚴重，以致無法辨認它的資料。

第四步：建立一個慢動作的黑洞

一旦通過探測把黑洞事件視界附近的特性詳細調查清楚了以後，下一步可能就要實際建立一個慢動作的黑洞，用它來做試驗。Ⅲ類文明可能會把愛因斯坦論文提示的那些結果再現出來，也就是，黑洞永遠不會從塵埃和粒子形成的漩渦中產生。愛因斯坦曾試圖證明，聚集在一起旋轉的粒子，僅憑它們自己是達不到史瓦西半徑的（因此也就不可能形成黑洞）。

旋轉的物質本身可能不會收縮成黑洞，但這就開啟了一種可能性，讓我們可以人為地慢慢向這個旋轉中的系統注入新的能量和物質，強制這些物質逐漸在史瓦西半徑之內通過。這樣，先進文明就可以用可操控的方式操縱黑洞的形成。

例如，我們可以想像，一個Ⅲ類文明把大小與曼哈頓差不多，但比太陽還要重的中子星圍攏起來，讓這些死恆星形成漩渦在一起旋轉。重力會逐漸把這些恆星拉得越來越近。但正如愛因斯坦已經證明的，它們將永遠達不到史瓦西半徑。這時，這一先進文明的科學家將小心翼翼地往這個混合物中加進新的中子星。這可能就足以打破平衡，使這群漩渦狀的中子材料收縮到史瓦西半徑以內。結果，這群星會收縮成一個自旋的環，也就是克爾黑洞。通過對各種中子星的速度和半徑進行控制，這樣一個文明將能夠使克爾黑洞按照它所想要的慢速度打開。

再不然，一個先進的文明可能會試著把小型中子星組合成一個單一不動的物質，直至它的大小達到三個太陽質量，這大致相當於中子星的錢卓塞卡極限（Chandrasekhar limit）。超過這個極限，這顆星就會因自己的重力而內爆成一個黑洞。（先進文明必須小心，不使製造黑洞的過程引發一次像超新星一樣的爆炸。收縮成黑洞的過程必須非常小心精確地逐步進行。）

當然，不論什麼人穿越事件視界，那都將只是有去無回，沒有其他可能。但對於面臨註定滅絕的先進文明來說，有去無回的旅程也許是唯一的選擇。然而，當人穿越事件視界的時候，還有一個輻射問題。跟隨我們穿越事件視界的光束，其頻率會越來越高，強度也隨之變得越來越大。這有可能造成輻射雨，可以對穿過了事件視界的任何太空人造成致命傷害。任何先進文明都必然要精確計算這種輻射的程度，以便建造合適的保護罩，防止不被煎熟。

最後，還有一個穩定性問題：克爾環中心的蟲洞是否足夠穩定，可以完全掉落下去？這個問題的數學解還沒有完全弄清楚，因為我們需要運用量子重力理論才能進行正確的計算。也許，克爾環只有在某些非常嚴格的條件下才是穩定的，讓物質從蟲洞中掉落下去。這個問題必須運用量子重力數學並通過對黑洞本身進行試驗來小心地解決。

總之，穿越黑洞無疑是一次非常困難和危險的旅程。從理論上來說，在進行了廣泛的實驗，並對所有的量子修正都做了正確計算以前，不能把它排除。

第五步：建立一個嬰宇宙

到現在為止，我們一直假定穿過黑洞是有可能的。現在讓我們來做相反的假設，也就是，黑洞太不穩定，充滿了致命的輻射，那麼人類就要嘗試一條更為艱難的道路：建立一個嬰宇宙。先進文明能夠建立一個通向另一個宇宙的逃生艙口這一概念，引起了像阿蘭·古斯這樣一些物理學家的極大興趣。由於在暴脹理論中，建立一個假真空是極為關鍵的一步，古斯猜想，某些先進文明是否會建立一個假真空，並在實驗室中創造出一個「嬰宇宙」。

一開始，建立一個宇宙的想法看似荒誕。因為說到底，正如古斯指出的那樣，要建立我們這樣一個宇宙，你要有「10^{89}個光子、10^{89}個電子、10^{89}個正電子、10^{89}個微中子、10^{89}個反微中子、10^{89}個質子和10^{89}個中子」。這雖然聽起來使人望而生畏，但古斯提醒我們，雖然宇宙中的物質／能量含量相當大，但它受到由重力衍生出來的負能量的制衡。淨物質／能量可能只有一盎司（二八·三四九五克）那麼多。古斯謹慎地說：「這難道意味著物理定律真的能允許我們隨心所欲地創造一個新宇宙嗎？如果我們真的打算照這個方子抓藥，我們會立刻遭遇一個惱人的難題：由於一個10^{-26}公分直徑的假真空的質量是一盎司，它的密度就會達到驚人的每立方公分10^{80}克！……如果整個觀察到的宇宙的質量被壓縮到假真空的密度，那它的體積會比一個原子還小！」【12】假真空應該是時空中很微小的一個區域，那裡會發生不穩定，會在時空中出現斷裂。在假真空中，可能只需要幾盎司的物質就可以創造一個嬰宇宙，但你必須把這微量的物質以天文數字的程度壓縮到極小。

【12】Guth, p.235

可能還可以有其他辦法來創造嬰宇宙。你可以把空間的一小塊區域加熱到10^{29}絕對溫度（K），然後把它迅速冷卻。據推測，在這個溫度上，空間－時間變得不穩定；微小的泡泡宇宙開始形成，由此創造出一個假真空。這些微小的嬰宇宙隨時都在產生著，但壽命很短，但在這種溫度下則可能會變成真正的宇宙。這一現象在普通電場效應中已經司空見慣。（例如，如果我們創造一個足夠大的電場，真空內外不斷出現的虛擬電子反電子對會突然變成真實的，使這些粒子一躍而成為現實存在的。這樣，空無所有的空間中所集中的能量，會把虛擬粒子轉化為真實粒子。同樣，如果我們對單獨一個點施加足夠的能量，從理論上來說，虛擬的嬰宇宙可能會無中生有，一躍而成為現實存在。）

假設可以達到這種難以想像的密度或溫度，那麼嬰宇宙的形成過程可能就會如附圖一般。在我們的宇宙中，可以用強大的雷射光束和粒子束把一小點物質壓縮和加熱到難以置信的能量和溫度。我們永遠也不會看到嬰宇宙開始形成的樣子，因為它是在奇異點的「另一邊」膨脹，不在我們這個宇宙中。這個備用嬰宇宙將有可能透過自己的反重力在超空間中暴脹起來，從我們這個宇宙分裂出去。因此，我們將永遠看不到在奇異點的另一邊有一個新宇宙正在形成。但是蟲洞會像臍帶一樣地把我們與嬰宇宙聯繫起來。

然而，這種在爐子裡炮製宇宙的方法存在一定的危險。把我們這個宇宙與嬰宇宙連接在一起的這個臍帶最終會蒸發，產生出相當於五十萬噸核爆炸的霍金輻射，大約相當於廣島原子彈能量的二十五倍。所以，想在爐子裡炮製新宇宙是要付出代價的。

這種建立假真空的學說中最後的一個問題是，稍一不慎，新宇宙將直接塌縮成一個黑洞，大家還記得，根據我們的假說，這將是致命的。其原因是潘洛斯定理，根據這個定理，在各不相同的許多情景下，足夠大量的物質一旦大量集聚，就不可避免地會塌縮為黑洞。由於愛因斯坦的方程式具有時間反演不變

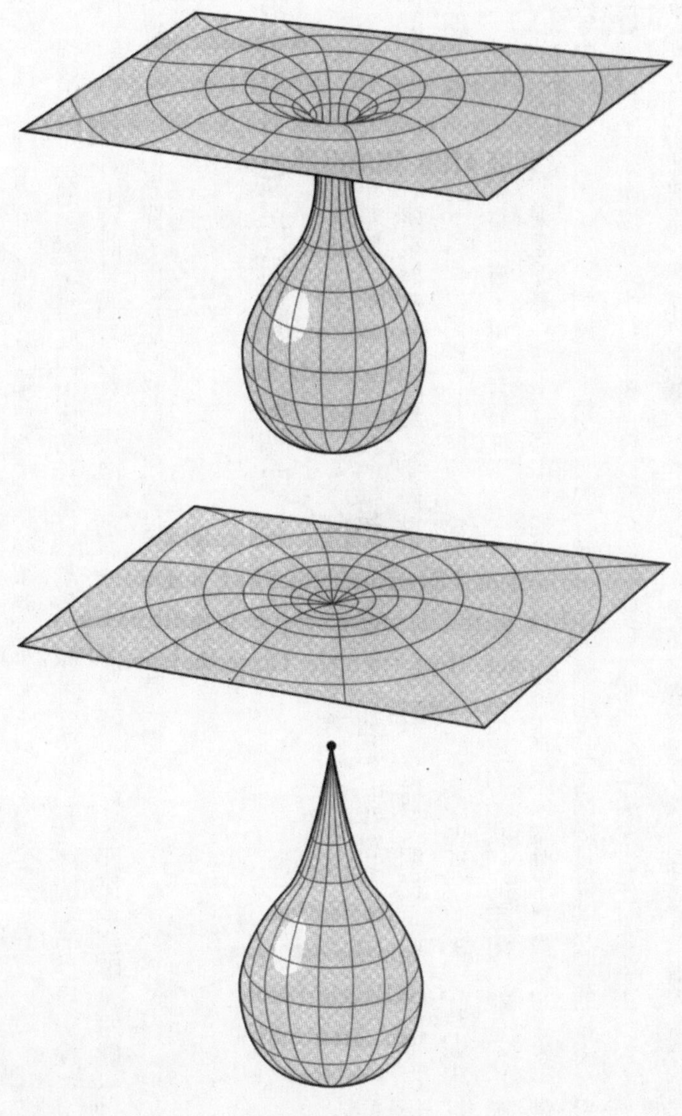

先進文明可能會有若干種方法來人工創建嬰宇宙。可以把幾盎司物質的密度和能量濃縮到極高的程度，或者也可能把物質加熱到普朗克溫度。

性，也就是說，可以從時間上向前或向後演算，這意味著，任何從嬰宇宙中掉落出去的物質都會在時間上反演，因而造成黑洞。這樣，在建造嬰宇宙時必須非常小心，以避免潘洛斯定理。

潘洛斯定理的基礎，是向內塌落的物質具有正的能量（與我們身邊熟悉的世界一樣）這一假說。然而，如果我們有了負能量或負物質，潘洛斯定理就不能成立了。這樣，即使是暴脹說的劇本，我們也需要獲得負能量來創立嬰宇宙，如同我們在建造可穿越性蟲洞時一樣。

第六步：建造巨型原子擊破器

在我們可以不受限制地獲得高科技的情況下，怎樣才能建造一架可以離開我們這一宇宙的機器呢？到什麼時候我們才有望掌握普朗克能量？達到Ⅲ類文明的程度時，這個文明從定義上來說就已經擁有了掌握普朗克能量的能力。科學家們應已有能力操控蟲洞，並且組合起足夠的能量在空間和時間中打洞。

先進文明要做這件事，可以有幾種辦法。正如我們前面提過的，我們的宇宙可能是一片膜，在離開我們一公釐的超空間中漂浮著許多平行宇宙。如果是這樣的話，那麼大型強子對撞機（LHC）就可能在最近幾年中探測到它們。當我們達到Ⅰ類文明的時候，我們說不定甚至已經具備了必要的技術，對相鄰宇宙的性質進行探索。所以，與平行宇宙進行接觸這種概念也可能並不是遙不可及的想法。

但是讓我們假設一種最差的情況，也就是，能夠產生量子重力效應能量的，確實是普朗克能量，也就是說，比LHC的能量大百萬之四次方倍（10^{24}倍）。要開發利用普朗克能量，Ⅲ類文明必須要建立恆星規模的原子擊破器。在原子擊破器或叫粒子加速器中，次原子粒子沿著一個狹窄的管道前進。當向管道中注入能量的時候，粒子被加速到高能量。如果我們用巨型磁體把粒子的路徑彎成一個巨大的圓，那麼粒子可以被加速到幾兆電子伏特的能量。圓的半徑越大，粒子束的能量就越大。LHC的直徑是二十七公里，把我們這個0.7類文明所能擁有的能量推到了極限。

但是對於Ⅲ類文明來說，原子擊破器的規模可以加大到太陽系那麼大，甚至是一個恆星系那麼大。可以想像，先進文明說不定可以把一束次原子粒子射入外太空，把它們加速到普朗克能量。我們還記得，有了新一代的雷射粒子加速器，幾十年之內物理學家就有可能建造出一個桌面加速器，可在一公尺的距離內達到200 GeV（二千億電子伏特）。把這些桌面加速器一個接一個地疊加在一起，可以想像我們有可能達到使空間－時間變得不穩定的能量。

假設未來的加速器只能把粒子加速到每公尺200 GeV這樣一個保守的假設上，我們將需要一個十光年長的粒子加速器才能達到普朗克能量。雖然這對於Ⅰ類或Ⅱ類文明來說是難以想像之大，但對於Ⅲ類文明來說這是完全做得到的。要建造這樣一個龐大的原子擊破器，Ⅲ類文明要麼是把粒子束的路徑彎成一個圓，這樣大量地節省空間，要麼是讓這條路徑延伸到遠遠超過了最近的恆星。

例如，人們可以建造一個原子擊破器，沿著位於小行星帶以內的一個環形發射次原子粒子。你不必要建造昂貴的圓形管道，因為外太空的真空條件比我們可以在地球上所製造的任何真空都更好。但你必須要建造巨型磁體，按一定的間隔安放在太陽系或其他恆星系中遙遠的衛星和小行星上，以便週期性地把粒子束折彎。

當粒子束到達一顆衛星或小行星時，設在那上面的巨大的磁體將把粒子束的方向稍稍拽偏。（月球站或小行星站還必須在一定間隔上把粒子束重新聚焦，因為隨著粒子束走得越來越遠，它將逐漸分叉。）當粒子束越過幾顆衛星之後，它將逐漸形成一個弧形。最終這個粒子束會以一個近似圓形行進。我們還可以想像有兩個粒子束，一個沿太陽系順時針轉，另一個逆時針轉。當兩個粒子束相撞時，物質／反物質碰撞釋放出的能量達到接近普朗克能量。（可以算得出來，要把這種強大的粒子束折彎，所需要的磁場遠遠超過了我們今天的技術。然而，可以想像，先進文明可能會使用爆炸物，把強大的能量衝擊波送入線圈，產生出巨大的磁脈衝。這種巨大的爆發性的磁能只能釋放一次，因為它很有可能把線圈破壞掉。所以，在粒子束下次經過之前必須快速更換磁體。）

建造這樣一個原子擊破器，除了有令人生畏的工程難題外，還有一個微妙的問題，也就是，粒子束的能量有沒有極限。任何強大的粒子束最終都會撞上那些構成二．七度（K）背景輻射的光子，而造成能量流失。從理論上來說，由於粒子束的這種能量流失，在外太空所能得到的能量最終會有一個事實上的上限。這個結論現在還沒有得到實驗證實。（事實上，有一些跡象表明，強大的宇宙射線影響超過了這一最大能量值，給全部這一計算打上了問號。）如果這一點是正確的，那麼就要對這種裝置進行代價更為高昂的修改。首先，要把整個粒子束封裝在帶有保護罩的真空管道中，把二．七度背景輻射擋在外面。或者，如果在遙遠的未來能做一次試驗的話，證明背景輻射實際上不大，因此無關緊要。

第七步：內爆機制

還可以想像第二種裝置，它以雷射光束和一種內爆機制為基礎。在自然界中，巨大的溫度和壓力是通過內爆方式獲得的，也就是，垂死的恆星在重力作用下突然塌縮。這是可能的，因為重力只向內吸，不向外推，因此塌縮的過程是均勻的，最終把恆星均勻地壓縮成難以置信的密度。

這種內爆方式在地球上是非常難以再現的。例如，氫彈必須設計得像一塊瑞士手錶，這樣才能把氫彈中的活性成分氘化鋰壓縮到幾千萬度，達到勞遜判據，引發融合過程。（其做法是，引爆氘化鋰旁邊的原子彈，然後把X光輻射均勻地聚集在一塊氘化鋰的表面。）然而這個工藝只能以爆發形式釋放能量，而不能對其加以控制。

在地球上，利用磁作用力壓縮富氫氣體的嘗試失敗了，主要是因為磁作用力不能均勻地壓縮氣體。由於我們還從來沒有在自然界看到磁單極，磁場都是像地球磁場那樣，是偶極的，所以它們是驚人地不均勻。要用它們來擠壓氣體，就如同想要擠壓氣球一般。只要我們擠壓一頭，另一頭就鼓起來。

另一種控制融合的方法，有可能是利用一組雷射光束，把它們排列在一個球面上，這樣，雷射光束放射狀地發射到位於中心的氘化鋰小球上。例如，在利福摩爾國家實驗室有一個用於模擬核武器的強大雷射／融合裝置。它沿著一個管道平射出一系列的雷射光束。然後，設在管道尾端的反射鏡精密地反射每個光束，把它們呈放射狀地指向一個微小的球體。小球體的表面立即蒸發，使它發生內爆，產生巨大的溫度。以這種方式，融合實際是在小球體內部發生的（只是，機器消耗的能量比它創造出來的還要大，因此不具備商業價值）。

同樣，我們可以想像Ⅲ類文明會在多個恆星系統中的小行星和衛星上建造大型雷射光束庫。然後把這些雷射組合同時發射，釋放出一系列強大的光束，聚集於一個點上，創造出使空間和時間變得不穩定的溫度。

原則上來說，在雷射光束上可以載入的能量是沒有理論極限的。然而，要創造出極高強度的雷射，存在著一些操作困難。其中一個主要問題是雷射材料的穩定性，它經常會過熱，在高能量的時候破裂。（這可以補救，可以用像核引爆那樣的一次性爆炸方式驅動雷射光束。）

發射這種球面雷射集束的目的是加熱一個艙室，在裡面建立一個假真空，或產生內爆並壓縮一組板子，通過卡西米爾效應創造負能量。要建造這樣一個負能量裝置，需要壓縮一套安排在10^{-33}公分普朗克距離之內的球形板。由於原子之間相隔的距離為10^{-8}公分，在核子之內分隔質子和中子的距離是10^{-13}公分，可以看出，這些板子壓縮得非常厲害。由於在雷射光束上可以聚集的總瓦數本質上是無限的，那麼主要的問題就是建造合適的裝置，它要具備足夠的穩定性，抵禦得住這種巨大的擠壓。（由於卡西米爾效應在板子之間產生淨吸引，我們還需要在板子上加上電荷，以免它們塌縮。）從原則上來說，球形殼中會形成一個蟲洞，它把一個更年輕、更熱的宇宙與我們垂死的宇宙連接在一起。

第八步：建造曲速引擎機

要組建上面描述的那些裝置，一個關鍵要素，是要有能力進行穿越廣大星際的旅行。要實現這個目的，一種可能性就是使用阿庫別瑞曲速引擎機，它是一九九四年由物理學家米蓋爾．阿庫別瑞（Miguel Alcubierre）首先提出的。曲速引擎機不是透過在空間中打一個洞，而是改變它的佈局，然後跳進超空間。它只使你面前的空間收縮，同時把你背後的空間擴大。想像跨過一塊地毯走向桌子的情形。如果不從地毯上走過去的話，我們還可以把地毯在我們面前捲起來，一點一點地把桌子拉到我們面前來。這樣，我們自己一點也沒移動，但我們面前的空間縮短了。

我們知道，空間本身擴展的速度比光速還要快（因為擴展空無的空間沒有傳送過來任何淨資訊）。與此同理，透過使空間收縮的方法以比光速更快的速度旅行應該是有可能的。從效果上來看，當我們向鄰近的恆星旅行的時候，我們可能基本不用離開地球；我們只須使我們面前的空間收縮，並使我們身後的空間擴大就行了。要到離我們最近的恆星半人馬阿爾法星，我們不是旅行到那裡，而是使它來到我們面前。

阿庫別瑞證實，這是愛因斯坦方程式的一個可行的解，也就是說，它在物理定律允許的範圍內。但這不是無償的。我們必須能夠運用大量的負能量和正能量來驅動星際飛船。（可以用正能量來壓縮你面前的空間，用負能量來延長你身後的空間。）要用卡西米爾效應來生產這種負能量，板子之間必須隔著普朗克距離，即10^{-33}公分，這透過一般手段是無法達到的。要建造這樣一艘星際飛船，需要建造一個大的球體，把乘員放在裡面。在這個大泡泡的邊壁上，沿著它的中緯線可以安排一圈負能源。大泡泡中的乘員實際上始終沒有動地方，但泡泡面前的空間會以超光速收縮，所以，當乘員從泡泡中出來的時候，他們已經到達了鄰近的恆星。

阿庫別瑞在他原來的文章中提到，他的這一辦法不僅可以把我們帶到其他恆星，它還有可能在時間中旅行。兩年以後，物理學家阿蘭·E·埃弗利特（Allen E. Everett）證明，如果有兩艘這樣的星際飛船的話，通過連續應用曲速引擎就有可能實現時間旅行。正如普林斯頓大學物理學家哥特所說：「如果是這樣的話，那麼《星際爭霸戰》的創作者吉恩·羅登貝瑞寫了那麼多有關時間旅行的章節，看起來的確沒有錯！」

但是，後來俄羅斯物理學家謝爾蓋·克拉斯尼科夫（Sergei Krasnikov）所做的分析提出，這個方法中有一個技術缺陷。他提出，星際飛船的內部與飛船外的空間是斷開的，所以訊息無法穿越這之間的界限，即，一旦到了飛船裡面，你就無法改變星際飛船的航向。它的航向必須在出發之前規定好。這是令人失望的。換句話說，你絕對不可能轉動方向盤，把航向定到最近的恆星。但這就意味著，這麼一艘理論上的星際飛船會變為像一條通往恆星的鐵路，也就是一個星際系統，星際飛船按照固定間隔出發。例如，所建造的這條鐵路可以先用次光速的常規火箭在恆星之間的固定間隔上建立鐵路車站，然後星際飛船根據時間表以超光速在這些車站之間往返，出發和抵達的時間都是固定的。

哥特寫道：「未來的超級文明完全有可能像在恆星之間建立蟲洞連接那樣，在恆星之間鋪設曲速引擎通道，讓星際飛船通行。曲速引擎通道網路也許會比蟲洞網路更容易建造，因為曲速引擎只需要把現有空間做一些改動，而不是建立新的洞來連接遙遠的區域。」[13]

但是，正是由於這種星際飛船必須在現有宇宙中航行，所以不能用它來離開宇宙。不過阿庫別瑞引擎有可能幫助建造一個逃離宇宙的裝置。比如，這種星際飛船可以在哥特所提的、創造碰撞中的宇宙弦時派上用場，它可以把先進文明帶回自己的過去，把宇宙帶回到遠比當前溫暖的時代。

第九步：利用來自壓縮態的負能量

在第五章中，我提到，雷射光束可以創造出「壓縮態」，這可以用來產生負物質，負物質又可以用來開啟或穩定蟲洞。當一個強大的雷射脈衝打到一個特殊光學材料上時，它會在它的尾跡中產生出一對對的光子。這些光子輪番加強和抑制真空中的量子漲落，釋放出正的和負的能量脈衝。這兩種能量脈衝的總和平均下來，永遠都是正能量，這樣我們就不會違反已知的物理定律。

一九七八年，塔夫斯大學物理學家勞倫斯．福特（Lawrence Ford）證實了這種負能量必然遵循的三項法則，從那以後，它們就成了大力研究的課題。首先，福特發現脈衝中負能量的總量與它的空間和時間範圍成反比，即，負能量脈衝越強，它的續存期限就越短。所以，如果我們用雷射器製造出一陣強大的負能量來打開蟲洞，它只能存在極短的一段時間。第二，負能量後面永遠跟著一個更大力度的正能量脈衝（所以它們的總和保持為正的）。第三，這兩個脈衝之間的時間間隔越長，正脈衝必然會更大。

在這些通則之下，人們可以量化測定雷射或卡西米爾板產生負能量所需要的條件。首先，可以嘗試向一個盒子內照射雷射光束，由一個快門在負脈衝進來之後立刻關閉，把負能量脈衝和尾隨而來的正能量脈衝分開。這樣，只讓負能量進入盒子。這種方法原則上可以獲得巨量的負能量，尾隨著更大的正能量脈衝（被快門擋在盒子之外）。兩個脈衝之間的間隔會相當長，正脈衝的能量有多大，間隔就會有多長。從理論上來講，這看來是個理想的為時間機器或蟲洞生產無限量的負能量的辦法。

不幸的是，這裡有個問題。每次關閉快門都會在盒子裡面產生出第二個正能量脈衝。除非採取非常謹慎的措施，否則負能量就會被消除掉。這一技術壯舉還要留給先進文明來解決——把強大的負能量脈衝與

【13】Gott, p.126

尾隨其後的正能量脈衝斷開，而不產生第二個脈衝把負能量抵銷。

這三項法則可以應用到卡西米爾效應。如果我們建立一個一公尺大小的蟲洞，我們必須把負能量集中在一個小於10^{-22}公尺的範圍中（質子的百萬分之一大）。同樣的，這也只有極為先進的文明才能有能力創造出必要的技術，在難以置信的微小距離上，或在難以置信的微小時間間隔上進行操作。

第十步：等待量子躍遷

我們在上一章已經看到，智慧生命在宇宙逐漸變冷的時候，可能不得不放慢思維速度，並長時期蟄伏。這一放緩思維速度的過程可能會持續幾兆個幾兆年，長到足以發生量子事件。一般情況下，我們可以排除在建立泡泡宇宙的同時躍遷到其他量子宇宙的想法，因為它只能是極為罕見的事件。然而，在第五階段，智慧生命的思維可能變得非常之慢，以致於量子事件相對變為尋常事件。在他們的主觀時間裡，他們的思維速度可能在他們看來是完全正常的，哪怕實際的時間尺度已經變得如此之長，連量子事件也變成正常現象了。

如果是這樣的話，這種生命體只須等待蟲洞出現和量子躍遷發生，這樣就可以逃入另一個宇宙。（雖然這些生命體有可能像家常便飯般地經常看到量子躍遷，但有一個問題是，這些量子事件是完全不可預知的；如果不能準確地知道出入口何時打開，通往何處，要想遷移到另一個宇宙就很困難。這些生命體也許不得不在蟲洞打開的時候，抓住機會離開這個宇宙，來不及充分分析這個蟲洞的種種性質。）

第十一步：最後的希望

現在，讓我們假設，未來對蟲洞和黑洞要做的實驗都面臨一個看來無法逾越的難題，那就是，穩定的蟲洞只存在於顯微尺寸至次原子尺寸之間。假設實際的穿越蟲洞之旅對我們的身體造成的壓力，即使處於有防護的船艦內也無法接受。高強度的潮汐作用、輻射場、迎面掉落的碎塊等等，任何幾樣這類挑戰都會置人於死地。如果確實是這樣的話，我們這一宇宙中的未來智慧生命可能就只剩下最後一項選擇了：向新的宇宙中注入足夠的資訊，在蟲洞的另一邊再造我們的文明。

在自然界中，當生命有機體面臨敵對環境，它們有時會產生出絕妙的生存方法。有些哺乳動物會冬眠。有些魚類和蛙類在體液中循環著像是可以防凍的化學物質，使它們可以被凍結，但仍然活著。菌類通過變為孢子而避免滅絕。同樣，人類可能也要找到辦法，改變我們的物理實體，以便活著進入另一個宇宙。

我們知道，橡樹會向四面八方散佈微小的種子。這些種子是這樣的：(a)既小又具彈性又結實；(b)它們包含了整棵樹的DNA訊息；(c)它們的構造適於傳播到離開母樹一段距離的地方；(d)它們包含了足夠的營養，可以在遙遠的地方開始再生；(e)它們從土壤中吸取養分和能量，在新的地方生根存活。與此類似，一個文明也可以效法自然，利用從現在到幾十億年後所具備的最先進奈米技術，把所有這些重要的特性複製下來，把它作為「種子」通過蟲洞送出去。

正如史蒂芬．霍金說過的，「看起來……量子理論是允許在微觀層面上進行時間旅行的。」【14】如果霍金的說法正確，那麼先進文明的成員就可能決定改變他們的物理結構，把碳與矽融合，把意識降解為純資訊，使它成為某種可在艱難的時間倒轉旅程中活下來，或進入另一個宇宙的東西。說到底，我們這種以碳為基礎的身體也許確實太脆弱了，無法承受這種強度的旅程所帶來的艱難困苦。在遙遠的未來，我們可能會有能力利用先進的DNA工程、奈米技術和機器人技術，把我們的意識與我們創造的機器人結合起來。以今天的標準來看，這聽起來可能離奇，但是幾百萬年乃至幾十億年以後的未來文明也可能發現它是唯一的一條生路。

他們也許需要把他們的大腦和個性直接融入機器中。這可以透過幾種辦法來做。可以編制能夠複製我們所有思維過程的精密複雜的軟體程式，使它具備與我們完全一樣的個性。更大膽的做法，是卡內基美隆大學的漢斯．莫拉維克（Hans Moravec）提出的計畫。他聲稱，在遙遠的未來，我們也許會有能力把我們的大腦結構，逐個神經元地複製到矽晶體上去。我們大腦中的每個神經連接都被一個相應的晶體取代，在機器人體內再現神經元的功能。【15】

由於潮汐作用和輻射場有可能非常強烈，所以未來的文明只能攜帶絕對最低的燃料、防護罩和養分，以便在蟲洞的另一邊再造我們的物種。利用奈米技術，有可能在一個最寬不超過一個細胞的裝置中，把微型鏈條送過蟲洞。

如果蟲洞非常小，以原子的大小計，則科學家將不得不發送以單個原子做成的大奈米管，其中蘊涵了大量資訊，足以在蟲洞的另一邊再造整個物種。如果蟲洞只有次原子粒子那麼大，科學家可能要設法把核子送過蟲洞，在另一邊捕獲電子，把自己再造成原子和分子。如果蟲洞比這還小，也許可以利用小波長的X射線或伽瑪射線做成的雷射光束把複雜的資訊通過蟲洞送出去，向另一邊發出如何再造文明的指示。

這種資訊傳遞的目的，是在蟲洞的另一端建造一個微型的「奈米機器人」，它的任務是找到合適的環境再造我們的文明。由於它是在原子規模上建造的，就不需要巨大的助推火箭或大量的燃料來尋找合適的行星。事實上，它也可能輕而易舉地達到光速，因為利用電場很容易把次原子粒子推進到接近光速。而且它也不需要生命維持系統或其他粗笨的硬體，因為奈米機器人主要裝著再造種族所需的純資訊。

一旦奈米機器人找到了新的行星，就可以把它設計成能夠建立大型工廠，利用新行星上已有的原材料複製自己，開始建造一個大型的複製實驗室。所需的DNA序列可以在這個實驗室中生產，然後注入細胞中，開始再造全部有機體乃至全部物種的過程。這些實驗室中的細胞然後直接被培養成成年個體，並把原來那個人的記憶和個性放置到它的大腦中。

從某種意義上來說，這一過程如同把我們的DNA（即Ⅲ類文明或更高文明的全部訊息量）注入一個「卵細胞」，它承載著能夠在另一頭再造一個胚胎的基因指令。這個「受精卵」小而結實又易移動，同時還裝有可供再造一個Ⅲ類文明的全部資訊。標準的人類細胞只含有三萬個基因，排列在三十億個DNA鹼基

【14】Hawking, p.104

【15】原則上這一過程可以在你清醒的時候就進行。一邊把神經元一點一點地從你大腦中刪除，同時又按照它們複製出電晶體網路來取代它們，安放到機器人的腦殼中。由於電晶體產生的作用與被刪除的神經元作用相同，所以你在整個過程中都是清醒的。這樣，當手術完成以後，你會發現自己已置身於一個以矽和金屬製成的機器人身體中了。

對上，但這麼簡潔的一條資訊，利用精子外面的資源（例如由母體提供的養分）就足以再造整個一個人。同樣，「宇宙卵」也可以由再造一個先進文明所需要的全部資訊構成，然後利用另一端的資源（原材料、溶液、金屬等）把這個先進文明再造出來。這樣，一個像ⅢQ類的先進文明就可以利用他們令人驚歎的技術把足夠的資訊（大約10^{24}位元的資訊）從蟲洞送出去，在另一面再造他們的文明。

我要強調的是，我所提到的這一過程中的每一步都遠遠超出了今天的技術能力，給人的感覺肯定像是在讀科幻小說。但是在幾百萬年以後的未來，對於一個面臨滅絕的ⅢQ類文明來說，這可能是唯一可能的自救途徑。肯定的是，物理法則或生物學中沒有一條會妨礙這種結局的出現。我要說的是，雖然我們的宇宙最終會死去，但它未必意味著智慧生命也隨著死去。當然，如果有可能獲得把智慧生命從一個宇宙傳遞到另一個宇宙的能力，那麼，其他宇宙中的生命形式在面臨它們自己的大凍結時，也同樣可能試圖打洞逃入我們這個宇宙中某些較溫暖、更適合居住的遙遠區域。

換句話說，統一場理論不是一種精巧但無用的奇思妙想，它有可能最終提供出一張藍圖，使得宇宙中的智慧生命得以延續。

第十二章

超越多重宇宙

《聖經》告訴我們的，是如何生活才能去天堂，而不是在天堂如何生活。

——伽利略在受審期間所複述巴隆尼斯紅衣主教的話

世界憑什麼只能是「有」，而不能是「無」？世界完全有可能並不存在，正如它也完全有可能確實存在一樣，這是個懸念，有了這樣一個懸念，形而上學思想的鐘才永不停擺。

——威廉．詹姆斯（William James）

神秘感是我們所能擁有的最美麗體驗。它是最根本的情感，有了它才能哺育出真正的藝術和真正的科學。無論是誰，如果對它沒有認識，不再好奇，不再有驚異，那就與死無異，而他的目光也就暗淡下來了。

——阿爾伯特．愛因斯坦（Albert Einstein）

一八六三年，赫胥黎（Thomas H. Huxley）寫道：「人類一切問題的問題，隱藏在所有問題背後，而且比它們當中的任何一個都更有趣的這個問題，是確定人在自然界中的位置，以及他與宇宙之間的關係。」【1】

赫胥黎是有名的「達爾文鬥士」，他曾與極為保守的維多利亞時代的英國人展開激烈的辯論，維護演化論。對於當時大多數的英國人來說，人類傲然屹立在造化的正中心；不僅太陽系是宇宙的中心，而且人類是上帝創造世界的最高成就，是上帝神聖傑作的巔峰。上帝就是按照他本人的模樣創造我們的。

面對宗教勢力的萬箭齊發，赫胥黎公然挑戰這一宗教正統觀念，捍衛達爾文理論，藉此幫助我們更科學地認識了自己在生命之樹中的地位。今天，我們認識到，在科學巨匠當中，牛頓、愛因斯坦和達爾文在幫助確認我們在宇宙中的正確地位方面進行了艱辛的耕耘。

他們為確定人類在宇宙中的角色地位所做的工作，都對神學和哲學造成了衝擊，為此他們各自都極力做出了自己的解釋。在《原理》一書的結論中，牛頓宣稱：「太陽、行星和彗星所構成的最美麗體系，只可能出自於一個智慧和強大的存有的指引和主導。」如果說，是牛頓發現了運動定律，那麼必然有一個神靈的存在，是它制定了這些定律。

愛因斯坦也相信有一位他稱之為「老傢伙」（Old One）的存在，但祂並不干預人類事物。他的目標不是頌揚上帝，而是要「讀懂上帝的心思」。他常說：「我想要知道上帝是如何創造這個世界的。我所感興趣的，不是這種現象或那種現象。我想要知道上帝的心思。其他都屬於細枝末節。」【2】愛因斯坦對這些神學問題的濃厚興趣所做出的結論性解釋是：「沒有宗教的科學是跛子，但是沒有科學的宗教是瞎子。」【3】

但是達爾文對人類在宇宙中的角色問題上，則是無可救藥的莫衷一是。雖然達爾文是公認的把人類從生物界中心寶座上拉下來的人，但是他在自己的自傳中寫道：「要把這個無限絕妙的宇宙，包括人類可以回顧過去以及遙想未來的能力，都看成是盲目的偶然或必然結果，是極其困難的，甚至可以說是不可能的。」【4】他曾私下對一個朋友說：「我的神學觀點完全是一場糊塗。」【5】

不幸的是，「確定人類在自然界的地位及其與宇宙的關係」也是充滿危險的，對於那些敢於挑戰占統治地位的正統思想及僵化教條的人來說更是如此。哥白尼在一五四三年臨終之前寫下了其開創性著作《天體運行論》，這絕不是偶然的，因為這使他得以免受宗教裁判之苦。伽利略雖然受到了美第奇家族中強有力的保護者的長期庇護，但最終還是不可避免地激起了梵蒂岡的震怒，因為他普及了一種儀器，它所揭示出來的宇宙與教會的信條截然不同：望遠鏡。

科學、宗教和哲學之間的關係錯綜複雜，的確是一劑烈藥，一觸即發。偉大的哲學家喬達諾·布魯諾（Giordano Bruno）由於拒絕放棄自己的信仰，認為上天有無窮數量的行星，蘊藏著無窮數量的生命體，一六〇〇年竟在羅馬的街道上綁於火刑柱上燒死。他寫道：「這樣，上帝的美德才得到弘揚，他的王國的偉大之處才得以昭示；他的榮耀不是因為一顆太陽，而是因為有無數的太陽；不是因為只有一個大地，一個世界，而是因為有千千萬萬個，我要說，有無窮數量的世界。」【6】

【1】Kaku2, p.334
【2】Calaprice, p.202
【3】Calaprice, p.213
【4】Kowalski, p.97
【5】Kowalski, p.97
【6】Croswell, p.7

伽利略和布魯諾的罪不在於他們敢於探究上天的法則；他們真正的罪在於他們把人類從我們在宇宙中心至高無上的寶座上拉下來。梵蒂岡過了三五〇多年，直到一九九二年才向伽利略作了遲來的道歉。對布魯諾則始終不予道歉。

歷史觀念

自伽利略以後，一系列的變革顛覆了我們關於宇宙以及我們在其中的角色的看法。中世紀時，宇宙被看做是一個黑暗的禁地。大地像一個小小的平整舞臺，充滿了腐敗和罪孽，由一個神秘的天球包圍著。像彗星之類的天體被視為天兆，不論是國王還是農夫一律都會驚恐。而且如果我們對上帝和教會讚揚得不夠，我們就會惹來劇評家及自以為是的宗教裁判所成員的震怒，任他們那些令人毛骨悚然的迫害工具發威。

牛頓和愛因斯坦把我們從過去的迷信和神秘主義中解放出來。牛頓告訴我們，一切天體，包括我們自己的這個天體，都受到精確的機械法則支配。事實上，這些法則精確到如此地步，以致於人類現在可以如鸚鵡學舌般不假思索地對其加以運用。愛因斯坦使我們對生命大舞臺的看法發生了革命性的變化。不僅不可能對時間和空間確定一個一成不變的尺度，就連這個大舞臺本身也是有曲度的。這個大舞臺不僅被置換成了一張繃緊的橡膠膜，而且它還在膨脹之中。

量子革命告訴了我們一個更加奇異的世界。一方面，決定論的破產意味著，被動的木偶們可以扯斷它們的牽線，唸誦自己的臺詞。我們又恢復了自由意志，但其代價是，後果不止一個，而且不確定。這意味著，演員可以同時出現在兩個地方，而且可以消失和再出現。要想確切地說出演員在什麼時間、位於臺上的什麼地方已經成為不可能。

現在，多重宇宙的概念又使我們的思維定式發生了變化，因為英文中「宇宙」【7】這個詞本身也有可能成為過時。多重宇宙中有許多平行舞臺，一個疊置在另一個之上，相互間有活門和暗道連通。事實上，一個舞臺衍生出另一個舞臺，是個永無止境的過程。每個舞臺上都會形成新的物理法則。很可能，這些舞臺中只有少數幾個具備承載生命和意識的條件。

今天，我們是在第一幕中生活的演員，剛剛開始探索這一舞臺的宇宙奇觀。到第二幕，如果我們還沒有因戰爭或污染而毀滅了自己的行星，我們也許將有能力離開地球，去探索恆星和其他天體。但是我們現在越來越認識到，會有最後一幕，也就是第三幕。戲結束了，所有的演員都消亡了。在第三幕中，舞臺變得如此寒冷，生命成為不可能。唯一可能的拯救辦法，是通過一個活門徹底離開這個舞臺，在一個新的舞臺上重新上演一齣新戲。

【7】譯註：「宇宙」的英文Universe，含有「單一」之意。

哥白尼原理VS.人擇原理

很清楚，從中世紀的神秘主義向今天的量子物理過渡過程中，我們在宇宙中的角色和位置，隨著每一次科學上的革命而發生重大變化。我們的世界正按幾何級數擴張著，迫使我們改變對自己的認識。當我仰望蒼穹中似無邊際的群星，或思索地球上萬千不同的生命形式，對這一歷史進程進行審視時，我有時被兩種相互矛盾的情緒所左右。一方面，我覺得在宇宙面前自己多麼渺小。對無垠空寂的宇宙進行遐想的時候，布萊茲·巴斯卡（Blaise Pascal）一次寫道：「那些無垠的空間中永恆的寂靜使我驚恐。」[8]另一方面，色彩繽紛的生命形式以及精妙複雜的生物的存在使我癡迷。

今天，當我們面臨以科學方式確定我們在宇宙中的角色這一問題時，物理學界中存在著兩種從某種程度上來說截然相反的哲學觀點：一是哥白尼原理，一是人擇原理。

哥白尼原理聲稱，我們在宇宙中所處的地位毫無特別之處。（有些好事者把這稱為「平庸原則」。）迄今為止，每一項天文發現似乎都證實了這一觀點。不只是哥白尼剝奪了地球作為宇宙中心的地位，而且哈伯太空望遠鏡還把整個銀河系搬離了宇宙中心，告訴我們宇宙正在擴張，它有幾十億個星系。最近對於暗物質和暗能量的發現強調出這事實，構成我們身體的這些較高化學元素只占宇宙全部物質／能量成分的百分之〇·〇三。根據暴脹學說，我們必須把可見宇宙想像成嵌在一個更大的、平坦宇宙中的一粒沙，而這個宇宙本身也可能在不斷地分裂出新的宇宙。最後，如果M理論被證明是正確的，那麼我們必須接受這樣一種可能：即便是我們所熟悉的空間和時間維度也必須擴大為11個維度。我們不僅不再處於宇宙的中心，我們還有可能發現，即使是可見宇宙也只是一個更大的多重宇宙中的一個微小零頭。

面對這一宏大的體認，我們想起內戰時期的作家史蒂芬·克萊恩（Stephen Crane）的詩句，他曾經寫道：

人對宇宙說，
「先生，我存在著。」
「然而，」宇宙回答，
「這一事實並未使我
產生什麼義務感。」【9】

（這讓人想起道格拉斯·亞當斯的科幻奇談《銀河便車指南》，其中寫到一個叫做全視野渦流的裝置，它保證能把任何一個頭腦健全的人變成一個思維狂亂的瘋子。在艙室中有一張宇宙全圖，有一個細小的箭頭標著「你所處的位置在這裡」。）

但是在另一個極端，我們還有人擇原理，它讓我們認識到，只是由於有了一套奇蹟般的「意外」，生命意識才在我們這個三維宇宙中成為可能。使智慧生命得以成為現實所需要具備的一系列參數，範圍狹窄

【8】Smoot, p.24
【9】Barrwol, p.106

到荒唐的地步，而我們恰恰就在這麼狹窄的一個範圍內生機盎然。質子的穩定性、恆星的大小、重元素的存在，諸如此類，都好像經過了精細設定，使複雜形式的生命和意識得以產生。這種幸運的環境究竟是人為設計的還是意外產生的，人們可以辯論。但要使我們的存在成為可能，則需要複雜精確的參數調整，這一點卻無可爭辯。

史蒂芬・霍金說：「如果大霹靂發生一秒鐘之後的膨脹速度哪怕是慢了一千億分之一，〔宇宙〕就會在達到目前的規模之前重新塌縮……像我們這樣一個宇宙能夠從像大霹靂這類的事件中產生出來，其偶然性實在太巨大了。我認為這很清楚地表明應從宗教上找到解釋。」【10】

我們常常不能夠充分認識生命和意識究竟有多麼寶貴。我們忘記了，像液態水這樣一種簡單的東西，是宇宙中最珍貴的物質之一。在太陽系，乃至銀河系的這一區域中，只有在地球上（可能還包括木星的衛星歐羅巴）才能找到液態水。人類大腦有可能是大自然在太陽系中，乃至遠達最近的恆星範圍內所創造的最為複雜的物體。當我們審視拍自火星或金星的清晰照片，它們的大地上了無生機，完全不存在城市及燈火，連構成生命基本的複雜有機化學物質都沒有，我們受到震懾。深邃的太空中無數的世界空無生命，更不用提智慧生命了。這應該令我們認識到生命是多麼脆弱，它能夠在地球上生機勃勃又是怎樣一種奇蹟。

從某種意義上來說，哥白尼原理和人擇原理是涵蓋我們這一存在的兩極觀點，幫助我們認識到自己在宇宙中所扮演的真正角色。一方面，哥白尼原理迫使我們面對宇宙，也可能是多重宇宙的純然巨大；另一方面，人擇原理則迫使我們認識到，生命以及意識又是多麼難得。

但是從根本上來說，哥白尼原理和人擇原理之辯是不能確定我們在宇宙中的角色的，除非我們能以更大的視角，以量子理論的視角，來看待這一問題。

量子意義

量子科學的世界對我們在宇宙中的角色這一問題提供了啟示，但它是以另一個角度來看待這個問題的。如果接受魏格納對薛丁格之貓這一問題的解釋，那麼我們必然會看到意識之手無處不在。在無窮觀察者的鏈條上，每位都觀察著前一位觀察者，最終引向一個宇宙觀察者，他可能就是上帝本人。在這幅圖像中，宇宙之所以存在，是因為有一位神祇在觀察著它。但是如果惠勒的解釋是正確的，那麼整個宇宙就是被意識和資訊所主宰著。在這幅圖像中，意識是主宰力量，決定著存在的性質。

魏格納的觀點反過來又引發羅尼·諾克斯（Ronnie Knox）寫下如下的詩句，它是關於一位懷疑論者與上帝之間的一次遭遇，它思索的問題是，如果沒有人在觀察，那麼庭院中的樹是否還存在：

曾有人說：「上帝
定然十分詫異：
既然庭院無人
此樹緣何兀立。」【11】

【10】Kowalski, p.49
【11】Polkinghorne, p.66

有匿名好事者寫了如下的應和：

君之所言差矣
我何片刻離去
此樹猶自兀立
在下乃是上帝

換句話說，樹在庭院中存在，是因為一直都有量子觀察者，使波函數坍陷，而這個觀察者就是上帝本人。

魏格納的解釋把意識問題擺放到了物理學基礎的正中心。他與詹姆斯．金斯（James Jeans）遙相呼應。詹姆斯．金斯曾經寫道：「五十年前，一般都把宇宙看做是一架機器……但當我們轉向尺度的兩個極端時，不論是大到整個宇宙，還是小到原子的核心深處，我們卻發現對大自然的機械解釋失效了。我們面對著的，是絕非機械性的實體和現象。對於我來說，它們與其說是機械過程，不如說是思維過程；宇宙更像是一個巨大的思維，而不是一架巨型的機器。」【12】

這種解釋的一個最大膽的形式，可能就是惠勒的「存在來自位元」理論。「不只是我們適應於宇宙。宇宙也適應於我們。」【13】換句話說，我們自己的現實存在是由於我們自己所做的觀察造成的。他把這稱為「觀察者起源論」（Genesis by observership）。惠勒聲稱，我們生活在一個「參與式宇宙」（participatory universe）。

這些話得到了諾貝爾獎得主、生物學家喬治・沃爾德（George Wald）的呼應，他寫道：「在沒有物理學家的宇宙中，當一枚原子是可悲的。而物理學家是由原子構成的。物理學家是原子們理解原子的方式。」【14】一神派教長蓋瑞・科瓦斯奇（Gary Kowalski）概括了這一信念，他說：「可以說，宇宙之所以存在，是為了讚美它自己，是為了揭示它自己的美。如果人類是宇宙在認識自己的成長過程中出現的一種現象，那麼我們的目的必然就是要保護我們的世界使之永存，並且對它進行研究，而不是把花了如此之長的時間才形成的東西斷送或毀滅。」【15】

如果按這個思路來推想，那麼宇宙的確有其目的：產生出像我們一樣能夠對它進行觀察的智慧生命，這樣它才能存在。根據這個觀點，宇宙之所以能夠存在，取決於它能否創造出像我們這種能夠對它進行觀察的智慧生命，因此使它的波函數坍陷。

我們可以從魏格納對量子理論的解釋中得到寬慰。然而，還有另外一種解釋，也就是多世界解釋，它所提出關於人類在宇宙中的角色的觀念是完全不同的。根據多世界解釋，薛丁格之貓可以既已死去，同時卻也還活著，道理很簡單，因為宇宙本身分裂成了兩個不同的宇宙。

【12】Kowalski, p.19
【13】Kowalski, p.50
【14】Kowalski, p.71
【15】Kowalski, p.71

多重宇宙的意義

在多世界理論中，人容易迷失在無窮多的宇宙之中。拉瑞．尼文（Larry Niven）的短篇小說《萬千之路》對這些平行量子宇宙的精神意義進行了探索。故事中，副偵探基尼．特林布林對一連串神秘的輕率自殺案件進行調查。忽然之間，全城有許多過去從沒有過精神病史的人，或從橋上跳下去，或打爆自己的腦袋，甚至進行集體謀殺。當建立了「跨時間公司」的億萬富翁安布羅斯．哈蒙在撲克牌桌上贏了五百美元之後，從他豪華公寓的三十六層樓上一躍而下時，這類事件的神秘性就更為加深了。他富有、有權勢、交際廣泛，各種享受生活的條件他全部具備；他的自殺毫無道理。但是特林布林最終發現了其中的一個規律。跨時間公司的飛行員中有百分之二十都自殺了；事實上，這些自殺都發生在跨時間公司成立一個月之後。

隨著調查深入，他發現哈蒙是從祖上繼承了巨額財富，但都揮霍在資助一些靠不住的事業上了。他耗盡了全部的財富，只有一項賭注成功了。他聚集了一小撮物理學家、工程師和哲學家，對是否存在平行的時間軌跡進行了調查。最終他們設計出了一種運載工具，可以進入一條新的時間線路，其飛行員很快從美利堅聯盟帶回了一項新發明。跨時間公司於是出資，對平行時間線路進行了幾百次考察，把所發現的新發明帶回來並申請專利，很快，跨時間公司有了億萬美元身價，擁有我們這個時代最重要的世界級發明的專利。看起來，在哈蒙的管理下，跨時間公司應該成為它那個時代最成功的公司了。

他們發現，每條時間線路都是不同的。他們發現了天主教帝國、美國印第安人統治的美洲大陸、俄羅斯帝國，還有幾十個毀於核戰、業已死去而充滿放射線的世界。但最後他們發現了某些極為令人不安的東西。他們發現了自己的複本，他們的生活軌跡幾乎與他們自己的毫無二致，只是其中有一個離奇的曲折。在這些世界中，他們發現不論他們以前做過什麼，任何事情都有可能發生：不論他們以前工作得是否努力，他們都有可能實現自己最離譜的夢想，或是生活在最難以想像的噩夢之中。不論他們以前做過什麼，在有些宇宙中他們是成功的，在另一些宇宙中則完全失敗。不論他們以前做過什麼，總有自己的無數個副本，他們做出了相反的決定，而且收獲了一切可能的後果。如果做了銀行搶劫犯之後，在某個宇宙中你逃脫了追究，那麼為什麼不做呢？

特林布林想：「任何地方都不存在僥倖。每項決定都有雙向後果。你嘔心瀝血地做出的每個聰明選擇，也就等於同樣做出了一系列相關的選擇。整個歷史中都是如此。」後來他有了一個刻骨銘心的認識，使他從頭到腳失望到底：在一個一切都有可能的宇宙中，沒有任何東西具有任何道德意義。他陷入絕望中無力自拔，意識到，我們最終無法掌握自己的命運，不論我們做出什麼決定，其後果都無關緊要。

最終他決定效法哈蒙。【16】他拔出一支槍對準了自己的腦袋。但就在他扣動扳機這一刻，就存在著無數的宇宙：其中也許槍擊發失敗、也許子彈射中了天花板、也許子彈殺死了偵探，等等。特林布林的最終決定在無窮數量的宇宙中，以無窮種方式上演了。

當我們想像量子多重宇宙時，我們就像上面故事裡的特林布林一樣，面臨著這種可能：雖然在不同的

【16】Chown, p.30

量子宇宙中，我們的平行自身可能具有完全一樣的基因編碼，但是在我們生涯中的一些關鍵時刻，我們的機遇，給我們出主意的人，以及我們的夢想都可能把我們引向不同的道路，引向不同的生活軌跡和命運。

這種兩難境地實際上差不多已經在我們的生活中出現了。這只是個遲早問題。也許只需幾十年，人類基因複製就會成為生活中的尋常事。雖然把人複製極端困難（事實上，還沒有人能完全複製出一個靈長類動物，更不要說人類了），其涉及到的倫理問題極為令人不安，但這件事情在某個時候還是不可避免地會發生。當它發生了以後，問題就來了：我們的複製體有靈魂嗎？我們本人要不要對自己的複製體的行為負責？在量子宇宙中，我們會有無窮數量的量子複製體。由於我們的量子複製體當中有許多可能會作惡，那我們要不要對它們負責？我們的量子複製體所作的孽會不會使我們的靈魂受折磨？

但是，對於與量子相關的存在危機有一個解決辦法。如果我們掃視多重宇宙中的無窮世界，我們會發現命運的隨機可能性之多令人目眩，難以想像；但在每個世界中，因果規律作為一種常識準則大體上都還是一樣的。在物理學家提出的多重宇宙理論中，各不相同的宇宙在宏觀上都遵循牛頓式的法則，所以我們大可以放心地生活，知道我們的行為結果大體上還是可以預知的。平均看來，每個宇宙都是嚴格遵循因果律的。在每個宇宙中，如果我們犯了法，都難免進監獄。我們可以放心大膽地做自己的事情，不必去擔心與我們並存的平行世界中發生的事情。

這使我想起物理學家之間有時互相講述的一個寓言故事：一天，一位俄羅斯物理學家被帶到了拉斯維加斯。這座罪孽之城充滿了資本主義的奢華靡爛，看得他眼花繚亂。他立即走向賭桌，把所有的錢都押在第一個賭注上。有人告訴他，這種賭法太傻了，這種策略完全違反了數學和機率的法則，他回答說：「是的，你說的都對，但是在某一個量子宇宙中，我就因此而發了！」這位俄羅斯物理學家可能是對的，在某個平行世界中，他可能正在享受超乎其想像的財富。但在這個特定的宇宙中他輸了，輸得一文不名。而且他必須承受這種後果。

物理學對宇宙的意義是怎麼看的

這場關於生命意義的辯論，由於史蒂文．溫伯格在他的那本書《最初三分鐘》提出一些惹人爭議的說法而變得愈發激烈。在那本書中，他直言不諱地聲稱：「宇宙越是看來可以理解，就越顯得毫無意義……人生是場鬧劇，只有為數非常有限的幾件事可以使它從這種鬧劇水準上略有提高，而努力去理解宇宙便是其中之一，可使人生帶上一點悲劇性的優雅色彩。」【17】溫伯格承認，在他所寫下來的所有話中，這句話引起的反應最為激烈。他後來又引發了一場爭議，說：「不管有沒有宗教，好人照樣做事規矩，壞人仍會作惡；但是要讓好人作惡的話，那就需要宗教了。」【18】

溫伯格很明顯是在有意惡搞，他在挑逗那些號稱對宇宙意義有所洞察的人，藉而從中取樂。「我在哲學問題上湊趣已經有好多年了。」【19】他供認說。與莎士比亞一樣，他相信世界就是個大舞臺，「但是，悲劇

【17】Weinberg3, p.144
【18】Weinberg2, p.231
【19】Weinberg2, p.43

沒有被寫成劇本；悲劇在於沒有劇本。」【20】

溫伯格的話與他的科學家同事、牛津大學的理察·道金斯（Richard Dawkins）有異曲同工之妙。道金斯是一位生物學家，他說：「在以盲目的物理作用力構成的宇宙中……有些人要受傷害，另一些人會走運，從中你找不到任何規律或道理，也不存在正義。我們觀察到這個我們所期待的宇宙的種種特性，歸根結柢並不存在設計、不存在目的性、不存在惡，也不存在善，只有毫無憐憫的冷漠，確實就是這個樣子。」【21】

實質上，溫伯格提出了一項挑戰。如果人們認為宇宙有其目的，那麼它是什麼？天文學家們窺探廣闊無垠的宇宙，看到宇宙以爆發速度膨脹了幾十億年，其中一些比我們的太陽更大的巨大恆星正在誕生或死去。實難令人相信，所有這一切的目的，都只是為了一顆圍繞無名恆星旋轉的微小行星上居住的人類而精心安排的。

雖然他的說法引起了激烈的爭議，但很少有幾個科學家站出來回應。但是，當艾倫·萊特曼（Alan Lightman）和羅貝爾塔·布拉威爾（Roberta Brawer）採訪一組著名宇宙學家，問他們是否同意溫伯格的意見時，只有少數幾個人接受溫伯格對宇宙如此冷漠的推測。堅定地站在溫伯格陣營裡的科學家當中，有一位是利克天文臺和加州大學聖塔克魯茲分校的珊德拉·法貝爾（Sandra Faber），她說：「我不相信地球是為人類創造的。它是由自然過程產生的一顆行星，生命和智慧生命都是這些自然過程的進一步延續。我認為宇宙也與此完全一樣，是某種自然過程的產物，我們在其中出現，完全是我們這一具體區域中物理法則的自然產物。我想，這個問題中暗含著，人類存在之外還有某種帶有目的性的推動力量。對此我不相信。所以，我想，從最終意義上我同意溫伯格，從人類的視角來看，宇宙是毫無意義的。」【22】

但是在天文學家中有一個更大的陣營認為溫伯格錯得離譜，他們認為宇宙確有其目的，雖然他們無法一一說明。

哈佛大學教授瑪格利特·蓋勒（Margaret Geller）說：「我想我的生活觀點是，生命苦短，要享受生活。重要的是應該盡可能多地獲得豐富的閱歷。這就是我所爭取做的。我爭取做一些有創造性的事。我爭取教育人民。」【23】

而且其中有幾個人的確從上帝的傑作中看出宇宙有其目的性。阿爾伯塔大學的唐·佩奇過去是史蒂芬·霍金的學生，他說：「是的，我認為毫無疑問有目的性。我不知道全部的目的都有哪些，但我想，其中之一就是上帝要創造人類來陪伴上帝。更重大的目的可能是，要用上帝的創造來使上帝榮耀。」【24】他甚至在量子物理的抽象規則中也看出了上帝的傑作：「從某種意義上來說，物理法則似乎相當於上帝選擇使用的語法和語言。」【25】

馬里蘭大學的查理斯·麥思納是早期分析愛因斯坦廣義相對論的先行者之一，他與佩奇有共同的認識：「我感覺，宗教中有非常嚴肅的東西，例如上帝的存在，人類的手足之情，這些都是嚴肅的真理，總有一天我們會學會理解它，不過可能要採用另一種語言，站在另一種尺度上……所以我認為，那裡面有實

【20】Weinberg2, p.43
【21】Kowalski, p.60
【22】Lightman, p.340
【23】Lightman, p.377
【24】Lightman, p.409
【25】Lightman, p.409

實在的真理，宇宙之所以宏偉壯麗是有其意義的，我們應該對宇宙的創造者心生敬畏。」[26]

由造物主的問題又產生了另一個問題：科學在上帝存在與否方面能有發言權？神學家保羅·田立克（Paul Tillich）曾經說[27]，科學家中唯有物理學家可以說出「上帝」一詞而不必臉紅。確實，科學家中唯有物理學家在探究人類最大的問題之一：是否存在一個宏偉的設計藍圖？如果是的話，那麼存不存在一個設計者？找到真理、道理或其啟示的真正途徑是什麼？

弦理論允許我們把次原子粒子看做是振動的弦上的音符；化學法則相當於可以在這些弦上奏出的旋律；物理法則相當於適用於這些弦的和絃規則；宇宙是這些弦的交響曲；而上帝的心思則可被視為響徹超空間的宇宙音樂。如果這種類比能站得住腳，那麼就需要問下一個問題：有沒有作曲者？這個理論是誰設計出來的，以便允許我們在弦理論中看到豐富萬千的各種可能宇宙得以存在？如果宇宙像一隻經過精密調節的手錶，那麼存不存在這麼一個製錶匠？

在這方面，弦理論對這個問題有所啟示：上帝有其他選擇嗎？愛因斯坦在創建他的宇宙理論時，他總是會問這樣一個問題，如果是我的話，我會把宇宙設計成什麼樣？他傾向於認為，也許上帝在這個問題上沒有選擇餘地。弦理論似乎支持了這種觀點。當我們把相對論與量子理論結合起來的時候，就會形成各種理論，充斥著隱含的但致命的弱點：發散問題會當場發作，異常現象會破壞這個理論的對稱性。只有納入了強大的對稱性以後，才可以消除這些發散和異常現象，而M理論就具備了這當中最強大的對稱性。所以，也許會有一種單一的、獨一無二的理論，它可以滿足我們在一個理論中所要求的所有假定條件。

由於愛因斯坦經常就「老傢伙」的問題寫大塊文章，所以曾被問及上帝存在與否的問題。對於他來說，有兩種神。第一種神是有人格的神，他回應人們的祈禱，他是亞伯拉罕、以撒和摩西的神，是那個能在水中分出一條路，並創造各種奇蹟的上帝。然而，這個上帝未必是大多數科學家相信的。

愛因斯坦一次寫道，他相信「斯賓諾莎的上帝，其透過萬物和諧存在而顯示自己，而不是那個關注人類命運和行為的上帝」。[28]斯賓諾莎和愛因斯坦的神是和諧之神，是理性與邏輯之神。愛因斯坦寫道：「我無法想像存在著一個能夠對其創造物進行賞罰的上帝……我也不相信個人在身體死亡之後還能存活。」[29]

（在但丁的《神曲．地獄篇》中，最靠近地獄入口的第一層居住著心地善良性情溫和但不能全然信仰耶穌基督的人們。但丁在第一層地獄中發現了柏拉圖和亞里斯多德，以及其他偉大的思想家和啟蒙者。正如物理學家韋爾切克評論的，「我們可料想許多現代科學家，也可能是其中的大多數，都會到第一層地獄去落戶。」[30]）馬克．吐溫說不定也在那個群星薈萃的第一層地獄之中，他有一次把「信心」定義為「相信連任何蠢貨都知道不是那麼回事的東西」[31]。

我個人從純科學的觀點認為，要證明愛因斯坦或斯賓諾莎所說的上帝存在，最強大的論據可以出自目的論。如果弦理論最終從實驗上被確認是個萬有理論，那麼我們就必須要問，這些方程式本身是從哪裡來的。如果統一場論果真如愛因斯坦相信的那樣是獨一無二的，那麼我們必須要問這種獨一無二性從何而

【26】Lightman, p.248
【27】Weinberg1, p.242
【28】Weinberg1, p.245
【29】Kowalski, p.24
【30】Wilczek, p.100
【31】Kowalski, p.168

來。相信這種上帝的物理學家相信，宇宙如此之美、如此之簡潔，因此宇宙的終極法則不可能是意外造成的。宇宙完全可以是隨機的，或者由無生命的電子和微中子構成，不能產生任何生命，更不要說智慧了。

如果，現實存在的終極法則像我和其他一些物理學家相信的那樣，可以用一個不超過一英寸（二．五四公分）長的公式描述的話，那麼問題就是，這個一英寸長的方程式從何而來？

正如馬丁．加德納（Martin Gardner）所說的：「為什麼蘋果會落下來？因為萬有引力定律。為什麼會有萬有引力定律？因為相對論中的某些部分由這些方程式組成。如果哪一天物理學家成功地寫出一個終極方程式，一切的物理法則都可以由它來描述，那麼人們仍然要問，『為什麼會有這個方程式？』」【32】

創建我們自己的意義

從根本上來說，我相信，存在著可以有序和諧地描述整個宇宙的單一一個方程式，這件事本身就暗示著存在著某種設計。然而，我不相信對於人類來說它能有什麼人格上的意義。不論物理學最終能以何種輝煌或優雅的公式表達，它都不能使幾十億人獲得精神昇華，給他們情感上的滿足。宇宙學和物理學不會有魔法公式，使大眾癡迷，使他們的精神生活豐富。

對於我來說，生命的真正意義在於，我們必須找到我們自己存在的意義。從根本上來說，是我們在創造自己的意義；我們的使命就是塑造我們自己的未來，而不是由某種更高的權威授予給我們。愛因斯坦某次承認，有成百上千的人懷著善意寫了大量的信給他，懇求他揭示生命的意義，但他毫無能力對他們進行撫慰。正如阿蘭．古斯所說的：「提出這些問題本身沒有錯，但你不應指望一個物理學家能給出什麼更智慧的答覆。從我個人的情感上來說，我覺得生命歸根結柢而言有其目的，我覺得它所具有的目的就是我們賦予它的意義，而不是出自任何宇宙設計的目的。」【33】

我相信，佛洛伊德對潛意識的黑暗面做了大量的猜測，說使我們的頭腦保持穩定並感覺有意義的，是工作和愛，這話最接近真理。工作可以給我們一種責任感和目的感，使我們的工作和夢想有一個具體的焦點。工作不僅使我們的生活井然有序，還給我們提供了自豪感、成就感，以及使我們有所作為的一方天地。而愛則是把我們放在社會組構內的一個要素。沒有愛，我們就迷惘、空虛，失去了根本。我們會飄蕩在自己個人的天地中，斷絕了他人的關注。

除了工作和娛樂之外，我認為還應該有另外兩個因素使生命有了意義。第一，要實現我們與生俱來的才能，不管它是什麼。不論命運給了我們多麼不同的能力和力量，我們都應該努力去把它們發揮到極致，而不要讓它們萎縮和腐朽。在生活當中，我們都知道有一些人，他們沒有能夠實現孩提時代展現的才華。其中許多人為自己應該成為什麼樣子而困擾。我想我們不應該抱怨命運，而應該如實地接受自己，並且在力所能及的範圍內努力實現自己的夢想。

第二，當我們離開這個世界的時候，我們應該使它變得比我們降生時更好。作為個人，我們應該可以

【32】Kowalski, p.148

【33】Croswell, p.127

做出應有的貢獻，不論是探索大自然的奧秘、清理環境、為和平和社會正義而工作，還是作為啟蒙者和指路人，培養年輕一代的探索和進取精神。

向I類文明過渡

在安東．契訶夫的戲劇《三姐妹》中，維爾希寧上校在第二幕中宣稱：「再過一兩個世紀，或再過一千年，人們將以新的、快樂的方式生活。我們是看不到了，但這正是為什麼我們要生活、為什麼我們要工作的目的。這就是為什麼我們要受磨難。我們在進行創造。這就是我們存在的意義。我們所能知道的唯一幸福，就是朝著那個方向努力工作。」

從我個人來說，我並不因為宇宙如此浩瀚而悲歎，我為緊鄰我們而存在的許多全新世界這種想法所激動。在我們生活的這個時代，我們剛剛開始利用自己的太空探測器、太空望遠鏡，以及我們的理論和方程式對宇宙進行探索。

我為能夠生活在這個時代，我們的世界正在經歷如此的英雄壯舉而感到慶幸。在我們有生之年，將目睹人類歷史上可能是最偉大的一次過渡，向I類文明過渡，它有可能是人類歷史上最重要但也是最危險的一次過渡。

過去，我們的祖先生活在一個嚴酷而不寬厚的世界中。在人類歷史的大部分時間裡，他們的生命短促，野蠻度日，平均預期壽命大約二十歲。在他們的生活中，對疾病的恐懼無時不在，命運完全不能自己掌控。對先祖們的遺骨進行檢驗時，顯示出它們勞損到難以置信的程度，證明他們每天承受著怎樣的重負；它們還刻畫著疾病和可怕事故的遺痕。甚至就在上個世紀，我們的祖父輩也沒能享受到現代衛生條件、抗生素、噴射飛機、電腦或其他令人驚奇的電子設備。

然而我們的孫輩將迎來地球上第一次全球文明的曙光。如果我們能夠不讓自己這些經常是粗蠻的自毀直覺把自己吞噬掉，那麼到了我們的孫輩所生活的時代，人類就會不再受欲望、饑餓和疾病的糾纏。在人類歷史上的第一次，我們既有方法毀滅地球上的一切生命，也有方法在這顆行星上建立起天堂般的樂園。

我在孩提時代經常幻想生活在遙遠的未來會是什麼樣子。今天，我相信如果讓我選擇生活在人類歷史中的哪一個特定時代，我會選擇現在這個時代。我們正處於人類歷史中最激動人心的時代，處在有史以來一些最偉大的宇宙發現和技術進步的巔峰。我們正在經歷歷史性的過渡，從自然之舞的被動觀察者，過渡為自然之舞的指揮者，有能力操控生命、物質和智慧。然而，這種令人敬畏的能力也附帶著巨大的責任，要確保我們努力的成果得到明智的應用，造福於全人類。

現在活著的這一代人也許是地球上生活過的人類當中最重要的一代。與我們的前代不同，在我們手中掌握著我們物種的未來命運，要麼沖天而起，實現我們成為I類文明的諾言，要麼跌入混亂、污染和戰爭的深淵。我們所做的決定將影響到整個這一世紀。我們如何解決全球戰爭、防止核武器擴散、宗教派別和種族衝突，將決定是為I類文明奠定基礎，還是摧毀它。也許，當前這一代人的生存目的和意義就是要保障順利過渡到I類文明。

選擇權在我們手中。這就是我們現在活著的這代人所能留下的東西。這就是我們的命運。

詞彙表

人擇原理（anthropic principle）

這個原理是說，大自然的常數是專門為產生生物和智慧生命而設定的。強人擇原理得出的結論是，智慧生命的產生，是某種形式的智慧生命對物理常數進行了設定的結果。弱人擇原理則只是聲稱，大自然的常數只有經過設定才可能產生出智慧生命（否則就不會有我們），但是對於這項設定工作是由什麼原因或由誰做的，則持開放態度。在實驗中我們發現，大自然的常數的確似乎經過了精細的設定，才使生物乃至意識得以產生。有些人相信，這就是存在宇宙造物主的跡象。另一些人則相信，這是存在多重宇宙的跡象。

反重力（antigravity）

它與重力相反，是一種向外推的力，而不是一種向內吸的力。現在我們意識到，可能正是由於存在這種反重力，才使宇宙在時間起始之時暴脹，並導致今天宇宙加速膨脹。然而這種反重力非常之弱，無法在實驗室中測得，所以它沒有實際價值。反重力也可以由負物質產生（在自然界中還從來沒有見到過負物質）。

反物質（antimatter）

它與物質相反。反物質的存在，是由保羅·狄拉克（Paul Adrien Maurice Dirac）第一個預言的，它與普通物質的電荷相反，因此，反質子就有負電荷，而反電子（antielectrons，也叫positrons）則有正電荷。如果它們相互接觸，就會互相把對方消滅掉。迄今為止，在實驗室中生產出來最複雜的反原子是反氫。令人迷惑不解的是，為什麼我們的宇宙主要是由物質，而不是反物質構成的。如果大霹靂所創造的這兩種物質是等量的，那麼它們應該已經互相抵銷，而我們也就不會存在了。

原子擊破器（atom smasher）

這是英語中對粒子加速器的通俗叫法，它是一種裝置，用來創造以接近光速行進的次原子能束。最大的粒子加速器是在瑞士日內瓦附近建造的大型強子對撞機（ＬＨＣ）。

重子（baryon）

這是一種像質子或中子那樣的粒子，遵循強相互作用。重子是強子的一種（一種強相互作用的粒子）。我們現在認識到，重子物質只構成宇宙物質中極小的一個零頭，與暗物質相比少得可憐。

大霹靂（big bang）

這是指最初創造了宇宙的那次大霹靂，它使無數星系向四面八方飛散。宇宙創造之時，溫度極高，物質密度極大。根據ＷＭＡＰ衛星的測定，大霹靂發生於一三七億年前。今天所看到的微波背景輻射就是大霹靂的續流。對於大霹靂，有三項由實驗得出的「證據」：星系的紅移，宇宙微波背景輻射，元素的核合成。

大崩墜（big crunch）

指宇宙最終的塌縮。如果物質的密度足夠大（Ω大於一），那麼宇宙中就有足夠的物質使原來的擴張過程倒轉過來，造成宇宙重新塌縮。大崩墜的瞬間，溫度升至無窮高。

大凍結（big freeze）

這是宇宙的終結，溫度接近絕對零度。我們宇宙的最後狀態有可能就是大凍結，因為據信Ω和Λ之和為1.0，因此宇宙才處於暴脹狀態之中。但由於沒有足夠的物質和能量使宇宙膨脹倒轉，所以它有可能永遠膨脹下去。

黑體輻射（black body radiation）

這是熱物體與其環境處於熱平衡狀態時發出的輻射。如果我們取一個空心物體（一個「黑體」）加熱，等它達到熱平衡後給它鑽上一個小洞，然後觀察從小洞釋放出來的輻射，這種從小洞中發出的輻射就是黑體輻射。太陽、熱火鉗、熔化的岩漿等都釋放出近似的黑體輻射。這種輻射有其特定的頻率特徵，很容易用光譜儀測定。充斥宇宙的微波背景輻射遵循著這種黑體輻射公式，藉此提供有關大霹靂的具體證據。

黑洞（black hole）

指逃逸速度與光速相等的物體。由於光速是宇宙中的終極速度，這就意味著，一個物體一旦越過事件視界，就什麼也沒剩下，無法逃離黑洞。黑洞可以有各種大小。藏匿於星系和類星體中心的星系黑洞，可以重達幾百萬至幾十億個太陽系質量。恆星黑洞是瀕死恆星的遺骸，它們原來可達太陽質量的四十倍。這兩種黑洞都已經被我們的儀器所找到。根據理論預言，微型黑洞也可能存在，但還沒有在實驗室中看到它們。

黑洞蒸發（black hole evaporation）

指從黑洞中逸出的輻射。輻射徐緩地從黑洞逸出，這被稱為蒸發，其機率非常小，但仍可以算得出。最終，透過量子蒸發流失的黑洞能量多到使黑洞不復存在。但這種輻射太微弱，透過實驗無法觀察到。

藍移（blueshift）

由都卜勒頻移而造成的星光頻率提高。如果一顆黃色的恆星朝你自己的方向移動，它的光看起來就會稍微發藍。在外太空中，藍移星系很少見。通過重力或使空間變形來壓縮兩點之間的空間，也可以造成藍移。

玻色子（boson）

帶整數自旋的次原子粒子，例如質子或推測中存在的重力子。玻色子〔原書此處是重子〔baryons〕，可能有誤。——譯者註〕透過超對稱作用與費米子達到統一。

膜（brane）

英文「膜」（membrane）的簡稱。它們可存在於11個維度以下的任何空間。它們是M理論的基礎，M理論是最有可能成為萬有理論的候選理論。如果我們取一個11維度膜的橫截面，那麼我們就得到了一個10維度的弦。由此，弦就是一種一維膜。

卡拉比—丘流形（Calabi-Yau manifold）

是一種6維空間，當我們從10維度弦理論中把其中6個維度捲起或壓縮成一個小球，剩下一個4維超對稱空間，這樣就得到了卡拉比—丘流形。卡拉比—丘空間是多重連接的，也就是說，它們有洞，存在於我們這一個4維空間的夸克代的數量就取決於這些洞。它們在弦理論中之所以重要，是因為這些多支管的許多特性，例如它們所具有的洞的數量等，可以決定我們這一個4維宇宙中所存在的夸克的數量。

卡西米爾效應（Casimir effect）

指由兩塊無限長的無電荷板平行放置而產生的負能量。板外側的虛擬粒子施加的壓力比板內側的虛擬粒子大，因此兩塊板互相吸引。這種微弱的效應已在實驗室測得。卡西米爾效應有可能被用作驅動時間機器或蟲洞的能量，如果這種能量足夠大的話。

造父變星（Cepheid variable）

這顆星的亮度以準確、可計算的速率變化，因此在進行天文測量時被用做「標準燭光」。造父變星在幫助哈伯太空望遠鏡計算星系距離中具決定性作用。

錢卓塞卡極限（Chandrasekhar limit）

一．四太陽質量。超過這一質量，白矮星的重力會巨大到克服電子簡併壓力，把恆星壓垮，產生出超新星。因此，我們在宇宙中觀察到的所有白矮星，其質量都小於一．四太陽質量。

錢德拉X射線望遠鏡（Chandra X-ray telescope）

這是外太空中的X射線望遠鏡，可對天空進行掃描，尋找X射線發射源，例如黑洞或中子星。

混沌暴脹說（chaotic inflation）

這是暴脹說的一個版本，是由安德列．林德提出的，該理論認為暴脹是隨機發生的。這就意味著，各種宇宙可以連續混亂地產生出其他宇宙，從而產生出由許多宇宙構成的多重宇宙。混沌暴脹說是解決暴脹導致終結問題的一種途徑，因為根據此說，有形形色色的暴脹宇宙在隨機產生著。

古典物理學（classical physics）

這是指量子理論出現之前的物理學，是以牛頓的確定性理論為基礎的。由於相對論不包含測不準原理，所以它也是古典物理學的組成部分。古典物理學有確定性，也就是說，根據所有粒子在當前的運動情況，我們可以對未來做預測。

封閉類時曲線（closed time-like curves）

這是愛因斯坦理論中所說的一些在時間中倒退的路徑。這在狹義相對論中是不允許的，但在廣義相對論中，如果我們集中了足夠大的正能量或負能量的話，就可以允許。

COBE

ＣＯＢＥ是宇宙背景探測者衛星（Cosmic Observer Background Explorer）的英文縮寫，它通過測量那團原始火球放射出的黑體輻射，對大霹靂理論給出了可能是最具結論性的證據。從那以後，它所得出的結果又由ＷＭＡＰ衛星做了大幅度的改進。

相干輻射（coherent radiation）

這是指互為同相的輻射。相干輻射，就像在雷射光束中發現的那樣，會互相干涉，產生出干涉圖形，用以探測運動或位置中的偏差。這對於干涉儀和重力波探測器有用。

緊致化（compactification）

這指的是把空間和時間中不需要的維度捲起來或包起來的過程。由於弦理論存在於10個維度的超空間中，而我們生活在一個4維世界，所以我們必須想辦法把10個維度中的6個包起來形成一個非常小的球，連原子都不能溜進去。

守恆定律（conservation laws）

這條定律說，某些量值永遠不會隨時間變化。例如，物質和能量守恆定律說，宇宙中物質和能量的總量是個常數。

哥本哈根學派（Copenhagen school）

這是由尼爾斯·波耳創立的學派，這個學派聲稱，必須有一個觀察過程使「波函數塌縮」，這樣才能確定一個物體的狀態。在沒有進行觀察之前，物體的存在狀態有一切可能，哪怕是荒唐可笑的狀態。由於我們沒有觀察到死貓和活貓同時存在，波耳不得不假定，有一堵「牆」把次原子世界與我們靠自己的官能觀察到的這個日常世界隔絕開來。這種解釋受到了質疑，因為它把量子世界與尋常的宏觀世界分隔開來，而許多物理學家現在相信，宏觀世界也必然遵循量子理論。今天，由於出現了奈米技術，科學家們已經可以對單個原子進行操作，於是我們意識到，並沒有分隔兩個世界的「牆」。因此，這個「貓」的問題現在又再次浮出。

宇宙微波背景輻射（cosmic microwave background radiation）

這是從大霹靂時期殘餘下來的輻射，仍在宇宙中循環，由喬治·伽莫夫及其工作組一九四八年首次預言。它的溫度是絕對零度之上二．七度。它是由彭齊亞斯和威爾遜發現的，是大霹靂說的最有力「證據」。今天，科學家們在對這種背景輻射內的微小偏差進行測量，以便為暴脹說或其他理論提供證據。

宇宙弦（cosmic string）

這是大霹靂的遺跡。有些規範理論預言，最初大霹靂的一些遺跡可能依然以巨型宇宙弦的形式存在，其規模如星系般大，甚至更大。兩個宇宙弦之間的碰撞有可能使時間旅行成為可能。

臨界密度（critical density）

這是宇宙擴展過程中，其密度達到要麼面臨永恆擴展，要麼面臨重新塌縮的平衡狀態。臨界密度以某種單位度量，以Ω＝1（而Λ＝0）表示，此時宇宙恰好處於大凍結和大崩墜這兩種不同前景的平衡點上。今天，由WMAP衛星提供的最佳資料表明，Ω＋Λ＝1，而這與暴脹說的預言是吻合的。

暗能量（dark energy）

這是空寂宇宙的能量。這是由愛因斯坦於一九一七年首先提出的，然後就被棄置。如今人們知道，這種虛無能量（energy of nothing）是宇宙中物質／能量的主要形式。無人瞭解它的起源，但它最終可能把宇宙驅入大凍結。暗能量的數量與宇宙的體積成比例。最新資料顯示，宇宙中百分之七十三的物質／能量以暗能量的形式存在。

暗物質（dark matter）

這是指不可見物質，有重量，但不與光相互作用。暗物質通常是在星系的巨大光環中找到的，它比普通物質重十倍。暗物質可以被間接測到，因為它的重力使星光彎曲，這與玻璃使光彎曲的情況類似。根據最新資料，暗物質構成宇宙中全部物質／能量成分的百分之二十三。根據弦理論，暗物質可能由次原子粒子構成，例如超中性子，它代表超弦在較高層次上的振動。

去相干（decoherence）

這是指波不再互為同相的情況。去相干可以用來解釋薛丁格之貓弔詭。根據多世界說的解釋，死貓和活貓的波函數互相去相干，因此不再互動，這樣就解決了何以一隻貓可以既死又活著的難題。死貓的波函數和活貓的波函數同時都存在，但由於它們已經去相干，所以不再互相作用。去相干說輕而易舉地解釋了貓之弔詭，而不用任何額外假說，例如「波函數塌縮」之類。

德・西特爾宇宙（de Sitter universe）

這是對以指數擴張著的愛因斯坦方程式的一種宇宙學解。其主項是一個宇宙學常數，是它造成了指數般的擴展。據信，宇宙在最初暴脹時處於德・西特爾階段，而在最近七十億年間又緩慢回落到了德・西特爾階段，造成現在這個加速擴張中的宇宙。這種德・西特爾擴張的起因現在尚不清楚。

決定論（determinism）

這是一種哲學觀，認為一切都是事先確定的，包括未來。根據牛頓力學，如果我們能知道宇宙中所有粒子的速度和位置，那麼原則上我們就可以計算出整個宇宙的演進方向。然而，測不準原理已經證明決定論是不正確的。

氘（deuterium）

這是重氫的核子，由質子和中子構成。外太空的氘主要是由大霹靂，而不是由恆星造成的，而且它的數量相對豐富，所以這就使人們可以利用它來推算大霹靂的早期狀態。氘的大量存在還可以用來幫助推翻穩恆態宇宙論。

維度（dimension）

這是指我們用以測量空間和時間的座標或參數。我們所熟悉的這個宇宙有三個空間維度（長、寬、高）和一個時間維度。在弦理論和M理論中，我們需要用10（11）個維度來描述宇宙，其中只有四個可以在實驗室中觀察到。我們不能看到其他那些維度的原因，要麼是因為它們捲縮起來了，要麼是因為我們的振動被局限在了一張膜的表面。

都卜勒效應（Doppler effect）

指物體在向你接近或離你而去時，波的頻率所發生的變化。如果一顆恆星向你移近，則光的頻率提高，於是一顆黃色的星看起來稍微發藍。如果一顆恆星離你而去，則光的頻率降低，於是一顆黃色的星看起來稍微發紅。光頻率的這種變化也可以通過使兩點之間的空間擴張而實現，就像在擴張著的宇宙中那樣。通過測量頻率的移動量，就可以計算出一顆恆星離你而去的速度。

愛因斯坦透鏡和愛因斯坦環（Einstein lenses and rings）

這是指星光穿過星系之間的空間時，由於受到引力影響而發生的光學失真。遙遠的星系團往往看起來像一個環狀。愛因斯坦透鏡可以用來計算多種量值，包括是否存在暗物質，甚至Λ和哈伯常數值。

愛因斯坦—波多爾斯基—羅森試驗（Einstein-Podolsky-Rosen〔EPR〕experiment）

這項試驗本來是設計用來推翻量子理論的，但實際上卻證實了宇宙是「非局部」的。如果一次爆炸使兩個相干光子向兩個相反方向飛散，且如果自旋量被保存下來，那麼一個光子的自旋就與另一個的自旋正相反。於是，測量一個自旋就可以自動得出另一個自旋，哪怕另一個粒子遠在宇宙的另一端。由於這個原因，資訊的傳播速度比光快。（然而，這種方式無法用於傳遞有用的資訊，例如一則短信之類的。）

愛因斯坦—羅森橋（Einstein-Rosen bridge）

把兩個黑洞解連接起來而形成的蟲洞。起初是要用這種解來代表一個愛因斯坦統一場論中的次原子粒子，例如電子。但自那以後，它一直被用來描述靠近黑洞中心的空間—時間。

電磁力（electromagnetic force）

這是指電與磁之力。當它們振動一致的時候，它們所產生的波可以描述紫外線輻射、無線電、伽瑪射線等，這些都遵循馬克斯威爾方程式。電磁力是主宰宇宙的四種力之一。

電子（electron）

這是圍繞著原子核的、帶負電荷的次原子粒子。圍繞原子核的電子數量決定一個原子的化學特性。

電子簡併壓力（electron degeneracy pressure）

這是垂死恆星中的排斥力，阻止電子或中子完全塌縮。對於一顆白矮星來說，這意味著，如果它的密度大於一．四太陽質量，則它的重力會超過這個力。此力是包立不相容原理造成的，該原理聲稱，不可能存在量子態完全相等的兩個電子。如果白矮星的重力大到足以克服這個力，那麼它就會塌縮，然後爆炸。

電子伏特（electron volt）

這是電子通過一伏特的電壓差加速所獲得的能量。相比之下，化學反應中涉及的能量一般都以幾個電子伏特計，或不到一個電子伏特，而核子反應則可涉及幾億電子伏特。普通化學反應中的能量只有幾電子伏特。核子反應所涉及的能量以數百萬電子伏特計。今天，我們的粒子加速器可以產生出帶有幾十億至幾兆電子伏特能量的粒子。

熵（entropy）

這是無序或混沌狀態的度量單位。根據熱力學第二定律，宇宙中熵的總量永遠增加，這意味著一切事物最終必然惡化。把它應用於宇宙，就意味著，宇宙將趨向於一種最大熵的狀態，例如，成為一團接近絕對零度的均勻的氣體。要想使小範圍內的熵降低（例如在冰箱中），就要額外增加機械能。但即使對於冰箱來說，熵的總量還是增加了（例如，這就是為什麼電冰箱的背面是熱的）。有些人相信，第二定律最終指向宇宙的死亡。

事件視界（event horizon）

這是指圍繞著黑洞的有去無回之點，通常稱為視界（horizon）。一度曾相信它是個有無窮重力的奇異點，但現在證明，它是用來對它進行描述的座標系的人為產物。

奇異物質（exotic matter）

這是一種具有負能量的新形式的物質。它與反物質不同，反物質有正能量。負物質會有反重力，因此它會向上升起，而不是向下掉落。如果它存在的話，就可以用它來驅動時間機器。然而還從來沒有發現這種物質。

太陽系外行星（extrasolar phanet）

這是指圍繞著除了我們這個太陽之外的恆星旋轉的行星。迄今已探測到一百多顆這類行星，大約每個月發現兩顆。不幸的是，它們當中的大多數都像木星一樣，不利於生命的誕生。在幾十年之內，將有衛星被派往外太空，尋找像地球一樣的太陽系外行星。

假真空（false vacuum）

一種能量不是最低的真空狀態。大霹靂的一瞬間，假真空可能是一種完美對稱狀態，隨著能量狀態降低，這種對稱被打破。假真空狀態有其內在不穩定性，因此不可避免地要過渡到能量水準更低的真真空。假真空的概念在暴脹說中起關鍵作用，根據暴脹說，宇宙起始之時處於德·西特爾擴張狀態。

費米子（fermion）

這是指具有半整數自旋的次原子粒子，如質子、電子、中子和夸克。費米子可通過超對稱作用與玻色子達到統一。

微調（fine-tuning）

這是指把某些參數調節到難以置信的精確度。物理學家不喜歡做微調，認為它是一種人為安排，因此努力通過運用物理原理上的解釋來消除做微調的必要性，即，要對扁平宇宙做解釋，可以不作微調，而是通過暴脹說來解釋；要解決大一統理論中的層級問題，可以不通過微調方式，而採用超對稱理論來解釋。

均勻度問題（flatness problem）

如果接受宇宙是平整的，就需要進行一項這樣的微調。為使Ω大致等於一，那麼在發生大霹靂的一瞬間就必然經過了微調使之達到難以置信的精準度。目前的實驗表明，宇宙是平整的，這說明，要麼它在發生大霹靂時經過了精確度難以置信的微調，要麼宇宙是被在宇宙空間中攤開充脹起來的。

弗里德曼宇宙（Friedmann universe）

愛因斯坦方程式最普通的宇宙學解建立在一個均勻一致無差異的宇宙之上。而弗里德曼宇宙則是一個動態解，宇宙要麼經過擴張最終進入大凍結，要麼經過塌縮最終進入大崩墜，要麼永遠膨脹，這都取決於Ω和Λ。

融合（fusion）

把質子和其他輕核子結合起來，使它們形成更高級的核子，在此過程中釋放出能量。由氫到氦的融合過程，可產生出像我們這顆太陽這種主序星的能量。大霹靂過程中輕元素的融合，使我們有較多的像氦那樣的輕元素。

星系（galaxy）

指巨大的恆星集群，通常都有幾千億顆恆星。星系有多種，有橢圓形的、螺旋形的（普通螺旋和棒旋）以及不規則形的。我們這一星系稱為銀河系。

廣義相對論（general relativity）

這是愛因斯坦的重力理論。在愛因斯坦的理論中，重力不再作為一種力，而是被降解為一個幾何學的產物，是時空的彎曲度造成了一種錯覺，讓人覺得好像有一種叫做重力的吸引力量。在實驗中已經證實它的準確率為百分之九十九以上，預言了黑洞的存在，以及宇宙在擴張中。然而這項理論被應用到黑洞中心或宇宙創立的一剎那時就不起作用了，無法做出有意義的預言。要解釋這些現象，必須採用量子理論。

適居區（Goldilocks zone）

使智慧生命成為可能的狹窄參數範圍。地球和宇宙「正好」落在這樣一個參數範圍內，使能夠構成智慧生命的化學物質得以產生。在宇宙的物理常數和地球的特性方面已經發現了幾十個這種適居區。

大一統理論（Grand Unified Theory，GUT）

這是一種把弱、強及電磁相互作用（不算重力）統一起來的理論。各種大一統理論的對稱性（例如SU(5)）把夸克和輕子混合在一起。根據這些理論，質子是不穩定的，會衰變為正電子。大一統理論有內在的不穩定性（除非加進超對稱性）。各種大一統理論都沒有重力概念（大一統理論中加進重力概念之後就會出現帶有無窮大的發散）。

祖父弔詭（grandfather paradox）

在有關時間旅行的故事中，一旦改變了過去，現今的一切就成為不可能，於是就產生了這個弔詭。如果你回到過去，在你出生之前就把你的父母殺死了，那麼你根本就不可能存在。要解決這個弔詭，要麼就是運用自我一致性原理（self-consistency），這樣，你雖然可以回到過去，但你不能人為改變它；要麼就應該存在平行宇宙。

重力子（graviton）

這是一種設想出來的次原子粒子，是重力的量子。重力子的自旋為2。它小到不能在實驗室中看到。

重力波（gravity wave）

愛因斯坦廣義相對論中預言的一種重力的波。通過觀察相互圍繞旋轉的脈衝星的老化過程，已經間接測量到這種波。

重力波探測器（gravity wave detector）

一種新一代的裝置，通過激光束，對重力波造成的微小紊亂現象進行測量。像ＬＩＧＯ這類重力波探測器有可能不久以後發現它們。重力波探測器可用來分析大霹靂之後兆分之一秒內釋放出的輻射。設在太空的ＬＩＳＡ重力波探測器甚至有可能為弦理論或某些其他理論提供出首次實驗證據。

霍金輻射（Hawking radiation）

指從黑洞中緩慢蒸發出來的輻射。這種輻射以黑體輻射為形式，有特定的溫度，是由於量子粒子可以穿透圍繞黑洞的重力場而造成的。

雜弦理論（heterotic string theory）

最具物理實際意義的弦理論。它的對稱群為E(8)×E(8)，大到足以容納標準模型的對稱性。用M理論來解釋的話，可以顯示雜弦其實等同於其他四種弦理論。

層級問題（hierarchy problem）

各種大一統理論中低能量物理與普朗克長度上的物理之間產生的一種惱人的混合，會使這些理論成為無用的理論。透過引入超對稱性可以解決層級問題。

希格斯場（Higgs field）

從假真空到真真空的過渡過程中，打破各種大一統理論的對稱性的場。各種希格斯場是大一統理論中物質的起源，也可以用它來驅動暴脹。物理學家希望ＬＨＣ最終能夠找到希格斯場。

視界（horizon）

這是指你目力所及的最遠處。圍繞著黑洞有一片奇異的區域，叫史瓦西半徑，是個有去無回之點。

視界問題（horizon problem）

這指的是為什麼不論我們朝哪個方向看，宇宙都是如此均勻這樣一個謎。甚至夜空中遙相對望的地平線兩端的區域也是均勻的。這是奇怪的現象，因為在時間起始之初，它們不可能有熱接觸（因為光的速度是確定的）。如果大霹靂是在一個微小的均勻面上發生的，然後暴脹成為今天的宇宙，那麼就可以解釋得通了。

哈伯常數（Hubble's constant）

這是指紅移星系的速度除以它的距離。哈伯常數用於測量宇宙擴張的速率，它的倒數與宇宙的年齡成大致相關關係。哈伯常數越低，宇宙的年齡越大。WMAP衛星把哈伯常數定在每百萬秒差距七一公里／秒，或者說每百萬光年二一．八公里／秒，結束了長達幾十年的爭議。〔每百萬秒差距相當於三．二六百萬光年。——譯者註〕

哈伯定律（Hubble's law）

這是說，星系離地球越遠，它的移動速度就越快。這是一九二九年由愛德溫．哈伯發現的。這項觀察與愛因斯坦的膨脹宇宙理論相吻合。

超空間（hyperspace）

這是指超過四個維度的空間。弦理論（M理論）預言，應該有10（11）個超空間維度。目前還沒有實驗資料表明存在這些高維度，也許因為它們太小，不能被測量到。

暴脹理論（inflation）

這項理論說，宇宙在誕生之時經歷了難以置信的超閾限擴張。暴脹理論可以解決平面、單極以及視界問題。

紅外線輻射（infrared radiation）

這是頻率稍低於可見光的熱輻射或電磁輻射。

干擾（interference）

這是指兩種在「相」或頻率方面稍有不同的波之間的混合，產生出別具特徵的干擾圖像。通過對這一圖像進行分析，就可以探測到兩種波之間非常細微的差別。

干涉測量法（interferometry）

這是利用光波干擾探測來自兩個不同光源的光波之間的細微差別。干涉測量法可以用來測量是否存在重力波，以及其他一般情況下很難探測到的對象。

同位素（isotope）

這是一種質子數量相同，但中子數量不同的化學元素。同位素的化學特性相同，但質量不同。

卡魯扎—克萊恩理論（Kaluza-Klein theory）

這是以五個維度表達的愛因斯坦理論。當把它降解為四個維度時，可以發現與馬克斯威爾光理論結合在一起的愛因斯坦一般理論。因此，這是光與重力之間第一種非平凡統一。如今，卡魯扎—克萊恩理論已被納入弦理論。

克爾黑洞（Kerr black hole）

這是愛因斯坦方程式的一個精確解，代表一個有自旋的黑洞。黑洞會塌縮為一個奇異環。從這個環中掉落的物體只會受到有限的重力，而且從原則上來講，有可能穿過這個環進入一個平行宇宙。克爾黑洞有無限多個平行宇宙，但是一旦你進入其中之一就不可能再回來。迄今還不知道克爾黑洞中心的蟲洞到底有多穩定。要想做一次穿越克爾黑洞的航行，存在若干理論和實踐上的困難。

Λ（Lambda，讀做拉姆達）

這是一個宇宙學常數，用以度量宇宙暗物質的數量。迄今已有的資料表明Ω＋Λ＝1，這與暴脹說或平行宇宙說的預言相吻合。人們一度認為Λ是零，現在人們知道，它決定著宇宙的最終命運。

雷射（laser）

這是一種用來產生相干光輻射的裝置。英文中雷射「laser」是「受激輻射光放大」（Light Amplification through Stimulated Emission of Radiation）的縮寫。從原則上來講，唯一能對雷射光束上所承載能量形成限制的是發射雷射的材料。

輕子（lepton）

這是一種弱相互作用粒子，如電子和微中子及其較高級的代，例如渺子。物理學家相信，所有物質都由強子和輕子（強相互作用和弱相互作用粒子）構成。

LHC（Large Hadron Collider）

這是指大型強子對撞機，是一種粒子加速器，用以產生強大的質子束，它設在瑞士日內瓦。該裝置幾年之內最終建成以後，將以自大霹靂以來未曾見過的強大能量使粒子對撞。人們希望，二〇〇七年LHC投入使用以後將能找到希格斯粒子和超粒子〔LHC已開始運作，詳見第九章註[28]〕。

光年（light-year）

光在一年時間內達到的距離，大約為五・八八兆英里（九・四六兆公里）。最近的恆星大約位於四光年以外，銀河系的直徑大約為十萬光年。

LIGO（Laser Interferometry Gravitational-Wave Observatory）

這是英文「雷射干涉重力波觀察站」的縮寫，位於華盛頓州和路易斯安那州，是世界上最大的重力波探測器，二〇〇三年投入使用。

LISA（Laser Interferometry Space Antenna）

這是英文「雷射干涉太空天線」的縮寫，是一組太空衛星，共三顆，利用雷射光束測量重力波。幾十年後把它發射升空後，它的靈敏度將足以確認或推翻暴脹理論，乃至弦理論。

MACHO（Massive Compact Hole Object）

這是英文「大質量緻密暈天體」的縮寫。這是些暗恆星、行星和小行星，難以用光學望遠鏡探測到、可能構成暗物質中的一部分。最新資料表明，暗物質總體來說都不是重子性質的，也並非由大質量緻密暈天體構成的。

多世界理論（many-worlds theory）

這是一種量子理論，聲稱一切可能的量子宇宙都可以同時存在。該理論聲稱，宇宙在每個量子交匯點上分裂一次，以此解釋了薛丁格之貓問題，因為這樣，貓可以在一個宇宙中活著，而在另一個宇宙中已死去。近來越來越多的物理學家表示支持多世界理論。

馬克斯威爾方程式（Maxwell's equation）

這是有關光的基本方程式，由詹姆士．克拉克．馬克斯威爾於一八六〇年首次寫出。這些方程式顯示，電場和磁場可以互相轉換。馬克斯威爾證明，這些場以一種波狀運動互相轉換，產生出以光速傳播的電磁場。馬克斯威爾進而大膽猜測，這就是光。

膜（membrane）

以各種維度存在的延展表面。零維膜是個點狀粒子。一維膜是一根弦。二維膜是一片膜。膜的概念是M理論中的關鍵特點。可以把弦視為一片有一個維度被壓縮了的膜。

微波背景輻射（microwave background radiation）

大霹靂最初輻射的遺跡，溫度大約為絕對零度之上二・七度。這種背景輻射中的細微差異為科學家提供了寶貴的資料，可以用來對多種宇宙學理論進行驗證或排除。

磁單極（monopole）

磁場的單獨一個極。磁體通常都有不可分開的北極和南極，因此從來未能在實驗室中確切看到過磁單極。大霹靂之時按理說應產生了大量的磁單極，但我們今天一個也看不到，也許在暴脹過程中它們的數量被稀釋了。

M理論（M-theory）

弦理論中的最先進版本。M理論存在於11維度的超空間中，那裡可以有二維膜和五維膜。可以有五種方法把M理論降解為10個維度，藉此帶給我們五種已知的超弦理論，現在知道它們其實就是同一種理論。M理論的全套方程式迄今完全無人知曉。

多連通空間（multiply connected space）

在這種空間中，套索或活套無法被連續收縮為一個點。舉例來說，環繞在麵包圈表面的活套不能被收縮為一個點，因此麵包圈就是多連通的。蟲洞就是典型的多連通空間，所以繞在蟲洞脖子上的套索不能被抽緊。

多重宇宙（multiverse）

多樣的宇宙。這一概念一度被認為帶有高度的猜測性，如今被看做是理解早期宇宙的關鍵概念。有若干形式的多重宇宙，都密切相關。任一量子理論都有一個多重宇宙的各種量子態。應用到宇宙上，這就意味著存在著無窮數量的平行宇宙，互相分離。暴脹理論引入多重宇宙說，用以解釋暴脹的過程是如何開始並結束的。弦理論引入多重宇宙說，因為它提供了大量的可能的解。在M理論中，這些宇宙實際可以互相碰撞。還有一些人出於哲學上的需要，引入多重宇宙說，來解釋人擇原理。

渺子（muon）

一種與電子完全相同的次原子粒子，但質量要大得多。它屬於標準模型中的第二種冗餘代。

負能量（negative energy）

這種能量小於零。物質有正能量，重力有負能量，這二者在許多宇宙模型中都可以互相抵銷。在量子理論中，由於有卡西米爾效應和其他一些效應，則允許有一種不同的負能量，可以用做一種驅動力，使蟲洞穩定。負能量在創造和穩定蟲洞過程中有用。

微中子（neutrino）

這是一種飄忽不定的、幾乎沒有質量的次原子粒子。它們對其他粒子的反應非常弱，可以穿透若干光年的鉛而不與任何東西發生相互作用。它們是從超新星中大量釋放出來的。微中子的數量大到把圍繞塌縮中的恆星周圍的氣體加熱的程度，從而導致超新星的爆發。

中子（neutron）

這是一種中性的次原子粒子，與質子一起構成原子核。

中子星（neutron star）

這是指塌縮的恆星，由緻密的中子構成。它的直徑通常為十—十五英里（十六—二十四公里）。當它自轉的時候，它以不規則方式釋放出能量，造成脈衝星。它是超新星的遺骸。如果中子星相當大，大約如三個太陽質量那樣大，那麼它就有可能塌縮為一個黑洞。

核合成（nucleosynethesis）

從大霹靂時開始以氫創造較高的核子的過程。這樣，人們就可以獲得各種比較豐富的、可以在大自然中找到的元素。這是大霹靂的三個「證據」之一。重元素是在恆星中心形成的。超過鐵以上的元素都是在超新星爆發中炮製成的。

核子（nucleus）

原子中微小的核，由質子和中子構成，直徑大約10^{-13}公分。核子中質子的數量決定了圍繞著核子的殼層中有多少電子，這又進而決定了原子的化學特性。

奧伯斯佯謬（Olbers' paradox）

這個佯謬提出的問題是，夜空為什麼是黑色的。如果宇宙是無窮大的，而且是均勻的，那麼我們肯定會接收到無窮數量的恆星發出的光，因此天空應該是白的，這與我們觀察到的實際情況不相符。大霹靂和恆星的有限壽命解釋了這個佯謬。大霹靂使從宇宙深處到達我們眼睛的光線截斷了。

Ω（Omega，讀做奧米伽）

這是測量宇宙中物質的平均密度的參數。如果Λ＝0，Ω小於1，那麼宇宙將永遠擴張，直到進入大凍結。如果Ω大於1，那麼就有足夠的物質，把擴張過程反轉過來，最後進入大崩墜。如果Ω等於1，那麼宇宙就是平的。

微擾理論（perturbation theory）

物理學家利用微擾理論，透過求出無窮數量的小修正之和的方式，解決量子理論問題。弦理論中幾乎所有的工作都是透過弦微擾理論完成的，但有一些最為有趣的問題則超出了微擾理論的能力，例如打破超對稱性。於是，我們就需要有非微擾方式來解弦理論，但目前這種方式還沒有以任何系統的方式真正出現。

光子（photon）

光的粒子或量子。光子是愛因斯坦首次提出的，用以解釋光電效應，即，把光照射到金屬上時會彈射出電子。

普朗克能量（Planck energy）

10^{19}億電子伏特。這是大霹靂的能量，此時所有的力都統一為單獨一個超力。

普朗克長度（Planck length）

10^{-33}公分。這是在大霹靂時期的尺度，那時重力與其他力的強度一樣。在這個尺度上，空間－時間變成「泡泡狀」，真空中有微小的泡泡和蟲洞出現並消失。

10的次方（powers of ten）

科學家用來標示極大或極小數字的一種簡便寫法。例如，10^n就等於1之後跟著n個零。1000就是10^3。同樣，10^{-n}就等於10^n的倒數，即，0.000…001，有n-1個零。同樣，千分之一就是10^{-3}或0.001。

質子（proton）

這是一種有正電荷的次原子粒子，與中子一起構成原子核。它們很穩定，但大一統理論預言，在經過很長時期以後，它們有可能衰變。

脈衝星（pulsar）

這是旋轉中的中子星。由於它不規則，所以它就像一座旋轉著的燈塔，看起來像是一顆眨眼睛的恆星。

量子漲落（quantum fluctuation）

相對牛頓或愛因斯坦經典理論的一些微小變化，是由測不準原理造成的。宇宙本身可能就是從空無中的量子漲落（超空間）演化出來的。大霹靂中的量子漲落造就了今天的星系團。幾十年來一直阻礙形成統一場理論的量子重力問題，在於重力理論的量子漲落具有無窮性，而這是無法解釋的。迄今為止，只有弦理論能消除這些無窮的重力量子漲落。

量子泡沫（quantum foam）

這是指在普朗克長度的層面上，空間－時間產生的微小的像泡沫一樣的扭曲。如果我們能夠窺探到普朗克長度上的時空結構，那麼我們就會看到那裡有許多泡泡和蟲洞，看起來像泡沫一樣。

量子重力（quantum gravity）

一種遵循量子原理的重力形式。把重力量化的時候，我們會看到一個重力包，稱為重力子。把重力量化的時候，我們通常發現它的量子漲落是無窮的，而使這個理論變得毫無用處。目前，弦理論是唯一能夠消除這些無窮大的。

量子躍遷（quantum leap）

這是指物體狀態發生突然變化，是經典物理學所不允許的。原子內部的電子在軌道之間進行量子躍遷，在此過程中或釋放光或吸收光。宇宙有可能是從空無中發生了一次量子躍遷，而產生了我們今天的宇宙。

量子力學（quantum mechanics）

這是指一九二五年提出的完整的量子理論，取代了普朗克和愛因斯坦的「舊的量子理論」。舊的量子理論彙集了各種舊的經典概念和較新的量子概念。與此不同，量子力學以波動方程式和測不準原理為基礎，代表了與經典物理學的重大決裂。實驗室中還從來沒有發現不符合量子力學的現象。該理論在今天的最新版本稱為量子場論，它把狹義相對論和量子力學結合在一起。然而，要為重力建立一個完整的量子力學理論是超乎尋常地困難。

量子理論（quantum theory）

這是次原子物理的理論。它是有史以來最成功的理論之一。量子理論加相對論構成基礎層面上全部物理學知識的總和。粗略而言，量子理論是建立在三項原則之上的：(a)能量以稱做量子的離散包形式存在；(b)物質是以點狀粒子為基礎的，但找到它們的機率則是由波來顯示的，而波則遵循薛丁格的波動方程式；(c)要使波塌縮並確定一個物體的最終狀態，需要進行觀測。量子理論的基本原理與廣義相對論的基本原理是倒轉過來的，廣義相對論有確定性，並且是建立在光滑表面上的。如何將相對論與量子理論結合起來，是今天物理學面臨的最大難題之一。

夸克（quark）

一種構成質子和中子的次原子粒子。三個夸克構成一個質子或中子，一個夸克和一個反夸克組成的一對構成介子。夸克本身是標準模型的組成部分。

類星體（quasar）

這是準恆星天體。它們是在大霹靂之後不久形成的巨大星系。在它們的中心有巨大的黑洞。我們今天看不到類星體，正好推翻了穩恆態理論，該理論聲稱，今天的宇宙與幾十億年以前沒有什麼不同。

紅巨星（red giant）

紅巨星是燃燒氦的恆星。當一個像我們這顆太陽一樣的恆星耗盡了其氫燃料以後，它就開始膨脹，形成燃燒氦的紅巨星。這意味著，大約五十億年以後，當太陽變成紅巨星時，地球最終在大火中死去。

紅移（redshift）

遙遠星系在都卜勒效應下發紅或光頻減弱，說明它們正在離我們而去。空寂的太空在膨脹時也會發生紅移，例如擴張中的宇宙。

相對論（relativity）

這是愛因斯坦的理論，包括狹義相對論和廣義相對論。前一種理論研究光以及平的四維時空。它的根本原理是，光在所有的慣性座標系中都保持一樣。後一種理論研究的是重力和彎曲的空間。它的根本原理是，重力參考系和加速參考系是沒有區別的。相對論和量子理論結合起來就代表全部物理學知識的總和。

薛丁格之貓弔詭（Schrödinger's cat paradox）

這個弔詭提出的問題是，貓是否可能同時既已死去又還活著。根據量子理論，裝在盒子裡的貓有可能同時既是死的又是活的，至少在我們對其進行觀察之前是這樣，這聽起來荒唐。但是根據量子力學，在我們真正進行觀測之前，我們必須把貓的波函數的所有可能狀態（死的、活的、正在跑著、睡著、正在吃東西等）都考慮進去。要解決這個弔詭有兩種主要辦法，即，要麼假定意識決定存在，要麼假定存在著無窮數量的平行宇宙。

史瓦西半徑（Schwarzschild radius）

這是指事件視界的半徑，或者說是黑洞的有去無還點。對於太陽來說，史瓦西半徑大致為二英里（三・二二公里）。一顆恆星一旦被壓縮到其事件視界以內，它就塌縮成一個黑洞。

單連通空間（simply connected space）

在這種空間中，任何套索都可以被持續收縮成一個點。平坦的空間是單連通的，而麵包圈或蟲洞則不是。

奇異點（singularity）

這是一種無窮重力的狀態。廣義相對論預言，在非常普通的條件下，奇異點存在於黑洞中心以及宇宙誕生之時。在這些情況下，廣義相對論不再起作用，不得不引入量子重力理論。

狹義相對論（special relativity）

愛因斯坦在一九〇五年提出的理論，其基礎是光的速度恆定。依據這條原理，你運動的速度越快，時間就變得越慢，質量就越增加，距離就越縮短。同時，物質和能量由 $E = mc^2$ 這個等式關聯起來。狹義相對論所產生的結果之一就是原子彈。

光譜（spectrum）

光中的各種不同顏色或頻率。通過對星光的光譜進行分析，可以確定，恆星主要是由氫和氦構成的。

標準燭光（standard candle）

這是指一種標準化了的光源，適用於全宇宙，供科學家用以計算天文距離。標準燭光越暗，說明它離得越遠。一旦知道標準燭光的亮度，我們就可以計算它的距離。今天所採用的標準燭光是Ia型超新星和造父變星。

標準模型（Standard Model）

這是有關弱相互作用、電磁相互作用和強相互作用的最成功的量子理論。它的基礎是夸克的SU(3)對稱、電子和微中子的SU(2)對稱和光的U(1)對稱。它彙集了一大批粒子：夸克、膠子、輕子、W玻色子和Z玻色子以及希格斯粒子。它不能成為萬有理論的原因有：(a)它對重力隻字未提；(b)它有十九個必須通過人工確定的參數；(c)它有三個完全相同的夸克和輕子代，是多餘的。標準模型可以被納入一種大一統理論，乃至最終納入弦理論，但目前對這兩種理論還沒有任何實驗證據。

穩恆態理論（steady state theory）

這種理論說，宇宙沒有開始，它一邊擴張一邊不斷地產生出新的物質，以此保持同樣的密度。後來由於若干原因，這項理論被否定了，例如，發現了微波背景輻射，以及發現了類星體和星系各自不同的演化階段。

弦理論（string theory）

這種理論的基礎是微小的、振動著的弦，它們的每種振動方式就對應於一種次原子粒子。這是唯一能把重力與量子理論結合在一起的理論，而使它成為萬有理論的首要待選理論。它只有在10個維度中才能從數學上自圓其說。它的最新版本是M理論，是以11個維度定義的。

強核力（strong nuclear force）

這是把核子綁縛在一起的力。這是四種基本作用力之一。物理學家採用量子色動力學來描述強相互作用力（以符合SU(3)對稱性的夸克和膠子為基礎）。

超新星（supernova）

超新星是爆發中的恆星。它們的強度非常高，有時其光芒可以蓋過一個星系。有許多種超新星，其中最有趣的是Ia型超新星，它們都很相像，可以用來當做測量星系距離的標準燭光。Ia型超新星的形成，是由於正在老化的白矮星從其伴星處偷取了物質，使其超越了錢卓塞卡極限，因此突然塌縮，隨後爆發。

超對稱性（supersymmetry）

這是指可以使費米子和玻色子互換的對稱性。這一對稱性解決了層級問題，還幫助消除超弦理論中任何剩餘的發散性。這種對稱性意味著，標準模型中的所有粒子都必須有伴子，稱為超粒子，迄今還從未在實驗室中看到過它們。超對稱性原則上可以把宇宙中所有的粒子統一到單一一種物體中。

對稱性（symmetry）

物體重新組織或安排後仍然保持不變或與原來一樣的特性。不論以多少個六十度旋轉雪花，它都保持不變。圓圈以任何角度旋轉都保持不變。對夸克模型的三個夸克重新組織之後，夸克模型能保持不變，這就是SU(3)對稱性。弦在超對稱性及其表面共形變形下保持不變。對稱性在物理學中具關鍵作用，因為它們幫助消除量子理論中的多種發散性。

對稱破缺（symmetry breaking）

量子理論中的對稱破缺。人們認為，在大霹靂之前，宇宙是完美對稱的。大霹靂之後，宇宙冷卻並老化，因此四種基本作用力以及它們的對稱性出現了破缺。今天，宇宙已經破缺得慘不忍睹，所有這些作用力都彼此分離。

熱力學（thermodynamics）

關於熱的物理學。有三項熱力學定律：物質與能量守恆，熵永遠增加，以及不可能達到絕對零度。熱力學在理解宇宙怎樣死去方面具關鍵作用。

隧道效應（tunneling）

這是粒子穿透牛頓力學所不允許的障礙過程。隧道效應是放射性阿爾法的衰變的原因，它也是量子理論的產物。宇宙本身可能就是由隧道效應創造的。曾有猜測，也許可以在各個宇宙之間進行穿隧。

I、II、III 類文明（type I，II，III civilizations）

由尼古拉伊．卡爾達舍夫提出的一種分類方法，把外太空的文明按照它們所產生的能量進行排位。這種分類對應於一個文明能夠掌握到整個行星、整個恆星，還是整個星系的能量。目前，太空中還沒有發現存在其中任何一種的證據。我們自己的文明可能相當於一個0.7類文明。

Ia 型超新星（type Ia supernova）

經常被用作測距的標準燭光的超新星。這種超新星在雙星體系中產生，其中，白矮星緩慢地從伴星中抽取物質，導致它超出一．四太陽質量的錢卓塞卡極限，使之爆炸。

測不準原理（uncertainty principle）

這項原理說，你不可能以無窮精確度既知道一個粒子的位置又知道它的速度。粒子位置的不確定性乘以粒子動量的不確定性，必然大於或等於普朗克常數除以2π。測不準原理是量子理論中最根本的部分，它把機率概念引入宇宙。由於有了奈米技術，物理學家可以隨心所欲地對單個原子進行操作，因此可以在實驗室中對測不準原理進行測試。

統一場論（unified field theory）

這是愛因斯坦所探尋的一種理論，它可以把一切自然力統一到單一一個連貫的理論之中。目前，它的首要候選理論是弦理論或M理論。愛因斯坦原來相信，他的統一場論可以把相對論和量子理論吸納到一個更高級的、不需要機率的理論中。然而弦理論是個量子理論，因而需要用到機率。

真空（vacuum）

這是指空無一切的空間。但是根據量子理論，空無一切的空間中充斥著虛擬的次原子粒子，它們的壽命只延續一秒鐘都不到。真空也是指一個系統的最低能量狀態。據信，宇宙是從一種假真空狀態發展到今天的真真空狀態的。

虛擬粒子（virtual particles）

這是指在真空中瞬間閃現又旋即消失的粒子。它們不符合已知的守恆定律，但由於測不準原理的作用，只持續很短一段時間。過後，守恆定律又作為真空中的一種平均狀態繼續起作用。如果真空中加入了足夠的能量，虛擬粒子有時會變成真正的粒子。從微觀角度上來看，這些虛擬粒子可能包括蟲洞和嬰宇宙。

波函數（wave function）

伴隨著每一個次原子粒子的波。它是對機率波的數學描述方式，用以確定任何粒子的位置和速度。薛丁格是第一個為電子的波函數寫出方程式的人。在量子理論中，物質是由點狀粒子構成的，但波函數則給出找到這種粒子的機率。後來狄拉克提出了一種波動方程式，它結合了狹義相對論。目前，包括弦理論在內的所有的量子物理學都是建立在這些波的概念之上的。

弱核力（weak nuclear force）

這是指核子內部的力，是它使核衰變成為可能。這種力不夠強大，不能把核子聚在一起，因此核子會散開。弱作用力對輕子（電子和微中子）起作用，由W玻色子和Z玻色子承載。

白矮星（white dwarf）

這是一種到了壽命最後階段的恆星，是由氧、鋰及碳等低等元素構成的。它們是在紅巨星耗盡了其氦燃料並塌縮之後形成的。它們一般如地球般大小，重量不超過一．四太陽質量（否則就會塌縮）。

WIMP（Weakly Interacting Massive Particle）

英文「大質量弱作用粒子」的縮寫。人們猜測，宇宙中大部分的暗物質都是由它們構成的。最有希望被確認為WIMP的，是弦理論所預言的超粒子。

蟲洞（wormhole）

這是指兩個宇宙間的通道。數學家們稱這些空間為「多連通空間」，即，在這種空間中，不能把套索收縮成一個點。現在還不清楚，有沒有可能穿過蟲洞而不破壞其穩定性或讓人活著穿過它。

推薦書目

Adams, Douglas. *The Hitchhiker's Guide to the Galaxy*. New York: Pocket Books, 1979.

Adams, Fred, and Greg Laughlin. *The Five Ages of the Universe: Inside the Physics of Eternity*. New York: The Free Press, 1999.

Anderson, Poul. *Tau Zero*. London: Victor Gollencz, 1967

Asimov, Isaac. *The Gods Themselves*. New York: Bantam Books, 1972.

Barrow, John D. *The Artful Universe*. New York: Oxford University Press, 1995. (referred to as Barrow2)

---------. *The Universe that Discovered Itself*. New York: Oxford University Press, 2000. (referred to as Barrow3)

Barrow, John D., and F. Tipler. *The Anthropic Cosmological Principle*. New York: Oxford University Press, 1986. (referred to as Barrow1)

Bartusiak, Marcia. *Einstein's Unfinished Symphony: Listening to the Sounds of Space-time*. New York: Berkley Books, 2000.

Bear, Greg. *Eon*. New York: Tom Doherty Associates Books, 1985.

Bell, E. T. *Men of Mathematics*. New York: Simon and Schuster, 1937.

Bernstein, Jeremy. *Quantum Profiles*. Princeton, N. J.: Princeton University Press, 1991.

Brain, Denis. Einstein: *A Life*. New York: John Wily, 1996.

Brownlee, Donald, and Peter D. Ward. *Rare Earth*. New York: Springer-Verlag, 2000.

Calaprice, Alice, ed. *The Expanded Quotable Einstein*. Princeton: Princeton University Press, 2000.

Chown, Marcus. *The Universe Next Door: The Making of Tomorrow's Science*. New York: Oxford University Press, 2002.

Cole, K. C. *The University in a Teacup*. New York: Harcourt Brace, 1998.

Crease, Robert, and Charles Mann. *The Second Creation: Makers of the Revolution in Twentieth-Century Physics*. New York: Macmillan, 1986.

Croswell, Ken. *The Universe at Midnight: Observations Illumination the Cosmos*. New York: The Free Press, 2001.

Davies, Paul. *How to Build a Time Machine*. New York: Penguin Books, 2001. (referred to as Davies1)

Dacies, P. C. W., and J. Brown. *Superstrings: A Theory of Everything*. Cambridge, U.K.: Cambridge University Press, 1988. (referred to as Davies2)

Dick, Philip K. *The Man In the High Castle*. New York: Vintage Books, 1990.

Dyson, Freeman. *Imagined Worlds*. Cambridge, Mass.: Harvard University Press, 1998.

Folsing, Albrecht. *Albert Einstein*. New York: Penguin Books, 1997.

Gamow, George. *My World Line: An Informal Biography*. New York: Viking Press, 1970. (referred to as Gamow1)

---------. *One, Two, Three...Infinity*. New York: Bantam Books. 1961. (referred to as Gamow2)

Goldsmith, Donald. *The Runaway Universe*. Cambridge, Mass.: Perseus Books, 2000.

Goldsmith, Donald, and Neil deGrasse Tyson. *Origins*. New York: W. W. Norton, 2004.

Gott, J. Richard. *Time Travel in Einstein's Universe*. Boston: Houghton Mifflin Co., 2001.

Greene, Brain. *The Elegant Universe: Superstrings, Hidden Dimensions, and the Quest for the Ultimate Theory*. New York: W. W. Norton, 199. (referred to as Greene1)

---------. *The Fabric of the Cosmos*. New York: W. W. Norton, 2004.

Gribbin, John. *In Search of the Big Bang: Quantum Physics and Cosmology*. New York: Bantam Books. 1986.

Guth, Alan. *The Inflationary Universe*. Reading, Penn.: Addison-Wesley, 1997.

Hawking, Stephen W., Kip S. Thorne, Igor Novikov, Timothy Ferris, and Alan Lightman. *The Future of Space-time*. New York: W. W. Norton, 2002.

Kaku, Michio. *Beyond Einstein: The Cosmic Quest for the Theory of the Universe*. New York: Anchor Books, 1995. (referred to as Kaku1)

---------. *Hyperspace: A Scientific Odyssey Through Time Warps, and the Tenth Dimension*. New York: Anchor Books, 1994. (referred to as Kaku2)

---------. *Quantum Field Theory*. New York: Oxford University Press, 1993. (referred to as Kaku3)

Kirshner, Robert P. *Extravagant Universe: Exploding Stars, Dark Energy, and the Accelerating Universe*. Princeton, N.J.: Princeton University Press, 2002.

Kowalski, Gray. *Science and the Search for God*. New York: Lantern Books, 2003.

Lemonick, Michael D. *Echo of the Big Bang*. Princeton: Princeton University Press, 2003.

Lightman, Alan, and Roberta Brawer. *Origins: The Lives and Worlds of Modern Cosmologists*. Cambridge, Mass.: Harvard University Press, 1990.

Margenau, H., and Varghese, R. A., eds. *Cosmos, Bios, Theos*. La Salle, Ill.: Open Court, 1992.

Nahin, Paul J. *Time Machines: Time Travel in Physics, Metaphysics, and Science Fiction*. New York: Springer-Verlag, 1999.

Niven, Larry. *N-Space*. New York: Tom Doherty Associates Books, 1990.

Pais, A. *Einstein Lived Here*. New York: Oxford University Press, 1994. (referred to as Pais1)

---------. *Subtle Is the Lord*. New York: Oxford University Press, 1982. (referred to as Pais2)

Parker, Barry. *Einstein's Brainchild*. Amherst, N. Y.: Prometheus Books, 2000.

Petters, A. O., H. Levine, J. Wambsganss. *Singularity Theory and Gravitational Lensing*. Boston: Birkhauser, 2001.

Polkinghorne, J. C. *The Quantum World*. Princeton, N. J.: Princeton University Press, 1984.

Rees, Martin. *Before the Beginning: Our Universe and Others*. Reading, Mass.: Perseus Books, 1997. (referred to as Rees1)

---------. *Just Six Numbers: The Deep Forces that Shape the Universe*. Reading, Mass.: Perseus Books, 2000. (referred to as Rees2)

---------. *Our Final Hour*. New York: Perseus Books, 2003. (referred to as Rees3)

Sagan, Carl. *Carl Sagan's Cosmic Connection*. New York: Cambridge University Press, 2000.

Schilpp, Paul Arthur. *Albert Einstein: Philosopher-Scientist*. New York: Tudor Publishing, 1951.

Seife, Charles. *Alpha and Omega: The Search for the Beginning and End of the Universe*. New York: Viking Press, 2003.

Silk, Joseph. *The Big Bang*. New York: W. H. Freedom, 2001.

Smoot, George, and Davidson, Keay. *Wrinkles in Time*. New York: Avon Books, 1993.

Thorne, Kip S. *Black Holes and Time Warps: Einstein's Outrageous Legacy*. New York: W. W. Norton, 1994.

Tyson, Neil deGrasse. *The Sky Is Not the Limit*. New York; Doubleday, 2000.

Weinberg, Steve. *Dreams of a Final Theory: The Search for the Fundamental Laws of Nature*. New York: Pantheon Books, 1992. (referred to as Weinberg1)

---------. *Facing Up: Science and Its Culture Adversaries*. Cambridge, Mass.: Harvard University Press, 2001. (referred to as Weinberg2)

---------. *The First Three Minutes: A Modern View of the Origin of the Universe*. New York: Bantam New Age, 1977(referred to as Weinberg3)

Wells, H. G. *The Invisible Man*. New York: Dover Publications, 1992. (referred as to Wells1)

---------. *The Wonderful Visit*. North Yorkshire, U.K.: House of Status, 2002.(referred as to Wells2)

Wilczek, Frank. *Longing for the Harmonies: Themes and Variations form Modern Physics*. New York: W. W. Norton, 1988.

Zee, A. *Einstein's Universe*. New York: Oxford University Press, 1989.

譯名對照表

一劃

10的次方 powers of ten
I、II、III 類文明 type I, II, III civilizations
Ia型超新星 Type Ia supernova
M理論 M-theory
NASA 美國國家航空暨太空總署
p維膜 p-brane
S矩陣 S-matrix
T對偶性 T-duality
W·M·凱克望遠鏡 W. M. Keck telescope
W玻色子 W-boson
Z玻色子 Z-boson
Ω Omega
Λ Lambda
《τ零度》 *Tau Zero*
一千兆瓦 quadrillion watst或a petawatt

二劃

人馬星座 Sagittarius
人擇原理 anthropic principle
力線 lines of force

三劃

《三姐妹》 *Three Sisters*
于，L·P L. P. Yu
凡爾納，儒勒 Verne, Jules
千兆赫 gigaherz
大一統理論 Grand Unified Theory，GUT
大型強子對撞機 Large Hadron Collider，LHC
大凍結 big freeze
大崩墜 big crunch
《大眾自然科學讀物》 *People's Book on Natural Science*
大劈開理論 big splat theory
大質量弱作用粒子 WIMP，Weakly Interacting Massive Particles
大質量緻密暈天體 MACHOs，Massive Compact Halo Objects
大霹靂 big bang
子嗣宇宙 daughter universes
干涉技術 interference technology
干涉測量法 interferometry
干擾 interference

四劃

中子 neutron
中子星 neutron star
內維烏，安德列 Neveu, Andre
內維烏—施瓦茨—拉蒙弦 Neveu-Schwarz-Ramond string
反物質 antimatter
反重力 antigravity
反電子 anti-electron
反德·西特爾宇宙 Anti-de Sitter Universe
《天空和望遠鏡》雜誌 *Sky and Telescope*
《天體力學》 *Celestial Mechanics*
《天體運行論》 *De Revolutionibus Orbium Coelestium/On the Revolutions of the Celestial Orbs*
太陽系外行星 Extrasolar Planet
尤爾特塞韋爾，烏爾維 Yurtsever, Ulvi
巴克球 Buckyball
巴特勒，保羅 Butler, Paul
巴寇，約翰 Bahcall, John
巴斯卡，布萊茲 Pascal, Blaise
巴爾圖什克，馬西婭 Bartusiak, Marcia
巴德，沃爾特 Baade, Walter

巴羅，約翰 Barrow, John
《心靈捕手》 *Good Will Hunting*
戈爾德，湯瑪斯 Gold, Thomas
戈德史密斯，唐 Goldsmith, Don
比林斯利，蓋利林 Billingsley, GariLynn
毛納基火山 Mauna Kea
火劫宇宙 ekpyrotic universe
牛頓，艾薩克 Newton, Isaac

五劃

主序星 main sequence star
仙女座 Andromeda
加弗利理論物理研究所 Kavli Institute for Theoretical Physics
加德納，馬丁 Gardner, Martin
加興 Garching
包立，沃爾夫岡 Pauli, Wolfgang
半人馬座比鄰星 proxima centauri
半古典近似 semiclassical approximation
卡內基美隆大學 Carnegie-Mellon University
卡西米爾，亨里克 Casimir, Henrik
卡西米爾效應 Casimir effect
卡西米爾裝置 Casimir device
卡拉比—丘流形 Calabi-Yau manifold
卡洛許，列娜塔 Kallosh, Renata
卡斯蒂，約翰 Casti, John
卡爾達舍夫，尼古拉 Kardashev, Nikolai
卡魯扎，西奧多 Kaluza, Theodr
卡魯扎—克萊恩理論 Kaluza-Klein theory
卡羅爾，路易斯 Carroll, Lewis
去相干 decoherence
古戈爾 googol
古斯，阿蘭 Guth, Alan
史丹佛線形加速器中心 Stanford Linear Accelerator Center，SLAC
史丹佛線性加速中心 Stanford Linear Accelerator Center，SLAC
史瓦西，卡爾 Schwarzschild, Karl
史瓦西半徑 Schwarzschild radius
史瓦西奇異點 Schwarzschild singularities
史奈德，哈特蘭 Snyder, Hartland
史泰格廣場 Stagg Field
史密松天文物理台 Smithsonian Astrophysical Observatory
史密斯，克里斯・盧溫納 Smith, Chirs Llewellyn
史隆巡天觀測 Sloan Sky Survey
史達克曼，格林 Stackman, Glenn
尼文，拉瑞 Niven, Larry
尼采，弗里德里希 Nietzsche, Friedrich
尼爾森，霍爾格 Nielsen, Holger
布拉威爾，羅貝爾塔 Brawer, Roberta
布朗，伊恩 Brown, Ian
布朗李，唐納德 Brownlee, Donald
布勞施泰恩，塞繆爾 Braunstein, Samuel
布魯克斯，羅德尼 Brooks, Rodney
布魯諾，喬達諾 Bruno, Giordano
布蘭登伯格，羅伯特 Brandenberger, Robert
平方反比定律 law of inverse squares
《平面國》 *Flatland*
弗里德曼，丹尼爾 Freedman, Daniel
弗里德曼，亞歷山大 Friendmann, Aleksandr
弗里德曼宇宙 Friedmann universe
弗雷瑞斯 Frejus
本星系群 local group
本特利牧師，理察 Bentley, Rev. Richard
本特利佯謬 Bentley's paradox
正電子素 positronium
《永恆之王》 *The Once and Future King*
《永恆的記憶》 *The Persistence of Memory*
《永恆的終結》 *In The End of Eternity*
永動機 perpetual motion machines
瓦法，庫姆蘭 Vafa, Cumrun
瓦斯奎茲，帕特麗西亞 Vasquez, Patricia
瓦萊拉，埃蒙・德 Valera, Eamon De

瓦爾哈拉　Valhalla
瓦薩　Vassar
田立克，保羅　Tillich, Paul
白矮星　White dwarf star
皮埃爾・奧格宇宙射線觀測站　Pierre Auger Cosmic Ray Observatory
立方反比定律　inverse-cube law
立方體的四維模擬　tesseract

六劃

《亙古》 *Eon*
亥姆霍茨，赫爾曼・馮　Helmholtz, Hermann von
伍爾斯索普　Woolsthorpe
兆瓦　terrawatts
兆電子伏特加速器　Tevatron
光子　photon
光年　light-year
光譜　spectrum
全息宇宙　holographic Universe
全息圖　hologram
全視野渦流　Total Perspective Vortex
共形場論　conformal field theory
列別傑夫，P・N　Lebedev , P. N.
列維特，亨麗愛塔　Levitt, Henrietta
列維－勒布朗，吉恩－馬克　Levy-Leblond, Jean-Marc
吉川圭二 Keiji Kikkawa
吉本斯－霍金溫度　Gibbons-Hawking temperature
吉辛，尼古拉斯　Gisin, Nicolas
吉斯通警察〔美國漫畫〕 Keystone Cops
吉斯蒂亞科夫斯基，維拉　Kistiakowsky, Vera
吉爾伯特，沃特　Gilbert, Walter
同位素　isotope
后髮座星系團　coma cluster
《回到未來》 *Back to the Future*
在家搜索外星智慧　SETI@home
多元無線電波干涉儀網　The Multi-Element Radio Linked Interferometer Network，MERLIN
多世界理論　Many Worlds Theory
多伊奇，大衛　Deutch, David
多重宇宙　multiverse of universes
多連通空間　multiply connected space
夸克　quark
宇宙弦　cosmic string
宇宙背景探測者衛星　COBE，Cosmic Background Explorer
宇宙微波背景輻射　cosmic microwave background radiation
宇宙線簇射　consmic rays showers
守恆定律　conservation laws
安德森，波爾　Anderson, Poul
曲速引擎　warp drive
有效的做功　usable work
《死亡之夜》 *Dead of Night*
氘　deuterium
百萬秒差距　megaparsecs
米契爾，約翰　Michell, John
自旋　spin
自旋 2 粒子　spin 2 particle
《自然》雜誌　*Nature*
《自然哲學的數學原理》 *Philosophiae Naturalis Principia Mathematica/Mathematical Principles of Natural Philosophy*
自發失稱　spontaneous symmetry breaking
艾弗雷特，休　Everett, Hugh Ⅲ
艾西莫夫，以撒　Asimov, Isaac
艾佛瑞特，費朗西斯　Everitt, Francis
艾勃特，愛德溫　Abbot, Edwin
《行屍走肉》 *All You Zombies*
西拉德，利奧　Szilard, Leo
西屋科學天才獎　Westinghouse Science Tal-

ent Search
西塞羅　Cicero
伯比奇，傑費里　Burbidge, Geoffrey
伯比奇，瑪格麗特　Burbidge, Margaret
伯克，伯納德　Burke, Bernard
伯恩斯坦，亞倫　Bernstein, Aaron
伯恩斯坦，傑雷米　Bernstein, Jeremy

七劃

伴子　partners
伴重力子　gravitino
伽莫夫，喬治　Gamow, George
佛洛伊德，西格蒙德　Freud, Sigmund
克卜勒，約翰　Kepler, Johannes
克里克，法蘭西斯　Crick, Francis
克拉斯尼科夫，謝爾蓋　Krasnikov, Sergei
克洛斯威，肯　Croswell, Ken
克莉絲汀，利奧諾拉　Christine, Leonora
克勞斯，勞倫斯　Krauss, Lawrence
克勞福德，伊恩　Crawford, Ian
克萊恩，大衛．B　Cline , David B.
克萊恩，史蒂芬　Crane, Stephen
克萊恩，菲利克斯　Klein, Felix
克萊默，歐仁　Cremmer, Eugene
克爾，羅伊　Kerr, Roy
克爾黑洞　Kerr black hole
克爾環　Kerr ring
克羅姆林，安德魯　Crommelin, Andrew
冷凍機　refrigerator
冷暗物質　cold dark matter
利布雷希特，肯尼士　Libbrecht, Kenneth
利克天文臺　Lick Observatory
利澤勞爾　Lieseral
吸積盤　accretion disk）
呂斯特勒　Rustrel
均勻度問題　flatness problem
均變論　Uniformitarianism
坎弗蘭克　Canfranc
坎貝爾，約瑟夫　Campbell, Joseph
坎德拉斯，菲利普　Candelas, Philip
希格斯玻色子　Higgs boson
希格斯場　Higgs field
《我發現了》　*Eureka*
李政道　Lee, T. D.
李鑫　Li-Xin Li
杜洛克，尼爾　Turok, Neil
杜象，馬塞爾　Duchamp, Marcel
束縛態　bound state
決定論　determinism
沃森，詹姆士　Watson, James
沃爾士，鄧尼斯　Walsh, Dennis
沃爾德，喬治　Wald, George
《沉重的蚱蜢》　*The Grasshopper Lies Heavy*
沙哈諾夫，安德列　Sakharov, Andrei
沙普利，哈洛　Shapley, Harlow
災變論　Catastrophism
狄拉克，保羅　Dirac, Paul
角宿一　Spica
貝肯斯坦，雅各　Bekenstein, Jacob
貝特，漢斯　Bethe, Hans
貝傑門，米切爾　Begelman, Mitchell
貝塔斯曼　Bertelsman
貝爾，約翰　Bell, John
貝爾，葛瑞格　Bear, Greg
《走下樓梯的裸體》（作品2號）　Nude Descending a Staircase（No.2）
邦克，阿齊　Bunker, Archie
邦迪，赫爾曼　Bondi, Hermann
里斯，亞當　Riess, Adam
里斯，馬丁　Rees, Martin

八劃

事件視界　event horizon
亞里斯多德　Aristotle
亞當斯，弗雷德　Adams, Fred

九劃

威爾金森，大衛　Wilkinson , David
威爾金森微波各向異性探測器　WMAP
威爾斯，H・G　Wells , H. G.
威爾遜，羅伯特　Wilson, Robert
威騰，愛德華　Witten, Edward
封閉類時曲線　closed timelike curve
後藤哲夫　Tetsuo Goto
恆星系統　star system
施瓦茨，約翰　Schwarz, John
施佩格爾，大衛　Spergel, David
施特羅明戈，安德魯　Strominger, Andrew
施密特，布賴恩・P　Schmidt, Brian P.
星系　galaxy
星系弧　galactic arcs
《星際爭霸戰》　*Star Trek*
柏克萊　George Berkeley
柏拉圖　Plato
柯克莫爾，安東　Koekemoer, Anton
柯蒂斯，赫伯　Curtis, Heber
柯爾曼，西德尼　Coleman, Sidney
洛倫茲—費茲傑羅收縮　Lorentz-FitzGerald contraction
洛基　Loki
洛斯阿拉莫斯　Los Alamos
玻色子　boson
玻恩，馬克斯　Born, Max
《皆大歡喜》　*As You Like It*
相干性　coherence
相干輻射　coherent radiation
相對論　relativity
相變　phase transition
科什納，羅伯特・P　Kirshner, Robert P.
科瓦斯奇，蓋瑞　Kowalski, Gary
科莫薩，斯特凡尼　Komossa, Stefanie
紅外線輻射　infrared radiation
紅巨星　red giant
紅移　redshift
美國國家光學天文臺　National Optical Astronomy Observatory
美國國家航空暨太空總署　NASA
美國國家標準局與技術研究院　NIST，National Institute of Standards and Technology
英國拉塞福阿普頓實驗室　Rutherford Appleton Laboratory
負能量　negative energy
迪克，菲利普・K　Dick, Philip K.
迪克，羅伯特　Dicke, Robert
迪莫普羅斯，S　Dimopoulos , S.
迪普勒，法蘭克　Tippler, Frank
重力子　graviton
重力波　gravity wave
重力波探測器　gravity wave detector
重力透鏡　gravitational lens
重子　baryon
韋特海莫，達恩　Wertheimer, Dan
韋爾切克，弗朗克　Wilczek, Frank

十劃

原子擊破器　atom smasher
原恆星　protostar
哥本哈根學派　Copenhagen school
哥特，J・理查　Gott III , J. Richard
哥德爾，庫爾特　Gödel, Kurt
埃弗利特，阿蘭・E　Everett, Allen E.
埃倫費斯特，保羅　Ehrenfest, Paul
弱核力　weak nuclear force
振動弦　vibrating string
旅行業務員問題　Traveling Salesman Problem
核　nuclei
核子　nucleus
核合成　nucleosynthesis
格尼，R・W　Gurney , R. W.
格拉肖，謝爾登　Glashow, Sheldon
格林，邁克　Green, Mike

十一劃

強子 hadron
強生，傑克 Johnson, Jack
強核力 strong nuclear force
《從地球到月亮》 *From the Earth to the Moon*
《接觸未來》 *Contact*
曼都拉，傑佛瑞 Mandula, Jeffrey
曼德爾，魯迪 Mandl, Rudi
梅利亞，富爾維奧 Melia, Fulvio
梅紐因，耶胡迪 Menuhin, Yehudi
液氮 Liquid Nitrogen
混沌理論 Chaos Theory
混沌暴脹說 chaotic inflation
畢卡索，巴勃羅 Picasso, Pablo
畢達哥拉斯學派 Pythagoreans
異常 anomalies
統一場論 Unified Field Theory
統計力學 statistical mechanics
莫里斯，邁克爾 Morris, Michael
莫里森，菲利普 Morrison, Philip
莫拉維克，漢斯 Moravec, Hans
設計者宇宙 designer universe
造父變星 Cepheid variable
《造星者》 *Star Maker*
連續區 continuum
都卜勒效應 Doppler effect
都卜勒偏移 Doppler shift
《陰陽魔界》 *The Twilight Zone*
雪莉，唐娜 Shirley, Donna
麥卡錫，克里斯 McCarthy, Chris
麥克斯，克雷爾 Max, Claire
麥思納，查理斯 Misner, Charles
麥特娜，麗莎 Meitner, Lise
麥凱勒，安德魯 McKeller, Andrew

十二劃

《傑克與魔豆》 *Jack and the Beanstalk*
傑費里 Jeffrey, Lord
凱恩，戈登 Kane, Gordon
凱撒，朱利斯 Caesa, Julius r
勞夫林，格列格 Laughlin, Greg
勞侖茲，亨德里克 Lorentz, Hendrik
勞倫斯利福摩爾國家實驗室 Lawrence Livermore National Laboratory
勞遜判據 Lawson's Criterion
博斯馬，亞伯特 Bosma, Albert
單連通空間 simply connected space
渺子 muon
彭齊亞斯，阿諾 Penzias, Arno
惠勒，約翰 Wheeler, John
惠勒—德威特方程式 Wheeler-DeWitt Equation
散射矩陣 scattering matrix
斐傑斯，海因茨 Pagels, Heinz
斯托庫姆，范 Stockum, W. J. van
斯沃斯莫爾學院 Swarthmore College
斯里弗，維斯托 Slipher, Vesto
斯坦哈特，保羅．J Steinhardt, Paul J.
斯莫林，李 Smolin, Lee
斯塔普雷頓，奧拉夫 Stapledon, Olaf
斯蒂瓦韋里，馬西莫 Stivavelli, Massimo
斯賓諾莎 Spinoza
普里馬克，喬爾 Primack, Joel
普朗克，馬克斯 Planck, Max
普朗克長度 Planck length
普朗克能量 Planck energy
普渡大學 Purdue University
普爾，查理．蘭 Poor, Charles Lane
《最初三分鐘》 *The First Three Minutes*
測不準原理 uncertainty principle
湯普森，J．J Thompson , J. J.
湯森德，保羅 Townsend, Paul
無窮大 infinities
無窮級數項 infinite series of terms
無窮擾動近似 infinite perturbation approxi-

mation
無線電頻率 Radio Frequency（RF）
猶加敦半島 Yucatan Peninsula
發散 diverge、divergence
策，迪特爾 Zeh, Dieter
絕對溫度（K） degrees Kelvin
華德，彼得．D Ward, Peter D.
菲林，史蒂芬 Fulling, Stephen
萊布尼茨，哥特佛萊德 Leibniz, Gottfried
萊肯，約瑟夫 Lykken, Joseph
萊特曼，艾倫 Lightman, Alan
萊德曼，利昂 Lederman, Leon
虛擬粒子 virtual particles
視界 horizon
視界問題 horizon problem
費米，恩里科 Fermi, Enrico
費米子 fermion
費米實驗室 Fermilab
費拉拉，謝爾基奧 Ferrara, Sergio
費茲傑羅，喬治．佛朗西斯 FitzGerald, George Francis
費曼，理察 Feynman, Richard
費曼圖 Feynman diagram
費理斯，提摩西 Ferris, Timothy
超中性子 neutralino
超心理學家 parapsychology
《超立體基督》 *Christus Hypercubus*
超夸克 squark
超伴子 superpartner
超空間 hyperspace
超重力 supergravity
超粒子 sparticle、superparticle
超新星 Supernova
超電子 selectron
超對稱 Supersymmetry（SUSY）
超對稱性粒子 supersymmetric particles
超輕子 slepton
超膜理論 supermembrane theory
超導超級對撞機 Superconducting Supercollider、SSC
量子力學 quantum mechanics
量子色動力學 Quantum Chromodynamics
量子位元 qubit
量子泡沫 quantum foam
量子糾纏 quantum entanglement
量子重力 quantum gravity
量子理論 quantum theory
量子態 quantum state
量子漲落 quantum fluctuation
量子遠距傳輸 quantum teleportation
量子躍遷 quantum leap; quantum transition
開爾文勳爵 Kelvin, Lord
雅格布，喬治 Jacoby, George
黑洞 black hole
黑洞蒸發 black hole evaporation
黑體輻射 black body radiation
塔夫斯大學 Tufts University

十三劃

塞爾弗里奇百貨 Selfridges
塞繆爾，斯圖爾特 Samuel, Stuart
奧丁 Odin
奧夫曼，保羅 Hoffman, Paul
奧本海默，羅伯特 Oppenheimer, J. Robert
奧伯斯，海因里希．威廉 Olbers, Heinrich Wilhelm
奧伯斯佯謬 Olbers's paradox
奧德薩 Odessa
微波背景輻射 microwave background radiation
微型黑洞 mini-black hole
微中子 neutrino
微調問題 Fine-tuning problem
微機電扭轉振盪器 microelectromechanical torsion oscillators

十四劃

磁單極 monopole
圖靈 Turing
壽岳潤 Jun Jugaku
對稱性 symmetry
對稱破缺 symmetry breaking
漢福德 Hanford
瑪莎，羅伯特 Marshak, Robert
福克斯，米高 Fox, Michael J.
福特，勞倫斯 Ford, Lawrence
福勒，威廉 Fowler, William
維內齊亞諾，加布里爾 Veneziano, Gabrielle
維拉索羅，米格爾 Virasoro, Miguel
維拉衛星 Vela satellite
維度 dimension
維斯，馬太 Visser, Matthew
維爾希甯上校 Colonel Vershinin
緊緻化 compactification
蒲伯，亞歷山大 Pope , Alexander
蒸發 evaporation
蓋氏計數器 Geiger counter
蓋勒，瑪格利特 Geller, Margaret
蓋爾曼，默里 Gell-mann, Murray
赫胥黎，湯瑪斯·H Huxley, Thomas H.
赫爾曼，羅伯特 Herman, Robert

賈斯特，G·K Chesterson, G. K.
路徑積分 Path integrals
運動定律 law of motion
道奇森，查理斯 Dodgson, Charles
道金斯，理察 Dawkins, Richard
達利，薩爾瓦多 Dali, Salvador
達朗貝爾，J D'Alembert , J.
達斯，阿肖克 Das, Ashok
達爾文，查理斯 Darwin, Charles
鈹 beryllium
零維膜 zero-branes
雷射干涉太空天線 Laser Interferometer Space Antenna，LISA
雷射干涉重力波觀測站 LIGO，Laser Interferometer Gravitational-Wave Observatory
雷蒙尼克，邁克爾 Lemonick, Michael
雷德格雷夫，邁克爾 Redgrave, Michael
電子 electron
電子伏特 electron volt
電子簡併壓力 Electron Degeneracy Pressure
電荷耦合元件 charge-coupled devices
電磁力 electromagnetic force

微擾理論 perturbation theory
愛丁頓，亞瑟 Eddington, Arthur
愛因斯坦，阿爾伯特 Einstein, Albert
愛因斯坦—波多爾斯基—羅森弔詭 EPR，Einstein-Podolsky-Rosen paradox
愛因斯坦—羅森橋 Einstein-Rosen bridge
愛因斯坦透鏡 Einstein lenses
愛因斯坦環 Einstein ring
愛迪生，湯瑪斯 Edison, Thomas
愛倫·坡，愛德格 Allen Poe, Edgar
《愛麗絲鏡中奇遇》 *Through the Looking Glass*
新伯倫瑞克 New Brunswick
暗物質 dark matter
暗能量 dark energy
準直射束 collimate beam
溫伯格，史蒂文 Weinberg, Steven
瑋緻活，湯瑪斯 Wedgwood, Thomas
瑞奇史東，道格拉斯 Richstone, Douglas
經典物理學 classical physics
《萬千之路》 *All the Myriad Ways*
萬有理論 Theory of Everything
萬物滅絕 Ragnarok
裘利亞，伯納德 Julia, Bernard
詹姆斯，傑米 James, Jamie

赫爾斯，拉塞爾　Hulse, Russell
輕子　lepton
銀河系　Milky Way Galaxy
《銀河便車指南》 *Hitchhiker's Guide to the Galaxy*
銀河星團　galactic clusters

十五劃

層級問題　hierarchy problem
廣義相對論　general relativity
德．西特爾，威廉　de Sitter, Willem
德．西特爾宇宙　de Sitter universe
德瓦利，G　Dval, G. i
德謨克利特　Democritus
德羅斯特，約翰　Droste, Johannes
摩爾定律　Moore's Law
暴脹理論　Inflation、Inflationary Universe Theory
標準模型　Standard Model
標準燭光　standard candle
歐弗魯特，伯特　Ovrut, Burt
歐拉，李昂哈德　Euler, Leonard
歐洲太空總署　European Space Agency
歐洲核子研究組織　European Organization for Nuclear Research、CERN
歐斯垂克，耶利米．P　Ostriker, Jeremiah P.
歐羅巴　Europa
潘洛斯，羅傑　Penrose, Roger
潘洛斯定理　Penrose's theorem
熱力學　thermodynamics
熱擾動　thermal fluctuation
熱寂　heat death
熵　entropy
膜　membrane; brane
膜樣理論　membrane like theory
蝴蝶效應　Butterfly Effect
《諸神自身》 *The Gods Themselves*
質子　proton
適居區　Goldilocks zone
魯賓，薇拉　Rubin, Vera

十六劃

融合　fusion
橢圓模函數　elliptic modular function
盧克萊修　Lucretius
融合衝壓噴射引擎　fusion ram-jet
諾克斯，羅尼　Knox, Ronnie
諾維科夫，伊戈爾　Novikov, Igor
輻射簇射　shower of radiation
錢卓塞卡，蘇布拉馬尼揚　Chandrasekhar, Subrahmanyan
錢卓塞卡極限　Chandrasekhar limit
錢德拉X射線望遠鏡　Chandra X-ray telescope
隧道效應　tunneling
霍夫曼，列夫　Kofman, Lev
霍伊爾，C．D　Hoyle, C. D.
霍伊爾，弗雷德　Hoyle, Fred
霍拉瓦，彼德羅　Horava, Petr
霍金，史蒂芬　Hawkin, Stephen
霍金輻射　Hawking radiation
霍洛維茨，蓋利　Horowitz, Gary
霍根，克雷格　Hogan, Craig
霍根，約翰　Horgan, John
霍爾姆德爾．霍恩電波望遠鏡　Holmdell Horn Radio Telescope
《駭客任務》 *The Matrix*

十七劃

壓縮態　squeezed state
嬰宇宙　baby universe
戴森，弗里曼　Dyson, Freeman
戴維斯，保羅　Davies, Paul
繆勒，理查　Muller, Richard
臨界密度　critical density

薛丁格之貓弔詭 Schrödinger's cat paradox
謝恩望遠鏡 Shane telescope
謝爾克，喬埃爾 Scherk, Joël
《隱形人》 *The Invisible Man*
韓德森，林達・達林普爾 Henderson, Linda Dalrymple

十八劃

獵戶星座 Orion
薩克，麥可 Zucker, Michael
薩拉姆，阿卜杜勒 Salam, Abdus
薩金特，華萊士 Sargent, Wallace
薩根，卡爾 Sagan, Carl
藍移 blueshift
藍道爾，麗莎 Randall, Lisa
蟲洞 wormhole
雙共振模型 Dual Resonance Model
雜弦理論 heterotic string theory
魏格納，尤金 Wigner, Eugene
魏爾，赫爾曼 Weyl, Herman
懷特，T・H T.H. White
懷斯，阿方斯 Wise, Alphonse the
穩恆態理論 steady state theory
羅伯遜，H・P Robertson ,H.P.
羅姆，賴恩 Rohm, Ryan
羅特布拉特，約瑟夫 Rotblat, Joseph
羅斯，休 Ross, Hugh
羅斯曼，托尼 Rothman, Tony
羅森，納森 Rosen, Nathan
羅登貝瑞，吉恩 Roddenberry, Gene
羅德 Rhode
類星體、似星體 quasar, quasi-stellar
騙子弔詭 Bilker's paradox

十九劃

龐加萊，亨利 Poincaré, Henri
霍爾丹，J・B・S Haldane , J. B. S.

二十劃

蘇士侃，李奧納特 Susskind, Leonard
蘇圖爾 Surtur

二十一劃

蘭道，列夫 Landau, Lev
《魔鬼終結者》 *Terminator*

二十五劃

觀察者起源論 Genesis by observership

平行宇宙：
穿越創世、高維空間和宇宙未來之旅

作　　者　加來道雄（Michio Kaku）
譯　　者　伍義生、包新周
總 編 輯　龐君豪
責任編輯　歐陽瑩
校對、校訂　歐陽瑩、歐陽亮
封面設計　王璽安
排　　版　曾美華

發 行 人　曾大福
出版　暖暖書屋文化事業股份有限公司
地址　231 新北市新店區德正街 27 巷 28 號
電話　02-29106069
傳真　02-29129001
總 經 銷　聯合發行股份有限公司
地址　231 新北市新店區寶橋路 235 巷 6 弄 6 號 2 樓
電話　02-29178022
傳真　02-29158614
版權代理　安德魯納伯格聯合國際有限公司
譯文授權　重慶出版社
印　　刷　成陽印刷股份有限公司
出版日期　2015 年 3 月（初版一刷）
2015 年 5 月（初版二刷）
定價　550 元

國家圖書館出版品預行編目 (CIP) 資料

平行宇宙：穿越創世、高維空間和宇宙未來之旅 / 加來道雄 (Michio Kaku) 著；伍義生，包新周譯 . -- 初版 . -- 新北市：暖暖書屋文化，2015.03
480 面；14.8× 21 公分
譯自：Parallel worlds : a journey through creation, higher dimensions, and the future of the cosmos
ISBN 978-986-90910-6-0(平裝)

1. 宇宙論

323.9　　104001900